高职高专“十三五

高等数学（财经类）

主　编　宋然兵　张学兵
副主编　荣建英　谭　静　刘　嘉
编　委　于正权　冯　梅　宋然兵
刘　嘉　陈业勤　张学兵
荣建英　谭　静　管颂东
俞　宁　嵇金山　赵　丽
主　审　冯　梅

南京大学出版社

图书在版编目(CIP)数据

高等数学/ 宋然兵,张学兵主编.—南京:南京大学出版社,2012.8(2020.8 重印)

ISBN 978-7-305-10116-8

Ⅰ.①高… Ⅱ.①宋… ②张… Ⅲ.①高等数学—高等学校—教材 Ⅳ.①O13

中国版本图书馆 CIP 数据核字(2012)第 146767 号

出版发行 南京大学出版社
社　　址 南京市汉口路 22 号　　　邮编 210093
出 版 人 金鑫荣

书　　名 高等数学
主　　编 宋然兵　张学兵
责任编辑 周文婷　蔡文彬

照　　排 南京开卷文化传媒有限公司
印　　刷 盐城市华光印刷厂
开　　本 797×1092　1/16　印张 17.5　字数 426 千
版　　次 2020 年 8 月第 1 版第 5 次印刷
ISBN 978-7-305-10116-8
定　　价 44.00 元

网　　址:http://www.njupco.com
官方微博:http://weibo.com/njupco
微信服务号:njuyuexue
销售咨询热线:(025)83594756

前　言

近年来,高等职业教育获得了飞速的发展.为了培养适应社会的应用型人才,很多高职院校都进行了新一轮的教学改革.面对这样的形势,我们结合多年的教学经验和教学改革实践编写了本书.

编写过程中,我们充分考虑到高职高专院校开设高等数学的目的和功能,将高等数学作为一门基础课与学生够用为度结合起来;将为学生的专业学服务与学生的终生学习和未来发展结合起来,力求编写出符合高职高专课程改革趋势和教学实际需求的教材.

基于高职教育层次的特点和实际情况,结合编者长期从事高职高专数学课程教学的经验,我们对高等数学知识体系进行了重新整合.本教材具有以下四大特点:

一、突出"必须、够用"的特点,删去了传统高等数学教材中微积分部分难而繁的内容,使教材更适合高职高专各专业的需要.根据对专业课程的深入调查,把整个教材分为公共基础和专业选修部分.

二、结合数学建模,突出以应用为目的,培养学生求解数学模型的能力.专门编写一章数学建模方面的内容,用实例反映数学的应用,加深学生对数学知识的理解,增加可读性.

三、突出数学教学中的人文性,每章都辅之以阅读材料,通过阅读材料渗透数学思想,让学生了解一些数学发展史,达到对学生进行人文素质教育的目的.

四、注重现代计算技术在数学教学中的作用,在全书中融入了 Matlab 软件的应用,有利于学生多维度理解、掌握数学知识点.

本书的编写和出版过程得到了学院和部门领导的大力帮助和支持,在此一并表示诚挚的感谢.

由于编者水平所限,而且时间紧迫,教材中必定存在很多不妥之处,恳请读者和使用本书的教师不吝赐教,以便再版时修正.

编　者

目　　录

第一章　函数、极限与连续

本章提要　高等数学是运用无限、运动的思想，为解决变化率、物体运动规律、求图形面积等实际问题而产生的科学，而极限和连续是高等数学中的两个最基本也是最重要的概念. 本章将在回顾函数概念的基础上，进一步讨论初等函数，讨论初等函数的极限与连续的定义、性质、运算等.

1.1 函　　数

1.1.1 函数的概念及其性质

【引例1】 设一矩形面积为 A，周长 s 为宽 x 的函数

$$s=2\left(x+\frac{A}{x}\right),\ x\in(0,+\infty). \tag{1}$$

在(1)式中，x 的取值范围是数集 $D=\{x\mid x>0\}$，对每一个 $x\in D$，按(1)式所示规则，都有唯一确定的 y 与之对应.

【引例2】 某工厂生产某种产品，年产量为 x，每台售价 250 元，当年产量 600 台以内时，可以全部售出，当年产量超过 600 台时，经广告宣传又可再多售出 200 台，每台平均广告费 20 元，生产再多，本年就售不出去了，我们可以建立本年的销售总收入 R 与年产量 x 的函数关系为：

(1) 当 $0\leqslant x\leqslant 600$ 时，$R=250x$；

(2) 当 $600<x\leqslant 800$ 时，$R=250x-20(x-600)=230x+12\,000$；

(3) 当 $x>800$ 时，$R=230\times 800+12\,000=196\,000$.

因此，这一问题的数学表达式可统一写为

$$R=\begin{cases}250x,\ 0\leqslant x\leqslant 600,\\ 230x+12\,000,\ 600<x\leqslant 800,\\ 196\,000,\ x>800.\end{cases} \tag{2}$$

在(2)式中，x 的取值范围是数集 $D=\{x\mid x\geqslant 0\}$，对每一个 $x\in D$，按(2)式所示规则，都有唯一确定的 y 与之对应.

以上两个引例，都是一个变量在一个非空集合内每取一个值，按一定的规则，另一变量都有唯一确定的值与之对应. 两个变量间的这种关系，在数学上称为函数关系.

1. 函数的概念

定义1　设有 x 和 y 两个变量，D 是一个给定的数集，若对于 D 中每一个数 x，变量 y 按照一定的对应法则 f 总有确定的数值与之对应，则称 y 是 x 的函数，记作：$y=f(x)$. 数

集 D 称为这个函数的**定义域**,数集 $M=\{y \mid y=f(x),\ x\in D\}$ 称为函数的**值域**. x 称为**自变量**,y 称为**因变量**.

对应法则和定义域是函数的两个要素. 只有两个要素都相同,函数才相同.

【例 1】 函数 $f(x)=x$ 与函数 $g(x)=\sqrt{x^2}$ 是否相同,为什么?

解 两函数的对应法则不同,因此是不相同的函数.

在实际应用上有些函数在定义域的不同的范围内用不同的解析式表示,例如引例 2 中我们建立的销售总收入 R 与年产量 x 的函数关系. 这样的函数称为**分段函数**. 对分段函数求函数值时,应把自变量的值代入相应范围的表达式中去计算.

【例 2】 分段函数 $y=f(x)=\begin{cases}2\sqrt{x},\ 0\leqslant x\leqslant 1,\\ 1+x,\ x>1.\end{cases}$

求 $f\left(\frac{1}{2}\right)$, $f(1)$, $f(3)$, 并作出函数图像.

解 $f\left(\frac{1}{2}\right)=2\sqrt{\frac{1}{2}}=\sqrt{2}$, $f(1)=2\sqrt{1}=2$, $f(3)=1+3=4$.

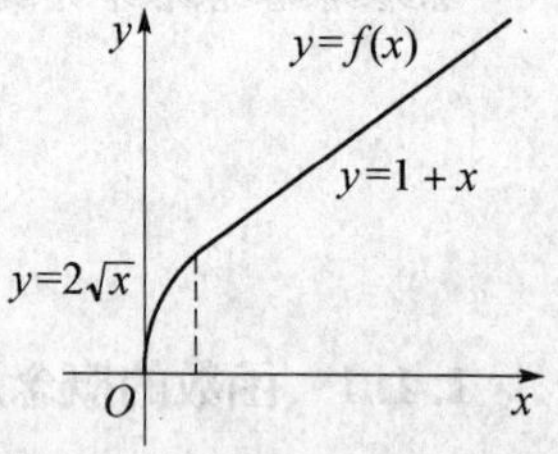

图 1-1

2. 函数定义域的求法

函数的定义域是确定函数的要素之一. 在研究函数时,只有在函数定义域内进行研究才是有意义的.

在实际问题中,函数的定义域是根据所研究的问题的实际意义来确定的. 对于数学式子表示的函数,若不考虑问题的实际意义,则函数的定义域就是指能使这个式子有意义的所有实数的集合.

【例 3】 求下列函数的定义域:

(1) $f(x)=\sqrt{4-x^2}$;(2) $f(x)=\ln(1-x)+\sqrt{x+2}$.

解 (1) $4-x^2\geqslant 0$, 得 $-2\leqslant x\leqslant 2$, 因此函数的定义域为$[-2,\ 2]$.

(2) 由 $\begin{cases}1-x>0\\ x+2\geqslant 0\end{cases}$,得 $-2\leqslant x<1$, 因此函数的定义域为$[-2,1)$.

【例 4】 某一电子元件器材公司生产 x 件某种电子元件将花费 $400+5\sqrt{x(x-4)}$ 元,如果每件电子元件卖 48 元,试求公司生产 x 件电子元件获得净利润的函数关系表达式,并求其定义域.

解 用 y 表示获得的净利润,显然净利润的函数关系表达式为

$$y=48x-[400+5\sqrt{x(x-4)}].$$

函数要有定义,则 $x(x-4)\geqslant 0$,得 $x\geqslant 4$ 或 $x\leqslant 0$(舍去,电子元件件数不可能是负的). 所以定义为$[4,\ +\infty)$.

另外,关于一个特殊的定义域"**邻域**",我们在此也作说明. 设 $a,\ \delta\in\mathbf{R}$,且 $\delta>0$, 我们把数集 $\{x \mid |x-a|<\delta,\ x\in\mathbf{R}\}$ 称为点 a 的 δ 邻域,记作 $U(a,\ \delta)$;另外,我们把不包含 a 的数集 $\{x \mid 0<|x-a|<\delta,\ x\in\mathbf{R}\}$ 称为点 a 的空心 δ 邻域,记作 $\mathring{U}(a,\ \delta)$.

用区间表示,即为:$U(a,\ \delta)=(a-\delta,\ a+\delta)$,$\mathring{U}(a,\ \delta)=(a-\delta,\ a)\cup(a,\ a+\delta)$.

3. 函数的性质

(1) **单调性**:若函数在某个区间内,自变量增加时因变量也随着增加,则称该函数为此区间内的单调上升(增加)函数,区间为单调上升(增加)区间;反之,若自变量增加时因变量随着减少,则称该函数为此区间内的单调下降(减少)函数,区间为单调下降(减少)区间.

(2) **有界性**:若存在某正数 M,使得函数在其定义区间上的所有函数值的绝对值小于 M,则称该函数为其定义区间上的有界函数.

例如,函数 $y=\sin x$ 是有界函数,因为在它的定义域 $(-\infty, +\infty)$ 内有 $|\sin x|\leqslant 1$.

(3) **奇偶性**:设函数 $y=f(x)$ 在其关于原点对称的定义区间上恒有 $f(-x)=f(x)$,则称此函数为偶函数;若恒有 $f(-x)=-f(x)$,则称此函数为奇函数.

(4) **周期性**:若有正数 T,使得函数 $y=f(x)$ 在其定义区间上恒有 $f(x+T)=f(x)$,则称此函数为周期函数,且周期为 T. 可以验证,若 T 为函数 $y=f(x)$ 的周期,则 T 的正整数倍也为此函数的周期. 我们通常把其中最小的周期称为其周期.

例如,$y=A\sin(\omega x+\varphi)$ 的周期是 $T=\dfrac{2\pi}{|\omega|}$,$y=A\tan(\omega x+\varphi)$ 的周期是 $T=\dfrac{\pi}{|\omega|}$.

1.1.2 复合函数

1. 基本初等函数

我们学过的幂函数 $y=x^{\mu}$ (μ 为实数);指数函数 $y=a^{x}(a>0,\ a\neq 1)$;对数函数 $y=\log_a x(a>0,\ a\neq 1)$;三角函数 $y=\sin x$, $y=\cos x$, $y=\tan x$, $y=\cot x$, $y=\sec x$, $y=\csc x$;反三角函数 $y=\arcsin x$, $y=\arccos x$, $y=\arctan x$, $y=\operatorname{arccot} x$ 统称为基本初等函数. 常用的基本初等函数的定义域. 值域和特性见表 1-1.

表 1-1 常用的基本初等函数的定义域、值域和特性

函数	表达式	定义域与值域	图像	特性
幂函数	$y=x^{\mu}$	定义域与值域随 μ 的不同而不同,但不论 μ 取什么值,函数在 $(0, +\infty)$ 内总有定义	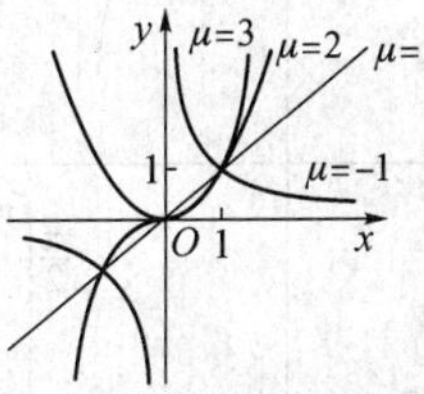	若 $\mu\geqslant 0$, x^{μ} 在 $[0, +\infty)$ 单调增加; 若 $\mu<0$, x^{μ} 在 $(0, +\infty)$ 内的减少.
指数函数	$y=a^{x}$ $a>0,\ a\neq 1$	$x\in(-\infty, +\infty)$ $y\in(0, +\infty)$	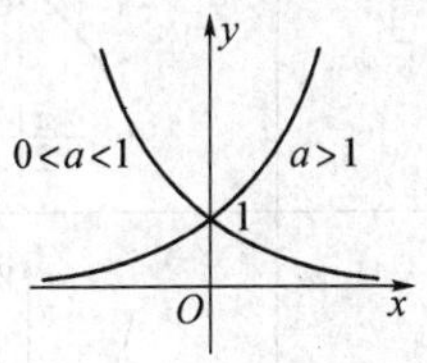	若 $a>1$, a^{x} 单调增加;若 $0<a<1$, a^{x} 单调减少.
对数函数	$y=\log_a x$ $a>0,\ a\neq 1$	$x\in(0, +\infty)$ $y\in(-\infty, +\infty)$	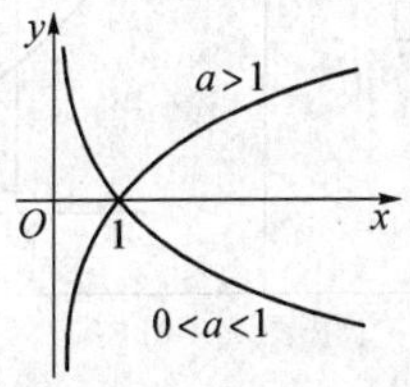	若 $a>1$, $\log_a x$ 单调增加;若 $0<a<1$, $\log_a x$ 单调减少.

（续表）

函数	表达式	定义域与值域	图像	特性
正弦函数	$y=\sin x$	$x\in(-\infty,+\infty)$ $y\in[-1,+1]$	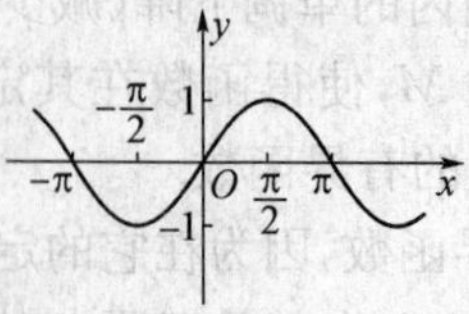	奇函数，周期为 2π，有界，在 $\left(2k\pi-\frac{\pi}{2},2k\pi+\frac{\pi}{2}\right)$ 内单调增加，在 $\left(2k\pi+\frac{\pi}{2},2k\pi+\frac{3\pi}{2}\right)$ 内单调减少.
余弦函数	$y=\cos x$	$x\in(-\infty,+\infty)$ $y\in[-1,+1]$	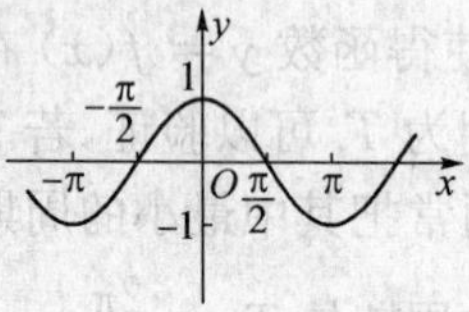	偶函数，周期为 2π，有界，在 $(2k\pi,2k\pi+\pi)$ 内单调减少，在 $(2k\pi+\pi,2k\pi+2\pi)$ 内单调增加.
正切函数	$y=\tan x$	$x\neq k\pi+\frac{\pi}{2}(k\in\mathbf{Z})$ $y\in(-\infty,+\infty)$	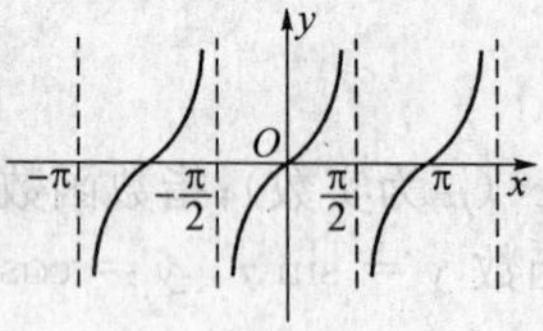	奇函数，周期为 π，在 $\left(k\pi-\frac{\pi}{2},k\pi+\frac{\pi}{2}\right)$ 内单调增加.
余切函数	$y=\cot x$	$x\neq k\pi(k\in\mathbf{Z})$ $y\in(-\infty,+\infty)$	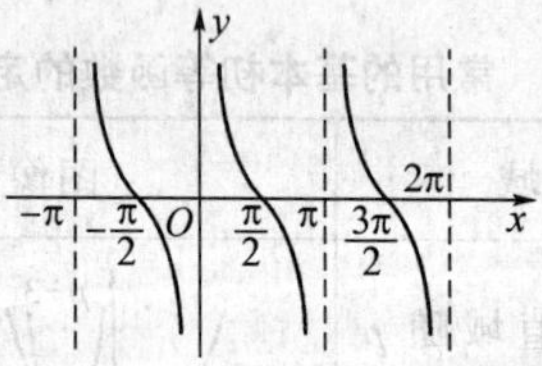	奇函数，周期为 π，在 $(k\pi,k\pi+\pi)$ 内单调减少.
反正弦函数	$y=\arcsin x$	$x\in[-1,+1]$ $y\in\left[-\frac{\pi}{2},\frac{\pi}{2}\right]$	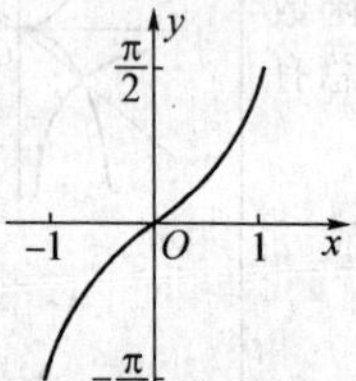	奇函数，单调增加，有界.
反余弦函数	$y=\arccos x$	$x\in[-1,+1]$ $y\in[0,\pi]$	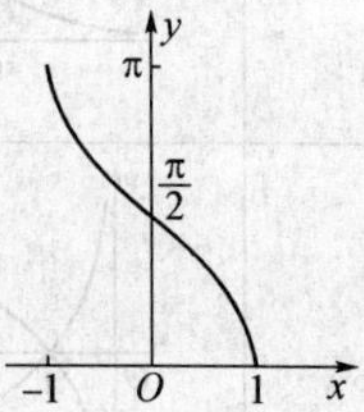	单调减少，有界.

（续表）

函数	表达式	定义域与值域	图像	特性
反正切函数	$y=\arctan x$	$x\in(-\infty,+\infty)$ $y\in\left(-\frac{\pi}{2},\frac{\pi}{2}\right)$	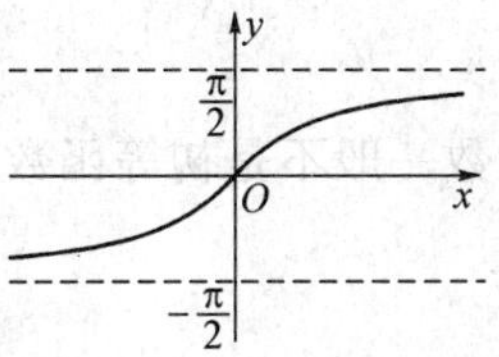	奇函数，单调增加，有界.
反余切函数	$y=\operatorname{arccot} x$	$x\in(-\infty,+\infty)$ $y\in(0,\pi)$	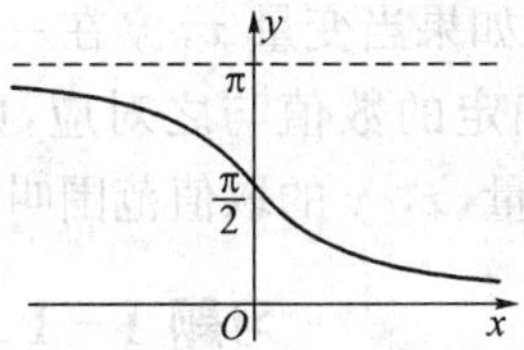	单调减少，有界.

2. 复合函数

定义 2　设函数 $y=f(u)$ 的定义域为 D_1，函数 $u=\varphi(x)$ 的定义域为 D，值域为 M，且 $M\subset D_1$. 若对于 D 内任意一点 x，有确定的值 $u=\varphi(x)$ 与之对应，由于 $u=\varphi(x)\in M\subset D_1$，又有确定的值 y 与之对应，这样就确定了一个新函数，此函数称为 $y=f(u)$ 与 $u=\varphi(x)$ 构成的**复合函数**，记为 $y=f[\varphi(x)]$.

为了研究的方便，往往把一个比较复杂的函数分解成几个比较简单的函数的复合. 要把复合函数分解好，必须把基本初等函数的形式记住.

【例 5】　指出下列复合函数的复合过程：

(1) $y=e^{5x}$；(2) $y=\cos^3(2x+1)$；(3) $y=\ln(\arctan\sqrt{x+1})$.

解　(1) 即将 $y=e^{5x}$ 分解为几个基本初等函数或简单函数. 方法是看复合函数的运算过程或读出函数的过程.

显然，给出自变量 x，先算 $5x$，设值为 u，即 $u=5x$，然后再算 e^u，即 $y=e^u$，故 $y=e^{5x}$ 是由 $y=e^u$，$u=5x$ 复合而成的.

(2) 按照计算过程，显然可得 $y=\cos^3(2x+1)$ 是由 $y=u^3$，$u=\cos v$，$v=2x+1$ 复合而成的.

(3) 复合过程为 $y=\ln u$，$u=\arctan v$，$v=\sqrt{w}$，$w=2x+1$.

1.1.3　初等函数

定义 3　由常数和基本初等函数经过有限次四则运算和有限次复合而形成的，且能用一个解析式表示的函数，称为**初等函数**.

例如，1.1.4 例 4 中我们建立的净利润函数就是初等函数.

再比如在工程技术上常用的双曲函数：

(1) 双曲正弦函数，$y=\operatorname{sh} x=\dfrac{e^x-e^{-x}}{2}$；

(2) 双曲余弦函数，$y=\operatorname{ch}x=\dfrac{e^{x}+e^{-x}}{2}$；

(3) 双曲正切函数，$y=\operatorname{th}x=\dfrac{e^{x}-e^{-x}}{e^{x}+e^{-x}}$.

它们都是初等函数.

需要特别指出的是分段函数一般不是初等函数，但分段函数也是微积分中要讨论的一类重要函数.

1.3.4 二元函数

定义 4 设变量 x, y, z，如果当变量 x, y 在一定范围内任意取定一对数值时，变量 z 按照一定的法则，总有唯一确定的数值与之对应，则称 z 是 x, y 的二元函数，记作 $z=f(x, y)$，其中 x, y 叫做自变量，x, y 的取值范围叫做函数的定义域.

习题 1-1

1. 求下列函数的定义域.

(1) $y=\dfrac{1-x}{\sqrt{4-x^{2}}}$；　　(2) $y=\arcsin\dfrac{x-1}{2}$；

(3) $y=\ln[\ln(\ln x)]$；　　(4) $y=\sqrt{e^{2x}-1}$；

(5) $y=\begin{cases}1-x, & -1\leqslant x<0,\\ 1+x, & 0\leqslant x\leqslant 1;\end{cases}$　　(6) $y=\dfrac{1}{1-x^{2}}+\sqrt{x+2}$.

2. 设 $f(3-2x)=\dfrac{x}{1+x}$，求 $f(x)$，$f[f(x)]$，$f(0)$.

3. 判断下列函数的奇偶性.

(1) $f(x)=\sqrt{x^{2}+1}$；　　(2) $f(x)=x^{5}-x+3$；

(3) $f(x)=\ln\dfrac{1-x}{1+x}$；　　(4) $f(x)=g(x)+g(-x)\ x\in(-\infty, +\infty)$.

4. 写出下列函数的复合过程.

(1) $y=\dfrac{1}{1+4x}$；　　(2) $y=(3-2x)^{5}$；

(3) $y=\tan^{2}\dfrac{x}{3}$；　　(4) $y=\cos\sqrt{\ln x}$；

(5) $y=3^{\arctan\frac{1}{x}}$；　　(6) $y=\sec(1+x^{2}+x^{4})$.

5. 某运输公司规定货物的吨公里运输价为：在 a 公里以内，每公里 k 元；超过 a 公里，超过部分每公里 $\dfrac{4}{5}k$ 元. 求运价 m 和里程 s 之间的函数关系.

6. 拟建一个容积为 v 的长方体水池，设它的底为正方形，如果池底所用材料单位面积的造价是四周单位面积造价的 2 倍，试将总造价表示成底边长的函数，并确定此函数的定义域.

7. 某饭店现有高级客房 60 套，目前租金每天每套 200 元则基本客满，若提高租金，预计每套租金每提高 10 元均有一套房间空出来，试问租金定为多少时，饭店房租收入最大？

收入多少元？这时饭店将空出多少套高级客房？

8. 某厂生产的手掌游戏机每台可卖 110 元，固定成本为 7 500 元，可变成本为每台 60 元.

(1) 要卖多少台手掌机，厂家才可保本(收回投资)？

(2) 卖掉 100 台的话，厂家赢利或亏损了多少？

(3) 要获得 1 250 元利润，需要卖多少台？

1.2 极　　限

极限是高等数学最基本的概念，高等数学中的一些概念，如连续、导数、积分以及级数等都是利用极限来定义的.

1.2.1 数列极限

我国春秋战国时期的《庄子·天下篇》中说："一尺之棰，日取其半，万世不竭"，这就是极限的最朴素思想.

在这个过程中可以试想一下，一根棒子，每天取其一半，尽管永远取不完，可到了一定的时候，还能看得见吗？看不见意味着什么？不就是没了吗？终极的时候，就彻底地没有了.它的终极状态就是零.那么我们如何去理解这个终极状态和零呢？

公元三世纪，中国数学家刘徽的割圆术，就是用圆内接正多边形的周长逼近圆的周长的极限思想来近似计算圆周率 π 的.他说："割之弥细，所失弥少，割之又割，以至不可再割，则与圆合体而无所失矣！"

直到 17 世纪 60 年代到 18 世纪初，牛顿(Newton，1642—1727)和莱布尼兹(Leibniz)两人分别从力学问题和几何学问题入手，在前人工作的基础上，利用还不严密的极限方法各自独立地建立了微积分学，最后由柯西(Cauchy，1789—1857)和维尔斯特拉斯(Weierstrass，1815—1897)完善了微积分的基础概念——极限.

用现代数学的思想来说，刘徽割圆术中所述的不可再割的情况是不存在的，无论怎么一种割法，都不可能"与圆合体而无所失"，但是，他体现出来的终极思想是无可非议的.

微分学与积分学中还有许多有关极限思想的应用问题，在后面的学习内容中我们还会有这方面的阐述，在这里我们就不作介绍了.

【引例 1】 观察下面数列的变化趋势.

$1, \frac{1}{2}, \frac{1}{4}, \frac{1}{8}, \cdots, \frac{1}{2^n}, \cdots \qquad x_n = \frac{1}{2^{n-1}} \to 0\,(n \to \infty)$

$\frac{1+1}{1}, \frac{2+1}{2}, \frac{3+1}{3}, \cdots, \frac{n+1}{n}, \cdots \qquad x_n = \frac{n+1}{n} \to 1\,(n \to \infty)$

$1, -\frac{1}{2}, \frac{1}{3}, -\frac{1}{4}, \cdots, (-1)^{n-1}\frac{1}{n}, \cdots \qquad x_n = (-1)^{n-1}\frac{1}{n} \to 0\,(n \to \infty)$

共同点：存在常数 a，当 n 无限增大时，x_n 无限接近于 a.这一类数列统称为"收敛数列"，a 则为数列的极限.不具备这一条件的数列则为发散数列，如数列 $\{(-1)^n\}$，$\{n\}$ 均为发散数列.

定义 1 若数列 $\{a_n\}$ 当项数 n 无限增大时，如果 a_n 无限趋近于一个确定的常数 A(即

$|a_n-A|$无限趋近于0)，那么就称这个数列存在极限A，记作$\lim\limits_{n\to\infty}a_n=A$，读作"当$n$趋向于无穷大时，$\{a_n\}$的极限等于$A$"."$n\to\infty$"表示"$n$趋向于无穷大"$\lim\limits_{n\to\infty}a_n=A$有时也记作：当$n\to\infty$时，$a_n\to A$.

注：一个数列若有极限，极限值必唯一.

例如，对于比较简单而又十分重要的几类数列的极限，我们可以通过观察得知：

$$\lim_{n\to\infty}\frac{1}{n}=0;\ \lim_{n\to\infty}\frac{1}{n^p}=0,(p>0);\ \lim_{n\to\infty}\frac{1}{q^n}=0,(|q|>1).$$

当然，并不是所有的数列极限都存在，$\lim\limits_{n\to\infty}(-1)^n$极限不存在，$\lim\limits_{n\to\infty}2^n$极限也不存在，因为当$n$无限增大时，都找不到一个确定的常数$A$，使得$a_n\to A$.

【例1】 某工厂对一生产设备的投资额是1万元，每年的折旧费为该设备账面价格(即以前各年折旧费用提取后余下的价格)的$\frac{1}{10}$，那么这一设备的账面价格(单位：万元)第一年为1，第二年为$\frac{9}{10}$，第三年为$\left(\frac{9}{10}\right)^2$，…，第$n$年为$\left(\frac{9}{10}\right)^{n-1}$，从它的变化趋势可以看出，随着年数$n$无限增大，账面价格无限接近于0，即

$$\lim_{n\to\infty}\left(\frac{9}{10}\right)^{n-1}=0.$$

1.2.2 函数的极限

1. 当$x\to\infty$时，函数$f(x)$的极限

【引例2】 我们先来看函数$y=\frac{1}{x}(x\in\mathbf{R},\ x\neq 0)$，画出它的图像，或者列表观察．当$x$取正值并无限增大和当$x$取负值并绝对值无限增大时，函数值的变化趋势.

(1) 函数$y=\frac{1}{x}(x\in\mathbf{R},\ x\neq 0)$的图像，如图1-2.

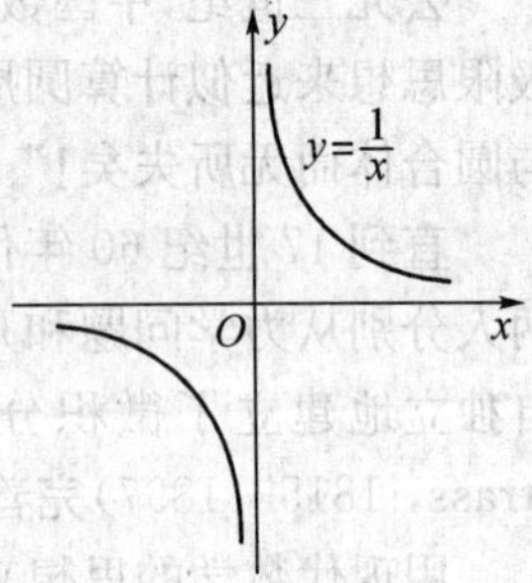

图1-2

(2) 列表1-2：

表1-2

x	1	10	100	1 000	10 000	100 000	……
y	1	0.1	0.01	0.001	0.000 1	0.000 01	……
x	−1	−10	−100	−1 000	−10 000	−100 000	……
y	−1	−0.1	−0.01	−0.001	−0.000 1	−0.000 01	……

从图中或表中可以看出，当x取正值增大时，y的值趋于0；当x取负值并绝对值增大时，y的值也趋于0.

定义2 若当$|x|$无限增大(即$x\to\infty$)时，函数$f(x)$无限地趋近于一个确定的常数A，则称常数A为函数$f(x)$当$x\to\infty$时的极限，记为$\lim\limits_{x\to\infty}f(x)=A$.

注：$\lim\limits_{x\to\infty}f(x)=A$ 包含两种情形：$\lim\limits_{x\to+\infty}f(x)=A$ 或 $\lim\limits_{x\to-\infty}f(x)=A$；反之，只有当 $\lim\limits_{x\to-\infty}f(x)=\lim\limits_{x\to+\infty}f(x)=A$，才可记为$\lim\limits_{x\to\infty}f(x)=A$.

例如：$\lim\limits_{x\to+\infty}\left(1+\dfrac{1}{x}\right)=1$，$\lim\limits_{x\to+\infty}\arctan x=\dfrac{\pi}{2}$，$\lim\limits_{x\to+\infty}2^{-x}=0$.

【例 2】 讨论函数 $f(x)=\dfrac{|x|}{x}$ 在 $x\to\infty$ 时的极限.

解 $\lim\limits_{x\to-\infty}\dfrac{|x|}{x}=-1$，$\lim\limits_{x\to+\infty}\dfrac{|x|}{x}=1$，因为极限值不相等，所以$\lim\limits_{x\to\infty}\dfrac{|x|}{x}$极限不存在.

【例 3】 讨论函数 $y=\begin{cases}\dfrac{1}{x}, & x<0,\\ e^{-x}, & x\geqslant 0,\end{cases}$ 在 $x\to\infty$ 时的极限.

解 $\lim\limits_{x\to-\infty}f(x)=\lim\limits_{x\to-\infty}\dfrac{1}{x}=0$，$\lim\limits_{x\to+\infty}f(x)=\lim\limits_{x\to+\infty}e^{-x}=0$，因此$\lim\limits_{x\to\infty}f(x)=0$.

2. 当 $x\to x_0$ 时，函数 $f(x)$ 的极限

【引例 3】 设函数 $y=f(x)=\dfrac{x^2-1}{x-1}$，则函数在 $x=1$ 这点没有定义. 当自变量 x 从 1 的附近无限地趋近于 1 时，相应的函数值的变化情况，它的终极结果是什么？

其实，当 x 无限趋近于 1 时，相应函数值就无限趋近 2（如图 1－3所示）. 这时称当 $x\to1$ 时 $f(x)$以 2 为极限.

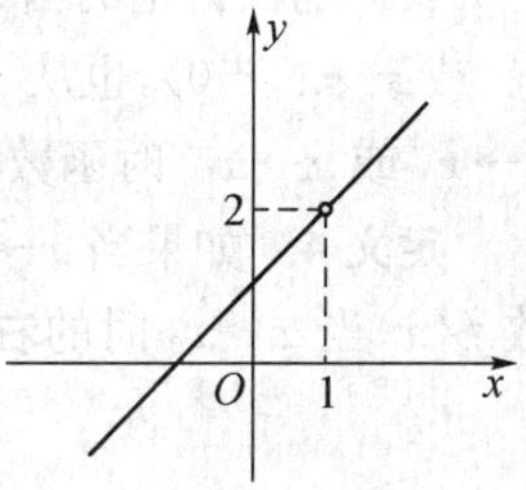

图 1－3

为此我们可以给出函数在某定点的极限的定义.

定义 3 若当 $x\to x_0$时，函数 $f(x)$无限地趋近于一个确定的常数 A，那么就称数 A 为当 $x\to x_0$时函数 $f(x)$的极限，记为$\lim\limits_{x\to x_0}f(x)=A$ 或$f(x)\to A$.

注：(1) $\lim\limits_{x\to x_0}f(x)=A$ 描述的是当自变量 x 无限接近 x_0 时，相应的函数值 $f(x)$无限趋近于常数 A 的一种变化趋势，与函数 $f(x)$在 x_0 点是否有定义无关.

(2) 在 x 无限趋近 x_0 的过程中，既可以从大于 x_0 的方向趋近 x_0，也可以从小于 x_0 的方向趋近于 x_0，整个过程没有任何方向限制.

【例 4】 考察极限$\lim\limits_{x\to x_0}x$ 和$\lim\limits_{x\to x_0}C$（C 为常数）.

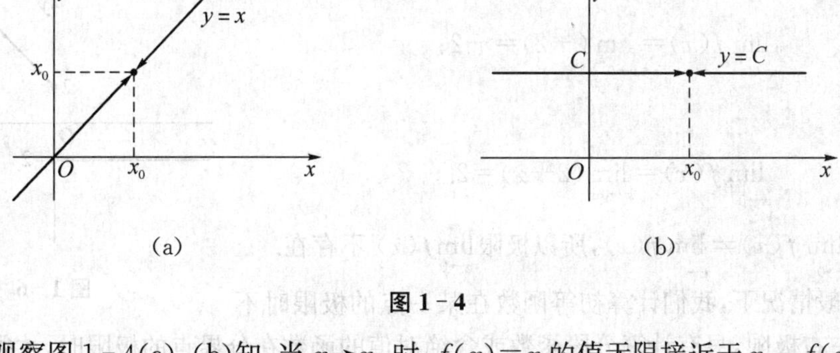

图 1－4

解 观察图 1－4(a)，(b)知，当 $x\to x_0$ 时，$f(x)=x$ 的值无限接近于 x_0，$f(x)=C$ 的值无限接近于C，因此 $\lim\limits_{x\to x_0}x=x_0$，$\lim\limits_{x\to x_0}C=C$.

【例 5】 考察极限$\lim\limits_{x\to 0}\sin x$和$\lim\limits_{x\to 0}\cos x$.

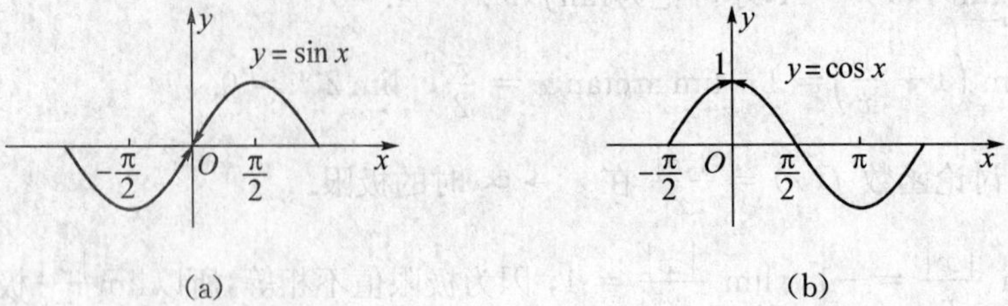

图 1-5

解　观察图 1-5(a),(b)知,当 $x\to 0$ 时,$f(x)=\sin x$ 的值无限接近于 0, $f(x)=\cos x$ 的值无限接近于 1,因此 $\lim\limits_{x\to 0}\sin x=0$, $\lim\limits_{x\to 0}\cos x=1$.

3. 当 $x\to x_0$ 时,函数 $f(x)$的左极限与右极限

我们前面讨论的当 $x\to x_0$ 时函数的极限中,x 既从 x_0 的左侧无限接近于 x_0(记为 $x\to x_0^-$ 或 $x\to x_0-0$),也从 x_0 的右侧无限接近于 x_0(记为 $x\to x_0^+$ 或 $x\to x_0+0$). 下面给出当 $x\to x_0^-$ 或 $x\to x_0^+$ 时函数极限的定义:

定义 4 如果当 $x\to x_0^+$ 时,函数 $f(x)$无限接近于一个确定的常数 A,那么 A 就叫做函数 $f(x)$当 $x\to x_0$ 时的**右极限**,记为

$$\lim_{x\to x_0^+}f(x)=A \quad 或 \quad f(x_0+0)=A.$$

如果当 $x\to x_0^-$ 时,函数 $f(x)$无限接近于一个常数 A,那么 A 就叫做函数 $f(x)$当 $x\to x_0$ 时的**左极限**,记为

$$\lim_{x\to x_0^-}f(x)=A \quad 或 \quad f(x_0-0)=A.$$

定理 $\lim\limits_{x\to x_0}f(x)=A$ 的充分必要条件是:$\lim\limits_{x\to x_0^+}f(x)=A$ 并且 $\lim\limits_{x\to x_0^-}f(x)=A$.

【例 6】 已知函数 $f(x)=\begin{cases}2+x, & x\geqslant 0,\\ -2, & x<0,\end{cases}$ 求当 $x\to 0$ 时的左右极限,并讨论极限 $\lim\limits_{x\to 0}f(x)$ 是否存在.

解　由图 1-6 知,当 $x\to 0$ 时,函数的左极限为

$$\lim_{x\to 0^-}f(x)=\lim_{x\to 0^-}(-2)=-2;$$

右极限为

$$\lim_{x\to 0^+}f(x)=\lim_{x\to 0+}(2+x)=2.$$

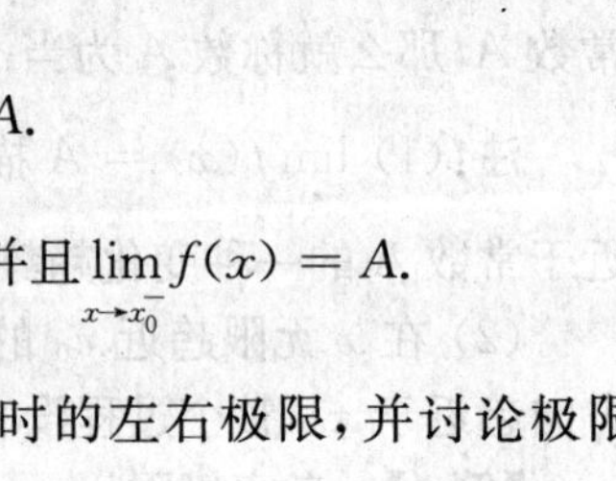

图 1-6

因为 $\lim\limits_{x\to 0^-}f(x)\neq\lim\limits_{x\to 0^+}f(x)$,所以极限$\lim\limits_{x\to 0}f(x)$ 不存在.

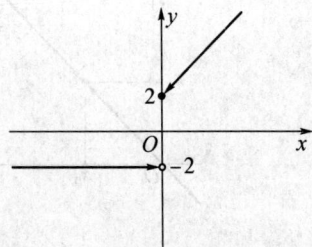

注:一般情况下,我们计算初等函数在某一点的极限时不需要讨论左右极限,只有计算分段函数或含绝对值的函数在分界点的极限时,才须讨论左右极限. 看下面的例子.

【例 7】 已知 $f(x)=\begin{cases}x+3,\ x\geqslant 1,\\4,\ 0<x<1,\end{cases}$ 求$\lim\limits_{x\to 2}f(x)$和$\lim\limits_{x\to 1}f(x)$.

解 $\lim\limits_{x\to 2}f(x)=\lim\limits_{x\to 2}(x+3)=5$，而计算$\lim\limits_{x\to 1}f(x)$时需要讨论左右极限.因为左右极限都为 4，易知$\lim\limits_{x\to 1}f(x)=4$.

【例 8】 讨论函数 $f(x)=\begin{cases}1+x,\ 0<x\leqslant 1,\\1,\ x=0,\\1-x,\ -1\leqslant x<0,\end{cases}$ 在 $x=0$ 的极限的存在性.

解 右极限 $\lim\limits_{x\to 0^+}f(x)=\lim\limits_{x\to 0^+}(1+x)=1$；左极限 $\lim\limits_{x\to 0^-}f(x)=\lim\limits_{x\to 0^-}(1-x)=1$，则 $\lim\limits_{x\to 0^+}f(x)=\lim\limits_{x\to 0^-}f(x)=1$，因此$\lim\limits_{x\to 0}f(x)=1$.

而对于函数 $f(x)=\begin{cases}1+x,\ 0<x<1,\\1,\ x=0,\\-1-x,\ -1<x<0,\end{cases}$ 容易知道，$\lim\limits_{x\to 0^-}f(x)=-1$，$\lim\limits_{x\to 0^+}f(x)=1$，因此$\lim\limits_{x\to 0}f(x)$ 不存在.

【例 9】 设 $f(x)=\dfrac{|x|}{x}$，计算$\lim\limits_{x\to 3}f(x)$，$\lim\limits_{x\to 0}f(x)$.

解 $\lim\limits_{x\to 3}f(x)=\lim\limits_{x\to 3}1=1$，因为$\lim\limits_{x\to 0^+}f(x)=\lim\limits_{x\to 0^+}1=1$，$\lim\limits_{x\to 0^-}f(x)=\lim\limits_{x\to 0^-}(-1)=-1$，所以$\lim\limits_{x\to 0}f(x)$不存在.

1.2.3 无穷小量和无穷大量

1. 无穷小量

我们经常遇到极限为零的变量.例如，当 $x\to\infty$ 时，$\dfrac{1}{x}\to 0$；当 $x\to 2$ 时，$x-2\to 0$.对于这样的变量，我们给出下面的定义.

定义 5 若 $\lim\limits_{x\to x_0}f(x)=0$，则称 $f(x)$当 $x\to x_0$ 时是**无穷小量(或无穷小)**.

注：(1) 说一个函数 $f(x)$是无穷小，必须指明自变量 x 的变化趋势；

(2) 不要把一个绝对值很小的常数说成无穷小，因为常数的极限为它本身，并不是零；

(3) 常数中只有“0”可以看成是无穷小，但无穷小量不一定是零；

(4) 此定义中可以将自变量的趋向换成其他任何一种情形($x\to x_0^-$，$x\to x_0^+$，$x\to x_0$，$x\to\infty$，$x\to-\infty$或 $x\to+\infty$)，结论同样成立，以后不再说明.

【例 10】 指出自变量 x 在怎样的趋向下，下列函数为无穷小量.

(1) $y=\dfrac{1}{x+1}$；(2) $y=x^2-1$；(3) $y=a^x(a>0,\ a\neq 1)$.

解 (1) 因为 $\lim\limits_{x\to\infty}\dfrac{1}{x+1}=0$，所以当 $x\to\infty$ 时，函数 $y=\dfrac{1}{x+1}$ 是一个无穷小量；

(2) 因为 $\lim\limits_{x\to 1}(x^2-1)=0$ 与 $\lim\limits_{x\to -1}(x^2-1)=0$，所以当 $x\to 1$ 与 $x\to -1$ 时函数 $y=x^2-1$ 都是无穷小量；

(3) 对于 $a>1$，因为 $\lim\limits_{x\to-\infty}a^x=0$，所以当 $x\to-\infty$ 时，$y=a^x$ 为一个无穷小量；而对于

$0<a<1$，因为 $\lim\limits_{x\to+\infty}a^x=0$，所以当 $x\to+\infty$ 时，$y=a^x$ 为一个无穷小量.

在自变量的同一变化过程中，无穷小有下列性质：

性质 1 常数与无穷小的乘积仍为无穷小.

性质 2 有限个无穷小的代数和是无穷小.

性质 3 有限个无穷小的乘积是无穷小.

性质 4 有界函数与无穷小的乘积是无穷小.

【例 11】 求 $\lim\limits_{x\to0}x\cos\dfrac{1}{x}$.

解 显然 x 是 $x\to0$ 时的无穷小. 因为 $\left|\cos\dfrac{1}{x}\right|\leqslant1$，所以 $\cos\dfrac{1}{x}$ 是有界函数. 根据无穷小的性质 4，可得 $\lim\limits_{x\to0}x\cos\dfrac{1}{x}=0$.

无穷小与函数极限之间有如下关系：

$$\lim_{x\to x_0}f(x)=A\Leftrightarrow f(x)=A+\alpha(x).$$

其中，$\alpha(x)$ 为 $x\to x_0$ 的无穷小.

当 x 以其他方式变化时，如 $x\to\infty$，$x\to x_0^+$ 等，可得到相应的结论.

2. 无穷大量

考察当 $x\to0$ 时，函数 $f(x)=\dfrac{1}{x}$ 的变化情况，在自变量无限接近于 0 时，函数值的绝对值 $\left|\dfrac{1}{x}\right|$ 无限增大.

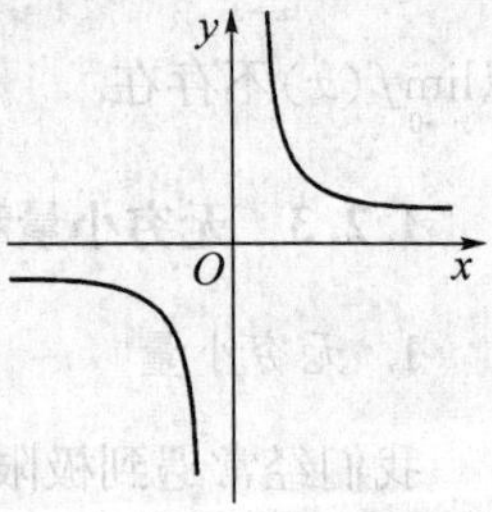

图 1-7

定义 6 如果当 $x\to x_0$（或 $x\to\infty$）时，函数 $f(x)$ 的绝对值无限增大，那么函数 $f(x)$ 叫做当 $x\to x_0$（或 $x\to\infty$）时的**无穷大量**，简称**无穷大**.

易知 $\lim\limits_{x\to1^+}\dfrac{1}{x-1}=+\infty$，$\lim\limits_{x\to1^-}\dfrac{1}{x-1}=-\infty$，$\lim\limits_{x\to1}\dfrac{1}{x-1}=\infty$.

无穷大量描述的是一个函数在自变量的某一趋向下，相应的函数值的变化趋势，即 $|f(x)|$ 无限增大. 同一个函数在自变量的不同趋向下，相应的函数值有不同的变化趋势. 如对函数$\dfrac{1}{x}$，当 $x\to0$ 时，它为无穷大量；当 $x\to1$ 时，它以 1 为极限. 因此称一个函数为无穷大量时，必须明确指出其自变量的变化趋向，否则毫无意义.

注：(1)无穷大量也不是一个量的概念，它是一个变化的过程. 反映了自变量在某个趋近过程中，函数的绝对值无限地增大的一种趋势；

(2) 无穷大量与无界函数的区别：一个无穷大量一定是一个无界函数，但一个无界函数不一定是一个无穷大量.

3. 无穷大与无穷小的关系

我们知道，当 $x\to2$ 时，$x-2$ 是无穷小，$\dfrac{1}{x-2}$是无穷大；当 $x\to\infty$时，x 是无穷大，$\dfrac{1}{x}$是无穷小.

一般地，无穷大与无穷小之间有以下的倒数关系：

在自变量的同一变化过程中，如果 $f(x)$ 为无穷大，则 $\frac{1}{f(x)}$ 是无穷小；反之，如果 $f(x)$ 是无穷小，且 $f(x)\neq 0$，则 $\frac{1}{f(x)}$ 为无穷大.

习题 1－2

1. 怎样理解“趋近”和“无限趋近”？

2. 函数在某点的函数值是否决定了函数在该点的极限值？试举例说明.

3. 试判断下列极限是否存在？

(1) $\lim\limits_{n\to\infty}\cos(n\pi)$；　(2) $\lim\limits_{x\to\infty}\sin x$.

4. 根据极限定义，用观察法写出下列数列或函数的极限.

(1) $a_n=\frac{1}{n}+5$；　(2) $a_n=\frac{n+2}{n-2}$；

(3) $a_n=(-1)^n\frac{1}{n}$；　(4) $a_n=(-1)^n$；

(5) $\lim\limits_{x\to\infty}2$；　(6) $\lim\limits_{x\to\infty}\left(1-\frac{1}{x}\right)$；

(7) $\lim\limits_{x\to+\infty}3^{-x}$；　(8) $\lim\limits_{x\to-\infty}\arctan x$；

(9) $\lim\limits_{x\to-1}(x^2-5x+6)$；　(10) $\lim\limits_{x\to 0}\cos x$；

(11) $\lim\limits_{x\to 1}\ln x$；　(12) $\lim\limits_{x\to 1}\frac{x(x-1)}{x-1}$.

5. 下列变量哪些是无穷大量，哪些是无穷小量？

(1) $\frac{1}{\sqrt[3]{x}}(x\to 0)$；　(2) $x^2+x(x\to 0)$；

(3) $\frac{x}{1+x^2}(x\to\infty)$；　(4) $\ln(2x-1)(x\to 1)$.

6. 设 $f(x)=\frac{\sqrt{x^2}}{x}$，试求 $\lim\limits_{x\to 1}f(x)$，$\lim\limits_{x\to 0^-}f(x)$，$\lim\limits_{x\to 0^+}f(x)$，$\lim\limits_{x\to 0}f(x)$.

7. 设函数 $f(x)=\begin{cases}x, & x<0,\\ \sin x, & 0\leqslant x<\pi,\\ 1, & x\geqslant\pi,\end{cases}$ 试求此函数分别在 -1，0，$\frac{\pi}{2}$，π，4 的极限.

1.3　极限的运算及重要极限

如何求函数极限？利用 1.2 节介绍的极限的定义只能观察出极其简单的函数的极限，对于较复杂的函数就不易得到结果了. 下面我们来介绍和学习几种基本的极限类型和相应的求极限方法.

1.3.1　极限的四则运算法则

若 $\lim\limits_{x\to x_0}f(x)=A$，$\lim\limits_{x\to x_0}g(x)=B$，则有

法则 1 $\lim\limits_{x\to x_0}[f(x)\pm g(x)]=\lim\limits_{x\to x_0}f(x)\pm\lim\limits_{x\to x_0}g(x)=A\pm B$；

法则 2 $\lim\limits_{x\to x_0}[f(x)\cdot g(x)]=\lim\limits_{x\to x_0}f(x)\cdot\lim\limits_{x\to x_0}g(x)=A\cdot B$；

法则 3 $\lim\limits_{x\to x_0}\dfrac{f(x)}{g(x)}=\dfrac{\lim\limits_{x\to x_0}f(x)}{\lim\limits_{x\to x_0}g(x)}=\dfrac{A}{B}$，$(B\neq 0)$.

也就是说，如果两个函数都有极限，那么这两个函数的和、差、积、商组成的函数极限，分别等于这两个函数的极限的和、差、积、商(作为除数的函数的极限不能为 0).

说明：当 C 是常数，n 是正整数时：

$$\lim_{x\to x_o}[Cf(x)]=C\lim_{x\to x_o}f(x),\ \lim_{x\to x_o}[f(x)]^n=[\lim_{x\to x_o}f(x)]^n.$$

这些法则对于 $x\to\infty$ 的情况仍然适用.

$$\lim_{x\to x_0}x^k=x_0^k(k\in\mathbf{N}^*),\ \lim_{x\to\infty}\frac{1}{x^k}=0,(k\in\mathbf{N}^*).$$

【例 1】 求下列极限.

(1) $\lim\limits_{x\to 2}(x^2+3x-1)$；(2) $\lim\limits_{x\to 1}\dfrac{2x^3-x^2+1}{x+1}$；(3) $\lim\limits_{x\to 1}\dfrac{x^2-2x+5}{x^2+7}$.

解 (1) $\lim\limits_{x\to 2}(x^2+3x-1)=\lim\limits_{x\to 2}x^2+\lim\limits_{x\to 2}3x-\lim\limits_{x\to 2}1=4+6-1=9$；

(2) $\lim\limits_{x\to 1}\dfrac{2x^3-x^2+1}{x+1}=\dfrac{\lim\limits_{x\to 1}(2x^3-x^2+1)}{\lim\limits_{x\to 1}(x+1)}=\dfrac{\lim\limits_{x\to 1}2x^3-\lim\limits_{x\to 1}x^2+\lim\limits_{x\to 1}1}{\lim\limits_{x\to 1}x+\lim\limits_{x\to 1}1}=\dfrac{2}{2}=1$；

(3) $\lim\limits_{x\to 1}\dfrac{x^2-2x+5}{x^2+7}=\lim\limits_{x\to 1}\dfrac{1^2-2\times 1+5}{1^2+7}=\dfrac{1}{2}$.

注：求某些函数在某一点 $x=x_0$ 处的极限值时，只要把 $x=x_0$ 代入函数的解析式中，就得到极限值. 这种方法叫**直接代入法**.

【例 2】 求下列极限.

(1) $\lim\limits_{x\to 1}\dfrac{x^2-1}{x-1}$；(2) $\lim\limits_{x\to 1}\dfrac{x^2-1}{2x^2-x-1}$；(3) $\lim\limits_{x\to 4}\dfrac{x^2-16}{x-4}$.

分析 这个题目如果用直接代入法做，则分子、分母都为 0，因此不能求解. 将分子分母因式分解，利用定义域可约去公因式，化简再求极限.

解 (1) $\lim\limits_{x\to 1}\dfrac{x^2-1}{x-1}=\lim\limits_{x\to 1}\dfrac{(x-1)(x+1)}{x-1}=\lim\limits_{x\to 1}(x+1)=2$.

(2) $\lim\limits_{x\to 1}\dfrac{x^2-1}{2x^2-x-1}=\lim\limits_{x\to 1}\dfrac{(x+1)(x-1)}{(x-1)(2x+1)}=\lim\limits_{x\to 1}\dfrac{x+1}{2x+1}$

$$=\frac{\lim\limits_{x\to 1}(x+1)}{\lim\limits_{x\to 1}(2x+1)}=\frac{1+1}{2\times 1+1}=\frac{2}{3}.$$

(3) $\lim\limits_{x\to 4}\dfrac{x^2-16}{x-4}=\lim\limits_{x\to 4}\dfrac{(x-4)(x+4)}{x-4}=\lim\limits_{x\to 4}(x+4)$

$$=\lim_{x\to 4}x+\lim_{x\to 4}4=4+4=8.$$

注：当用直接代入法时，分子、分母都为 0，可对分子、分母因式分解，约去公因式来求极限. 就是先要对原来的函数进行恒等变形，称**因式分解法**.

【例 3】 求下列极限.

(1) $\lim\limits_{x\to 0}\dfrac{\sqrt{x+1}-1}{x}$；(2) $\lim\limits_{x\to\infty}x(\sqrt{x^2+1}-\sqrt{x^2-1})$；(3) $\lim\limits_{x\to 1}\dfrac{x-1}{\sqrt{x+3}-2}$.

解 (1) $\lim\limits_{x\to 0}\dfrac{\sqrt{x+1}-1}{x}=\lim\limits_{x\to 0}\dfrac{x}{x\cdot(\sqrt{x+1}+1)}=\lim\limits_{x\to 0}\dfrac{1}{\sqrt{x+1}+1}=\dfrac{1}{2}$；

(2) $$\lim_{x\to\infty}x(\sqrt{x^2+1}-\sqrt{x^2-1})=\lim_{x\to\infty}\frac{2x}{\sqrt{x^2+1}+\sqrt{x^2-1}}$$

$$=\lim_{x\to\infty}\frac{2}{\sqrt{1+\frac{1}{x^2}}+\sqrt{1-\frac{1}{x^2}}}=\frac{2}{1+1}=1;$$

(3) $$\lim_{x\to 1}\frac{(x-1)(\sqrt{x+3}+2)}{(\sqrt{x+3}-2)(\sqrt{x+3}+2)}=\lim_{x\to 1}\frac{(x-1)(\sqrt{x+3}+2)}{x-1}$$

$$=\lim_{x\to 1}(\sqrt{x+3}+2)=2+2=4.$$

注:用直接代入法时,分子、分母都为 0,但是分子、分母都不能进行因式分解,观察到我们可以对分子或分母进行有理化,然后进行求解,称**有理化法**.

【例 4】 求下列极限.

(1) $\lim\limits_{n\to\infty}\dfrac{2n^2+n}{3n^2+2}$；(2) $\lim\limits_{n\to\infty}\dfrac{\sqrt{3n-1}+5}{n+1}$；(3) $\lim\limits_{x\to\infty}\dfrac{3x^2-x+3}{x^2+1}$.

(1) **解** $$\lim_{n\to\infty}\frac{2n^2+n}{3n^2+2}=\lim_{n\to\infty}\frac{2+\frac{1}{n}}{3+\frac{2}{n^2}}=\frac{\lim\limits_{n\to\infty}\left(2+\frac{1}{n}\right)}{\lim\limits_{n\to\infty}\left(3+\frac{2}{n^2}\right)}=\frac{\lim\limits_{n\to\infty}2+\lim\limits_{n\to\infty}\frac{1}{n}}{\lim\limits_{n\to\infty}3+\lim\limits_{n\to\infty}\frac{2}{n^2}}=\frac{2+0}{3+0}=\frac{2}{3}.$$

规律 一般地,当分子与分母是关于 n 的次数相同的多项式时,这个公式在 $n\to\infty$ 时的极限是分子与分母中最高次项的系数之比.

(2) **解** $$\lim_{n\to\infty}\frac{\sqrt{3n-1}+5}{n+1}=\lim_{n\to\infty}\frac{\sqrt{\frac{3}{n}-\frac{1}{n^2}}+\frac{5}{n}}{1+\frac{1}{n}}=\frac{\lim\limits_{n\to\infty}\sqrt{\frac{3}{n}-\frac{1}{n^2}}+\lim\limits_{n\to\infty}\frac{5}{n}}{\lim\limits_{n\to\infty}1+\lim\limits_{n\to\infty}\frac{1}{n}}=\frac{0+0}{1+0}=0.$$

(3) **分析** 当 $x\to\infty$ 时,分子、分母都没有极限,不能直接运用上面的商的极限运算法则. 如果分子、分母都除以 x^2,所得到的分子、分母都有极限,就可以用商的极限运用法则计算.

解 $$\lim_{x\to\infty}\frac{3x^2-x+3}{x^2+1}=\lim_{x\to\infty}\frac{3-\frac{1}{x}+\frac{3}{x^2}}{1+\frac{1}{x^2}}=\frac{\lim\limits_{x\to\infty}\left(3-\frac{1}{x}+\frac{3}{x^2}\right)}{\lim\limits_{x\to\infty}\left(1+\frac{1}{x^2}\right)}$$

$$=\frac{\lim\limits_{x\to\infty}3-\lim\limits_{x\to\infty}\frac{1}{x}+\lim\limits_{x\to\infty}\frac{3}{x^2}}{\lim\limits_{x\to\infty}1+\lim\limits_{x\to\infty}\frac{1}{x^2}}=3.$$

一般地,有 $\lim\limits_{x\to\infty}\dfrac{a_0x^m+a_1x^{m-1}+\cdots+a_m}{b_0x^n+b_1x^{n-1}+\cdots+b_n}=\begin{cases}0,\ n>m,\\ \dfrac{a_0}{b_0},\ n=m,\\ \infty,\ n<m,\end{cases}$ 其中 $a_0\neq 0,\ b_0\neq 0$.

小结 求函数的极限要掌握几种基本的方法:① 直接代入法;② 因式分解法;③ 有理化法;④ 分子、分母同除 x 的最高次幂(或称“抓大头”).

【例 5】 一个 5 Ω 的电阻器与一个电阻为 R 的可变电阻并联,电路的总电阻为 $R_{\mathrm{T}}=\dfrac{5R}{R+5}$,当可变电阻 R 这条支路断路时,电阻 $R\to+\infty$,求这时电路的总电阻的极限值.

解 问题即为求极限

$$\lim_{R\to\infty}R_{\mathrm{T}}=\lim_{R\to\infty}\frac{5R}{R+5}=\lim_{R\to\infty}\frac{5}{1+\frac{5}{R}}=5.$$

【例 6】 当推出一种新的电子游戏程序时,在短期内销量会迅速增加,然后开始下降(图 1-8),其函数关系为 $S(t)=\dfrac{200t}{t^2+100}$($t$ 为月份). 若要对该产品的长期销售做出预测,试建立相应的表达式.

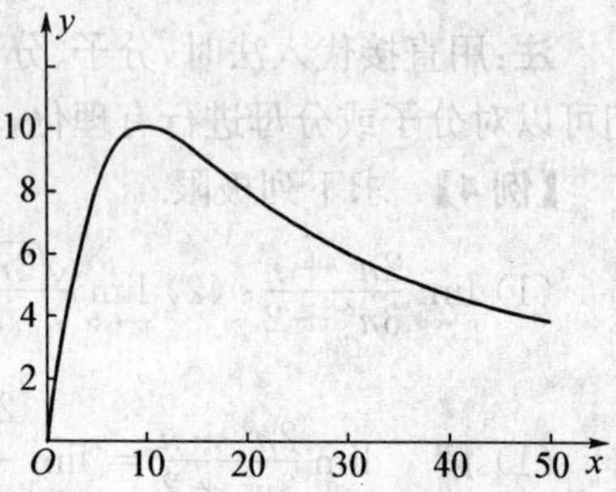

图 1-8

解 该产品的长久销售量应为时间 $t\to\infty$ 时的销售量,即求极限

$$\lim_{t\to\infty}S(t)=\lim_{t\to\infty}\frac{200t}{t^2+100},$$

分子、分母同除以 t^2,得

$$\lim_{t\to\infty}\frac{200t}{t^2+100}=\lim_{t\to\infty}\frac{\frac{200}{t}}{1+\frac{100}{t^2}}=\frac{0}{1+0}=0.$$

即当 $t\to\infty$ 时,产品的销量的极限为 0,这就是人们购买游戏越来越少,转而购买新的游戏.

1.3.2 两个重要极限

1. $\lim\limits_{x\to 0}\dfrac{\sin x}{x}$.

观察当 $x\to 0$ 时,$\dfrac{\sin x}{x}$ 的变化情况,见表 1-3.

表 1-3

x	$\pm\frac{\pi}{9}$	$\pm\frac{\pi}{18}$	$\pm\frac{\pi}{36}$	$\pm\frac{\pi}{72}$	$\pm\frac{\pi}{144}$	$\pm\frac{\pi}{288}$	$\to 0$
$\frac{\sin x}{x}$	0.979 82	0.994 93	0.998 73	0.999 68	0.999 92	0.999 98	$\to 1$

从表 1-3 中我们可以看出，随着 x 越来越趋近于 0，$\frac{\sin x}{x}$ 的值越来越趋近于 1，事实上我们可以用数形结合的方法证明 $\lim\limits_{x\to 0}\frac{\sin x}{x}=1$（本书从略）.

注：这个重要极限是 $\frac{0}{0}$ 型，为了更好地应用第一个重要极限，我们写出它的推广形式.

一般地，如果 $\lim\varphi(x)=0$，则有 $\lim\frac{\sin[\varphi(x)]}{\varphi(x)}=1$.

【例 7】 求 $\lim\limits_{x\to 0}\frac{\sin 5x}{2x}$.

解 $\lim\limits_{x\to 0}\frac{\sin 5x}{2x}=\lim\limits_{x\to 0}\left(\frac{\sin 5x}{5x}\cdot\frac{5}{2}\right)=\frac{5}{2}\lim\limits_{x\to 0}\frac{\sin 5x}{5x}=\frac{5}{2}$.

其中 $x\to 0$ 时，$5x\to 0$.

【例 8】 求 $\lim\limits_{x\to 0}\frac{\sin x^2}{x}$.

解 原式 $=\lim\limits_{x\to 0}\frac{\sin x^2}{x^2}\times x=\lim\limits_{x\to 0}\frac{\sin x^2}{x^2}\times\lim\limits_{x\to 0}x=1\times 0=0$.

【例 9】 求 $\lim\limits_{x\to 0}\frac{\tan x}{x}$.

解 原式 $=\lim\limits_{x\to 0}\frac{\sin x}{x}\times\frac{1}{\cos x}=\lim\limits_{x\to 0}\frac{\sin x}{x}\times\lim\limits_{x\to 0}\frac{1}{\cos x}=1\times 1=1$.

【例 10】 求 $\lim\limits_{x\to 0}\frac{1-\cos x}{x^2}$.

解 原式 $=\lim\limits_{x\to 0}\frac{2\sin^2\frac{x}{2}}{x^2}=\lim\limits_{x\to 0}\frac{\sin^2\frac{x}{2}}{2\left(\frac{x}{2}\right)^2}=\frac{1}{2}\lim\limits_{x\to 0}\frac{\sin\frac{x}{2}}{\frac{x}{2}}\times\frac{\sin\frac{x}{2}}{\frac{x}{2}}=\frac{1}{2}\times 1\times 1=\frac{1}{2}$.

【例 11】 求 $\lim\limits_{x\to 0}\frac{\arctan x}{x}$.

解 令 $t=\arctan x$，则 $x=\tan t$，显然当 $x\to 0$ 时，$t\to 0$，因此

$$\lim_{x\to 0}\frac{\arctan x}{x}=\lim_{t\to 0}\frac{t}{\tan t}=1.$$

2. $\lim\limits_{x\to\infty}\left(1+\frac{1}{x}\right)^x=\mathrm{e}$.

观察 $x\to\infty$ 时，$\left(1+\frac{1}{x}\right)^x$ 的变化趋势，见表 1-4.

表 1-4

x	10	100	1 000	10 000	100 000	100 000	…
$\left(1+\frac{1}{x}\right)^x$	2.594	2.705	2.717	2.718 1	2.718 2	2.718 28	…

从表 1-4 中我们可以看出随着 x 的无限增大，函数 $\left(1+\frac{1}{x}\right)^x$ 越来越趋近无理数 e（e=2.718 281 828…），即

$$\lim_{x\to\infty}\left(1+\frac{1}{x}\right)^x=\mathrm{e}.$$

注:(1) 此极限的类型称为"1^∞"型;

(2) 利用变量替换,有 $\lim\limits_{x\to0}(1+x)^{\frac{1}{x}}=\mathrm{e}$;

(3) 一般地,如果 $\lim\varphi(x)=0$,则有 $\lim[1+\varphi(x)]^{\frac{1}{\varphi(x)}}=\mathrm{e}$.

【例 12】 求 $\lim\limits_{x\to\infty}\left(1-\dfrac{3}{x}\right)^x$.

解 极限类型为"1^∞"型,则利用重要极限.

原式 $=\lim\limits_{x\to\infty}\left(1-\dfrac{3}{x}\right)^{-\frac{x}{3}\cdot(-3)}=\mathrm{e}^{-3}$.

【例 13】 $\lim\limits_{x\to0}(1+\sin x)^{\csc x}$.

解 极限类型为"1^∞"型.

原式 $=\lim\limits_{x\to0}(1+\sin x)^{\frac{1}{\sin x}}=\mathrm{e}$.

【例 14】 $\lim\limits_{x\to\infty}\left(\dfrac{1+x}{2+x}\right)^x$.

解 极限类型为"1^∞"型.

原式 $=\lim\limits_{x\to\infty}\left(1-\dfrac{1}{2+x}\right)^x=\lim\limits_{x\to\infty}\left[\left(1-\dfrac{1}{2+x}\right)^{-(2+x)}\right]^{-\frac{x}{2+x}}=\mathrm{e}^{-1}$.

注:在利用以上两个重要极限求极限时,一定要先判断极限类型,不能"疑似"即用.例如,$\lim\limits_{x\to\pi}\dfrac{\sin x}{x}=0$, $\lim\limits_{x\to1}\left(1+\dfrac{1}{x}\right)^x=2$.

1.3.3 无穷小的比较

我们知道,当 $x\to0$ 时,x, $3x$, x^2 都是无穷小,而

$$\lim_{x\to0}\frac{x^2}{3x}=0,\ \lim_{x\to0}\frac{3x}{x^2}=\infty,\ \lim_{x\to0}\frac{3x}{x}=3.$$

两个无穷小之比的极限的各种不同情况,反映了不同的无穷小趋向于零的快慢程度.所以无穷小量的比较是指这种趋向于0的"快"与"慢"的比较,可以用它们在同一变化过程中的比值的极限来衡量.

定义 设 $\alpha(x)$ 和 $\beta(x)$ 都是在自变量同一变化过程中的无穷小,那么:

(1) 如果 $\lim\dfrac{\alpha(x)}{\beta(x)}=0$,则称 $\alpha(x)$ 是 $\beta(x)$ 的**高阶无穷小量**;

(2) 如果 $\lim\dfrac{\alpha(x)}{\beta(x)}=\infty$,则称 $\alpha(x)$ 是 $\beta(x)$ 的**低阶无穷小量**;

(3) 如果 $\lim\dfrac{\alpha(x)}{\beta(x)}=A\neq0$,则称 $\alpha(x)$ 与 $\beta(x)$ 是**同阶无穷小量**,当 $A=1$ 时,即 $\lim\dfrac{\alpha(x)}{\beta(x)}=1$,则称 $\alpha(x)$ 与 $\beta(x)$ 是**等价无穷小量**,记为:$\alpha(x)\sim\beta(x)$.

无穷小的等价关系可以用在求极限的过程当中,即可以把较复杂的无穷小替换为较简单的无穷小.现在我们把常用的等价无穷小列出来:

当 $x\to0$ 时有：(1) $\sin x\sim x$；(2) $\arcsin x\sim x$；(3) $\tan x\sim x$；(4) $1-\cos x\sim\frac{1}{2}x^2$；(5) $\ln(1+x)\sim x$；(6) $e^x-1\sim x$；(7) $\sqrt[n]{1+x}-1\sim\frac{1}{n}x$.

这些无穷小的等价可以推广，例如，当 $x\to0$ 时有 $x^2\sim\sin x^2$ 等.

【例 15】 求 $\lim\limits_{x\to0}\frac{\sin 3x}{\tan 5x}$.

解 因为 $x\to0$ 时，$\sin 3x\sim 3x$，$\tan 5x\sim 5x$，所以，$\lim\limits_{x\to0}\frac{\sin 3x}{\tan 5x}=\lim\limits_{x\to0}\frac{3x}{5x}=\frac{3}{5}$.

【例 16】 求 $\lim\limits_{x\to0}\frac{\ln(1+3x^2)}{e^{x^2}-1}$.

解 因为 $\ln(1+3x^2)\sim 3x^2$，$e^{x^2}-1\sim x^2$，所以 $\lim\limits_{x\to0}\frac{\ln(1+3x^2)}{e^{x^2}-1}=\lim\limits_{x\to0}\frac{3x^2}{x^2}=3$.

【例 17】 求 $\lim\limits_{x\to0}\frac{1-\cos x}{x\sin x}$.

解 因为 $1-\cos x\sim\frac{1}{2}x^2$，$\sin x\sim x$，所以 $\lim\limits_{x\to0}\frac{1-\cos x}{x\sin x}=\lim\limits_{x\to0}\frac{\frac{1}{2}x^2}{x\cdot x}=\frac{1}{2}$.

习题 1-3

1. 求下列极限.

(1) $\lim\limits_{x\to1}(2x+\ln x-1)$；

(2) $\lim\limits_{x\to2}\frac{x-1}{3x+2}$；

(3) $\lim\limits_{x\to2}\frac{x-2}{x^2-4}$；

(4) $\lim\limits_{x\to0}\frac{\sqrt{1+x}-1}{x}$；

(5) $\lim\limits_{n\to\infty}\frac{n^2+3n+1}{2n^2-5}$；

(6) $\lim\limits_{x\to\infty}\frac{x^3+x^2}{5x^3+1}$；

(7) $\lim\limits_{x\to0}\frac{\sin 3x}{x}$；

(8) $\lim\limits_{x\to1}\frac{\sin(x^2-1)}{x-1}$；

(9) $\lim\limits_{x\to\infty}x\sin\frac{1}{x}$；

(10) $\lim\limits_{x\to0}\frac{\sin x}{\sin 3x}$；

(11) $\lim\limits_{x\to0}\frac{\arcsin x}{x}$；

(12) $\lim\limits_{x\to1}(2-x)^{\frac{1}{1-x}}$；

(13) $\lim\limits_{x\to\infty}\left(\frac{1-3x}{4-3x}\right)^x$；

(14) $\lim\limits_{x\to0}(1+\sin x)^{\csc 2x}$；

(15) $\lim\limits_{n\to\infty}\left(\frac{1}{2}+\frac{1}{2^2}+\frac{1}{2^3}+\cdots+\frac{1}{2^n}\right)$.

2. 利用无穷小的等价求下列极限.

(1) $\lim\limits_{x\to0}\frac{\sqrt[3]{1+x}-1}{\sin 3x}$；

(2) $\lim\limits_{x\to0}\frac{(e^x-1)\arcsin 2x}{x\ln(1-x)}$.

3. 试用极限计算半径为 R 的圆的面积.（提示：先计算圆内截等 n 边形的面积 S_n. 观察知，当 n 越来越大时，S_n 的极限值就是圆的面积.）

4. 假定某种疾病流行 t 天后，感染的人数 N 由下式给出：

$$N = \frac{1\,000\,000}{1 + 5\,000\mathrm{e}^{-0.1t}}.$$

如果不加控制，那么将有多少人感染上这种病？

5. 若某人有本金 A 元，银行存款的年利率为 r，不考虑个人所得税，试建立此人 n 年末的本利和数列，并分析此数列的极限，解释其实际意义.

6. 已知某厂生产 x 个汽车轮胎的成本为 $C(x) = 300 + \sqrt{1+x^2}$（元），生产 x 个汽车轮胎的平均成本为 $\frac{C(x)}{x}$，当产量很大时，每个轮胎的成本大致为 $\lim\limits_{x\to\infty}\frac{C(x)}{x}$，试求这个极限.

1.4 函数的连续性

在自然界中有许多现象都是连续不断地变化的，如气温随着时间的变化而连续变化；又如金属轴的长度随气温有极微小的改变也是连续变化的，等等. 这些现象反映在数量关系上就是我们所说的连续性. 函数的连续性反映在几何上就看作一条不间断的曲线.

1.4.1 连续性的概念

1. 函数连续的定义

首先引入增量的概念.

定义 1 设变量 u 从它的初值 u_0 变到终值 u_1，则终值与初值之差 $u_1 - u_0$ 就叫做变量 u 的增量，又叫做 u 的改变量，记作 Δu，即 $\Delta u = u_1 - u_0$.

增量可以是正的，可以是负的，也可以是零. 当 $u_1 > u_0$ 时，Δu 是正的；而当 $u_1 < u_0$ 时，Δu 是负的.

注：Δu 是一个完整的符号，不能看做是符号 Δ 与 u 的乘积. 这里变量 u 可以是自变量 x，也可以是函数 y. 如果是 x，则称 $\Delta x = x_1 - x_0$ 为自变量的增量；如果是 y，则称 $\Delta y = y_1 - y_0$ 为函数的增量. 有时为了方便，自变量 x 与 y 的终值不写成 x_1 和 y_1，而直接写作 $x_0 + \Delta x$ 和 $y_0 + \Delta y$.

若函数 $y = f(x)$ 在 x_0 的某个领域内有定义，当自变量 x 在点 x_0 处有一个增量 Δx 时，函数 y 的相应该变量则为

$$\Delta y = f(x_0 + \Delta x) - f(x_0).$$

我们来观察下面的函数图形，见图 1-9.

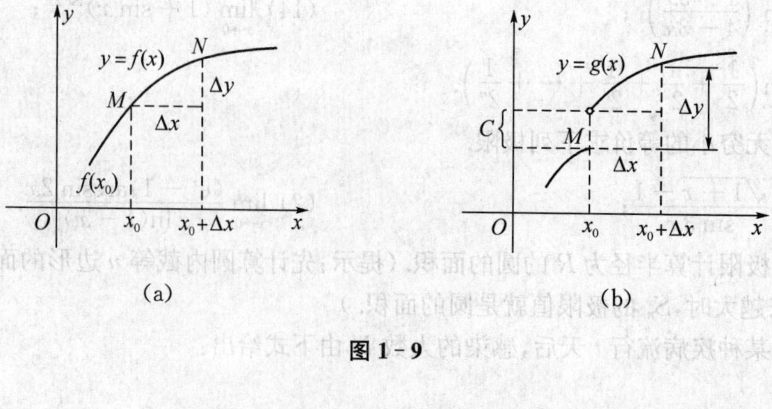

图 1-9

对比两个图像，我们发现，在图 1－9(a)所示的图形中，在 x_0 处图像是连续的，当自变量 $\Delta x\to 0$ 时，对应的函数的改变量 $\Delta y\to 0$；在图 1－9(b)所示的图形中，在 x_0 处图像是断开的当自变量 $\Delta x\to 0$ 时，对应的函数的改变量 $\Delta y\not\to 0$. 这就是函数在 x_0 处是否连续的本质特征.

一般地，函数在某一点的连续性有如下定义：

定义 2　设函数 $y=f(x)$在 x_0 的某一个邻域 $U(x_0,\delta)$内有定义，若

$$\lim_{\Delta x\to 0}[f(x_0+\Delta x)-f(x_0)]=0,(\text{或}\lim_{\Delta x\to 0}\Delta y=0),$$

则称函数 $f(x)$在点 x_0 处连续.

由于 $$\lim_{\Delta x\to 0}[f(x_0+\Delta x)-f(x_0)]=\lim_{x\to x_0}[f(x)-f(x_0)]$$
$$=\lim_{x\to x_0}f(x)-f(x_0)=0.$$

可得到函数 $y=f(x)$在点 x_0 处连续的下列等价定义：

定义 3　设函数 $y=f(x)$在点 x_0 及其左右附近有定义，若 $\lim\limits_{x\to x_0}f(x)=f(x_0)$，则称函数 $y=f(x)$在点 x_0 处连续.

由定义可知，一个函数 $f(x)$在点 x_0 连续必须满足下列三个条件(通常称为三要素)：

(1) 函数 $y=f(x)$在点 x_0 及其左右附近有定义；

(2) $\lim\limits_{x\to x_0^-}f(x)=\lim\limits_{x\to x_0^+}f(x)=A$，即有极限；

(3) $A=f(x_0)$.

由函数 $f(x)$在点 x_0 处左极限与右极限的定义，可以得到函数 $f(x)$在点 x_0 **处左连续与右连续的定义**：

若 $\lim\limits_{x\to x_0^-}f(x)=f(x_0)$，则称函数 $f(x)$**在点** x_0 **处左连续**；

若 $\lim\limits_{x\to x_0^+}f(x)=f(x_0)$，则称函数 $f(x)$**在点** x_0 **处右连续**.

函数 $f(x)$在点 x_0 处连续的充分必要条件是函数 $f(x)$在点 x_0 处既左连续又右连续，即

$$\lim_{x\to x_0}f(x)=f(x_0)\Leftrightarrow\lim_{x\to x_0^-}f(x)=f(x_0)=\lim_{x\to x_0^+}f(x).$$

【例 1】　讨论函数 $f(x)=\begin{cases}x^2, & x\geqslant 1,\\ \dfrac{\sin x}{x}, & 0<x<1,\end{cases}$ 在 $x=1$ 处的连续性.

解　因为 $\lim\limits_{x\to 1^+}f(x)=\lim\limits_{x\to 1^+}x^2=1$，$\lim\limits_{x\to 1^-}f(x)=\lim\limits_{x\to 1^-}\dfrac{\sin x}{x}=\sin 1$，所以$\lim\limits_{x\to 1}f(x)$不存在，故函数 $f(x)$在 1 处不连续.

函数在一点处连续的定义，很自然地可以拓广到一个区间上.

若函数 $f(x)$在区间 I 上每一点都连续，则称函数 $f(x)$在 I 上连续，或称 $f(x)$**为** I **上的连续函数**.

若函数 $f(x)$在开区间(a, b)上连续，又在端点 a 处右连续，在端点 b 处左连续，即有 $\lim\limits_{x\to a^+}f(x)=f(a)$，$\lim\limits_{x\to b^-}f(x)=f(b)$，则称函数 $f(x)$在闭区间$[a, b]$上连续.

2. 函数的间断点

若函数 $f(x)$在点 x_0 处不满足连续的定义，则称这一点是函数 $f(x)$的不连续点或间断点.

一般情况下，函数 $f(x)$的间断点 x_0 分为两类：若 $f(x)$在 x_0 的左、右极限都存在，则称 **x_0 为 $f(x)$第一类间断点**，在第一类间断点中，若 $f(x)$在 x_0 的左、右极限相等，则 x_0 为可去间断点；若 $f(x)$在 x_0 的左、右极限不相等，则 x_0 为跳跃间断点. 不是第一类间断点的间断点，称为**第二类间断点**，如无穷间断点、振荡间断点.

下面以具体的例子说明函数间断点的类型.

【例 2】 设 1 g 冰从 −40 ℃升到 100 ℃所需要的热量（单位：焦耳）为

$$f(x)=\begin{cases}2.1x+84,\ -40\leqslant x<0\\4.2x+420,\ x\geqslant 0\end{cases},$$

试问当 $x=0$ 时，函数是否连续？若不连续，指出其间断点的类型，并解释其实际意义.

解 因为 $\lim\limits_{x\to 0^-}f(x)=\lim\limits_{x\to 0^-}(2.1x+84)=84$，$\lim\limits_{x\to 0^+}f(x)=\lim\limits_{x\to 0^-}(4.2x+420)=420$，而 $\lim\limits_{x\to 0^-}f(x)=84\neq 420=\lim\limits_{x\to 0^+}f(x)$，所以$\lim\limits_{x\to 0}f(x)$不存在，函数 $f(x)$在 $x=0$ 时不连续.

此时函数 $f(x)$在 $x=0$ 点的左、右极限都存在，因此 $x=0$ 为函数 $f(x)$的第一类间断点且为**跳跃间断点**. 这说明冰化成水时需要的热量会突然增加.

【例 3】 在无线电技术中经常会遇到单位阶跃函数（又称为单位阶梯函数）的表达式为

$$u(t)=\begin{cases}0,\ t<0\\1,\ t\geqslant 0\end{cases},$$

其图像如图 1 - 10 所示. 试讨论在 $t=0$ 处的连续性，若不连续，判断间断点的类型.

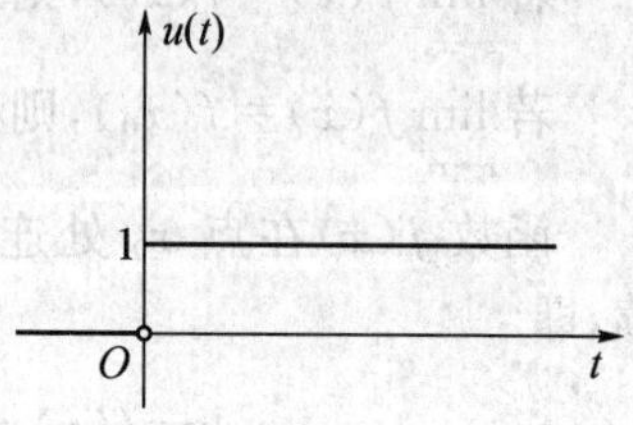

图 1 - 10

解 虽然 $u(0)=1$，但 $\lim\limits_{t\to 0^-}u(t)=\lim\limits_{t\to 0^-}0=0$，

$$\lim_{t\to 0^+}u(x)=\lim_{t\to 0^+}1=1,$$

即 $u(t)$在 $t=0$ 处左、右极限存在，但不相等，故$\lim\limits_{t\to 0}u(x)$不存在，函数 $u(x)$在点 $t=0$ 处是间断的（图 1 - 10），因此 $t=0$ 为**跳跃间断点**.

【例 4】 设函数 $f(x)=\dfrac{1}{x}$，讨论在点 $x=0$ 处的连续性，若不连续，判断间断点的类型.

解 函数 $f(x)$在 $x=0$ 处无定义，$x=0$ 是函数 $f(x)$的间断点，又$\lim\limits_{x\to 0}\dfrac{1}{x}=\infty$，故 $x=0$ 是第二类间断点且为**无穷间断点**.

【例 5】 设函数 $f(x)=\sin\dfrac{1}{x}$，讨论 $f(x)$在点 $x=0$ 处的连续性，若不连续，判断间断点的类型.

解 函数 $f(x)$在 $x=0$ 处无定义，$x=0$ 是函数 $f(x)$的间断点. 当 $x\to 0$ 时，相应的函数值在 −1 与 1 之间振荡，$\lim\limits_{x\to 0}\sin\dfrac{1}{x}$不存在，故 $x=0$ 是第二类间断点且为**振荡间断点**.

【例 6】　设函数 $f(x)=\begin{cases}x, & x>1,\\ 0, & x=1,\\ x^2, & x<1,\end{cases}$ 讨论在点 $x=1$ 处的连续性.

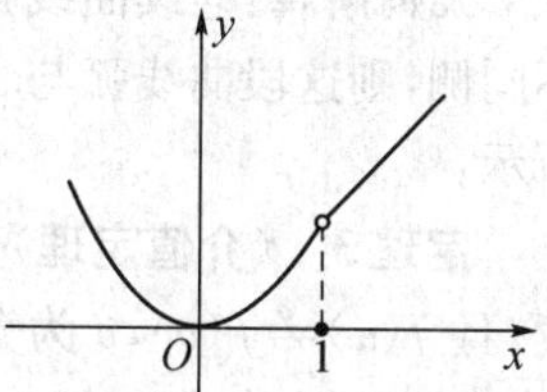

图 1-11

解　函数 $f(x)$ 在 $x=1$ 有定义，$f(1)=0$，$\lim\limits_{x\to1^-}f(x)=\lim\limits_{x\to1^-}x^2=1$，$\lim\limits_{x\to1^+}f(x)=\lim\limits_{x\to1^+}x=1$，故 $\lim\limits_{x\to1}f(x)=1$，但 $\lim\limits_{x\to1}f(x)\neq f(1)$，故 $x=1$ 是函数 $f(x)$ 的间断点，(如图 1-11)左、右极限相等，因此 $x=1$ 是**可去间断点**.

3. 初等函数的连续性

结论：基本初等函数、初等函数在其定义区间内连续.

因此我们有：

(1) 求初等函数的连续区间就是求定义区间.

例如，$y=\dfrac{1}{(x-1)(x-2)}$ 的连续区间是 $(-\infty,1)\cup(1,2)\cup(2,+\infty)$.

(2) 若 $\lim\limits_{x\to a}\varphi(x)=u_0$，函数 $y=f(u)$ 在 u_0 处连续，则 $\lim\limits_{x\to a}f[\varphi(x)]=f[\lim\limits_{x\to a}\varphi(x)]$，即极限符号"$\lim\limits_{x\to a}$"与连续的函数符号"$f$"可交换次序.

【例 7】　求 $\lim\limits_{x\to1}\ln^2(7x-6)$.

解　因为 $y=\ln^2(7x-6)$ 是初等函数，在定义域 $\left(\dfrac{6}{7},+\infty\right)$ 上是连续的，所以在 $x=1$ 处也是连续的. 根据连续的定义，有极限值等于函数值，故 $\lim\limits_{x\to1}\ln^2(7x-6)=\ln^2(7\times1-6)=0$.

而对于求复合函数的极限，我们有：

【例 8】　求 $\lim\limits_{x\to+\infty}\sqrt{\arctan x}$.

解　原式 $=\sqrt{\lim\limits_{x\to+\infty}\arctan x}=\sqrt{\dfrac{\pi}{2}}$.

1.4.2　闭区间上连续函数的性质

定理 1　(**最值性**)若函数 $f(x)$ 在闭区间 $[a,b]$ 上连续，则 $f(x)$ 在闭区间 $[a,b]$ 上可同时取得最大值与最小值. 几何解释如图 1-12 所示.

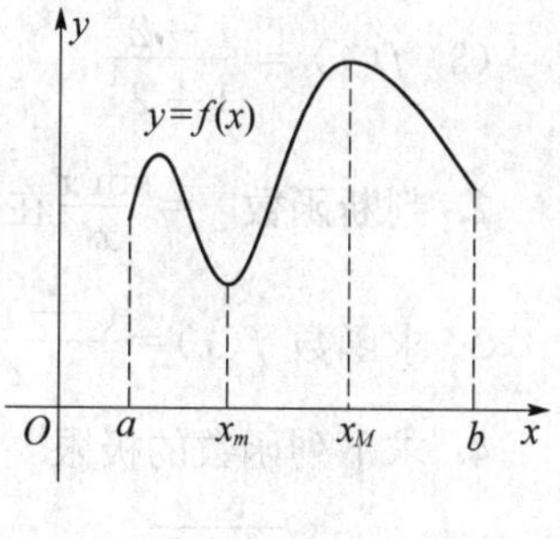

第 1-12

显然函数 $f(x)$ 在闭区间 $[a,b]$ 上有界. 这个定理中重要的两个条件是"闭区间 $[a,b]$"与"连续"，缺一不可. 如函数 $y=\dfrac{1}{x}$ 在区间 $(0,1)$ 上连续，但不能取得最大值与最小值. 必须注意定理的条件是充分而非必要的条件，即不满足这两个条件的函数也可取得最大值与最小值.

定理 2　(**零点定理**)若函数 $f(x)$ 在闭区间 $[a,b]$ 上连续，且 $f(a)\cdot f(b)<0$，则在 (a,b) 内至少存在一点 ξ，使得 $f(\xi)=0$.

几何解释：连续曲线弧 $y=f(x)$ 的两个端点位于 x 轴不同侧，则这段曲线弧与 x 轴至少有一个交点，如图 1－13 所示：

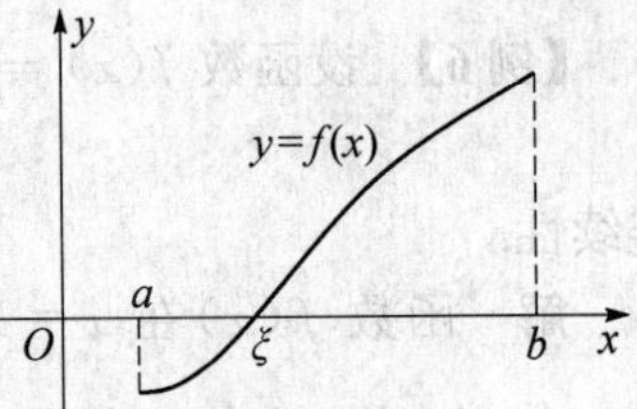

图 1－13

定理 3 （**介值定理**）若函数 $f(x)$ 在闭区间 $[a, b]$ 上连续，且 $f(a)\neq f(b)$，c 为介于 $f(a)$ 与 $f(b)$ 的任意数，则在 (a, b) 内至少存在一点 ξ，使得 $f(\xi)=c$.

几何解释：位于连续曲线弧 $y=f(x)$ 高低两点间的水平直线 $y=c$ 与这段曲线弧至少有一个交点（如图 1－14 所示）.

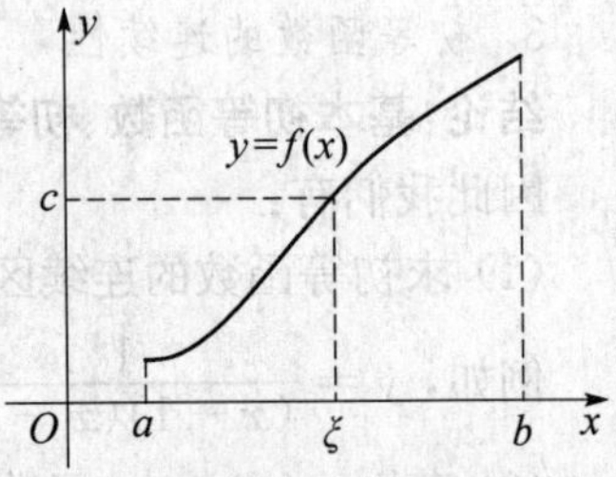

图 1－14

由定理 1 与定理 3 知，对于在闭区间 $[a, b]$ 上连续函数 $f(x)$，可取得介于其在闭区间 $[a, b]$ 上的最大值与最小值之间的任意一个数.

【例 9】 证明方程 $x-2\sin x=1$ 至少有一个正根小于 3.

证明 设 $f(x)=x-2\sin x-1$. 因为 $f(x)$ 为初等函数，在其定义区间 $(-\infty, +\infty)$ 内连续，所以 $f(x)$ 在 $[0, 3]$ 上连续. 又 $f(0)=-1<0$，$f(3)=3-2\sin 3-1>0$，根据零点定理，在 $(0, 3)$ 内至少存在一个 ξ，使得 $f(\xi)=0$，即方程 $x-2\sin x=1$ 至少有一个正根小于 3.

【例 10】 证明：方程 $x^3-x-3=0$ 在 $(1, 2)$ 内至少有一个实根.

证明 设 $f(x)=x^3-x-3$，显然函数在闭区间 $[1, 2]$ 上连续. 且 $f(1)=-3<0$，$f(2)=3>0$，因此方程 $x^3-x-3=0$ 在 $(1, 2)$ 内至少有一个实根.

习题 1－4

1. 求下列函数的间断点，并判断间断点的类型.

(1) $f(x)=\dfrac{|x|}{x}$； (2) $f(x)=\begin{cases}x, & 0\leqslant x\leqslant 1\\ 2-x, & 1<x\leqslant 2\end{cases}$；

(3) $f(x)=\dfrac{1-2^{\frac{1}{x}}}{1+2^{\frac{1}{x}}}$； (4) $f(x)=\tan x$.

2. 判断函数 $y=\dfrac{\sin x}{x}$ 在 $x=0$ 处是否连续.

3. 求函数 $f(x)=\dfrac{(x-1)(x-3)}{x^2-1}$ 的连续区间，并判断间断点的类型.

4. 求下列函数的极限.

(1) $\lim\limits_{x\to 0}\sqrt[3]{x^2+1}$； (2) $\lim\limits_{x\to 0}\ln\left(\dfrac{\sin 2x}{x}-1\right)$；

(3) $\lim\limits_{x\to 0}\dfrac{\ln(1+x)}{x}$； (4) $\lim\limits_{x\to 0}\dfrac{e^x-1}{x}$.

5. 证明：方程 $e^x=3x$ 在区间 $(0, 1)$ 上至少有一个实数根.

6. 设函数 $f(x)=\begin{cases} x+a,\ x<0, \\ b,\ x=0, \\ e^x,\ x>0, \end{cases}$ 则常数 a, b 取何值时,函数 $f(x)$ 在其定义域内连续?

1.5 用 Matlab 作函数图像、求极限

1.5.1 函数图像

基本语句及其功能:

1. plot(x, y)	功能:以向量 x 作为 x 轴,以向量 y 作为 y 轴,绘制二维曲线
plot(x, y1, x, y2)	功能:在一张图中绘制 y1,y2 两个函数图像
plot(x, y1, x, y2,…)	功能:在一张图中绘制几个函数图像
2. title('内容')	功能:在图中加上标题
xlabel('内容')	功能:在 x 轴上加名称
ylabel('内容')	功能:在 y 轴上加名称
text(a, b,'内容')	功能:在点[a, b]处加文字
3. ezplot(f)	功能:绘制一元函数图像
ezplot(f,[a, b])	功能:在区间[a, b]内绘制一元函数图像

【例 1】 在区间[−10, 10]内,绘制函数 $y=x^2$ 的图像,并给该图加上标题.

解 Matlab 命令如下:

```
>>x=-10:0.2:10;          %取 x 为-10 到 10 的间隔为 0.2 的所有点,x 为向量
>>y=x.^2;                %计算 y 值,y 也为向量
>>plot(x,y);
>>title('函数图像');      %给图加标题
```

运行得:

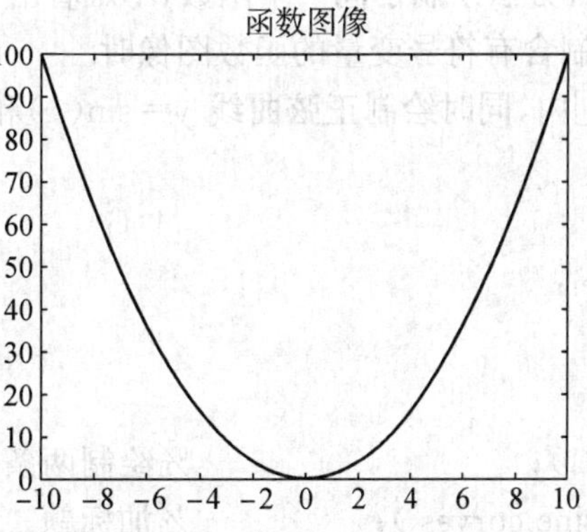

注:"%"表示其后的内容为注解.下同.

【例 2】 绘制函数 $y=x^2$ 的图像及其在区间[−10, 10]内的图像.

解 Matlab 命令如下:

```
>>syms x                      %令 x 为符号变量
>>y=x^2;
>>ezplot(y)                   %绘制函数 y=x² 的图像
```

运行得：

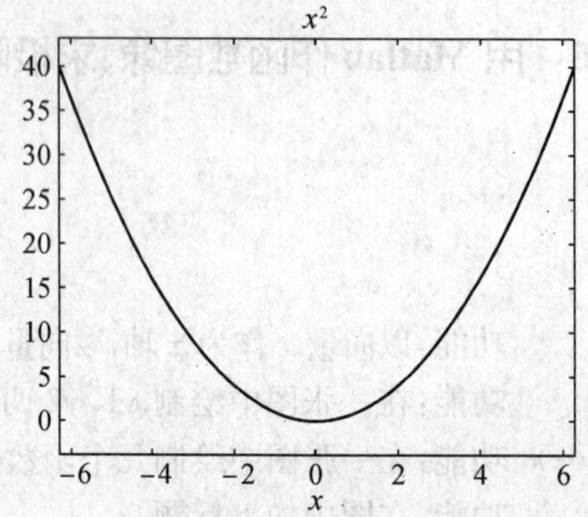


```
>>ezplot(y,[-10, 10]) %绘制函数 y=x² 在区间[-10,10]内的图像
```

运行得：

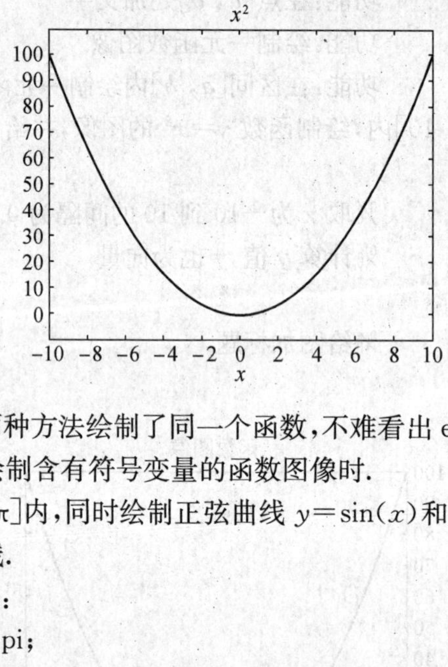

注意：例 1 和例 2 用两种方法绘制了同一个函数，不难看出 ezplot(f)是一个易用的一元函数绘图函数，尤其是在绘制含有符号变量的函数图像时.

【例 3】 在区间$[0, 2\pi]$内，同时绘制正弦曲线 $y=\sin(x)$和余弦函数 $y=\cos(x)$，并注明标题、坐标轴和两条曲线.

解 Matlab 命令如下：

```
>>x=0:pi/100:2*pi;
>>y1=sin(x);
>>y2=cos(x);
>>plot(x, y1, x, y2,);                         %绘制两条曲线
>>title('sine and cosine curves');             %加标题
>>xlabel('independent variable X');            %标注 x 轴
>>ylabel('dependent variable Y');              %标注 y 轴
>>text(2.8, 0.5,'sin(x)');                     %在指定位置加文字
```

```
>>text(1.4,0.3,'cos(x)');
```

运行得：

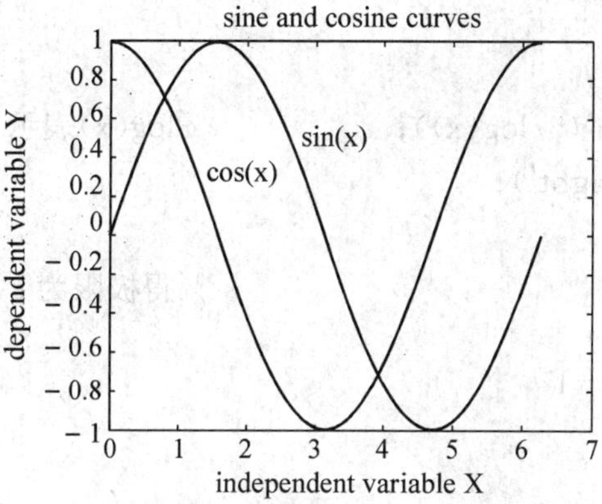

练习：在区间[0, 10]内，绘制函数 $y=\ln x$ 的图像，并加上必要说明.

1.5.2 用 Matlab 求极限

基本语句及其功能：

1. limit(f) 功能：计算 $\lim\limits_{x\to 0}f(x)$
2. limit(f, x, a) 功能：计算 $\lim\limits_{x\to a}f(x)$
3. limit(f, x, inf) 功能：计算 $\lim\limits_{x\to \infty}f(x)$
4. limit(f, x, a, 'right') 功能：计算 $\lim\limits_{x\to a^+}f(x)$
5. limit(f, x, a, 'left') 功能：计算 $\lim\limits_{x\to a^-}f(x)$

注意：1. 其中 f 是符号函数；

2. 当左右极限不相等或左右极限有一个不存在时，Matlab 默认状态为有极限.

【例 4】 求极限 $\lim\limits_{x\to 0}\dfrac{e^x-1}{x}$.

解 Matlab 命令为：

```
>>syms x;
>>y=(exp(x)-1)/x;                    %exp(x)表示 e^x
>>limit(y);
```

运行得：

```
ans=1                                %得极限为 1
```

【例 5】 求极限 $\lim\limits_{x\to \infty}\left(1+\dfrac{1}{x}\right)^x$.

解 Matlab 命令为：

```
>>syms x
>>y=(1+1/x)^x;
>>limit(y, x, inf)
```

运行得：

ans＝exp(1)　　　　　　　　　　　　　　　　%得极限为 e

【例 6】 求极限 $\lim\limits_{x\to 1^+}(1+\ln x)^{\frac{5}{\ln x}}$.

解 Matlab 命令为：

```
>>syms x;
>>y=(1+log(x))^(5/log(x));                %log(x)表示 ln x
>>limit(y, x, 1,'right');
```

运行得：

ans＝exp(5)　　　　　　　　　　　　　　　　%得极限为 e^5

【例 7】 求极限 $\lim\limits_{n\to 1}\frac{1}{n+1}$.

解 Matlab 命令为：

```
>>syms n;
>>y=1/(n+1);
>>limit(y, n, 1)
```

运行得：

ans＝1/2　　　　　　　　　　　　　　　　　%得极限为 $\frac{1}{2}$

【例 8】 某储户将 10 万元的人民币以活期的形式存入银行，年利率为 5%. 如果银行允许储户在一年内可任意次结算，在不计利息的情况下，若储户每季度结算一次，每次结算后将本息全部存入银行，问一年后该储户的本息和是多少？若储户等间隔的结算 n 次，随着结算次数的无限增加，一年后该储户是否会成为百万富翁？

解 (1) 若该储户每季度结算一次，则每季度利率为 $\frac{0.05}{4}$，故

第一季度后储户本息共计

$$100\,000\times\left(1+\frac{0.05}{4}\right),$$

第二季度后储户本息共计

$$100\,000\times\left(1+\frac{0.05}{4}\right)^2,$$

一年后该储户本息共计

$$100\,000\times\left(1+\frac{0.05}{4}\right)^4.$$

(2) 若该储户等间隔的结算 n 次，则每间隔利率为 $\frac{0.05}{n}$，

一年后该储户本息共计

$$100\,000\times\left(1+\frac{0.05}{n}\right)^n.$$

下面用 Matlab 计算该极限值

```
>>syms n
>>y=100 000 * (1+0.05/n)^n;
>>limit(y, n, inf)
```

运行得：

```
ans=
      100 000 * exp(1/20)                    %exp(1/20)值为 1.051 3
```

故该储户一年后本息共计 105 130 元，没有成为百万富翁.

练习：求下列极限

(1) $\lim\limits_{x\to\infty}\dfrac{\sin x}{x}$；(2) $\lim\limits_{x\to 0}(1+\tan x)^{\frac{1}{\tan x}}$；(3) $\lim\limits_{x\to 4}\dfrac{\sqrt{2x+1}-3}{\sqrt{x}-2}$.

注：sqrt(x)表示开平方，如 sqrt(4)值为 2.

复习题一

一、选择题

1. 下列函数中是偶函数的是 ( )

A. $f(x)=x|x|$ B. $f(x)=\arccos x$

C. $f(x)=x\arcsin x$ D. $f(x)=\sqrt{x}$

2. 下列函数中在其定义域内是单调增加函数的是 ( )

A. $f(x)=x^2$ B. $f(x)=x^3$

C. $f(x)=2^{-x}$ D. $f(x)=\log_x 2$

3. 下列极限不存在的是 ( )

A. $\lim\limits_{n\to\infty}\dfrac{1}{n}$ B. $\lim\limits_{n\to\infty}\left(-\dfrac{1}{2}\right)^n$

C. $\lim\limits_{n\to\infty}(-1)^n\dfrac{n}{1+n}$ D. $\lim\limits_{n\to\infty}\dfrac{n}{100-n}$

4. 下列极限正确的是 ( )

A. $\lim\limits_{n\to\infty}(1+n)^{-n}=\mathrm{e}$ B. $\lim\limits_{x\to\infty}\dfrac{\sin x}{x}=1$

C. $\lim\limits_{x\to 0}\left(\dfrac{1}{x}-\dfrac{1}{x^2}\right)=0$ D. $\lim\limits_{x\to 1}x^{\frac{1}{x-1}}=\mathrm{e}$

5. 函数 $f(x)$在 x_0 处极限存在是函数 $f(x)$在 x_0 处连续的 ( )

A. 充分条件 B. 必要条件

C. 充要条件 D. 既非充分又非必要

6. 若极限$\lim\limits_{x\to 1}\dfrac{a-2}{x-1}$存在，则常数 a 的值是 ( )

A. 1 B. 2 C. 任意值 D. 不存在

7. 在 $x\to 0$ 时，下列函数中是无穷小的是 ( )

A. $y=0.000\,1$ B. $y=\ln x$ C. $\dfrac{\sin^2 x}{x}$ D. $\dfrac{\sin 2x}{x}$

8. 函数 $f(x)=\dfrac{x}{x-1}$在点 $x=1$ ( )

A. 极限存在　　B. 左右极限存在,但不相等

C. 连续　　D. 不连续

9. $x=1$ 是函数 $f(x)=e^{\frac{1}{x-1}}$ 的哪一类间断点　　(　　)

A. 第一类不可去间断点　　B. 第一类可去间断点

C. 第二类跳跃间断点　　D. 第二类非跳跃间点

10. 下列说法正确的是　　(　　)

A. 连续函数必有最大值和最小值

B. 连续函数必有最大值或最小值

C. 闭区间上的连续函数必有最大值和最小值

D. 开区间上的连续函数必有最大值和最小值

11. 当 $x\to 0$ 时,下列函数中为 x 的高阶无穷小的是　　(　　)

A. $1-\cos x$　　B. $y=x+x^2$　　C. $\sin x$　　D. $\sqrt{x}$

二、填空题.

1. 函数 $f(x)=\arcsin\dfrac{x}{2}$ 的定义域是____________.

2. 复合函数 $y=e^{\sqrt[3]{x}}$ 的复合过程是____________.

3. 若 $f(x+1)=x^2+1$,则 $f(x-1)=$____________.

4. 设 $f(x)=\dfrac{|x-1|}{x-1}$,则极限 $\lim\limits_{x\to 1}f(x)$ 为____________.

5. 函数 $f(x)=\sqrt{x}+\ln(3-x)$ 在____________上连续.

三、求下列极限.

1. $\lim\limits_{x\to 1}\dfrac{x^3-1}{x^2-1}$;　　**2.** $\lim\limits_{x\to 2}\dfrac{\sqrt{2+x}-2}{x^2-4}$;

3. $\lim\limits_{x\to\infty}\dfrac{x+1}{x^3+3x}$;　　**4.** $\lim\limits_{n\to\infty}\dfrac{\sqrt{n-1}}{\sqrt{n}+\sqrt{n+1}}$;

5. $\lim\limits_{x\to 0}\dfrac{\sin 2x}{\sin 3x}$;　　**6.** $\lim\limits_{x\to 0}x\left(\sin\dfrac{1}{x}-\dfrac{1}{\sin x}\right)$;

7. $\lim\limits_{x\to\infty}\left(\dfrac{3x-1}{3x+1}\right)^{x+1}$;　　**8.** $\lim\limits_{x\to 0}\dfrac{\sqrt[3]{1+2x}-1}{\ln(1+\tan 3x)}$;

9. $\lim\limits_{x\to 1}\dfrac{\sin x}{2x}$;　　**10.** $\lim\limits_{x\to 0}\dfrac{x^3+2x^2\sin x-5}{7x^3-x+1}$.

四、若 $\lim\limits_{x\to 1}\dfrac{x^2-ax+b}{x-1}=2$,求 a, b 的值.

五、讨论极限 $\lim\limits_{x\to 0}(1+k|x|)^{\frac{1}{x}}$,其中 k 为常数.

六、讨论 $f(x)=\begin{cases}x, & x\leqslant -1,\\ 2x+1, & -1<x\leqslant 0,\\ \dfrac{1}{x}, & x>0,\end{cases}$ 的连续性. 若有间断点,试判断间断点的类型.

七、证明:方程 $\sin x=1-x$ 在区间 $\left(0, \dfrac{\pi}{4}\right)$ 上至少有一实数根.

八、某企业计划发行公司债券，规定以年利率6.5%的连续复利计算利息，10年后每份债券一次偿还本息1 000元，问发行时每份债券的价格应定为多少元？

九、用铁皮做一个容积为v的圆柱形罐头筒，试将它的全面积表示成底半径的函数，并确定此函数的定义域.

十、按照银行规定，某种外币一年期存款的年利率为4.2%，半年期存款的年利率为4.0%，每笔存款到期后，银行自动将其转为同样期限的存款，设将总数为A单位货币的该种外币存入银行，两年后取出，问存何种期限的存款能有较多的收益？多多少？

十一、某厂生产录音机的成本为每台50元，预计当以每台x元的价格卖出时，消费者每月购买$200-x$台，请将该厂的月利润表达为价格x的函数.

十二、有两家健身俱乐部，第一家每月会费300元，每次健身收费1元，第二家每月会费200元，每次健身收费2元，若只考虑经济因素，你会选择哪一家俱乐部(根据年每月健身次数决定)?

十三、某化肥厂生产某产品1 000吨，每吨定价为130元，销售量在700吨以内时，按原价出售，超过700吨时超过的部分需打9折出售，请将销售总收益与总销售量的函数关系用数学表达式表出.

十四、一个登山运动员从早晨7:00开始攀登某座山峰，在下午7:00到达山顶，第二天早晨7:00再从山顶沿着原路下山，下午7:00到达山脚，试利用介值定理说明，这个运动员必在这两天的某一相同时刻经过登山路线的同一地点.

阅读材料——刘徽

刘徽(约公元225年—295年)，汉族，山东临淄人，魏晋期间伟大的数学家，中国古典数学理论的奠基者之一.他是中国数学史上一个非常伟大的数学家，他的杰作《九章算术注》和《海岛算经》是中国最宝贵的数学遗产.刘徽思维敏捷，方法灵活，既提倡推理又主张直观.他是中国最早明确主张用逻辑推理的方式来论证数学命题的人.刘徽的一生是为数学刻苦探求的一生.他虽然地位低下，但人格高尚.他不是沽名钓誉的庸人，而是学而不厌的伟人，他给我们中华民族留下了宝贵的财富.

刘徽的数学著作留传后世的很少，所留之作均为久经辗转传抄.他的主要著作有：《九章算术》10卷；《重差》1卷，至唐代易名为《海岛算经》；《九章重差图》1卷，可惜后两种都在宋代失传.

《九章算术》约成书于东汉之初，共有246个问题的解法.在许多方面，如解联立方程、分数四则运算、正负数运算、几何图形的体积面积计算等，都属于世界先进之列，但因解法比较原始，缺乏必要的证明，而刘徽则对此均作了补充证明.在这些证明中，体现了他在多方面的创造性的贡献.他是世界上最早提出十进小数概念的人，并用十进小数来表示无理数的立方根.在代数方面，他正确地提出了正负数的概念及其加减运算的法则；改进了线性方程组的解法.在几何方面，提出了“割圆术”，即将圆周用内接或外切正多边形穷竭的一种求圆面积和圆周长的方法.他用割圆术，从直径为2尺的圆内接正六边形开始割圆，依次得正12边形、正24边形……割得越细，正多边形面积和圆面积之差越小，用他的原话说是“割之弥细，所失弥少，割之又割，以至于不可割，则与圆周合体而无所失矣！”他科学地求出了圆周率$\pi=3.14$. 他计算了3 072边形面积并验证了这个值. 刘徽提出的计算圆周率的科学方法，奠定了此后千余年中国圆周率计算在世界上的领先地位.

《海岛算经》一书中，刘徽精心选编了九个测量问题，这些题目的创造性、复杂性和富有代表性，都在当时为西方所瞩目.

刘徽在数学上的贡献极多，在开方不尽的问题中提出“求徽数”的思想，这方法与后来求无理根的近似值的方法一致，它不仅是圆周率精确计算的必要条件，而且促进了十进小数的产生；在线性方程组解法中，他创造了比值除法更简便的互乘相消法，与现今解法基本一致；并在中国数学史上第一次提出了“不定方程问题”；他还建立了等差级数前n项和公式；提出并定义了许多数学概念：如幂（面积）、方程（线性方程组）、正负数等. 刘徽还提出了许多公认正确的判断作为证明的前提. 他的大多数推理、证明都合乎逻辑，十分严谨，从而把《九章算术》及他自己提出的解法、公式建立在必然性的基础之上. 虽然刘徽没有写出自成体系的著作，但他注《九章算术》所运用的数学知识实际上已经形成了一个独具特色，包括概念和判断，并以数学证明为其联系纽带的理论体系.

第二章　导数与微分

本章提要　在上一章,我们已经讨论了函数中两个变量之间的一种绝对的动态变化关系:极限与连续.本章将在此基础上,通过解决求变速直线运动的瞬时速度和曲线的切线斜率等实际问题,讨论函数中两个变量之间的一种相对的动态变化关系,进而得到描述这种相对的动态变化关系的两个微分学中的重要概念:导数与微分,并给出计算导数与微分的一般方法.

2.1　导数的概念

2.1.1　导数的概念

导数来源于许多实际问题的变化率,它描述了非均匀变化现象的变化快慢程度.下面通过两个实例来引导出导数的概念.

【引例1】　(变速运动的瞬时速度)设一质点作变速直线运动,若质点的运行路程 s 与运行时间 t 的关系为 $s=s(t)$,求质点在 t_0 时刻的"瞬时速度".

分析　如图 2-1 所示,如果质点做匀速直线运动,那就好办了,给一个时间的增量 Δt,那么质点在时刻 t_0 与时刻 $t_0+\Delta t$ 间隔内的平均速度也就是质点在时刻 t_0 的"瞬时速度":

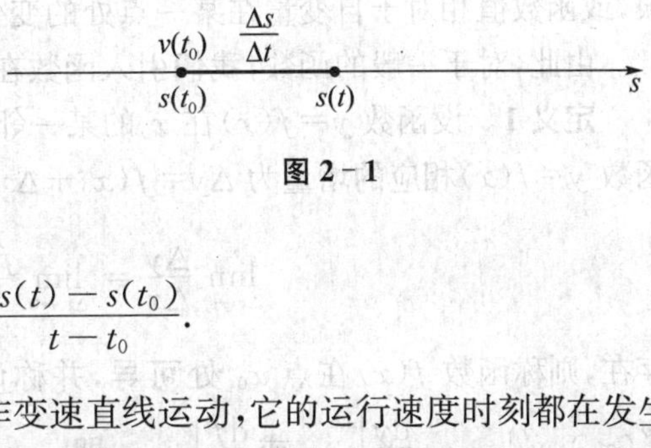

图 2-1

$$v_0=\overline{v}=\frac{\Delta s}{\Delta t}=\frac{s(t)-s(t_0)}{t-t_0}.$$

可我们要解决的问题没有这么简单,质点作变速直线运动,它的运行速度时刻都在发生变化,那该怎么办呢?首先在时刻 t_0 任给时间一个增量 Δt,考虑质点由 t_0 到 $t_0+\Delta t$ 这段时间的平均速度:

$$\overline{v}=\frac{\Delta s}{\Delta t}=\frac{s(t_0+\Delta t)-s(t_0)}{\Delta t}.$$

当时间间隔 Δt 越小时,其平均速度就可以近似地看做时刻 t_0 的瞬时速度.用极限思想来解释就是:当 $\Delta t\to 0$,对平均速度取极限:

$$\lim_{\Delta t\to 0}\frac{\Delta s}{\Delta t}=\lim_{\Delta t\to 0}\frac{s(t_0+\Delta t)-s(t_0)}{\Delta t}. \tag{1}$$

如果这个极限存在的话,其极限值称为质点在时刻 t_0 的瞬时速度.

【引例2】　(平面曲线切线的斜率)设一曲线的方程为:$y=f(x)$,求该曲线在点$M(x_0$,

y_0)的切线的斜率.

我们首先要解决一个问题:什么是曲线的切线?

如图 2-2 所示,设有曲线 C,曲线 C 上有一定点 M,在该曲线 C 上任取一点 N,过 M 与 N 作一直线 L,直线 L 一般称为曲线 C 的割线,当动点 N 沿曲线 C 无论以何方式无限趋近于定点 M 的时候,割线有唯一的位置,这个极限位置的直线 L_0 就称为曲线过 M 点的切线.

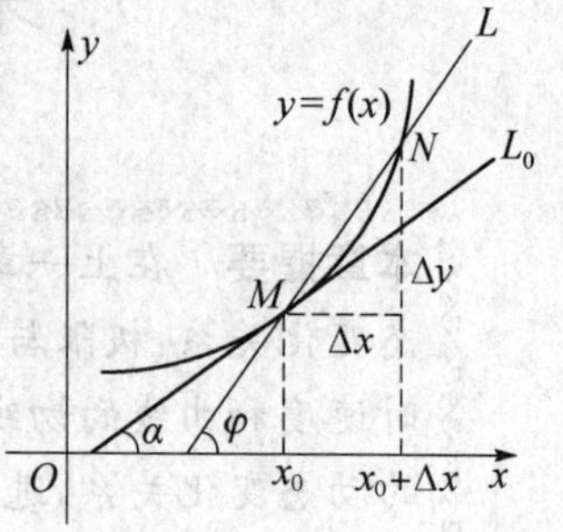

图 2-2

由上述关于切线的定义,我们可以先求出割线 L 的斜率:

$$K_{割} = \frac{f(x) - f(x_0)}{x - x_0}.$$

注意到,N 无限趋近于定点 M 等价于 $x \to x_0$,因此,曲线 C 过 M_0 点的切线的斜率为:

$$K_{切} = \lim_{x \to x_0} \frac{f(x) - f(x_0)}{x - x_0}.$$

如果令 $\Delta x = x - x_0$,那么 $x = x_0 + \Delta x$,并且 $x \to x_0 \Leftrightarrow \Delta x \to 0$,因此

$$K_{切} = \lim_{\Delta x \to 0} \frac{f(x_0 + \Delta x) - f(x_0)}{\Delta x}. \tag{2}$$

现在我们比较(1)式和(2)式,虽然(1)式计算的是瞬时速度,(2)式计算的是任意点的切线斜率,但是计算表达式的形式完全相似,即都是函数值的改变量与自变量改变量比值的极限,或函数值相对于自变量在某一点处的变化率.

由此,对于一般的函数,我们引入函数在某一点的导数的概念.

定义 1 设函数 $y = f(x)$ 在 x_0 的某一邻域内有定义,当自变量 x 在 x_0 处有增量 Δx 时,函数 $y = f(x)$ 相应的增量为 $\Delta y = f(x_0 + \Delta x) - f(x_0)$,若:

$$\lim_{\Delta x \to 0} \frac{\Delta y}{\Delta x} = \lim_{\Delta x \to 0} \frac{f(x_0 + \Delta x) - f(x_0)}{\Delta x} \tag{3}$$

存在,则称函数 $f(x)$ 在点 x_0 处**可导**,并称该极限值为函数 $f(x)$ 在点 x_0 处的**导数**,记作 $f'(x_0)$,$y'|_{x=x_0}$,$\left.\frac{\mathrm{d}y}{\mathrm{d}x}\right|_{x=x_0}$ 或 $\left.\frac{\mathrm{d}f}{\mathrm{d}x}\right|_{x=x_0}$,即

$$f'(x_0) = \lim_{\Delta x \to 0} \frac{\Delta y}{\Delta x} = \lim_{\Delta x \to 0} \frac{f(x_0 + \Delta x) - f(x_0)}{\Delta x}. \tag{4}$$

由此可见,导数就是函数增量 Δy 与自变量增量 Δx 之比 $\frac{\Delta y}{\Delta x}$ 的极限. 一般地,我们称 $\frac{\Delta y}{\Delta x}$ 为函数关于自变量的平均变化率,所以导数 $f'(x_0)$ 为 $f(x)$ 在点 x_0 处关于 x 的变化率. 若(3)式或(4)式极限不存在,则称 $f(x)$ 在点 x_0 处**不可导**.

【例 1】 设函数 $f(x) = |x|$,判断该函数在 $x = 1$ 及 $x = 0$ 处是否可导?

解 在 $x = 1$ 处,我们有 $\lim\limits_{\Delta x \to 0} \frac{|1 + \Delta x| - |1|}{\Delta x} = \lim\limits_{\Delta x \to 0} \frac{(1 + \Delta x) - 1}{\Delta x} = 1$,因此函数 $f(x) = |x|$ 在 $x = 1$ 处可导,且 $f'(1) = 1$.

在 $x=0$ 处，我们考虑 $\lim\limits_{\Delta x\to 0}\dfrac{|0+\Delta x|-|0|}{\Delta x}$. 因为右极限 $\lim\limits_{\Delta x\to 0^+}\dfrac{|0+\Delta x|-|0|}{\Delta x}=\lim\limits_{\Delta x\to 0^+}\dfrac{\Delta x}{\Delta x}=1$，而左极限 $\lim\limits_{\Delta x\to 0^-}\dfrac{|0+\Delta x|-|0|}{\Delta x}=\lim\limits_{\Delta x\to 0^-}\dfrac{-\Delta x}{\Delta x}=-1$，左右极限不相等，因此，$\lim\limits_{\Delta x\to 0}\dfrac{|0+\Delta x|-|0|}{\Delta x}$ 不存在，因此函数 $f(x)=|x|$ 在 $x=0$ 处不可导.

【例 2】 求函数 $y=x^2$ 在 $x=x_0$ 处的导数.

解 给自变量 x 在 $x=x_0$ 处以增量 Δx，对应的函数的增量是

$$\Delta y=f(x_0+\Delta x)-f(x_0)=(x_0+\Delta x)^2-x_0^2=2x_0\Delta x+(\Delta x)^2.$$

因此，有

$$\frac{\Delta y}{\Delta x}=\frac{2x_0\Delta x+(\Delta x)^2}{\Delta x}=2x_0+\Delta x.$$

令 $\Delta x\to 0$，对上式两端取极限，得

$$f'(x_0)=\lim_{\Delta x\to 0}\frac{\Delta y}{\Delta x}=\lim_{\Delta x\to 0}\frac{2x_0\Delta x+(\Delta x)^2}{\Delta x}=\lim_{\Delta x\to 0}(2x_0+\Delta x)=2x_0.$$

显然，上式中的 x_0 可以是区间 $(-\infty,+\infty)$ 内的任意值. 因此，函数 $f(x)=x^2$ 在区间 $(-\infty,+\infty)$ 内的每一点都可导.

定义 2 若函数 $y=f(x)$ 在区间 (a,b) 内每一点都可导，则称函数在区间 (a,b) 内可导. 这时对任意给定的值 $x\in(a,b)$，都有唯一确定的导数值与之对应，因此就构成了 x 的一个新函数，称为导函数，记作

$$y',\ f'(x),\ \frac{\mathrm{d}y}{\mathrm{d}x}\text{或}\frac{\mathrm{d}f(x)}{\mathrm{d}x},$$

即

$$f'(x)=\lim_{\Delta x\to 0}\frac{\Delta y}{\Delta x}=\lim_{\Delta x\to 0}\frac{f(x+\Delta x)-f(x)}{\Delta x}.$$

注：显然，函数 $y=f(x)$ 在 x_0 处的导数，就是导函数 $f'(x)$ 在点 $x=x_0$ 处的函数值，即

$$f'(x_0)=f'(x)|_{x=x_0}.$$

以后在不会混淆的情况下，我们把**导函数称为导数**.

【例 3】 具有 PN 节的半导体器件，其电流微变和引起这个变化的电压微变之比称为低频跨导. 一种 PN 节的半导体器件，其转移特性曲线方程为 $I=5U^2$，求电压 $U=2$ V 时的低频跨导.

解 低频跨导是电流微变和引起这个变化的电压微变之比，它在 $U=-2$ V 时的变化率为

$$I=\lim_{\Delta U\to 0}\frac{\Delta I}{\Delta U}=\lim_{\Delta U\to 0}\frac{5\cdot(-2+\Delta U)^2-5\times(-2)^2}{\Delta U}=-20(\text{V}).$$

回顾一下，在引入极限概念之后，接着引入了单侧极限的概念；介绍了连续函数的概念

之后，进而引入了左右连续的概念. 我们知道，导数是建立在极限的基础之上的，自然就会提出是否也有类似于“左右极限”、“左右连续”的概念？

定义 3 设函数 $y=f(x)$ 在点 x_0 的某右邻域 $(x_0, x_0+\delta)$ 内有定义，若 $\lim\limits_{\Delta x\to 0^+}\dfrac{\Delta y}{\Delta x}=\lim\limits_{\Delta x\to 0^+}\dfrac{f(x_0+\Delta x)-f(x_0)}{\Delta x}$ 存在，则称 $f(x)$ 在点 x_0 处右可导，该极限值称为 $f(x)$ 在 x_0 处的**右导数**，记为 $f'_+(x_0)$，即

$$f'_+(x_0)=\lim_{\Delta x\to 0^+}\frac{f(x_0+\Delta x)-f(x_0)}{\Delta x}.$$

类似地，我们可定义**左导数** $f'_-(x_0)=\lim\limits_{\Delta x\to 0^-}\dfrac{f(x_0+\Delta x)-f(x_0)}{\Delta x}$.

右导数和左导数统称为**单侧导数**.

定理 1 若函数 $y=f(x)$ 在点 x_0 的某领域内有定义，则 $f'(x_0)$ 存在的充要条件是 $f'_+(x_0)$ 与 $f'_-(x_0)$ 都存在，且 $f'_+(x_0)=f'_-(x_0)$.

【例 4】 设 $f(x)=\begin{cases}1+x, & x\geqslant 0,\\ 1-x, & x<0,\end{cases}$ 讨论 $f(x)$ 在 $x_0=0$ 处是否可导.

解 因为 $\dfrac{f(0+\Delta x)-f(0)}{\Delta x}=\begin{cases}1, & \Delta x>0,\\ -1, & \Delta x<0,\end{cases}$ 所以

$$f'_+(0)=\lim_{\Delta x\to 0^+}\frac{f(0+\Delta x)-f(0)}{\Delta x}=1,$$

$$f'_-(0)=\lim_{\Delta x\to 0^-}\frac{f(0+\Delta x)-f(0)}{\Delta x}=-1,$$

因此 $f'_+(0)\neq f'_-(0)$，故 $f(x)$ 在 $x_0=0$ 处不可导.

2.1.2 导数的几何意义

若函数 $y=f(x)$ 在 x_0 点处可导，则其导数 $f'(x_0)$ 在数值上就等于曲线 $y=f(x)$ 在点 $(x_0, f(x_0))$ 处切线的斜率，即 $f'(x_0)=\tan\alpha$.

由此可推出：若 $f'(x_0)=0$，则 $\alpha=0$，此时曲线 $y=f(x)$ 过点 P_0 处的切线平行于 x 轴；若 $f'(x_0)=\pm\infty$，则 $\alpha=\pm\dfrac{\pi}{2}$，此时曲线 $y=f(x)$ 过点 P_0 处的切线垂直于 x 轴.

由导数的几何意义，可以得到曲线在点 $(x_0, f(x_0))$ 的切线与法线方程. 所以曲线在 $P_0(x_0, y_0)$ 的切线方程为：

$$y-y_0=f'(x_0)(x-x_0).$$

大家都知道，曲线 $y=f(x)$ 在点 $P_0(x_0, y_0)$ 处的法线是过此点且与切线垂直的直线，因此它的斜率为 $-\dfrac{1}{f'(x_0)}$，$[f'(x_0)\neq 0]$，因此法线方程为：

$$y-y_0=-\frac{1}{f'(x_0)}(x-x_0);$$

当 $f'(x_0)=0$ 时,法线方程为:$x=x_0$;

当 $f'(x_0)=\pm\infty$时,法线方程为:$y=y_0$.

【例 5】 求曲线 $y=x^2$ 在点(2, 4)处的切线方程及法线方程.

解 $y'=2x$,所以$y'|_{x=2}=4$. 因此,所求切线方程为 $y-4=4(x-2)$,即 $4x-y-4=0$.
所求的法线方程为:$y-4=-\dfrac{1}{4}(x-2)$,即 $x+4y-18=0$.

2.1.3 可导与连续的关系

函数的连续性保证了曲线的“不断”,而函数的可导则既保证了曲线的“不断”,又保证了曲线的“流畅”或“光滑”.

定理 2 若函数在某点可导,则函数在该点必然连续.

证明 因为函数 $f(x)$在 x_0 点处可导,设自变量 x 在 x_0 处有一改变量 Δx,相应函数有一改变量 Δy,由导数的定义可得

$$\lim_{\Delta x\to 0}\frac{\Delta y}{\Delta x}=\lim_{\Delta x\to 0}\frac{f(x_0+\Delta x)-f(x_0)}{\Delta x}=f'(x_0),$$

所以 $\lim\limits_{\Delta x\to 0}\Delta y=\lim\limits_{\Delta x\to 0}\left(\dfrac{\Delta y}{\Delta x}\cdot\Delta x\right)=\lim\limits_{\Delta x\to 0}\dfrac{\Delta y}{\Delta x}\cdot\lim\limits_{\Delta x\to 0}\Delta x=f'(x_0)\cdot 0=0$, 所以 $f(x)$在 x_0 点连续.

但是,反之却不然,即连续不一定可导. 我们观察函数 $y=|x|$的图像. 图像是连续的,那么是不是可导呢? 我们发现图像在 $x=0$ 处突然拐弯,出现了“尖点”或“不流畅、不光滑”的点(如图 2-3),在例 1 中我们已经证明,函数 $y=|x|$在 $x=0$ 处不可导.

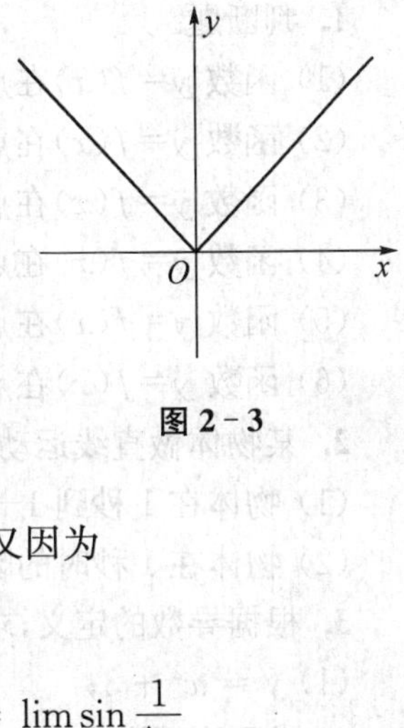

图 2-3

【例 6】 设函数 $f(x)=\begin{cases}x\sin\dfrac{1}{x},\ x\neq 0,\\ 0,\ x=0,\end{cases}$ 讨论其在 $x=0$ 的连续性和可导性.

解 因为$\lim\limits_{x\to 0}x\sin\dfrac{1}{x}=0=f(0)$,所以 $f(x)$在 $x=0$ 点连续. 又因为

$$\lim_{\Delta x\to 0}\frac{f(0+\Delta x)-f(0)}{\Delta x}=\lim_{\Delta x\to 0}\frac{\Delta x\cdot\sin\dfrac{1}{\Delta x}-0}{\Delta x}=\lim_{\Delta x\to 0}\sin\frac{1}{\Delta x}$$

极限不存在,所以不可导,不连续.

若将题中的“x”换成“x^2”,则为可导了.

2.1.4 基本初等函数求导公式

基本初等函数的导数在初等函数的求导中起着十分重要的作用,为了便于熟练掌握,归纳如下:

1. $C'=0$(C 为常数);
2. $(x^\alpha)'=\alpha x^{\alpha-1}$(其中 α 为实数);
3. $(\sin x)'=\cos x$;
4. $(\cos x)'=-\sin x$;

5. $(\tan x)'=\sec^2 x$； 6. $(\cot x)'=-\csc^2 x$；

7. $(\sec x)'=\sec x\cdot\tan x$； 8. $(\csc x)'=-\csc x\cdot\cot x$；

9. $(a^x)'=a^x\ln a, (a>0, a\neq 1)$；特别地$(e^x)'=e^x$；

10. $(\log_a x)'=\dfrac{1}{x\ln a}, (a>0, a\neq 1)$；特别$(\ln x)'=\dfrac{1}{x}$；

11. $(\arcsin x)'=\dfrac{1}{\sqrt{1-x^2}}, x\in(-1,1)$； 12. $(\arccos x)'=-\dfrac{1}{\sqrt{1-x^2}}, x\in(-1,1)$；

13. $(\arctan x)'=\dfrac{1}{1+x^2}, x\in\mathbf{R}$； 14. $(\operatorname{arccot} x)'=-\dfrac{1}{1+x^2}, x\in\mathbf{R}$.

上面的求导公式，有的可以用导数的定义直接推出，有的还要用到后面的求导法则进行推导，这里不做推导.

注：函数的求导公式应熟练地记忆，这不仅是学习微分学的基础，对后面微积分学的学习也大有好处. 对于一些常用函数的导数最好也作为公式记忆，这样计算起来就十分方便. 例如，幂函数导数公式，可以推出$(\sqrt{x})'=\dfrac{1}{2\sqrt{x}}$，$\left(\dfrac{1}{x}\right)'=-\dfrac{1}{x^2}$，这两个结果在后面的求导（特别是复合函数的求导）运算中常常用到.

习题 2-1

1. 判断题.

(1) 函数 $y=f(x)$在点 x_0 处可导，则在点 x_0 处切线存在；

(2) 函数 $y=f(x)$在点 x_0 处不可导，则在点 x_0 处切线不存在；

(3) 函数 $y=f(x)$在点 x_0 处有切线，则在点 x_0 处有导数；

(4) 函数 $y=f(x)$在点 x_0 处连续，则在点 x_0 处可导；

(5) 函数 $y=f(x)$在点 x_0 的导数等于$[f(x_0)]'$；

(6) 函数 $y=f(x)$在点 x_0 处的瞬时变化率就是函数在这点的导数.

2. 某物体做直线运动的方程为 $s=t^2-t+1$，试求：

(1) 物体在 1 秒到 $1+\Delta t$ 秒的平均速度；

(2) 物体在 1 秒时的瞬时速度.

3. 根据导数的定义，求下列函数的导数.

(1) $y=x^2+3$； (2) $y=\sin 2x$.

4. 求下列函数在 $x=1$ 的导数.

(1) $y=x^3$. (2) $y=\ln x$.

5. 求曲线 $y=\ln x$ 在 $x=e$ 的切线方程和法线方程.

6. 求曲线 $y=x^3$ 上与直线 $3x-y+1=0$ 平行的切线的方程.

7. 求过点$(-1, 0)$且与曲线 $y=\sqrt{x}$相切的直线方程.

8. 讨论曲线 $y=\sqrt[3]{x}$在 $x=0$ 处是否连续？是否可导？是否有切线？

9. 设 $f(x)=x|x|$，求 $f'(0)$.

10. 讨论函数 $f(x)=\begin{cases}x, & x\leqslant 0,\\ \sin x, & x>0,\end{cases}$ 在 $x=0$ 处的连续性和可导性.

2.2 求导方法

对于极简单的函数，我们可以运用导数的定义求出其导数.但是，对于较复杂的初等函数，利用定义就可能非常麻烦了.我们知道，初等函数是由基本初等函数经过四则运算和复合而得到的，因此我们要探讨四则运算和复合运算的求导法则，以及反函数的求导法则，进而解决初等函数的求导问题.

2.2.1 导数的四则运算法则

定理 1 设函数 $u(x)$，$v(x)$在点 x 处可导，则它们的和、差、积与商在 x 处也可导，且

(1) $(u(x)\pm v(x))'=u'(x)\pm v'(x)$；

(2) $(u(x)v(x))'=u(x)v'(x)+u'(x)v(x)$；

(3) $\left[\dfrac{v(x)}{u(x)}\right]'=\dfrac{v'(x)u(x)-v(x)u'(x)}{u^2(x)}$，$[u(x)\neq 0]$.

证明 略.

【例 1】 设 $f(x)=x\sin x+3e^x-\sqrt{2}$，求 $f'(x)$，$f'(0)$.

解 $f'(x)=(x\sin x)'+(3e^x)'-(\sqrt{2})'=\sin x+x\cos x+3e^x$，将 $x=0$ 代入得 $f'(0)=3$.

【例 2】 设 $y=\tan x$，求 y'.

解 $y'=(\tan x)'=\dfrac{\sin x}{\cos x}=\dfrac{(\sin x)'\cos x-\sin x(\cos x)'}{\cos^2 x}=\dfrac{\cos^2 x+\sin^2 x}{\cos^2 x}=\dfrac{1}{\cos^2 x}$，

即$(\tan x)'=\sec^2 x$.

同理可得 $(\cot x)'=-\csc^2 x$；$(\sec x)'=\tan x\cdot\sec x$；$(\csc x)'=-\csc x\cdot\cot x$.

【例 3】 已知某物体做直线运动，运动方程为 $s=(t+3)(t+2)+\ln t$，s(单位：m)，t(单位：s).求在 $t=3$ s 时物体的速度？

解 物体运动的速度为

$$v=\frac{ds}{dt}=[(t+3)(t+2)+\ln t]'=[(t+3)(t+2)]'+(\ln t)'$$

$$=(t+3)'(t+2)+(t+3)(t+2)'+\frac{1}{t}=2t+\frac{1}{t}+5,$$

$t=3$ s 时的速度为$v|_{t=3}=\left(2t+\dfrac{1}{t}+5\right)\Big|_{t=3}=\dfrac{34}{3}$(m/s).

【例 4】 电路中某点处的电流 i 是通过该点处的电量 q 关于时间 t 的瞬时变化率，如果某一电路中的电量为 $q(t)=t^3+2t$.求：

(1) 电流函数 $i(t)$；

(2) $t=2$ 时的电流是多少？

(3) 什么时候电流为 50？

解 (1) $i(t)=\dfrac{dq}{dt}=3t^2+2$；

(2) $i(2)=i(t)|_{t=2}=(3t^2+2)|_{t=2}=14$；

(3) 解方程 $i(t)=3t^2+2=50$，得 $t=\pm 4$(舍去负值)，即当 $t=4$ 时，电流为 50.

【例 5】 某电器厂在对冰箱制冷后断电测试其制冷效果，时间 t 后冰箱的温度为 $T=\frac{2t}{0.05t+1}-20$. 问冰箱温度 T 关于时间 t 的变化率是多少？

解 $\frac{dT}{dt}=\left(\frac{2t}{0.05t+1}-20\right)'=\left(\frac{2t}{0.05t+1}\right)'-0$

$$=\frac{(2t)'(0.05t+1)-2t(0.05t+1)'}{(0.05t+1)^2}$$

$$=\frac{2(0.05t+1)-2t\times0.05}{(0.05t+1)^2}=\frac{2}{(0.05t+1)^2}.$$

即冰箱温度 T 关于时间 t 的变化率是 $\frac{dT}{dt}=\frac{2}{(0.05t+1)^2}$.

【例 6】 当电流通过两个并联电阻 r_1,r_2 时，总电阻由下式给出：

$$\frac{1}{R}=\frac{1}{r_1}+\frac{1}{r_2},$$

假定 r_2 是常量，求 R 对 r_1 的变化率.

解 由 $\frac{1}{R}=\frac{1}{r_1}+\frac{1}{r_2}$ 知 $R=\frac{r_1r_2}{r_1+r_2}$，因为 r_2 是常数，所以

$$\frac{dR}{dr_1}=\frac{d}{dr_1}\left(\frac{r_1r_2}{r_1+r_2}\right)=\frac{r_2(r_1+r_2)-r_1r_2}{(r_1+r_2)^2}=\frac{r_2^2}{(r_1+r_2)^2}.$$

2.2.2 复合运算求导法则

我们先看一个例子. 已知函数 $y=(2x+3)^2$，求 y'.

因为 $y=(2x+3)^2=4x^2+12x+9$，所以

$$y'_x=(4x^2)'+(12x)'+(9)'=8x+12=4(2x+3).$$

另一方面，$y=(2x+1)^2$ 可以看作是由 $y=u^2,u=2x+3$ 复合而成的函数，由于

$$y'_u=2u=2(2x+3),u'_x=(2x+3)'=2,$$

因此 $$y'_u\cdot u'_x=2(2x+3)\cdot2=4(2x+3).$$

于是，在本例中有等式 $y'_x=y'_u\cdot u'_x$.

一般地，我们有：

定理 2 设函数 $y=f(u)$，$u=\varphi(x)$ 均可导，则复合函数 $y=f[\varphi(x)]$ 也可导，且

$$y'_x=y'_u\cdot u'_x \text{或} y'_x=f'(u)\cdot\varphi'(x) \text{或} \frac{dy}{dx}=\frac{dy}{du}\cdot\frac{du}{dx}.$$

这就是复合函数的求导法则.

在对复合函数进行求导时，我们就使用此法则. 其中的关键是对复合函数的分解，同时要搞清楚 y'_x，y'_u，u'_x 这三个记号所表示的导数的不同.

【例 7】 求 $y=\cos 2x$ 的导数.

解 令 $y=\cos u$，$u=2x$，则 $y'_x=y'_u\cdot u'_x=-\sin u\cdot2=-2\sin 2x$.

注意：u 必须回代为 $2x$.

【例 8】 求 $y=(2x-3)^5$ 的导数.

解 令 $y=u^5$, $u=2x-3$,则 $y'_x=y'_u\cdot u'_x=5u^4\cdot 2=10(2x-3)^4$.

【例 9】 求 $y=e^{\sqrt{x}}$的导数.

解 熟悉复合函数的分解过程之后,可以不写出分解过程.但要默记中间变量. $y'=e^{\sqrt{x}}\cdot(\sqrt{x})'=e^{\sqrt{x}}\cdot\dfrac{1}{2\sqrt{x}}$.

【例 10】 设 $y=\ln(1+\sqrt{1+x^2})$,求$\dfrac{dy}{dx}$.

解 因为 $y=\ln(1+\sqrt{1+x^2})$可以看作 $y=\ln u, u=1+\sqrt{v}, v=1+x^2$ 复合而成的,于是 $\dfrac{dy}{dx}=\dfrac{dy}{du}\cdot\dfrac{du}{dv}\cdot\dfrac{dv}{dx}=\dfrac{1}{u}\cdot\left(\dfrac{1}{2}\cdot\dfrac{1}{\sqrt{v}}\right)\cdot(2x)=\dfrac{x}{(1+\sqrt{1+x^2})\sqrt{1+x^2}}$. 此题先利用乘法求导法则,过程中又运用了复合函数的求导法则.

【例 11】 在电容器两端加正弦电流电压 $u_c=U_m\sin(\omega t+\varphi)$,求电流 i.

解
$$\begin{aligned} i&=C\frac{du_c}{dt}=C[U_m\sin(\omega t+\varphi)]'\\ &=C[U_m\cos(\omega t+\varphi)(\omega t+\varphi)']=C[U_m\omega\cos(\omega t+\varphi)]\\ &=\omega CU_m\sin\left(\omega t+\varphi+\frac{\pi}{2}\right)=I_m\sin(\omega t+\theta). \end{aligned}$$

其中 $\omega CU_m=I_m$ 是电流的峰值(最大值),称振幅,初相 $\theta=\varphi+\dfrac{\pi}{2}$. 从而可知,电容器上电流与电压有下列关系:

(1) 电流 i 与电压 u_c 是同频率的正弦波;

(2) 电流 i 比电压 u_c 相位提前$\dfrac{\pi}{2}$;

(3) 电压峰值与电流峰值之比为$\dfrac{U_m}{I_m}=\dfrac{U_m}{C\omega U_m}=\dfrac{1}{C\omega}$,电工学中称$\dfrac{1}{C\omega}$为容抗(容性电抗).

2.2.3 隐函数的求导法

前面我们介绍的都是以 $y=f(x)$的形式出现的显式函数的求导法则.但在实际中,有许多函数关系式是隐藏在一个方程中,这个函数不一定能写成 $y=f(x)$的形式,例如,$xy+e^x+e^y-e=0$ 所确定的函数就不能写成 $y=f(x)$的形式.尽管有时能够表示,但从问题的需要来说没有这个必要.

一般地,我们把由二元方程 $F(x,y)=0$ 所确定的 y 与 x 的关系式称为**隐函数**. 隐函数求导法则:就是指不从方程 $F(x,y)=0$ 中解出 y,而求 y'.

具体解法如下:

(1) 对方程 $F(x, y)=0$ 的两端同时关于 x 求导,在求导过程中把 y 看成 x 的函数,也就是把它作为中间变量来看待.(有时也可以把 x 看作函数,y 看作自变量.)

(2) 求导之后得到一个关于 y'的一次方程,解此方程,便得 y'的表达式.当然,在此表达

式内可能会含有 y,这没关系,让它保留在式子中就可以了.

【例 12】 设 $xy+e^x+e^y-e=0$,求 y'.

解 对 $xy+e^x+e^y-e=0$ 两边关于 x 求导得:

$y+x\cdot y'+e^x+e^y\cdot y'=0$,所以$(x+e^y)\cdot y'=-(y+e^x)$,即

$$y'=-\frac{y+e^x}{x+e^y}.$$

【例 13】 求由方程 $y=\cos(x+y)$所确定 $y=f(x)$的导数.

解 两边同时对 x 求导数得

$$y'=-\sin(x+y)(1+y'),$$

解得: $$y'=-\frac{\sin(x+y)}{1+\sin(x+y)},$$

有些函数求导时,如果先对等式两边取对数,然后按隐函数求导法则求导数,往往可使运算简化,这种方法称为对数求导法.具体的求法,我们以实例来说明.

【例 14】 设 $y=x^{\sin x}(x>0)$,求$\frac{dy}{dx}$.

这类函数,我们称其为**幂指函数**,在我们前面所介绍的公式和法则中,还没有这类函数的导数.下面我们就来解决它.

解 对 $y=x^{\sin x}$两边取对数,得到 $\ln y=\ln x^{\sin x}=\sin x\ln x$,由隐函数求导法则,方程 $\ln y=\sin x\ln x$ 两边关于 x 求导数,得$\frac{1}{y}\cdot y'=\cos x\ln x+\frac{\sin x}{x}$,于是,

$$y'=y\left(\cos x\ln x+\frac{\sin x}{x}\right)=x^{\sin x}\left(\cos x\ln x+\frac{\sin x}{x}\right).$$

更一般地,若 $y=u(x)^{v(x)}$,其中 $u(x)$和 $v(x)$关于 x 都可导,且 $u(x)>0$,那么,**“等式两边先取对数,再关于 x 求导数”**,用此法后,先得到 $\ln y=v(x)\ln u(x)$,进一步有

$$\frac{1}{y}\cdot y'=v'(x)\ln u(x)+\frac{v(x)\cdot u'(x)}{u(x)},$$

再整理后得:

$$y'=u(x)^{v(x)}\left[v'(x)\ln u(x)+\frac{v(x)\cdot u'(x)}{u(x)}\right].$$

其实,幂指函数的导数结果稍加整理一下,便有:

$$y'=u(x)^{v(x)}\cdot\ln u(x)\cdot v'(x)+v(x)\cdot u(x)^{v(x)-1}\cdot u'(x).$$

前一部分是把 $u(x)^{v(x)}$作为指数函数求导数得到的结果;后一部分是把 $u(x)^{v(x)}$作为幂函数求导得到的结果,因此,可以这么说:**幂指函数的导数等于幂函数的导数与指数函数的导数之和.**

对于幂指函数求导,有时可以直接根据对数的性质以及复合函数的求导法则求导,无须转化为隐函数.

对 $y=x^{\sin x}$ 的另一种简便的解法，因为 $y=x^{\sin x}=\mathrm{e}^{\ln x^{\sin x}}=\mathrm{e}^{\sin x\ln x}$，所以它是由 $y=\mathrm{e}^u$，$u=\sin x\ln x$ 复合而成的，故

$$y'=\frac{\mathrm{d}y}{\mathrm{d}u}\cdot\frac{\mathrm{d}u}{\mathrm{d}x}=\mathrm{e}^{\sin x\ln x}\left(\cos x\ln x+\sin x\cdot\frac{1}{x}\right)=x^{\sin x}\left(\cos x\ln x+\sin x\cdot\frac{1}{x}\right).$$

【例 15】 求 $y=\sqrt[5]{\dfrac{(x-1)(x-3)}{(x-2)^3(x-4)}}$ 的导数.

解 两边取对数，得

$$\ln y=\frac{1}{5}[\ln(x-1)+\ln(x-3)-3\ln(x-2)-\ln(x-4)],$$

两边同时对 x 求导数，得

$$\frac{1}{y}\cdot y'=\frac{1}{5}\left(\frac{1}{x-1}+\frac{1}{x-3}-\frac{3}{x-2}-\frac{1}{x-4}\right).$$

$$y'=\frac{1}{5}\cdot\sqrt[5]{\frac{(x-1)(x-3)}{(x-2)^3(x-4)}}\cdot\left(\frac{1}{x-1}+\frac{1}{x-3}-\frac{3}{x-2}-\frac{1}{x-4}\right).$$

如果直接用四则运算法则来解就比较麻烦了.

上面的例子就体现了对数求导法的好处，我们几乎不用打草稿，就能较完整、简捷地写出导数的结果，如果直接用四则运算法则的话，不打草稿要写出简明的结果是非常困难的事情.

作为这一部分的结束语，我们给出如下提示，供读者们参考：

当函数关系式是由若干个简单函数以及幂指函数经过乘方、开方、乘、除等运算组合而成的时候，应考虑用取对数求导法求这类函数的导数.

2.2.4 参数方程求导法

我们在确定变量关系的时候，有时需要引入参数变量，例如，在描述物体的运动轨迹时，常常要引入时间变量，这对讨论物体的运动规律很有帮助.

一般地，我们把 $\begin{cases}x=\varphi(t),\\ y=\psi(t),\end{cases}$ 称为参数方程，它通过参数 t 确定了变量 x，y 之间的函数. 而在求函数的导数时，一般不需要消去参数 t. 通常我们有：

若 $\varphi(t)$，$\psi(t)$ 都可导，且 $\varphi'(t)\neq0$，则 $y'=\dfrac{\mathrm{d}y}{\mathrm{d}x}=\dfrac{\frac{\mathrm{d}y}{\mathrm{d}t}}{\frac{\mathrm{d}x}{\mathrm{d}t}}=\dfrac{y'_t}{x'_t}$.

【例 16】 求曲线 $\begin{cases}x=2t,\\ y=t^3,\end{cases}$ 在点(2, 1)处的切线方程.

解 $t=1$ 时对应于曲线上的点(2, 1).

因为 $\dfrac{\mathrm{d}y}{\mathrm{d}x}=\dfrac{y'_t}{x'_t}=\dfrac{3t^2}{2}$，所以切线斜率 $k=\left.\dfrac{3t^2}{2}\right|_{t=1}=\dfrac{3}{2}$. 则，所求切线方程为

$y-1=\dfrac{3}{2}(x-2)$，即 $3x-2y-1=0$.

2.2.5 高阶导数

我们知道，物体的运动方程 $s=s(t)$ 的导数 $s'(t)$ 是速度方程 $v(t)$，而速度 $v(t)$ 相对于时间的变化率 $v'(t)$ 是加速度 $a(t)$，而 $a(t)$ 是 $s(t)$ 经过两次求导得到的，即 $a(t)=[s'(t)]'$，那么，我们把 $a(t)$ 称为是 $s(t)$ 的二阶导数.

一般地，我们有：

定义 设函数 $y=f(x)$ 的导数为 $f'(x)$，若 $f'(x)$ 可导，则称 $[f'(x)]'$ 为 $f(x)$ 的二阶导数，记作 y''，或 $f''(x)$，或 $\frac{d^2y}{dx^2}$；

若 $f''(x)$ 的导数存在，则称 $f''(x)$ 的导数 $[f''(x)]'$ 为 $y=f(x)$ 的三阶导数，记作 y'''，$f'''(x)$ 或 $\frac{d^3y}{dx^3}$；

类似地，若 $y=f(x)$ 的 $n-1$ 阶导数可导，则称其导数为 $y=f(x)$ 的 n 阶导数，记作 $y^{(n)}$，$f^{(n)}(x)$ 或 $\frac{d^ny}{dx^n}$.

我们把函数的二阶和二阶以上的导数称为函数的**高阶导数**.

显然，高阶导数的计算方法与一阶导数的计算方法相同.

【例 17】 求函数 $y=xe^x$ 的三阶导数.

解 $y'=e^x+xe^x=(x+1)e^x$；$y''=e^x+(x+1)e^x=(x+2)e^x$；$y'''=e^x+(x+2)e^x=(x+3)e^x$.

【例 18】 求函数 $y=e^{2x}$，$y=\sin x$ 的 n 阶导数 $y^{(n)}$.

解 求 n 阶导数的方法是先求出一阶、二阶、三阶导数等，然后观察每次求导的变化规律，最后写出 n 阶导数.

对于 $y=e^{2x}$，显然每次求导后的变化规律是系数乘以 2，所以 $y^{(n)}=2^ne^{2x}$.

对于 $y=\sin x$，我们先求一阶、二阶、三阶导数.

$$y'=(\sin x)'=\cos x=\sin\left(x+\frac{\pi}{2}\right),$$

$$y''=\left[\sin\left(x+\frac{\pi}{2}\right)\right]'=\cos\left(x+\frac{\pi}{2}\right)=\sin\left(x+2\cdot\frac{\pi}{2}\right),$$

$$y'''=\left[\sin\left(x+2\cdot\frac{\pi}{2}\right)\right]'=\cos\left(x+2\cdot\frac{\pi}{2}\right)=\sin\left(x+3\cdot\frac{\pi}{2}\right).$$

于是，观察出规律是每次求导使自变量 x 增加 $\frac{\pi}{2}$，因此，$y^{(n)}=(\sin x)^{(n)}=\sin\left(x+n\cdot\frac{\pi}{2}\right)$.

【例 19】 设某物体做直线运动，运动方程为 $s=t^3-t^2+1$，求 $t=2$ s 时的速度和加速度.

解 速度 $v(t)=\frac{ds}{dt}=3t^2-2t$，加速度 $a(t)=\frac{d^2s}{dt^2}=6t-2$，所以 $v(2)=8(\mathrm{m/s})$；$a(2)=10(\mathrm{m/s^2})$.

习题 2-2

1. 求下列各函数的导数.

(1) $y=\sqrt[3]{x}$；　(2) $y=2^x+\dfrac{1}{x}$；

(3) $s=2e^t\cos t$；　(4) $y=x^2\cos\ln x$；

(5) $y=\dfrac{x-1}{x+1}$.

2. 求函数 $y=\dfrac{\arctan x}{1+x^2}$ 在 $x=0$，$x=1$ 点处的导数值.

3. 求下列函数的导数.

(1) $y=\dfrac{1}{3x-7}$；　(2) $y=3\arcsin(\sqrt{x})$；

(3) $y=\tan(3x-1)$；　(4) $y=xe^{-x}+x^2e^{\frac{x}{2}}$；

(5) $y=\cos^3(\cos x)$；　(6) $y=\ln^3(x+1)$.

4. 求曲线 $y=x\cdot\ln x$ 在 $x=e$ 处的切线和法线方程.

5. 求下列方程确定的隐函数 y 的导数.

(1) $e^y+xy-5=0$；　(2) $y+x\cos y=1$.

6. 求曲线 $y^3+xy-1=0$ 在点(0，1)处的切线方程.

7. 用对数求导法求下列函数的导数.

(1) $y=(1+x^2)^x$；　(2) $y=\dfrac{\sqrt{x+2}\,(x+2)^2}{(x+3)^3}$.

8. 求参数方程 $\begin{cases}x=t-\sin t,\\ y=1-\cos t,\end{cases}$ 确定的函数 y 的导数.

9. 求参数方程 $\begin{cases}x=\sqrt{t}\\ y=1-x\end{cases}$ 确定的函数 y 在 $t=1$ 时的导数.

10. 求下列各函数的二阶导数.

(1) $y=3x\cos x$；　(2) $y=e^{\frac{1}{x}}$.

11. 设 $f(x)=e^x\cdot\sin x$，求 $f''(0)$.

12. 设 $y=\ln x$，求 $y^{(n)}$，$y^{(n)}(1)$.

13. 设质点作直线运动，运动规律为 $s(t)=3e^{2t}\cos t$，求质点的初始速度和初始加速度.

14. 证明：函数 $y=c_1e^{\lambda x}+c_2e^{-\lambda x}$($\lambda$，$c_1$，$c_2$ 是常数)满足关系式 $y''-\lambda^2y=0$.

2.3 偏导数*

在实际问题中，需要把二元函数的其中一个自变量固定不变，而研究另一个自变量的变化率，这样就可以把多元函数转化为一元函数来对待并求其导数. 这就是下面要讨论的二元函数的偏导数.

2.3.1 二元函数的偏导数

定义 设函数 $z=f(x, y)$ 在点 (x_0, y_0) 的某一邻域内有定义，当 y 固定在 y_0，而 x 在 x_0 处取得增量 Δx 时，相应的函数的增量为 $\Delta_x z=f(x_0+\Delta x, y_0)-f(x_0, y_0)$（称为偏增量）. 如果极限

$$\lim_{\Delta x\to 0}\frac{\Delta_x z}{\Delta x}=\lim_{\Delta x\to 0}\frac{f(x_0+\Delta x, y_0)-f(x_0, y_0)}{\Delta x} \tag{1}$$

存在，则称此极限为函数 $z=f(x, y)$ 在点 (x_0, y_0) 处**对 x 的偏导数**，记作

$$\left.\frac{\partial z}{\partial x}\right|_{(x_0, y_0)},\ \left.\frac{\partial f}{\partial x}\right|_{(x_0, y_0)},\ z'_x(x_0, y_0) \text{ 或 } f'_x(x_0, y_0).$$

类似地，如果极限

$$\lim_{\Delta y\to 0}\frac{\Delta_y z}{\Delta y}=\lim_{\Delta y\to 0}\frac{f(x_0, y_0+\Delta y)-f(x_0, y_0)}{\Delta y} \tag{2}$$

存在，则称此极限为函数 $z=f(x, y)$ 在点 (x_0, y_0) 处**对 y 的偏导数**，记作

$$\left.\frac{\partial z}{\partial y}\right|_{(x_0, y_0)},\ \left.\frac{\partial f}{\partial y}\right|_{(x_0, y_0)},\ z'_y(x_0, y_0) \text{ 或 } f'_y(x_0, y_0).$$

当函数 $z=f(x, y)$ 在点 (x_0, y_0) 处对 x 和 y 的偏导数都存在时，我们称 $f(x, y)$ 在点 (x_0, y_0) 处**可偏导**.

如果函数 $z=f(x, y)$ 在某区域 D 内每一点 (x, y) 处都可偏导，那么 $f(x, y)$ 关于 x 和 y 的偏导数仍然是 x、y 的二元函数，我们称它们为 $f(x, y)$ 的**偏导函数**，记作

$$\frac{\partial z}{\partial x}, \frac{\partial z}{\partial y};\ \frac{\partial f}{\partial x}, \frac{\partial f}{\partial y};\ z'_x, z'_y \quad \text{或} \quad f'_x(x, y), f'_y(x, y).$$

为了简便，偏导函数也简称为**偏导数**.

对于二元以上的函数，用同样的方法可以定义偏导数.

从偏导数的定义可以看出，求多元函数对一个自变量的偏导数时，实际上只需将其他自变量看成常数，按照一元函数的求导法则进行即可.

【例 1】 求函数 $z=\arcsin(xy)$ 的偏导数.

解 保持自变量 y 不变，$\dfrac{\partial z}{\partial x}=\dfrac{1}{\sqrt{1-(xy)^2}}y=\dfrac{y}{\sqrt{1-(xy)^2}}$；

保持自变量 x 不变，$\dfrac{\partial z}{\partial y}=\dfrac{1}{\sqrt{1-(xy)^2}}x=\dfrac{x}{\sqrt{1-(xy)^2}}$.

【例 2】 求函数 $z=\dfrac{x}{\sqrt{x^2+y^2}}$ 的偏导数 $\left.\dfrac{\partial z}{\partial x}\right|_{\substack{x=0\\y=1}}$，$\left.\dfrac{\partial z}{\partial y}\right|_{\substack{x=0\\y=1}}$.

解 $\left.\dfrac{\partial z}{\partial x}\right|_{\substack{x=0\\y=1}}=\left.\left(\dfrac{1}{\sqrt{x^2+y^2}}-\dfrac{x^2}{\sqrt{(x^2+y^2)^3}}\right)\right|_{\substack{x=0\\y=1}}=1$,

$\left.\dfrac{\partial z}{\partial x}\right|_{\substack{x=0\\y=1}}=\left.\left(-\dfrac{y}{\sqrt{(x^2+y^2)^3}}\right)\right|_{\substack{x=0\\y=1}}=1.$

【例 3】 设$z=xy+x^3$,求$\frac{\partial z}{\partial x}+\frac{\partial z}{\partial y}$.

解 由于$\frac{\partial z}{\partial x}=y+3x^2$,$\frac{\partial z}{\partial y}=x$.因此$\frac{\partial z}{\partial x}+\frac{\partial z}{\partial y}=y+3x^2+x$.

2.3.2 高阶偏导数

由上面的例子可以看出:函数$z=f(x, y)$对于x或y的偏导数仍是x, y的二元函数,如果$\frac{\partial z}{\partial x}$, $\frac{\partial z}{\partial y}$对自变量$x$和$y$的偏导数也存在,则它们的偏导数称为$f(x, y)$的二阶偏导数,记为

$$\frac{\partial}{\partial x}\left(\frac{\partial z}{\partial x}\right)=\frac{\partial^2 z}{\partial x^2},\frac{\partial}{\partial y}\left(\frac{\partial z}{\partial y}\right)=\frac{\partial^2 z}{\partial y^2},\text{纯导数},$$

$$\frac{\partial}{\partial y}\left(\frac{\partial z}{\partial x}\right)=\frac{\partial^2 z}{\partial x\partial y},\frac{\partial}{\partial x}\left(\frac{\partial z}{\partial y}\right)=\frac{\partial^2 z}{\partial y\partial x},\text{混合偏导数},$$

或简记为z''_{xx}, z''_{xy}, z''_{yy}, z''_{yx}或f''_{xx}, f''_{xy}, f''_{yx}, f''_{yy}.

【例 4】 设$u=\mathrm{e}^{ax}\cos by$,求二阶偏导数.

解 $\frac{\partial u}{\partial x}=a\mathrm{e}^{ax}\cos by$,$\frac{\partial u}{\partial y}=-b\mathrm{e}^{ax}\sin by$;$\frac{\partial^2 u}{\partial x^2}=a^2\mathrm{e}^{ax}\cos by$,$\frac{\partial^2 u}{\partial y^2}=-b^2\mathrm{e}^{ax}\cos by$,

$\frac{\partial^2 u}{\partial x\partial y}=-ab\mathrm{e}^{ax}\sin by$,$\frac{\partial^2 u}{\partial y\partial x}=-ab\mathrm{e}^{ax}\sin by$.

【例 5】 设$z=x^3y^2-3xy^3-xy+1$,求$\frac{\partial^2 z}{\partial x^2}$、$\frac{\partial^2 z}{\partial y\partial x}$、$\frac{\partial^2 z}{\partial x\partial y}$、$\frac{\partial^2 z}{\partial y^2}$及$\frac{\partial^3 z}{\partial x^3}$.

解 $\frac{\partial z}{\partial x}=3x^2y^2-3y^3-y$, $\frac{\partial z}{\partial y}=2x^3y-9xy^2-x$; $\frac{\partial^2 z}{\partial x^2}=6xy^2$, $\frac{\partial^3 z}{\partial x^3}=6y^2$,

$\frac{\partial^2 z}{\partial y^2}=2x^3-18xy$; $\frac{\partial^2 z}{\partial x\partial y}=6x^2y-9y^2-1$, $\frac{\partial^2 z}{\partial y\partial x}=6x^2y-9y^2-1$.

问题:混合偏导数都相等吗?

【例 6】 设$f(x, y)=\begin{cases}\frac{x^3y}{x^2+y^2}, & (x, y)\neq(0, 0),\\ 0, & (x, y)=(0, 0),\end{cases}$ 求$f(x, y)$的二阶混合偏导数.

解 当$(x, y)\neq(0, 0)$时,

$$f_x(x, y)=\frac{3x^2y(x^2+y^2)-2x\cdot x^3y}{(x^2+y^2)^2}=\frac{3x^2y}{x^2+y^2}-\frac{2x^4y}{(x^2+y^2)^2},$$

$$f_y(x, y)=\frac{x^3}{x^2+y^2}-\frac{2x^3y^2}{(x^2+y^2)^2}.$$

当$(x, y)=(0, 0)$时,按定义可知:

$$f_x(0, 0)=\lim_{\Delta x\to 0}\frac{f(\Delta x, 0)-f(0, 0)}{\Delta x}=\lim_{\Delta x\to 0}\frac{0}{\Delta x}=0,$$

$$f_y(0, 0)=\lim_{\Delta y\to 0}\frac{f(0, \Delta y)-f(0, 0)}{\Delta y}=\lim_{\Delta y\to 0}\frac{0}{\Delta y}=0,$$

$$f_{xy}(0,0)=\lim_{\Delta y\to 0}\frac{f_x(0,\Delta y)-f_x(0,0)}{\Delta y}=0,$$

$$f_{yx}(0,0)=\lim_{\Delta x\to 0}\frac{f_y(\Delta x,0)-f_y(0,0)}{\Delta x}=1.$$

显然 $f_{xy}(0,0)\neq f_{yx}(0,0)$.

问题:具备怎样的条件才能使混合偏导数相等?

定理 如果函数 $z=f(x,y)$ 的两个二阶混合偏导数 $\frac{\partial^2 z}{\partial y\partial x}$ 及 $\frac{\partial^2 z}{\partial x\partial y}$ 在区域 D 内连续,那么在该区域内这两个二阶混合偏导数必相等.

【例 7】 验证函数 $u(x,y)=\ln\sqrt{x^2+y^2}$ 满足拉普拉斯方程 $\frac{\partial^2 u}{\partial x^2}+\frac{\partial^2 u}{\partial y^2}=0$.

证明 $\because \ln\sqrt{x^2+y^2}=\frac{1}{2}\ln(x^2+y^2)$, $\therefore \frac{\partial u}{\partial x}=\frac{x}{x^2+y^2}$, $\frac{\partial u}{\partial y}=\frac{y}{x^2+y^2}$,

$$\therefore \frac{\partial^2 u}{\partial x^2}=\frac{(x^2+y^2)-x\cdot 2x}{(x^2+y^2)^2}=\frac{y^2-x^2}{(x^2+y^2)^2},\ \frac{\partial^2 u}{\partial y^2}=\frac{(x^2+y^2)-y\cdot 2y}{(x^2+y^2)^2}=\frac{x^2-y^2}{(x^2+y^2)^2}.$$

$$\therefore \frac{\partial^2 u}{\partial x^2}+\frac{\partial^2 u}{\partial y^2}=\frac{y^2-x^2}{(x^2+y^2)^2}+\frac{x^2-y^2}{(x^2+y^2)^2}=0.$$

习题 2-3

1. 求下列函数的偏导数.

(1) $z=x^3y-xy^3$;

(2) $z=\frac{3}{y^3}-\frac{1}{\sqrt[3]{x}}+\ln 5$;

(3) $z=xe^{-xy}$;

(4) $z=\frac{x+y}{x-y}$;

(5) $z=\arctan\frac{y}{x}$;

(6) $z=\sin(xy)+\cos^2(xy)$.

2. 求下列函数的所有二阶偏导数.

(1) $z=x^3+y^3-2x^2y^2$;

(2) $z=\arctan\frac{x}{y}$;

(3) $z=x^y$;

(4) $z=e^y\cos x$.

2.4 微　分

本节将介绍高等数学中另一个重要的概念——微分. 我们知道,导数是在解决因变量相对于自变量的变化的快慢程度,也就是因变量关于自变量的变化率的问题中产生的. 而微分的概念是在解决直与曲的矛盾中产生的. 微分它具有双重意义:一是表示一个微小的量;二是表示一种与导数密切相关的运算. 微分又是微分学转向积分学的一个关键性概念,到第四章,我们要引入积分的概念,可以说:**积分是微分的逆运算**. 本节将以一个典型例子引入微分的概念.

2.4.1 微分的概念

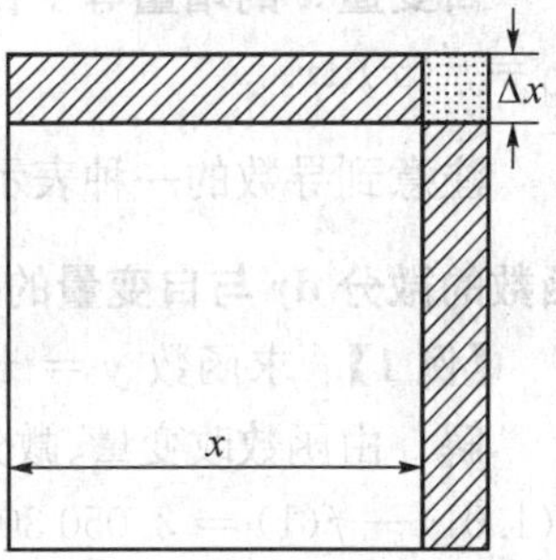

图 2-4

【引例】 如图 2-4 所示，一边长为 x 的正方形金属薄片，受热后边长增加 Δx，问其面积增加多少？

分析 由已知可得受热前的面积 $S=x^2$，那么，受热后面积的增量是：

$$\begin{aligned}\Delta S &= (x+\Delta x)^2 - x^2 \\ &= 2x\Delta x + (\Delta x)^2.\end{aligned}$$

从几何图形上，可以看到，面积的增量可分为两个部分：一是两个矩形的面积总和 $2x\Delta x$（阴影部分），它是 Δx 的线性部分；二是右上角的正方形的面积 $(\Delta x)^2$，它是 Δx 高阶无穷小部分.

这样一来，当 Δx 非常微小的时候，面积的增量主要部分就是 $2x\Delta x$，而 $(\Delta x)^2$ 可以忽略不计，也就是说，可以用 $2x\Delta x$ 来代替面积的增量.

从函数的角度来说，函数 $S=x^2$ 具有这样的特征：任给自变量一个增量 Δx，相应函数值的增量 Δy 可表示成关于 Δx 的线性部分（即 $2x\Delta x$）与高阶无穷小部分（即 $(\Delta x)^2$）的和.

人们把这种特征性质从具体意义中抽象出来，再赋予它一个数学名词——可微，从而产生了微分的概念.

定义 设函数 $y=f(x)$ 当自变量 x 从 x_0 改变到 $x_0+\Delta x$ 时，函数值的改变量 $\Delta y=f(x_0+\Delta x)-f(x_0)$，若 Δy 可以表示为 Δx 线性函数 $A\cdot\Delta x$（A 是与 Δx 无关、与 x_0 有关的常数）与一个比 Δx 更高阶的无穷小之和，即

$$\Delta y = A\cdot\Delta x + o(\Delta x),$$

则称函数 $f(x)$ 在 x_0 处可微，而 $A\cdot\Delta x$ 即为函数 $f(x)$ 在点 x_0 处的**微分**，记作 $\mathrm{d}y\big|_{x=x_0}$，即

$$\mathrm{d}y\big|_{x=x_0} = A\cdot\Delta x.$$

$A\cdot\Delta x$ 通常称为 $\Delta y=A\cdot\Delta x+o(\Delta x)$ 的线性主要部分.“线性”是因为 $A\cdot\Delta x$ 是 Δx 的一次函数.“主要”是因为另一项 $o(\Delta x)$ 是比 Δx 更高阶的无穷小量，在等式中它几乎不起作用，而是 $A\cdot\Delta x$ 在式中起作用.

解决了微分的概念之后，接下来就要解决如何求微分了. 我们已经知道了关系式 $\mathrm{d}y\big|_{x=x_0}=A\cdot\Delta x$，可 A 是一个什么东西？怎么求呢？下面我们介绍一个定理，这个定理就有我们寻找的答案.

定理 函数 $f(x)$ 在点 x_0 处可微的充要条件是：函数 $f(x)$ 在点 x_0 处可导，并且 $\Delta y=A\cdot\Delta x+o(\Delta x)$ 中的 A 与 $f'(x_0)$ 相等.（证明从略.）

注：函数 $f(x)$ 在点 x_0 处可导和可微是等价的，函数 $y=f(x)$ 在点 x_0 处的微分可表示为：

$$\mathrm{d}y\big|_{x=x_0} = f'(x_0)\cdot\Delta x.$$

若函数 $y=f(x)$ 在定义域中任意点 x 处可微，则称函数 $f(x)$ 是可微函数，它在 x 处的微分记作：$\mathrm{d}y$ 或 $\mathrm{d}f(x)$. 即 $\mathrm{d}y=f'(x)\cdot\Delta x$.

为了便于讨论，在数学上有一个约定：

自变量 x 的增量等于自变量的微分，即 $\Delta x = dx$，因此函数 $y=f(x)$ 的微分通常记为：$dy=f'(x)dx$.

注意到导数的一种表示符号：$\frac{dy}{dx}$. 现在，函数的导数可以赋予一种新的解释：**导数就是函数的微分 dy 与自变量的微分 dx 的商.** 因此，导数也叫做微商.

【例 1】 求函数 $y=x^3+2x$ 在 $x=1,\Delta x=0.01$ 时的改变量和微分.

解 由函数改变量、微分的定义可知，当 $x=1,\Delta x=0.01$ 时，$\Delta y=f(x+\Delta x)-f(x)=f(1.01)-f(1)=3.050\,301-3=0.050\,301$，$dy=y'\Delta x=(3x^2+2)\Delta x=0.05$.

2.4.2 微分的几何意义

如图 2-5 所示，设曲线方程为 $y=f(x)$，PT 是曲线上点 $P(x, y)$ 处的切线，且设 PT 的倾斜角为 α，则 $\tan\alpha=f'(x)$.

在曲线上取一点 $Q(x+\Delta x, y+\Delta y)$，则 $PM=\Delta x, MQ=\Delta y, MN=PM\cdot\tan\alpha$，于是有 $MN=\Delta x\cdot f'(x)=dy$，因此函数的微分 $dy=f'(x)\cdot\Delta x$ 是：当 x 改变了 Δx 时曲线过点 P 的切线纵坐标的改变量，这就是微分的几何意义.

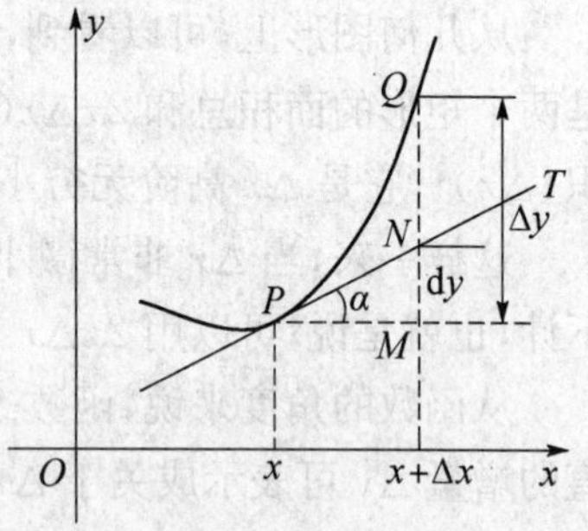

图 2-5

2.4.3 微分的运算法则与公式

因为微分 $dy=f'(x)dx$，所以由导数的运算法则与公式，我们能立刻推导出微分的运算法则与公式，现列出如下，以便查阅.

1. 基本微分法则

(1) $d(u\pm v)=du\pm dv$；

(2) $d(uv)=vdu+udv$；

(3) $d\left(\frac{u}{v}\right)=\frac{vdu-udv}{v^2}$；

(4) $df[g(x)]=f'(u)du=f'[g(x)]g'(x)dx$，其中 $u=g(x)$.

在法则(4)中 $df(u)=f'(u)du$. 这与(1)式在形式上是一样的. 这就是说，不论 u 是自变量还是中间变量，函数 $y=f(u)$ 的微分形式总是 $df(u)=f'(u)du$. 这个性质称为**一阶微分形式的不变性.**

2. 基本微分公式：

(1) $dC=0$（C 为常数）；

(2) $d(x^a)=ax^{a-1}dx$（α 为任意常数）；

(3) $d(\sin x)=\cos x dx$，$d(\cos x)=-\sin x dx$；

(4) $d(\tan x)=\sec^2 x dx$，$d(\cot x)=-\csc^2 x dx$；

(5) $d(\sec x)=\sec x\cdot\tan x dx$，$d(\csc x)=-\csc x\cdot\cot x dx$；

(6) $d(a^x)=a^x\ln a dx$，$d(e^x)=e^x dx$；

(7) $d(\log_a x)=\frac{1}{x\ln a}dx$，$d(\ln x)=\frac{1}{x}dx$；

(3) $y=\cos^2 x$;　　(4) $y=x\cdot e^x+\ln(x+1)$.

4. 填充.

(1) d(　　)=2dx;　　(2) d(　　)=e^xdx;

(3) d(　　)=$\frac{dt}{t}$;　　(4) d(　　)=$\frac{dx}{\cos^2 x}$;

(5) d(　　)=$\frac{dx}{x+1}$;　　(6) d(　　)=$e^{\sqrt{x}}d(\sqrt{x})$;

(7) d(　　)=cos(2x)dx;　　(8) d(　　)=$\frac{2x}{1+x^2}$dx.

5. 利用微分求近似值.

(1) $\sin 60°30'$;　　(2) $\sqrt[3]{80}$.

6. 一半径为 10 cm 的金属圆片加垫后,伸长 0.05 cm,面积大约增加了多少 cm?

2.5 Matlab 在微分学中的应用

2.5.1 一般方程求导

基本语句及其功能:

(2) diff(f)　　功能:求函数 f 的一阶导数

(3) diff(f, n)　　功能:求函数 f 的 n 阶导数

【例 1】 求函数 $y=\ln x$ 的导数.

解 Matlab 命令为:

```
>>syms x
>>y=log(x);
>>diff(y)
```

运行得:

```
ans=

      1/x
```

%一阶导数为$\frac{1}{x}$

【例 2】 求函数 $y=x^3-2x+1$ 的二阶导数.

解 Matlab 命令为:

```
>>syms x
>>y=x^3-2*x+1;
>>diff(y,2)
```

运行得:

```
ans=

      6*x
```

【例 3】 求函数 $y=2\tan x-x^2+1$ 的二阶导数.

解 Matlab 命令为:

```
>>syms x
```

```
>>y=2*tan(x)-x^2+1;
>>yd=diff(y,2)
```

运行得：

```
yd=
        4*tan(x)*(1+tan(x)^2)-2        %求二阶导数并把结果赋值给 yd
>>pretty(yd)
```

运行得：

```
                  2
4tan(x)(1+tan(x))-2        %pretty 指令的作用是改为手写格式输出
```

【例 4】 作函数 $y=x^3+x^2-2x-1$ 的图像和在 $x=1$ 处的切线.

解 先求导,Matlab 命令为：

```
>>syms x
>>y=x^3+x^2-2*x-1;
>>yd=diff(y)
```

运行得：

```
yd=
        3*x^2+2*x-2
```

故,函数在 $x=1$ 处的导数为 3,函数过点(1,-1).

切线方程为：$y+1=3(x-1)$,即 $y=3x-4$.

接下来绘图：

```
>>y1=3*x-4;
>>ezplot(y)
>>hold on              %hold on 后再执行绘图函数,在保持原图的基础上添加新图
>>ezplot(y1)
>>hold off             %关闭 hold on 的功能
```

运行得：

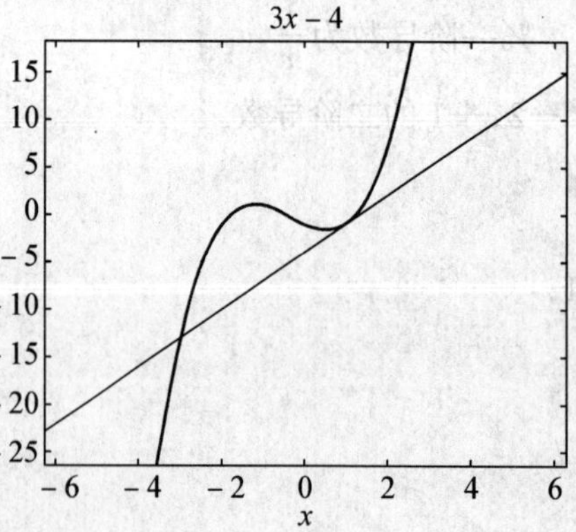

【例 5】 求函数 $s=t^2-1$ 的导数.

解 这里 t 是自变量.

Matlab 命令为：

```
>>syms t
>>s=t^2-1;
>>diff(s)
```

运行得：

```
ans=
     2*t
```

练习：求下列函数的导数.

(1) $y=\sin 2x+\ln 5x-1$ 的一阶导数.

(2) $y=x^{10}-2x^5+e$ 的 5 阶导数.

2.5.2 参数方程求导

参数方程 $\begin{cases}x=x(t)\\y=y(t)\end{cases}$ 的导数，$y'=\dfrac{\mathrm{d}y}{\mathrm{d}x}=\dfrac{\frac{\mathrm{d}y}{\mathrm{d}t}}{\frac{\mathrm{d}x}{\mathrm{d}t}}$. 故在 Matlab 中可用 diff($y$)求$\dfrac{\mathrm{d}y}{\mathrm{d}t}$，用 diff(x)求$\dfrac{\mathrm{d}x}{\mathrm{d}t}$，再将两者一除即可.

【例 6】 求参数方程 $\begin{cases}x=t(1-\sin t)\\y=t\cos t\end{cases}$ 的一阶导数.

解 Matlab 命令为：

```
>>syms t
>>x=t*(1-sin(t));
>>y=t*cos(t);
>>yd=diff(y)          %求dy/dt
```

运行得：

```
yd=
     cos(t)-t*sin(t)
>>xd=diff(x)          %求dx/dt
```

运行得：

```
xd=
     1-sin(t)-t*cos(t)
>>pretty(yd/xd)       %求 y'=dy/dx=(dy/dt)/(dx/dt)，并用手写格式输出
```

运行得：

```
              cos(t) - tsin(t)
         ______________________
             1-sin(t)-tcos(t)
```

【例 7】 求参数方程$\begin{cases}x=2\cos t\\ y=3\sin t\end{cases}$的二阶导数.

解 根据参数方程高阶导数的求解知 $y''=\dfrac{\frac{dy'}{dt}}{\frac{dx}{dt}}$,故

Matlab 命令为:

```
>>syms t
>>x=2 * cos(t);
>>y=3 * sin(t);
>>yd=diff(y);
>>xd=diff(x);
>>y1=yd/xd
```

运行得:

```
y1=
      -3/2 * cos(t)/sin(t)                %求得 y'
>>ydd=diff(y1);
>>ydd/xd
```

运行得:

```
ans=
      -1/2 * (3/2+3/2 * cos(t)^2/sin(t)^2)/sin(t)        %求得 y''
```

练习:求参数方程$\begin{cases}x=e^t\cos t\\ y=e^t\sin t\end{cases}$的导数.

2.5.3 隐函数求导

隐函数 $F(x, y)=0$ 确定的函数 $y=y(x)$,其导数 $y'=-\dfrac{F_x}{F_y}$.

基本语句及其功能:

diff(f, v)　　　　　功能:对函数 f 关于变量 v 求一阶导数

【例 8】 求 $e^y+xy-e^x=0$ 所确定的隐函数 $y=y(x)$的导数 y'.

解 Matlab 命令为:

```
>>syms x y
>>f=exp(y)+x * y-exp(x);
>>dfx=diff(f, x);   %求 F_x
>>dfy=diff(f, y);   %求 F_y
>>yd=-dfx/dfy
```

运行得:

yd=　　　　　　　%利用 $y'=-\dfrac{F_x}{F_y}$求 y'

```
      (-y+exp(x))/(exp(y)+x)
```

练习：求由方程 $2x^2-3xy+y^2+x-1=0$ 所确定的隐函数的导数.

复习题二

一、选择题.

1. 下列函数中，在 $x=0$ 可导的是 ( )

A. $y=\dfrac{1}{x}$　　B. $y=\sqrt{x}$　　C. $y=|x|$　　D. $y=|x+1|$

2. 设函数 $f(x)$ 在点 x_0 处可导，$f'(x_0)=\dfrac{1}{2}$，则 $\lim\limits_{\Delta x\to 0}\dfrac{f(x_0+\Delta x)-f(x_0-3\Delta x)}{\Delta x}=$ ( )

A. 3　　B. 1　　C. 2　　D. -3

3. 函数在点 x_0 连续是函数在该点可导的 ( )

A. 充分条件　　B. 必要条件

C. 充要条件　　D. 既非充分条件也非必要条件

4. 设函数 $f(x)=\begin{cases}x^2, & x\leqslant 1,\\ ax+b, & x>1,\end{cases}$ 在 $x=1$ 处可导，则 a, b 的值分别为 ( )

A. 2, -1　　B. 1, 1　　C. 0, 1　　D. 1, 2

5. $d(e^{\frac{1}{x}})=(\quad)d\left(\dfrac{1}{x}\right)$ ( )

A. $e^{\frac{1}{x}}$　　B. $\dfrac{1}{x}e^{\frac{1}{x}}$　　C. $\dfrac{1}{x^2}e^{\frac{1}{x}}$　　D. $-\dfrac{1}{x^2}e^{\frac{1}{x}}$

6. $d(\quad)=\tan^2 x\,dx$ ( )

A. $\dfrac{1}{3}\tan^3 x$　　B. $\sec x$　　C. $\tan x-x$　　D. $\tan 2x$

二、填空.

1. 曲线 $y=x\ln(x+1)$ 在 $x=0$ 的切线方程为__________.

2. 设 $y=\dfrac{x^3+1}{x^2}$，则 $y'=$__________.

3. 设 $y=x^x$，则 $y'=$__________.

4. 设 $y=xe^x$，则 $y^{(10)}_{(0)}=$__________.

5. 设某物体做直线运动，其运动规律为 $s=3t+5t^2$，则在 $t=1$ 秒时的速度和加速度分别为__________.

三、求下列函数的导数.

1. $y=\dfrac{1}{\sqrt[3]{x}}$;　　**2.** $y=2\sin x-\sin\dfrac{\pi}{12}$;

3. $y=e^x\ln x$;　　**4.** $y=\dfrac{\tan x}{1+\cos x}$;

5. $y=e^{-\frac{1}{x^2}}$;　　**6.** $y=\sin(xy)$;

7. $y=\ln(x^2+1)$;　　**8.** $y=(x+x^2)^x$.

四、已知抛物线 $y=ax^2+bx+c$ 与曲线 $y=e^x$ 在 $x=0$ 处相交，并且它们有相同的一阶和二阶导数，试确定 a, b, c 的值.

五、设 $y=e^{x}(\cos x+\sin x)$，试求 y', y'', $y'_{(0)}$, $y''_{(0)}$.

六、设参数方程 $\begin{cases}x=a\sec t,\\ y=b\tan t,\end{cases}$ $(a>0,\ b>0)$确定了函数 y，试求 y'.

七、设 $y=\arcsin 3x$，求(1) dy；(2) x 取何值时，$dy=dx$？

八、要在半径 $v=5$ cm 的球面镀一层厚度为 0.01 cm 的铜，问大约需要多少铜？(铜密度为 8.9 g/cm^3)

阅读材料——牛顿

伊撒克·牛顿(Isaac Newton，1642—1727)于 1642 年 12 月 25 日出生在英国林肯郡沃尔斯索普村. 他是个早产儿，出生时十分脆弱和瘦小. 在他出生之后的最初几个月里，医生不得不在他的脖子上装了一个支架来保护他，没有人想到他能活下来. 后来，牛顿时常拿自己开玩笑，说他妈妈曾告诉他：他出生时是如此弱小，以至于可以把他放进一个一夸脱(约 1.14 升)的大杯子里.

牛顿的父亲是一个农民，在他出生前几个月就去世了. 当他还不到两岁的时候，他母亲改嫁给了当地的一位牧师，小牛顿只好寄宿在他年迈的外婆家中. 牛顿小时候性格孤僻腼腆，对功课也不感兴趣，学习很吃力. 12 岁时，他由农村小学转到格朗达姆镇学校，在班上被同学瞧不起，而且常常受欺负. 有一次，班上的一个大个子又欺负他，牛顿终于忍无可忍，奋起反抗，竟然把对方打败了. 从此他发奋读书，成绩逐渐上升到全班第一. 14 岁那年，他继父病故，他母亲就把他接回家并想把他培养成一个农民. 但事实表明牛顿并不适合做这方面的事情. 他宁愿读书，做一些木制模型，他曾经自己做过一个以老鼠为动力的磨面粉的磨和一个用水推动的木钟，就是不愿意干农活. 幸运的是，他母亲最终放弃了这种尝试并让他回到中学去学习.

1661 年 6 月，19 岁的牛顿考进了剑桥大学的三一学院. 在最初的一段时间里，他的成绩并不突出. 但在导师巴罗的影响下，他的学业开始突飞猛进. 巴罗这位优秀的数学家、古典学者、天文学家和光学研究领域里的权威，是第一个发现牛顿天才的人. 1664 年，牛顿获得学士学位，1665 年毕业于剑桥大学，并留校做研究工作. 在此期间，牛顿开始把注意力放在数学上. 他先读了欧几里得的《几何原本》，在他看来那太容易了；然后他又读笛卡儿的《几何学》，这对他来说又有些困难. 他还读了奥特雷德的《入门》，开普勒和韦达的著作，还有沃利斯的《无穷的算术》. 1666 年 6 月由于凶猛的鼠疫横行，剑桥大学被迫停课. 牛顿回到了沃尔斯索普家乡，住了将近两年. 其间，他研究数学和物理问题，并且将万有引力理论的基本原理系统化. 1666 年，他做了第一个光学实验，用三棱镜分析目光，发现白光是由不同颜色的光构成的，从而奠定了光谱分析学的基础.

1667 年，牛顿回到剑桥，有两年的功夫中主要从事光学研究. 1669 年，巴罗把自己卢卡斯讲座的席位让给了牛顿，于是牛顿开始了他长达 18 年的大学教授生涯. 他的第一个讲演是关于光学理论的，后来把它作为一篇论文在英国皇家学会会刊上发表，并引起了相当大的反响.他在光学中得到的一些结论引起了一些科学家的猛烈攻击.他看到这些争论觉得非常无聊，就发誓再也不发表任何关于科学的东西了.也许就是因为这个原因，引发了他与莱布尼兹在微积分发现的优先权上的争论.这场争论导致英国数学家追认牛顿为他们的导师，并割断了他们与欧洲大陆的联系.从而使英国的数学进展推迟了一百年.

牛顿的《流数术》写于1671年.在这部影响深远的著作中，牛顿阐述了他的微积分的一些基本概念，还有对代数方程或超越方程都适用的实根近似值求法.这种方法后来被称为牛顿法.

1672年，由于他设计、制造了反射望远镜，而被选为皇家学会会员.他把关于光的粒子学说的论著寄给了皇家学会，他的声誉以及对理论的巧妙处理，使该理论得到了普遍采用.

牛顿从1673年到1683年在大学的讲演主要是关于代数和方程论的.其演讲内容都包括在1707年发表的《通用算术》一书中，其中有许多方程论的成果，如实多项式的虚根必成对出现、求多项式根的上界的规则等.

1679年，牛顿把对地球半径的一次新的测量与对月球运动的研究联系起来，并以此来证实他的万有引力定律.他还假定太阳和行星为重质点，证明了他的万有引力定律与开普勒的行星运动定律的一致性.但有五年之久，他没有把这个重要的发现告诉任何人.后来，哈雷看到了牛顿的原稿，认识到它的重要性.于是在他的鼓励下，牛顿从1685年至1687年，完成了巨著《自然科学的数学原理》第1、2、3册，由哈雷出资发表.这部著作的诞生立刻对整个欧洲产生了巨大影响.

这本书中，第一次阐述了地球和天体主要运动现象的完整的力学体系和完整的数学公式.事实证明，这是科学史上最有影响、荣誉最高的著作.有意思的是，这些定理也是用流数术发现的，但却都是借助古典希腊几何熟练地证明的.在相对论出现之前，整个物理学和天文学都是以牛顿在这部著作中作出的一个特别适合的坐标系的假定为基础的.书中还有许多涉及高次平面曲线的成果和一些引人入胜的几何定理的证明.

1689年，牛顿成为剑桥大学选出的国会议员.1692年，他得了奇怪的病，持续了大约两年，致使他有些精神失常.1696年，牛顿被任命为造币局总监.1699年，他被法国巴黎科学院选为外籍院士，同时被提升为造币厂厂长.1703年，被选为皇家学会主席并连任20年，直至他逝世.1705年，他被封为爵士.晚年，他主要从事化学、炼丹和神学.虽然他在数学上创造性的工作实质上已经停止了，但他还没有失去这方面的非凡能力，仍能熟练地解决提供给他的数学竞赛题，而这些题目的难度是远远超过了其他数学家的解决能力的.在他晚年的生活中，与莱布尼兹那场不幸的争论，使他很不愉快.1727年，他在一场拖了很久的痛苦的病中死去，终年85岁.他被安葬在威斯敏斯特教堂.

纵览牛顿的一生，他不愧为最伟大的数学家和物理学家.他对物理问题的洞察力以及运用数学方法处理物理问题的能力，都是空前卓越的.莱布尼兹说："在从世界开始到牛顿生活的年代的全部数学中，牛顿的工作超过一半！"

然而，牛顿对自己的评价却十分谦虚："我不知道世间把我看成什么样的人；但是对我来说，就像一个在海边玩耍的小孩，有时找到一块比较平滑的卵石或格外漂亮的贝壳，感到高兴，在我前面是完全没有被发现的真理的大海洋."他很尊重前人的成果，他说如果他比别人看得远些，那只是站在巨人肩上的缘故.

第三章 导数的应用

本章提要 在微分学中,导数是我们进一步研究函数性态的有力工具.本章我们将在讨论微分中值定理的基础上,运用导数解决函数的极限求法、函数的作图、函数的最大值、最小值计算等问题.

3.1 微分中值定理*

微分中值定理是连接微分学理论与应用的桥梁,它是研究函数整体性质强有力的工具.

3.1.1 罗尔(Rolle)中值定理

引理 (费马定理)设 $f(x)$在 x_0 可导,并且在 x_0 某邻域内 $U(x_0, \delta)$恒有:

$f(x) \geqslant f(x_0)$[或 $f(x) \leqslant f(x_0)$],则 $f'(x_0)=0$.

定理 1 (罗尔中值定理)如果函数 $f(x)$满足:

(1) $f(x)$在闭区间$[a, b]$上连续;

(2) $f(x)$在开区间(a, b)内可导;

(3) $f(a) = f(b)$.

则在(a, b)内至少存在一点 ξ,使得 $f'(\xi)=0$.

证明 由闭区间上连续函数性质,$f(x)$在$[a, b]$上必能取到最小值 m 和最大值 M.

如果 $m=M$,那么 $f(x)\equiv C$,于是$\forall x\in[a, b]$有,$f'(x)=0$.

否则,$M>m$,于是,$M\neq f(a)$或 $m\neq f(a)$至少有一个成立.根据罗尔中值定理的条件(3),在(a, b)内至少存在一个最值点 ξ,不妨设 $f(\xi)=M$,因为 $f(x)$在 ξ 可导,那么,由费马定理,$f'(\xi)=0$.

罗尔中值定理的几何意义是:

如果一条连续曲线 $y=f(x)$,除曲线端点之外每一点都存在切线,并且曲线的两个端点在同一水平线上,那么在该曲线上至少存在一点,使得过该点的切线为水平切线(图 3-1).

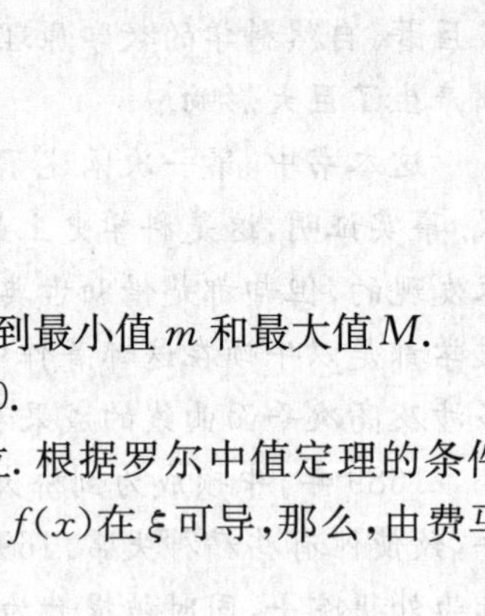

图 3-1

值得说明的是:此定理中的三个条件是充分条件,如果有一个条件不满足结论有可能不成立.

作为罗尔中值定理的应用,它主要用于解决方程根的问题.下面我们举例说明罗尔中值定理的应用.

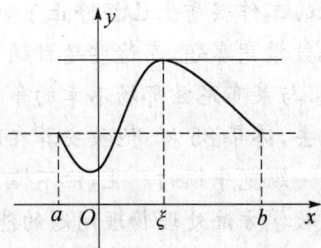

【例 1】 设 $f(x)=(x-1)(x-2)(x-3)(x-4)$,说明方程 $f'(x)=0$ 有几个实根.

解 不难验证 $f(x)$在$[1, 2]$、$[2, 3]$、$[3, 4]$上满足罗尔中值定理的条件,由罗尔中值定理，方程 $f'(x)=0$ 分别在区间(1, 2)，(2, 3)，(3, 4)内至少各有 1 个实根，又 $f'(x)=0$ 是 3 次方程，所以，该方程至多有 3 个实根，所以方程 $f'(x)=0$ 有且仅有 3 个不同的实根，它们分别位于区间(1, 2)，(2, 3)，(3, 4)内.

【例 2】 证明：方程 $4x^3-3x^2+2x-1=0$ 在(0, 1)内至少有一个实根.

证明 令 $f(x)=x^4-x^3+x^2-x$，则 $f(x)$ 在[0, 1]上满足罗尔中值定理的全部条件. 由罗尔中值定理，至少存在一点 $\xi\in(0, 1)$，使得 $f'(\xi)=0$，即方程 $4x^3-3x^2+2x-1=0$ 在(0, 1)内至少有一个实根.

3.1.2 拉格朗日(Lagrange)中值定理

定理 2 （**拉格朗日中值定理**）如果函数 $f(x)$ 满足：

(1) $f(x)$ 在闭区间 $[a, b]$ 上连续；

(2) $f(x)$ 在开区间 (a, b) 内可导.

则在 (a, b) 内至少存在一点 ξ，使 $f'(\xi)=\dfrac{f(b)-f(a)}{b-a}$.

分析 这个定理与罗尔中值定理相比，它少了一个条件，这就是：$f(a)=f(b)$.
现在我们把问题逆过来讨论，

$$f'(\xi)=\frac{f(b)-f(a)}{b-a}\Leftrightarrow f'(\xi)-\frac{f(b)-f(a)}{b-a}=0$$

$$\Leftrightarrow\left[f(x)-\frac{f(b)-f(a)}{b-a}x\right]'\Bigg|_{x=\xi}=0$$

讨论到这里，就看 $f(x)-\dfrac{f(b)-f(a)}{b-a}x$ 是否满足罗尔中值定理的全部条件了.

证明 作辅助函数 $\Phi(x)=f(x)-\dfrac{f(b)-f(a)}{b-a}x$，那么 $\Phi(x)$ 在区间 $[a, b]$ 上满足罗尔中值定理的条件(1)，(2)，并且 $\Phi(a)=\dfrac{bf(a)-af(b)}{b-a}=\Phi(b)$. 由罗尔中值定理，在 (a, b) 内至少存在一点 ξ，使 $\Phi'(\xi)=f'(\xi)-\dfrac{f(b)-f(a)}{b-a}=0$. 证毕.

值得注意的是：罗尔中值定理是拉格朗日定理的特殊情形. 拉格朗日中值定理亦称微分中值定理.

拉格朗日中值公式：$f(b)-f(a)=f'(\xi)\cdot(b-a)$，

或 $f(b)-f(a)=f'(a+\theta(b-a))\cdot(b-a)\quad(0<\theta<1)$.

拉格朗日中值定理的几何意义：

除曲线端点之外每一点都存在切线的连续曲线 $y=f(x)$ 在区间 (a, b) 内，至少有一点，使得过该点的切线与过曲线端点的割线平行(图 3-2).

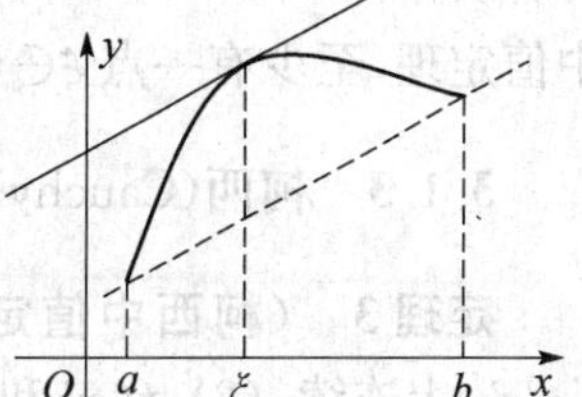

图 3-2

推论 1 如果在 (a, b) 内 $f'(x)\equiv0$ 则在 (a, b) 内 $f(x)$ 为一常数.

证明 任取 $x_1, x_2\in(a, b)$，且 $x_1<x_2$，那么函数 $f(x)$ 在 $[x_1, x_2]$ 上满足拉格朗日中值定理的条件，因此存在 $\xi\in(x_1,$

x_2)，使得 $f(x_2)-f(x_1)=(x_2-x_1)\cdot f'(\xi)$ 由于 $f'(\xi)\equiv 0$，所以 $f(x_2)-f(x_1)=0$，即 $f(x_2)=f(x_1)$，由 x_1，x_2 在 (a, b) 内的任意性，可知 $f(x)$ 在 (a, b) 内为一常数.

推论 2 如果对 (a, b) 内的任意 x，有 $f'(x)=g'(x)$，则有 $f(x)-g(x)=C$. 其中 C 是常数.

证明 令 $F(x)=f(x)-g(x)$，则 $F'(x)\equiv 0$ 由推论 1 知 $F(x)$ 在 (a, b) 内为一常数，即 $f(x)-g(x)=C$.

在我们遇到的实际问题中，拉格朗日中值定理多数用于解决等式及不等式的证明. 同学们对这方面的应用应加强练习.

【例 3】 证明不等式：$|\arctan b-\arctan a|\leqslant|b-a|$.

证明 如果 $a=b$，则不等式自然成立. 否则，可令 $f(x)=\arctan x$，$x\in[a, b]$，那么，$f(x)$ 在闭区间 $[a, b]$ 上连续，在开区间 (a, b) 内可导，由拉格朗日中值定理得 $f(b)-f(a)=f'(\xi)\cdot(b-a)$，即 $\arctan b-\arctan a=\dfrac{1}{1+\xi^2}(b-a)$，所以

$$|\arctan b-\arctan a|=\left|\frac{1}{1+\xi^2}(b-a)\right|\leqslant|b-a|.$$

【例 4】 证明 $\arctan x+\operatorname{arccot} x=\dfrac{\pi}{2}$.

证明 令 $f(x)=\arctan x+\operatorname{arccot} x$，则 $f(x)$ 在 R 上可导，且 $\forall x\in R$ 有 $f'(x)=\dfrac{1}{1+x^2}-\dfrac{1}{1+x^2}=0$，所以由推论 1 有：$\arctan x+\operatorname{arccot} x=C$，注意到 $f(0)=\dfrac{\pi}{2}$，所以，$\arctan x+\operatorname{arccot} x=\dfrac{\pi}{2}$.

从上面几个例子，我们可以看到，**合理构造新函数**常常是解决问题的关键. 下面再看一个这方面应用的例子.

【例 5】 如果 $f(x)$ 在 $[a, b]$ 上连续，在 (a, b) 内可导，并且 $f(a)=f(b)=0$. 证明：至少存在一点 $\xi\in(a, b)$，使得 $f'(\xi)=f(\xi)$.

分析 证明这个问题的关键，就是如何构造一个新的函数，使得这个函数一方面满足中值定理的条件，另一方面，由定理的结论能得出我们所要的结果.

因为 $f'(\xi)=f(\xi)\Leftrightarrow f'(\xi)-f(\xi)=0\Leftrightarrow[f'(\xi)-f(\xi)]e^{-\xi}=0$（这一步是解决问题的关键）$\Leftrightarrow(f(x)e^{-x})'|_{x=\xi}=0$，分析到此，我们的问题就不难得到解决了.

证明 令 $F(x)=f(x)e^{-x}$，由已知，不难验证：

(1) $F(x)$ 在闭区间 $[a, b]$ 上连续；(2) $F(x)$ 在开区间 (a, b) 内可导. 又因为 $f(a)=f(b)=0$，所以有 (3) $F(a)=F(b)=0$. 因此，$F(x)$ 在 $[a, b]$ 满足罗尔中值定理的所有条件. 根据罗尔中值定理，至少有一点 $\xi\in(a, b)$，使得 $F'(\xi)=0$，即 $f'(\xi)=f(\xi)$.

3.1.3 柯西(Cauchy)中值定理

定理 3 （**柯西中值定理**）如果函数 $f(x)$ 和 $g(x)$ 满足：(1) $f(x)$ 和 $g(x)$ 在闭区间 $[a, b]$ 上连续；(2) $f(x)$ 和 $g(x)$ 在开区间 (a, b) 内可导；(3) 且 $g'(x)\neq 0$，则在 (a, b) 内至少存在一点 ξ，使得 $\dfrac{f(b)-f(a)}{g(b)-g(a)}=\dfrac{f'(\xi)}{g'(\xi)}$.

证明 因 $g'(x)\neq 0$，所以 $g(b)-g(a)\neq 0$，否则，$g(x)$ 满足罗尔中值定理，于是，在 (a, b) 内至少存在一点 ξ，使得 $g'(\xi)=0$ 这与已知 $g'(x)\neq 0$ 矛盾.

作辅助函数 $F(x)=f(x)-\dfrac{f(b)-f(a)}{g(b)-g(a)}[g(x)-g(a)]$，不难验证 $F(x)$ 在 $[a, b]$ 上满足罗尔中值定理的全部条件，由此可得本定理的证明.

注意：在柯西中值定理中，令 $g(x)=x$，就得到拉格朗日中值定理.

通过上面的讨论我们知道，柯西中值定理是拉格朗日中值定理的推广，拉格朗日中值定理又是罗尔中值定理的推广. 对我们来说，柯西中值定理很少有直接的应用，我们对它只要有一个初步的了解就足够了.

习题 3－1

1. 验证函数 $y=\ln\sin x$ 在闭区间 $\left[\dfrac{\pi}{6}, \dfrac{5\pi}{6}\right]$ 上满足罗尔定理的条件，并求出使罗尔定理成立的 ξ.

2. 设 $f(x)$ 在 $[a, b]$ 上连续，在 (a, b) 内可导，且当 $x\in(a, b)$ 时 $f(x)\neq 0$，若 $f(a)=f(b)=0$，证明对任意实数 k 存在点 $\xi(a<\xi<b)$ 使 $\dfrac{f'(\xi)}{f(\xi)}=k$.

3. 若 $f(x)$ 在 $[0, b]$ 上连续，在 $(0, b)$ 内可导，且 $f(b)=0$，证明：在 $(0, b)$ 内有 $0<c<b$，使 $f'(c)=-\dfrac{f(c)}{c}$.

4. 用中值定理证明：$\dfrac{b-a}{b}<\ln\dfrac{b}{a}<\dfrac{b-a}{a}$，$(0<a<b)$.

3.2 罗必塔法则

在讲述极限运算法则的时候，我们经常会遇到类似下面的问题：

(1) $\lim\limits_{x\to 1}\dfrac{x^2-1}{x-1}$；(2) $\lim\limits_{x\to+\infty}\dfrac{x}{\sqrt{1+x^2}}$.

前一个是 $\dfrac{0}{0}$ 型极限问题，后一个是 $\dfrac{\infty}{\infty}$ 型极限问题，在数学上，我们把它们统称为**未定型**. 对于未定型极限，我们知道不可以直接用极限四则运算法则. 这两种类型的极限，可能存在，也可能不存在. 在此之前，我们没有很好的办法求出它们的极限值，一般都是采用恒等变形，再进行计算的. 这一节我们要介绍一种较为便捷的方法——罗必塔法则，用它就可以比较便利地解决如上两种类型的极限.

3.2.1 未定式(罗必塔法则)

如果我们要对极限分类的话，细分起来共有六种(不包括数列极限). 这就是：

$$x\to x_0;\ x\to x_0^+;\ x\to x_0^-;\ x\to\infty;\ x\to+\infty \text{ 和 } x\to-\infty.$$

这些类型的极限，除了自变量的变化过程不同之外，其本质是完全一致的，因此，以下法则仅以 $x\to x_0$ 的变化过程给出，对于其他类型来说，其结论是一致的.

定理 如果

(1) $\lim\limits_{x\to x_0}f(x)=\lim\limits_{x\to x_0}g(x)=0$；

(2) $f(x)$，$g(x)$在 x_0 的某去心邻域 $\mathring{U}(x_0,\delta)$内可导，并且 $g'(x)\neq 0$；

(3) $\lim\limits_{x\to x_0}\dfrac{f'(x)}{g'(x)}=A$ （A 为有限数，也可为无穷大）.

则 $\lim\limits_{x\to x_0}\dfrac{f(x)}{g(x)}=\lim\limits_{x\to x_0}\dfrac{f'(x)}{g'(x)}=A.$

说明 对于两个无穷大的比$\dfrac{\infty}{\infty}$，有类似于上述定理的罗必塔法则，叙述形式只需将定理 1 中的"$\lim\limits_{x\to x_0}f(x)=\lim\limits_{x\to x_0}g(x)=0$"替换成"$\lim\limits_{x\to x_0}f(x)=\lim\limits_{x\to x_0}g(x)=\infty$"，其他条件不变，其结论仍然是：

$$\lim_{x\to x_0}\frac{f(x)}{g(x)}=\lim_{x\to x_0}\frac{f'(x)}{g'(x)}=A.$$

【例 1】 $\left(\dfrac{0}{0}\right)\lim\limits_{x\to 0}\dfrac{\sin ax}{\sin bx}=\lim\limits_{x\to 0}\dfrac{(\sin ax)'}{(\sin bx)'}=\lim\limits_{x\to 0}\dfrac{a\cos ax}{b\cos bx}=\dfrac{a}{b}$，$(b\neq 0)$.

在有些问题中，需要连续多次使用罗必塔法则.

【例 2】 $\left(\dfrac{0}{0}\right)\lim\limits_{x\to 1}\dfrac{x^3-3x+2}{x^3-x^2-x+1}=\lim\limits_{x\to 1}\dfrac{3x^2-3}{3x^2-2x-1}=\lim\limits_{x\to 1}\dfrac{6x}{6x-2}=\dfrac{6}{4}=\dfrac{3}{2}.$

注：由于$\dfrac{6x}{6x-2}$不是$\dfrac{0}{0}$未定式，因此下面的计算是错误的!!!

$$\lim_{x\to 1}\frac{6x}{6x-2}=\lim_{x\to 1}\frac{(6x)'}{(6x-2)'}=\lim_{x\to 1}\frac{6}{6}=1.$$

因此，在使用罗必塔法则之前，必须严格检查极限的类型，只有$\dfrac{\mathbf{0}}{\mathbf{0}}$型或者$\dfrac{\infty}{\infty}$型的极限，才可以使用罗必塔法则.

【例 3】 $\left(\dfrac{0}{0}\right)\lim\limits_{x\to 0}\dfrac{x-\sin x}{x^3}=\lim\limits_{x\to 0}\dfrac{1-\cos x}{3x^2}=\lim\limits_{x\to 0}\dfrac{\sin x}{6x}=\lim\limits_{x\to 0}\dfrac{\cos x}{6}=\dfrac{1}{6}.$

【例 4】 $\left(\dfrac{0}{0}\right)\lim\limits_{x\to+\infty}\dfrac{\dfrac{\pi}{2}-\arctan x}{\dfrac{1}{x}}=\lim\limits_{x\to+\infty}\dfrac{-\dfrac{1}{1+x^2}}{\dfrac{1}{x^2}}=\lim\limits_{x\to+\infty}\dfrac{x^2}{1+x^2}=\lim\limits_{x\to+\infty}\dfrac{2x}{2x}=1.$

【例 5】 $\left(\dfrac{\infty}{\infty}\right)\lim\limits_{x\to+\infty}\dfrac{\ln x}{x^\alpha}=\lim\limits_{x\to+\infty}\dfrac{\dfrac{1}{x}}{\alpha x^{\alpha-1}}=\lim\limits_{x\to+\infty}\dfrac{1}{\alpha x^\alpha}=0$，$(\alpha>0)$.

我们还必须明确一点，罗必塔法则固然是解决未定型极限一种较好的方法，但罗必塔法则不是万能的，不是所有未定型都可以通过罗必塔法则得到解决.

比如：$\lim\limits_{x\to+\infty}\dfrac{x}{\sqrt{1+x^2}}=\lim\limits_{x\to+\infty}\dfrac{1}{\dfrac{x}{\sqrt{1+x^2}}}=\lim\limits_{x\to+\infty}\dfrac{\sqrt{1+x^2}}{x}$，如果再用一次罗必塔法则就回到原式了. 这说明本例不可以用罗必塔法则求出结果.

3.2.2 其他未定式

对于未定型的极限问题，除了上述两大基本类型之外，还有：

$$0\cdot\infty;\ \infty-\infty;\ 1^{\infty};\ 0^{0};\ \infty^{0}$$

等类型，这些类型的极限，都可以经过适当的恒等变换，转换成$\frac{0}{0}$型或$\frac{\infty}{\infty}$型.

作为符号演算，我们把这些类型的基本处理方法表述如下：

(1) $0\cdot\infty=\dfrac{0}{\frac{1}{\infty}}=\dfrac{0}{0}$或者$0\cdot\infty=\dfrac{\infty}{\frac{1}{0}}=\dfrac{\infty}{\infty}$；

(2) $1^{\infty}=e^{\ln 1^{\infty}}=e^{\infty\cdot\ln 1}$，问题转换成$0\cdot\infty$型了，$0^0$和$\infty^0$的处理方法与$1^{\infty}$型相同；

(3) $\infty-\infty=\dfrac{1}{\left(\frac{1}{\infty}\right)}-\dfrac{1}{\left\{\frac{1}{\infty}\right\}}=\dfrac{\left\{\frac{1}{\infty}\right\}-\left(\frac{1}{\infty}\right)}{\left(\frac{1}{\infty}\right)\cdot\left\{\frac{1}{\infty}\right\}}=\dfrac{0}{0}$，当然，可根据具体的函数特性，采用其他特殊变换，比如直接通分等.

下面我们通过具体的例子说明解决这些类型的极限的基本方法.

1. $0\cdot\infty$未定式

【例 6】 $\lim\limits_{x\to0^+}x^{\alpha}\ln x=\lim\limits_{x\to0^+}\dfrac{\ln x}{\frac{1}{x^{\alpha}}}=\lim\limits_{x\to0^+}\dfrac{\ln x}{\frac{1}{x^{\alpha}}}=\lim\limits_{x\to0^+}\dfrac{\frac{1}{x}}{-\alpha\frac{1}{x^{\alpha+1}}}=\lim\limits_{x\to0^+}\dfrac{x^{\alpha}}{-\alpha}=0,(\alpha>0).$

2. $\infty-\infty$未定式

【例 7】 求$\lim\limits_{x\to1}\left(\dfrac{x}{x-1}-\dfrac{1}{\ln x}\right)$.

解 这是$\infty-\infty$型未定式，可将其转化为$\frac{0}{0}$型未定式.

$$\lim_{x\to1}\left(\frac{x}{x-1}-\frac{1}{\ln x}\right)=\lim_{x\to1}\frac{x\ln x-x+1}{(x-1)\ln x}=\lim_{x\to1}\frac{\ln x}{\ln x+\frac{x-1}{x}}=\lim_{x\to1}\frac{\ln x}{\ln x+\frac{x-1}{x}}$$

$$=\lim_{x\to1}\frac{\ln x}{\ln x+\frac{x-1}{x}}=\lim_{x\to1}\frac{\frac{1}{x}}{\frac{1}{x}+\frac{1}{x^2}}=\frac{1}{2}.$$

3. 0^0 未定式

【例 8】 $\lim\limits_{x\to0^+}(\sin x)^x=\lim\limits_{x\to0^+}e^{x\ln\sin x}=e^{\lim\limits_{x\to0^+}x\ln\sin x}=e^0=1.$

其中 $\lim\limits_{x\to0^+}x\ln\sin x=\lim\limits_{x\to0^+}\dfrac{\ln\sin x}{\frac{1}{x}}=\lim\limits_{x\to0^+}\dfrac{\frac{\cos x}{\sin x}}{-\frac{1}{x^2}}=\lim\limits_{x\to0^+}\dfrac{-x^2\cos x}{\sin x}=0$.

4. 其他 1^{∞}、∞^0 未定式

【例 9】 $\lim\limits_{x\to0^+}\left(\dfrac{1}{x}\right)^{\tan x}=\lim\limits_{x\to0^+}e^{-\tan x\ln x}=e^{-\lim\limits_{x\to0^+}\frac{\sin x}{x}\frac{1}{\cos x}x\ln x}=e^0=1.$

注:(1) 运用罗必塔法则最好能与其他求极限的方法结合使用. 能化简时应尽可能化简.

【例 10】 $\lim\limits_{x\to 0}\dfrac{\tan x-x}{x^2\sin x}=\lim\limits_{x\to 0}\dfrac{\tan x-x}{x^3}\,\dfrac{x}{\sin x}=\lim\limits_{x\to 0}\dfrac{\tan x-x}{x^3}=\lim\limits_{x\to 0}\dfrac{\sec^2 x-1}{3x^2}$

$$=\lim_{x\to 0}\frac{2\sec^2 x\tan x}{6x}=\frac{1}{3}\lim_{x\to 0}\frac{\tan x}{x}\sec^2 x=\frac{1}{3}.$$

注:(2) 当罗必塔法则条件不满足时,所求极限也可能存在.

【例 11】 虽然 $\lim\limits_{x\to\infty}\dfrac{(x+\sin x)'}{(x)'}=\lim\limits_{x\to\infty}(1+\cos x)$ 不存在,但 $\lim\limits_{x\to\infty}\dfrac{x+\sin x}{x}=\lim\limits_{x\to\infty}\left(1+\dfrac{\sin x}{x}\right)=1$.

通过以上对罗必塔法则的运用,我们要注意在使用罗必塔法则时,必须首先检验极限是否是$\dfrac{0}{0}$型或$\dfrac{\infty}{\infty}$型未定式. 譬如,求$\lim\limits_{x\to\pi}\dfrac{\sin x}{x}$时,若用罗必塔法则,则有$\lim\limits_{x\to\pi}\dfrac{\sin x}{x}=\lim\limits_{x\to\pi}\dfrac{\cos x}{1}=-1$,结果显然是错误的. 另外,还须注意的是,当 $\lim\dfrac{f'(x)}{g'(x)}$不存在时,并不能断定 $\lim\dfrac{f(x)}{g(x)}$不存在,此时应使用其他方法求极限. 譬如,求$\lim\limits_{x\to\infty}\dfrac{x-\sin x}{x+\sin x}$,它是$\dfrac{\infty}{\infty}$型未定式,运用罗必塔法则时,有$\lim\limits_{x\to\infty}\dfrac{(x-\sin x)'}{(x+\sin x)'}=\lim\limits_{x\to\infty}\dfrac{1-\cos x}{1+\cos x}$,其极限不存在,但是我们运用同除法,有$\lim\limits_{x\to\infty}\dfrac{x-\sin x}{x+\sin x}=\lim\limits_{x\to\infty}\dfrac{1-\dfrac{\sin x}{x}}{1+\dfrac{\sin x}{x}}=1$.

习题 3-2

1. 用罗必塔法则求下列极限.

(1) $\lim\limits_{x\to 0}\dfrac{\sin x}{x}$; (2) $\lim\limits_{x\to 0}\dfrac{\sqrt[3]{1+x}-\sqrt[3]{1-x}}{x}$;

(3) $\lim\limits_{x\to 0}\dfrac{e^x-1}{xe^x+e^x-1}$; (4) $\lim\limits_{x\to+\infty}\dfrac{\ln(x+1)}{\ln(x+2)}$;

(5) $\lim\limits_{x\to 0}\dfrac{x-\sin x}{\tan x^3}$; (6) $\lim\limits_{x\to 0^+}\dfrac{\ln\sin 3x}{\ln\sin x}$.

2. 求下列极限.

(1) $\lim\limits_{x\to 0}x\cot 2x$; (2) $\lim\limits_{x\to 1}\left(\dfrac{2}{x^2-1}-\dfrac{1}{x-1}\right)$;

(3) $\lim\limits_{x\to 0^+}x^{\sin x}$; (4) $\lim\limits_{x\to 0^+}(\cot x)^{\frac{1}{\ln x}}$.

3.3 函数的单调性与极值

3.3.1 函数的单调性

函数单调增减性的定义,在前一章已经作过介绍. 对于单调增减性虽然可以用定义加以判断,但其过程往往较为繁琐. 现在我们利用导数的几何意义推出它的判断方法.

从导数的几何意义,我们知道,函数 $y=f(x)$ 在点 x 处的导数 $f'(x)$ 是函数的图像在点 x 处的切线斜率.

如果函数 $y=f(x)$ 在区间 (a, b) 上是单调增加的,那么它的图像就是一条沿 x 轴正向上升的曲线. 这时,曲线上各点处的切线倾角 α 为锐角,从而斜率都是正的,即

$$k=\tan\alpha=f'(x)>0.$$

见图 3-3.

如果函数 $y=f(x)$ 在区间 (a, b) 上是单调减少的,那么它的图像就是一条沿 x 轴正向下降的曲线. 这时,曲线上各点处的切线倾角 α 为钝角,从而斜率都是负的,即

$$k=\tan\alpha=f'(x)<0.$$

见图 3-4.

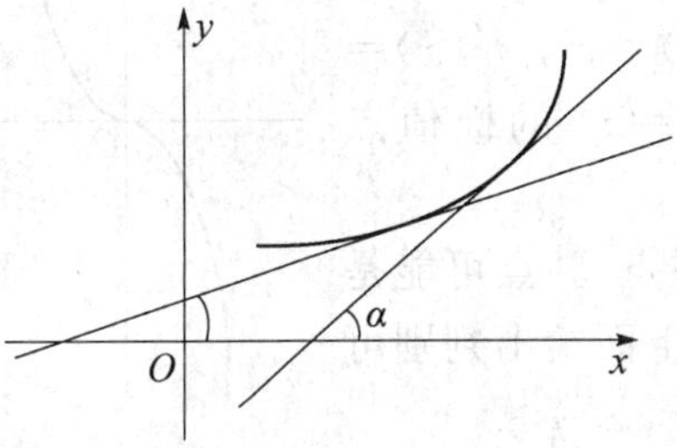

图 3-3

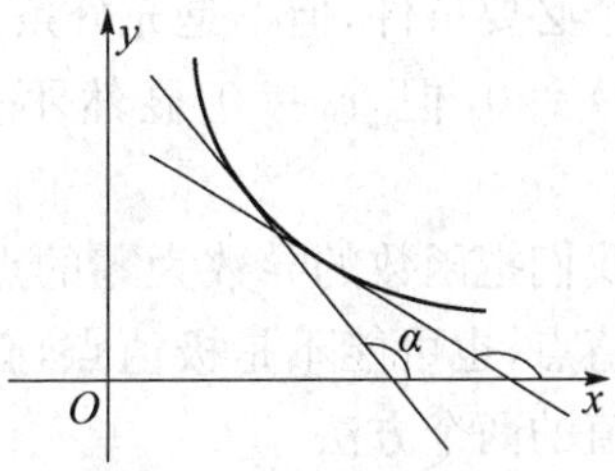

图 3-4

由此可见,函数的单调性与它的导数正负有着密切的关系. 因此,我们可以建立如下的定理(证明略):

定理 1 设函数 $y=f(x)$ 在区间 (a, b) 内可导,对于任意 $x\in(a, b)$,

(1) 如果恒有 $f'(x)>0$,则函数 $y=f(x)$ 在区间 (a, b) 内单调增加(或递增),记为↗;

(2) 如果恒有 $f'(x)<0$,则函数 $y=f(x)$ 在区间 (a, b) 内单调减少(或递减),记为↘.

一个函数在某一定义区间乃至整个定义域内,不一定完全是单调增加(或单调减少),可能有增有减. 这样必定出现使函数增减改变的转折点. 在图 3-5 中,可导函数 $y=f(x)$ 在点 x_1, x_2, x_3, x_4 处增减性发生了变化,这些点所对应的函数值都具有一个共同的特点:或者大于两侧附近各点处的函数值,或者小于两侧附近各点处的函数值. 函数的这种特性在理论上和实际应用上都有重要价值. 为此,我们给出如下的定义:

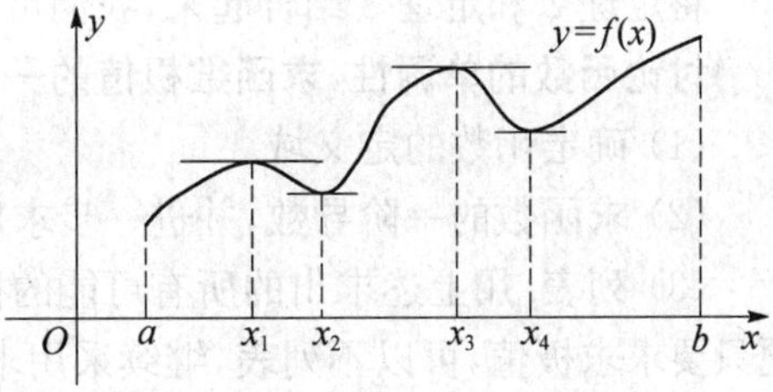

图 3-5

定义 1 设函数 $y=f(x)$ 在点 x_0 处连续,且 x_0 不是其定义区间的端点. 对于点 x_0 左右附近的任意一点 $x(x\neq x_0)$,如果

(1) 总有 $f(x)<f(x_0)$ 成立,则称 $f(x_0)$ 为函数的极大值,x_0 为函数的极大值点;

(2) 总有 $f(x)>f(x_0)$ 成立,则称 $f(x_0)$ 为函数的极小值,x_0 为函数的极小值点.

极大值和极小值统称为极值，极大值点和极小值点统称为极值点.

定义 实际上规定了极值只能在区间的内部而非端点处取到. 注意，函数的极值是一个局部性的概念，它仅仅与 x_0 左右附近的点所对应的函数值相比较而言，而函数的最大值和最小值是整个区间上比较的结果，在概念上两者不能混为一谈. 一个函数在某一区间可以有几个不同的极大值或极小值，甚至极大值比极小值还要小. 从图 3－5 中可以看到，函数 $y=f(x)$ 在区间 (a, b) 内有两个不同的极大值 $f(x_1)$，$f(x_3)$，还有两个不同的极小值 $f(x_2)$，$f(x_4)$，且极大值 $f(x_1)$ 小于极小值 $f(x_4)$，而真正意义上的最大值和最小值是 $f(b)$ 和 $f(a)$.

从图 3－5 中还很容易可以看出，在所有的极值点 x_1，x_2，x_3，x_4 处，曲线的切线都是水平的. 这提示我们，对可导函数，函数的极值点可以在导数为零的点中去寻找.

定理 2 如果函数 $y=f(x)$ 在点 x_0 处取到极值，且在点 x_0 处可导，则必定 $f'(x_0)=0$.

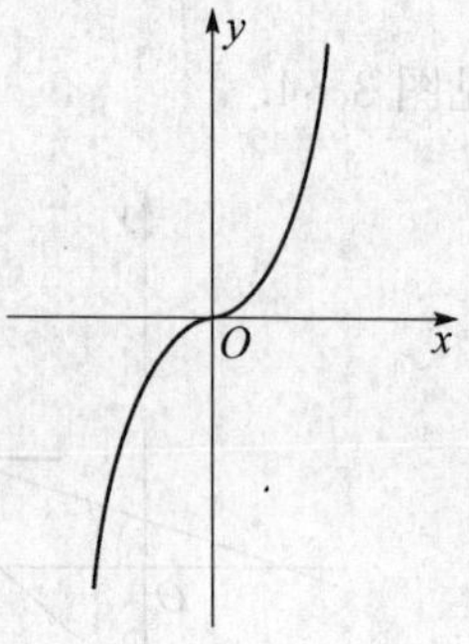

图 3－6

必须加以说明的是，$f'(x_0)=0$ 仅仅是 x_0 成为函数 $y=f(x)$ 极值点的一个必要条件，但不是充分条件. 如函数 $f(x)=x^3$，$f'(x)=3x^2$，$f'(0)=0$，但 $x_0=0$ 显然不是函数 $f(x)=x^3$ 的极值点（图 3－6）.

通常我们把函数的导数为零的点称为函数的驻点. 驻点可能是函数的极值点，也可能不是极值点，必须加以判别. 下面给出判别可导函数极值的两个方法.

由于函数在极值点的两侧附近，其增减性完全相反，结合定理 2，可以建立判别极值的第一种方法：

定理 3 （**极值第一判别法**）设函数 $y=f(x)$ 在点 x_0 及其左右附近均可导，且 $f'(x_0)=0$，当 x 从左向右逐渐增大，经过点 x_0 时，

(1) 若 $f'(x)$ 的值由正变为负，则函数 $y=f(x)$ 在 x_0 处取到极大值；

(2) 若 $f'(x)$ 的值由负变为正，则函数 $y=f(x)$ 在 x_0 处取到极小值；

(3) 若 $f'(x)$ 的值不改变符号，则函数 $y=f(x)$ 在 x_0 处没有取到极值.

将定理 2 和定理 3 结合起来，我们可以同时判断函数的单调性和极值.

讨论函数的单调性，求函数极值的一般步骤：

(1) 确定函数的定义域.

(2) 求函数的一阶导数，并进一步求出函数所有的驻点以及一阶导数不存在的点.

(3) 列表. 用上述求出的所有可能的极值点将函数定义域分割成若干个小区间. 如果问题只要求求极值，可以不列表，继续采用求二阶导数，利用第二充分条件做出判断.

(4) 讨论函数的一阶导数在各个小区间的正负号，进而确定函数在各个小区间的单调性；确定函数在可能的极值点上的极值性.

【例 1】 讨论函数 $f(x)=(x+2)(x-2)^3$ 的单调性和极值.

解 函数 $f(x)$ 的定义域为 $(-\infty, +\infty)$.

由于
$$
\begin{aligned}
f'(x)&=(x-2)^3+3(x+2)(x-2)^2\\
&=(x-2)^2[(x-2)+3(x+2)]\\
&=4(x-2)^2(x+1).
\end{aligned}
$$

令 $f'(x)=0$,得驻点 $x_1=-1$, $x_2=2$.

用上述点对定义域进行划分,然后列表讨论如下:

x	$(-\infty, -1)$	-1	$(-1, 2)$	2	$(2, +\infty)$
$f'(x)$	$-$	0	$+$	0	$+$
$f(x)$	↘	极小值	↗	非极值	↗

由此可见,函数在区间$(-\infty, -1)$内单调减少,在区间$(-1, +\infty)$内单调增加,在点 $x=-1$ 处取到极小值 $f(-1)=-27$.

【例 2】 讨论函数 $f(x)=e^x-e^{-x}$的单调性和极值.

解 函数 $f(x)$的定义域为$(-\infty, +\infty)$,

而
$$f'(x)=e^x+e^{-x}.$$

由于在$(-\infty, +\infty)$内恒有 $f'(x)>0$,所以函数 $f(x)$在其定义域内都是单调增加的,不存在极值.

利用极值第一判别法确定函数的极值,不论函数繁简如何,解题步骤基本一致,对于有些函数的导数,要确定其符号的变化可能比较困难.如果函数具有比较简单的二阶导数,函数的极值也可用二阶导数的符号来判断,这种方法往往比极值第一判别法更加简捷.下面介绍极值第二判别法:

定理 4 **(极值第二判别法)**设函数 $y=f(x)$在点 x_0 处有一阶和二阶导数,且 $f'(x_0)=0$,

(1) 若 $f''(x_0)<0$,则 $f(x_0)$为函数 $f(x)$的极大值;

(2) 若 $f''(x_0)>0$,则 $f(x_0)$为函数 $f(x)$的极小值;

(3) 若 $f''(x_0)=0$,则不能肯定 $f(x_0)$是否为函数 $f(x)$的极值,此时,须用第一判别法判定.

此定理的证明从略,我们仅从几何图形上作出解释.

观察图 3-7,函数 $y=f(x)$在点 x_0 处取到极大值.不难看出,当 x 自左向右逐渐增大时,曲线上对应点的切线斜率反而随之减小,即切线斜率 $k=f'(x)$在 x_0 及其左右附近为单调减少函数,因此$[f'(x)]'=f''(x)<0$,于是在点 x_0 处,不仅 $f'(x_0)=0$,而且 $f''(x_0)<0$.

类似地,由图 3-8 得出,在极小值点 x_0 处,$f'(x_0)=0$,且 $f''(x_0)>0$.

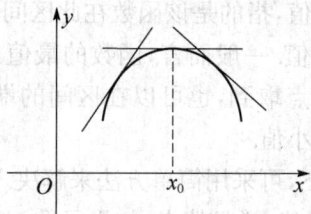

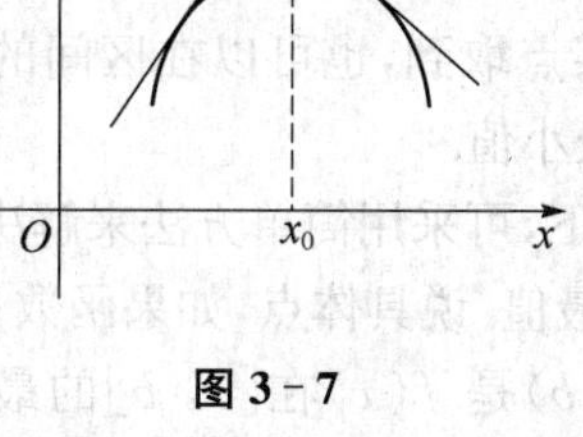

图 3-7

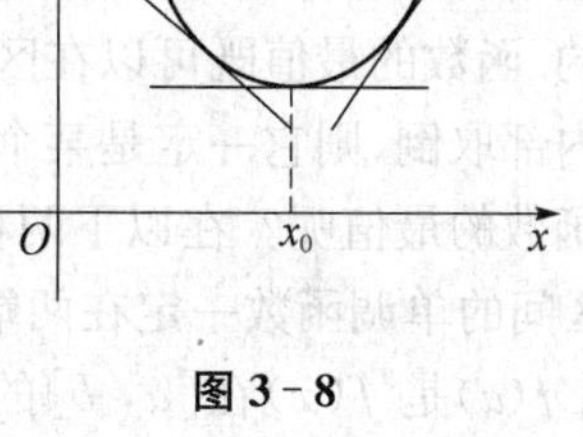

图 3-8

【例 3】 求函数 $y=x+\dfrac{1}{x}$的极值.

解 函数的定义域为$(-\infty, 0)\cup(0, +\infty)$，

而
$$y'=1-\frac{1}{x^2}.$$

令$y'=0$，得驻点$x=-1$，$x=1$，

$$y''=\frac{2}{x^3}.$$

由于$y''|_{x=-1}=-2<0$，$y''|_{x=1}=2>0$，所以当$x=-1$时，函数有极大值$y|_{x=-1}=\left(x+\frac{1}{x}\right)\Big|_{x=-1}=-2$；当$x=1$时，函数有极小值$y|_{x=1}=\left(x+\frac{1}{x}\right)\Big|_{x=1}=2$.

注意：不能因为$y|_{x=-1}=-2<y|_{x=1}=2$而视$y|_{x=-1}=-2$为极小值，$y|_{x=1}=2$为极大值.

【例 4】 如果函数$f(x)=a\sin 3x+\sin x$在$x=\frac{\pi}{3}$处有极值，试求a的值和该极值，并确定该极值是极大值还是极小值.

解 $f'(x)=3a\cos 3x+\cos x.$

由已知条件，函数$f(x)$在$x=\frac{\pi}{3}$处有极值，所以必有$f'\left(\frac{\pi}{3}\right)=-3a+\frac{1}{2}=0$，由此得

$$a=\frac{1}{6},$$

$$f(x)=\frac{1}{6}\sin 3x+\sin x,$$

$$f'(x)=\frac{1}{2}\cos 3x+\cos x,$$

$$f''(x)=-\frac{3}{2}\sin 3x-\sin x.$$

因为$f''\left(\frac{\pi}{3}\right)=-\frac{\sqrt{3}}{2}<0$，所以当$x=\frac{\pi}{3}$时，函数$f(x)$有极大值，且极大值为$f\left(\frac{\pi}{3}\right)=\frac{\sqrt{3}}{2}$.

3.3.2 函数的最值及其应用

我们知道，函数在某一区间上的最大值和最小值，指的是该函数在此区间上全部函数值的最大者与最小者，最大值和最小值可以简称为最值. 一般而言，函数的最值与函数的极值是有所不同的. 函数的最值既可以在区间的内部某点取到，也可以在区间的端点处取到. 如果在区间的内部取倒，则它一定是某个极大值或极小值.

如何求函数的最值呢？在以下两种特殊情况下，可采用简单方法来解决.

(1) 闭区间的单调函数一定在两端点处取到最值. 说具体点，如果函数$f(x)$在$[a, b]$上单调增加，则$f(a)$是$f(x)$在$[a, b]$的最小值，$f(b)$是$f(x)$在$[a, b]$的最大值；如果函数$f(x)$在$[a, b]$上单调减少，则$f(a)$是$f(x)$在$[a, b]$的最大值，$f(b)$是$f(x)$在$[a, b]$的最小值.

(2) 如果连续函数 $f(x)$在以 a, b 为端点的区间内只有一个极值,那么该极值一定是函数的最值. 如图 3-9 所示,如果这唯一的极值是极大值 $f(x_0)$,这时点$[x_0, f(x_0)]$两边的曲线只能向下延伸,所以极大值 $f(x_0)$就是 $f(x)$在此区间上的最大值;同样,如果连续函数 $f(x)$在区间内只有一个极值且为极小值 $f(x_0)$,这时点$[x_0, f(x_0)]$两边的曲线只能向上延伸,所以极小值 $f(x_0)$就是 $f(x)$在此区间上的最小值,见图 3-10. 上述结论对于任意无限区间也是成立的.

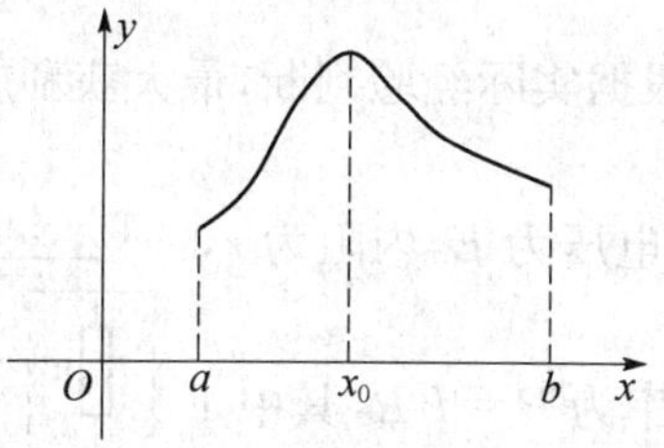

图 3-9

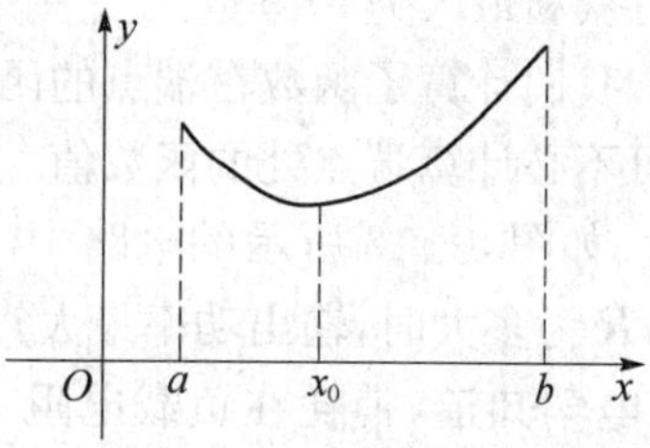

图 3-10

在讨论计算最值的实际问题时,如果根据分析推定,所建立的连续函数在某一区间内确有最大值(或最小值),而该区间只有唯一的一个极值点,那么所对应的极值就是我们所要求的函数最值. 许多求最值的应用问题都属这种情况,从而求最值的问题就转化为求极值的问题.

【例 5】 将边长为 a 的一块正方形于各角截去一个大小相同的小正方形,然后折起各边做成一个无盖的盒子,问截掉的小正方形的边长为多大时,可使所得方盒的容积最大?

解 设所截掉的小正方形的边长为 x,则盒底的边长为 $a-2x$,高为 Δx(图 3-11).

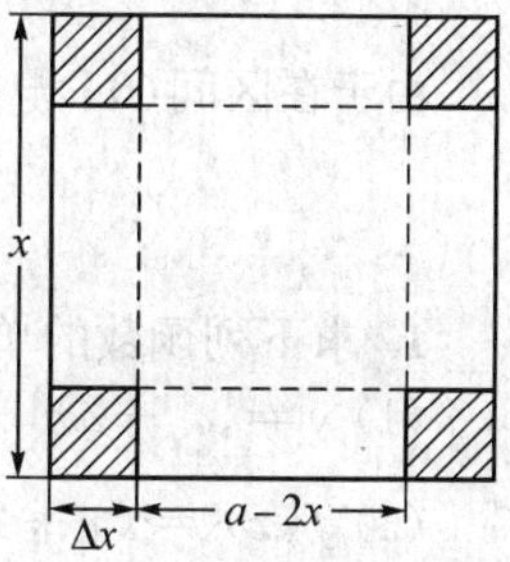

图 3-11

故此无盖盒子的容积为

$$V = x(a-2x)^2,\ x \in \left(0,\ \frac{a}{2}\right).$$

求得 $V'=(a-2x)(a-6x)$.

令 $V'=0$,得

$$x_1 = \frac{a}{2}(\text{舍去}),\ x_2 = \frac{a}{6},$$

由于 $V''=24x-8a$,

$$V''\big|_{x_2=\frac{a}{6}} = -4a < 0.$$

因此 $x_2=\frac{a}{6}$是 V 的极大值点,也是唯一的极值点,亦是 V 的最大值点. 由此可知,当截去的小正方形的边长等于所给正方形铁片边长的$\frac{1}{6}$时,所做成的方盒容积最大.

【例 6】 某租赁公司有 30 套设备出租,若月租金定为每套 2 000 元,则设备可全部租出;而每套设备月租金每提价 100 元,租出数量就会减少 1 套;对已租出的设备的维护费为每套每月 200 元. 则公司如何确定租金,可获利最大?

解 首先建立函数关系. 设租金为 x 元时，获利 y 元，则

$$y=(x-200)\left(30-\frac{x-2\,000}{100}\right),\ x\in[2\,000,\ 5\,000].$$

求导得 $y'=\left(30-\frac{x-2\,000}{100}\right)-\frac{1}{100}(x-200)$，令 $y'=0$，得 $x=2\,600$.

计算在 $x=2\,000$，$x=2\,600$，$x=5\,000$ 时的函数值，并比较得，当租金为每月每套 2 600 元时，公司可获利最大为 57 600 元.

本例中，我们计算了函数在端点的函数值，但根据实际经验判断，最大获利应发生在驻点处，所以可不必计算端点处的函数值.

【例 7】 如图 3-12 所示的电路中，已知电源电压为 E，内阻为 r，求负载电阻 R 为多大时，输出功率最大?

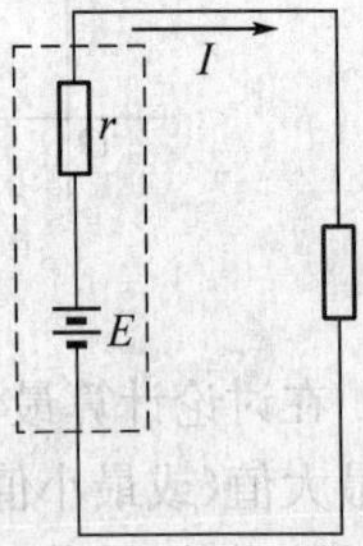

图 3-12

解 由电学知道，消耗在负载电阻 R 上的功率为 $P=I^2R$，其中 I 为回路中的电流.

根据欧姆定律，有 $I=\frac{E}{r+R}$，

得 $P=\left(\frac{E}{r+R}\right)^2R=\frac{E^2R}{(r+R)^2}$，$R\in(0,\ +\infty)$.

现在来求 R 在 $(0,\ +\infty)$ 内取何值时，输出功率 P 最大.

求导数：$\frac{\mathrm{d}P}{\mathrm{d}R}=E^2\frac{r-R}{(r+R)^3}$，

令 $\frac{\mathrm{d}P}{\mathrm{d}R}=0$，得 $R=r$.

由于在区间 $(0,\ +\infty)$ 内，函数 P 只有一个驻点 $R=r$，所以当 $R=r$ 时，输出功率最大.

习题 3-3

1. 求下列函数的单调区间.

(1) $y=x^4-2x^2-5$；　　(2) $f(x)=x-\ln(1+x)$；

(3) $f(x)=(x+2)^2(x-1)^3$；　　(4) $f(x)=\frac{x}{1+x^2}$.

2. 求下列函数在给定区间上的最大值与最小值.

(1) $f(x)=x^3-3x^2-9x+5$ 在区间 $[-4,\ 4]$ 上；

(2) $f(x)=x+\frac{1}{x}$ 在区间 $[0.01,\ 100]$ 上.

3. 要建造一个体积为 50 m^3 的有盖圆柱形仓库，问高和地面半径为多少时用料最省?

4. 一火车锅炉每小时消耗的费用与火车行驶速度的立方成正比，已知当车速为 20 km/h 时，每小时耗煤价值为 40 元，其他费用每小时 200 元，甲乙两地相距 S 公里，问火车行驶速度为多少时，才能使火车由甲地开往乙地的总费用最少?

3.4 函数的作图

通过上一节的学习，我们有较好的方法判定函数的单调性、极值性. 作为对函数几何形

态的讨论，仅仅知道函数的单调性、极值、最值、周期性、有界性、奇偶性是不够的. 就拿单调递增函数来说，同样是单调递增，但它们可以以不同方式递增(如图 3 - 13 所示). 为了更加准确地描述函数图像的几何特性，本节将给出曲线凸性的概念及判别方法，进而介绍函数的基本作图方法.

3.4.1 曲线的凹凸性及拐点

【引例】 函数 $y=x^2$ 与 $y=\sqrt{x}$ 在 $(0, +\infty)$ 都是单调递增的，但递增的方式却不同(如图 3 - 13).

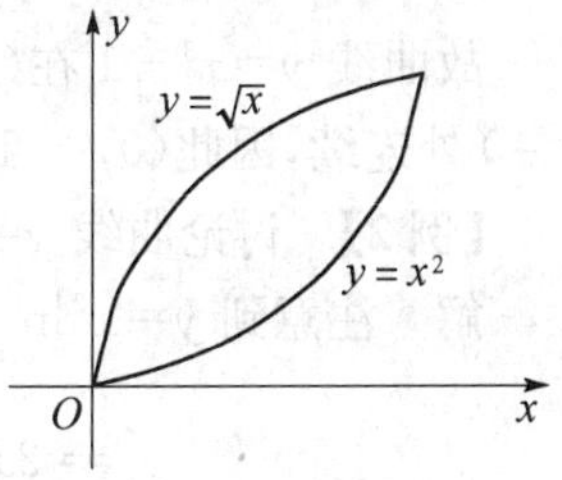

图 3 - 13

如何在数学上较好地刻画这类几何形态，这是我们这一部分的主要任务.

定义 1 设 $f(x)$ 在某区间 I 内有定义，如果曲线 $y=f(x)$ 总位于其上任意一点处切线的上方，则称曲线 $y=f(x)$ 在区间 I 内是上凹的(简称为凹)；如果曲线 $y=f(x)$ 总位于其上任意一点处切线的下方，则称曲线 $y=f(x)$ 在区间 I 内是下凹的(简称为凸).

连续曲线上凹与下凹的分界点称为该曲线的拐点.

说明：(1) 上述定义从数学角度来说是不准确的，也是不严格的. 但从几何直观上来说，就是这么一回事，它好比一个抛物线，凹口向上的就叫上凹，凹口向下的就叫下凹.

(2) $(x_0, f(x_0))$ 是曲线 $y=f(x)$ 的拐点的必要条件是：$f''(x_0)=0$ 或者 $f''(x_0)$ 不存在.

定理 1 若函数 $y=f(x)$ 在开区间 (a, b) 内具有二阶导数，并且：

(1) $\forall x\in(a, b)$，有 $f''(x)>0$，那么，$y=f(x)$ 在 (a, b) 内是上凹的；

(2) $\forall x\in(a, b)$，有 $f''(x)<0$，那么，$y=f(x)$ 在 (a, b) 内是下凹的.

由定理 1 不难得出曲线凹向的另一判别法.

定理 2 设 $y=f(x)$ 在 (a, b) 内可导，曲线 $y=f(x)$ 在开区间 (a, b) 内上凹(或下凹)当且仅当 $f'(x)$ 在 (a, b) 内严格单调递增(或严格单调递减).

讨论曲线凹向的基本步骤：

(1) 确定定义域；

(2) 求出函数的二阶导数，并进一步求出所有使二阶导数为零的点和二阶导数不存在的点；

(3) 列表，用上面求出的点将函数定义域分割成若干小区间，然后再在每个小区间内讨论二阶导数的正负号，同时在表格相应栏内用符号予以标明；

(4) 确定曲线的凹凸区间，并在表格相应栏内用符号予以标明.

【例 1】 讨论曲线 $y=x^3-1$ 的凹凸性.

解 $y=x^3-1$ 的定义域是全体实数. 因为 $y'=3x^2$，$y''=6x$，所以当 $x<0$ 时，$y''=6x<0$，当 $x>0$ 时，$y''=6x>0$，二阶导数为零的点只有 $x=0$，没有使二阶导数不存在的点. 由上述讨论可列表如下：

	$(-\infty, 0)$	0	$(0, +\infty)$
y''	$-$	0	$+$
y	$\cap$		$\cup$

故曲线 $y=x^3-1$ 在$(-\infty, 0)$内是下凹的；在$(0, +\infty)$内是上凹的. 由于 $y=x^3-1$ 在 $x=0$ 处连续，因此$(0, -1)$是曲线 $y=x^3-1$ 的拐点.

【例 2】 讨论曲线 $y=x^2\ln x$ 的凹向并求其拐点.

解 注意到 $y=x^2\ln x$ 的定义域为$(0, +\infty)$.

$$y' = 2x\ln x + x^2 \cdot \frac{1}{x} = 2x\ln x + x = x(2\ln x + 1),$$

$$y'' = 2\ln x + 1 + x \cdot \frac{2}{x} = 2\ln x + 3.$$

当 $x < e^{-\frac{3}{2}}$ 时，$y'' < 0$，当 $x > e^{-\frac{3}{2}}$ 时，$y'' > 0$，在定义域内只有一个使二阶导数为零的点 $x=e^{-\frac{3}{2}}$，没有使二阶导数不存在的点. 综上所述列表如下：

	$(0, e^{-\frac{3}{2}})$	$e^{-\frac{3}{2}}$	$(e^{-\frac{3}{2}}, +\infty)$
y''	$-$	0	$+$
y	$\cap$		$\cup$

故 $y=x^2\ln x$ 在$(0, e^{-\frac{3}{2}})$内是下凹的，在$(e^{-\frac{3}{2}}, +\infty)$内是上凹的. 又因为 $y=x^2\ln x$ 在 $x=e^{-\frac{3}{2}}$ 处连续，所以$\left(e^{-\frac{3}{2}}, -\frac{3}{2}e^{-3}\right)$是 $y=x^2\ln x$ 的拐点.

从上面两个例子我们不难发现，当$(x_0, f(x_0))$是曲线 $y=f(x)$ 的拐点的时候，有 $f''(x_0)=0$(如例 1 $y''|_{x=0}=0$). 那么当 $f''(x_0)=0$ 时$(x_0, f(x_0))$一定是曲线 $y=f(x)$ 的拐点吗？回答是不一定的.

比如：$y=x^4$，有$y''|_{x=0}=0$，但是$(0,0)$不是 $y=x^4$ 的拐点.

还有一点是需要指出的：当 $f''(x_0)$不存在的时候，$(x_0, f(x_0))$仍有可能是曲线 $y=f(x)$的拐点.

比如：$y=\sqrt[3]{x}$，由于 $y''=-\frac{2}{9}x^{-\frac{5}{3}}$，于是不难验证：$y=\sqrt[3]{x}$在$(0, +\infty)$内是下凹的，$y=\sqrt[3]{x}$在$(-\infty, 0)$内是上凹的，又 $y=\sqrt[3]{x}$在 $x=0$ 处连续，因此$(0, 0)$是 $y=\sqrt[3]{x}$的拐点，但是 $y''|_{x=0}$不存在.

3.4.2 曲线的渐近线

定义 2 若曲线 C 上的动点 P 沿着曲线无限远离原点时，动点 P 到定直线 L 的距离趋于零，则称定直线 L 为曲线 C 的渐近线.

当 L 是 $x=a$ 时，称 L 为曲线 C 的垂直渐近线；

当 L 是 $y=b$ 时，称 L 为曲线 C 的水平渐近线.

由渐近线的定义不难得出以下结论：

(1) 若 $\lim\limits_{x\to a^-} f(x)=\infty$ 或 $\lim\limits_{x\to a^+} f(x)=\infty$，则直线 $x=a$ 是曲线 $y=f(x)$ 的垂直渐近线；

(2) $\lim\limits_{x\to+\infty} f(x)=b$ 或 $\lim\limits_{x\to-\infty} f(x)=b$，则直线 $y=b$ 是曲线 $y=f(x)$ 的水平渐近线.

【例 3】 求曲线 $y=\dfrac{x}{x^2-1}$ 的渐近线.

解 因为 $\lim\limits_{x\to\infty}\dfrac{x}{x^2-1}=0$，$\lim\limits_{x\to1}\dfrac{x}{x^2-1}=\infty$，$\lim\limits_{x\to-1}\dfrac{x}{x^2-1}=\infty$.

所以 $y=0$ 是曲线的水平渐近线，$x=\pm1$ 是曲线的两条垂直渐近线.

3.4.3 函数的作图

通过前面的学习，我们现在可以比较准确地作出函数的草图，其基本步骤如下：

(1) 确定函数的定义域，考察函数的有界性、奇偶性、周期性；

(2) 求函数的一阶导数、二阶导数，在定义域内求出函数所有可能的极值点；二阶导数为零或不存在的点，这些点用列表的形式划分函数定义域；

(3) 确定函数的单调区间、极值点、凹凸区间及拐点，并在表格上用特殊符号标出；

(4) 考察函数的渐近线，确定函数与坐标轴的交点坐标；

(5) 描出上述求出的特殊点，最后作出草图.

【例 4】 作出函数 $y=x^3-3x^2+1$ 的图像.

解 函数的定义域为 $(-\infty, +\infty)$，该函数为非奇非偶函数.

(1) $y'=3x^2-6x=3x(x-2)$，$y''=6x-6=6(x-1)$.

令 $y'=0$，得 $x_1=0$，$x_2=2$；令 $y''=0$，得 $x_3=1$.

(2) 列表讨论如下：

x	$(-\infty, 0)$	0	$(0, 1)$	1	$(1, 2)$	2	$(2, +\infty)$
y'	+	0	−	−	−	0	+
y''	−	−	−	0	+	+	+
曲线 y	↗(凸)	极大值 1	↘(凸)	拐点 $(1, -1)$	↘(凹)	极小值 -3	↗(凹)

(3) 该曲线无渐近线.

(4) 再取两个点 $(-1, -3)$，$(3, 1)$.

综合以上讨论，作出函数的图像(图 3-14).

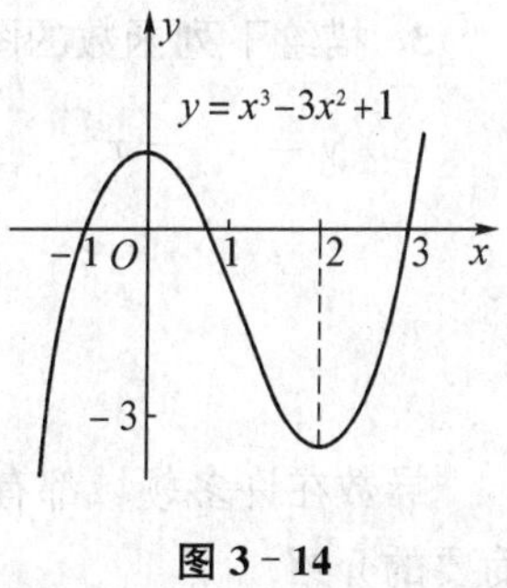

图 3-14

【例 5】 作出函数 $y=\dfrac{x}{1+x^2}$ 的图像.

解 (1) 函数的定义域为 $(-\infty, +\infty)$. 显然 $y=\dfrac{x}{1+x^2}$ 为奇函数，其图像关于原点对称，因此只讨论函数在 $[0, +\infty)$ 上图像.

(2) $y'=\frac{1-x^2}{(1+x^2)^2}$, $y''=\frac{2x(x^2-3)}{(1+x^2)^3}$.

令 $y'=0$,得 $x=1$;令 $y''=0$,得 $x=0,x=\sqrt{3}$.

(3) 列表讨论如下:

x	0	(0, 1)	1	$(1,\sqrt{3})$	$\sqrt{3}$	$(\sqrt{3},+\infty)$
y'	+	+	0	−	−	−
y''	0	−	−	−	0	+
曲线 y	拐点(0, 0)	↗	极大值$\frac{1}{2}$	↘	拐点 $\left(\sqrt{3},\frac{\sqrt{3}}{4}\right)$	↘

(4) 曲线 $y=\frac{x}{1+x^2}$ 无垂直渐近线. 因为 $\lim\limits_{x\to\infty}\frac{x}{1+x^2}=0$,所以有水平渐近线 $y=0$.

综合以上讨论,利用 $y=\frac{x}{1+x^2}$ 为奇函数,作出函数的图像(图 3-15).

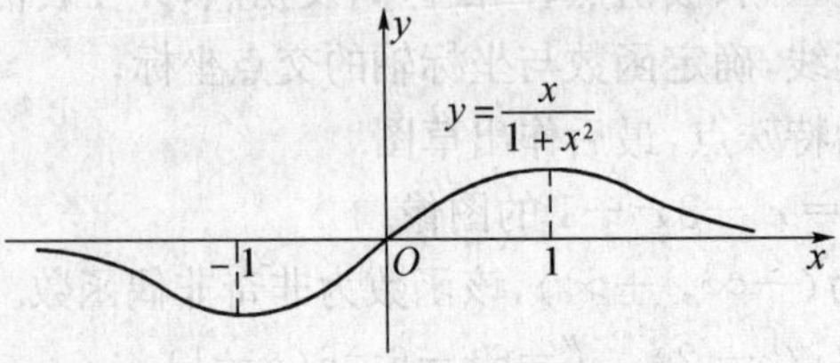

图 3-15

习题 3-4

1. 求下列函数的凹凸区间与拐点.

(1) $f(x)=\frac{1}{1+x^2}$; (2) $f(x)=(1+x)^4$.

2. 求下列函数的水平渐近线和垂直渐近线.

(1) $y=x+\frac{1}{x}$; (2) $y=xe^x$;

(3) $y=\arctan x$; (4) $y=e^{\frac{1}{x}}$.

3. 描绘下列函数的图形.

(1) $y=x^4-x^3$; (2) $y=\frac{x}{1+x^2}$.

3.5 导数的其他应用*

导数在许多领域都有很好的应用,在这里仅就导数在经济分析中和工程技术中应用作简要的介绍.

3.5.1　导数在工程技术中的应用

在工程技术中，经常会遇到道路的转弯、桥梁或隧道的拱形、齿轮轮廓曲线形状. 这就要求我们研究曲线弯曲的程度.

1. 曲率

曲率是用来形容曲线弯曲程度的量. 曲线的弯曲程度受曲线上的切线转角的大小，以及曲线弧长的影响.

在田径场上进行比赛时，跑在内道的选手比跑在外道的选手的弯曲程度要大，但这时跑在外道的选手追过的距离要长，这说明在切线转角一致的情况下，弧长较长的弯曲程度要小(图 3 - 17).

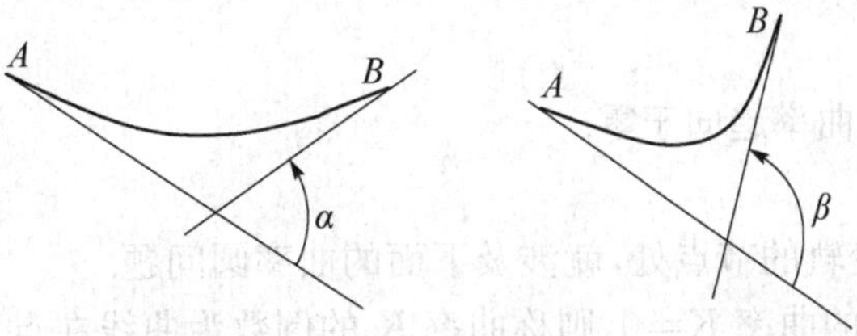

图 3 - 16

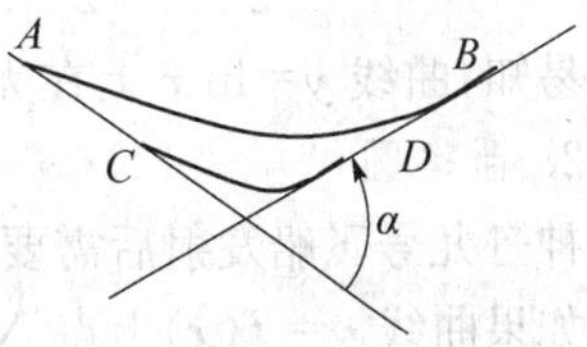

图 3 - 17

那么，相同长度的弧在其切线转角大小的变化时，又是怎样影响弧的弯曲程度的呢？我们都有这样的经验，将一根竹片弯曲(手的两端的切线的夹角就形成了切线的转角)时，折弯的角度越大，竹片就越容易折断. 这是它的弯曲的程度越来越大而形成对竹片的破坏力越来越大的缘故，如图 3 - 16.

于是，在弧有连续转动的切线时，我们有这样的认识：

(1) 相同弧长的曲线，切线转角大的，弧的弯曲程度就大(图 3 - 16)；

(2) 切线的转角相同，较长的曲线弧，弯曲程度较小(图 3 - 17).

利用导数，曲线上任一点处的曲率即为

$$\lim_{\Delta s \to 0}\left|\frac{\Delta \alpha}{\Delta s}\right|,$$

其中 $\Delta\alpha$，Δs 分别为转角、曲线段长度.

对于一般的曲线 $y=f(x)$，若 $y=f(x)$ 有二阶导数，则曲线在任一点的曲率为

$$K=\left|\frac{y''}{(1+y'^2)^{\frac{3}{2}}}\right|. \tag{1}$$

显然半径为 R 的圆的曲率 K 为 $\frac{2\pi}{2\pi R}=\frac{1}{R}$，$R$ 越小，K 越大，即弯曲程度越大.

圆上任意一点的曲率是一样的，直线上也是一样的，都为零.

【例 1】　若某一桥梁的桥面设计为抛物线，其方程为 $y=x^2$，求它在点 $M(1, 1)$处的曲率.

解　由 $y'=2x$，$y''=2$，得$y'|_{x=1}=2$，$y''|_{x=1}=2$，代入曲率公式，得

$$K=\left|\frac{y''}{(1+y')^{\frac{3}{2}}}\right|_{(1,1)}=\left|\frac{2}{5^{\frac{3}{2}}}\right|=\frac{2\sqrt{5}}{25}.$$

【例 2】 求曲线 $y=\ln x$ 上曲率最大的点.

解 $y'=\frac{1}{x}, y''=-\frac{1}{x^2}$.

由曲率计算公式得 $K=\left|\frac{-\frac{1}{x^2}}{\left(1+\frac{1}{x^2}\right)^{\frac{3}{2}}}\right|=\frac{x}{(1+x^2)^{\frac{3}{2}}}, x\in(0,+\infty)$

求导得 $K'=\frac{1-2x^2}{(1+x^2)^{\frac{5}{2}}}$.

令 $K'=0$,得 $x=\frac{\sqrt{2}}{2}$,为唯一极大值点,所以也为最大值点. 因此所求曲线 $y=\ln x$ 上曲率最大的点为 $\left(\frac{\sqrt{2}}{2}, -\frac{\ln 2}{2}\right)$.

易知,曲线 $y=\ln x$ 上在无穷远处的曲率趋向于零.

2. 曲率圆

神舟九号飞船发射后需要变轨,在变轨的节点处,就涉及下面的曲率圆问题.

如果曲线 $y=f(x)$ 上点 $N(x, y)$ 处的曲率 $K\neq 0$,则称曲率 K 的倒数为曲线在点 N 处的曲率半径,记为 R,即

$$R=\frac{1}{K}=\frac{[1+(y')^2]^{\frac{3}{2}}}{|y''|}. \tag{2}$$

当 $K\neq 0$ 时,过曲线 $y=f(x)$ 上的点 $N(x, y)$ 作曲线的法线 NC(图 3-18),在法线上沿曲线凹向的一侧取点 C,使 $|NC|=\frac{1}{K}=R$,这时以 C 为圆心、以 $R=\frac{1}{K}$ 为半径作圆,则称此圆为曲线 $y=f(x)$ 在点 N 处的曲率圆,曲率圆的圆心 C 为曲线 $y=f(x)$ 在点 N 处的曲率中心.

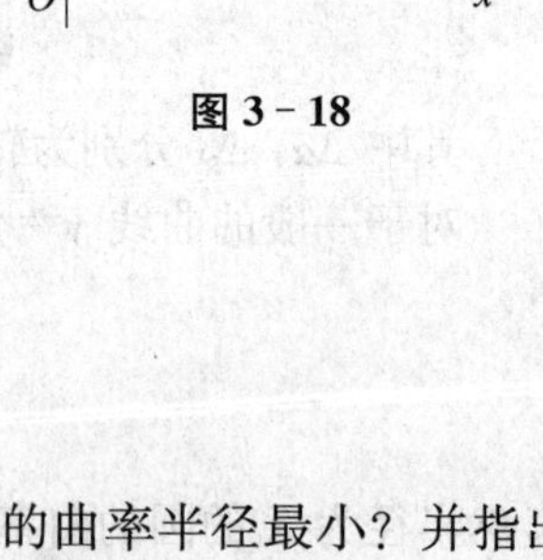

图 3-18

前面提到的飞船变轨,变轨时的交会点 N 的选择很重要,因为它涉及两个曲线在交会处应有相同的曲率,交会点 N 的选取还将影响到圆轨道的半径(曲率半径).

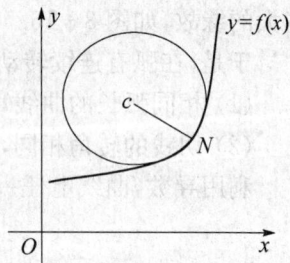

根据以上的分析,我们对曲率圆有如下的认识.

(1) 它与曲线 $y=f(x)$ 在点 N 处相切.

(2) 在点 N 处,曲率圆与曲线 $y=f(x)$ 有相同曲率.

(3) 在点 N 处曲率圆与曲线 $y=f(x)$ 的凹向相同.

【例 3】 试判定抛物线 $y=ax^2+bx+c$, $(a\neq 0)$ 上哪一点处的曲率半径最小? 并指出这点.

解 因 $y'=2ax+b$, $y''=2a$,所以 $R=\frac{[1+(y')^2]^{\frac{3}{2}}}{|y''|}=\frac{[1+(2ax+b)^2]^{\frac{3}{2}}}{|2a|}$.

根据 R 的表达式结构,可知当 $x=-\frac{b}{2a}$ 时,R 最小,$R_{\min}=\frac{1}{2|a|}$.

曲线上相应点为$\left(-\frac{b}{2a},\frac{4ac-b^2}{4a}\right)$,这就是说抛物线顶点处的曲率圆半径最小.即曲率最大,也就是在抛物线顶点处弯曲程度最大.

【例 4】 一飞机沿抛物线路径 $y=\frac{x^2}{10^4}$(y 轴铅直向上,单位为米)作俯冲飞行,在坐标原点 O 处飞机的速度为 $v=200$ 米/秒,飞行员体重 $G=70$ 千克,求飞机俯冲至最低点即原点 O 处时,座椅对飞行员的反作用力,如图 3-19.

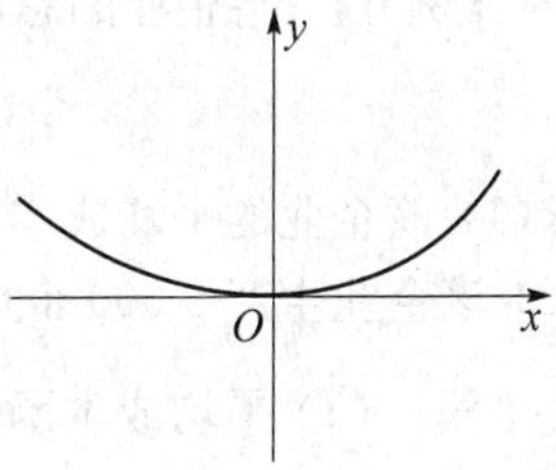

图 3-19

解 因 $y=\frac{x^2}{10\,000}$,则

$$y'|_{x=0}=\frac{x}{5\,000}\bigg|_{x=0}=0,y''|_{x=0}=\frac{1}{5\,000},$$

从而,曲率半径为 $R=\frac{[1+(y')^2]^{\frac{3}{2}}}{y''}=5\,000.$

故向心力为 $F_{向}=\frac{mv^2}{R}=\frac{70\times 200^2}{5\,000}=560$(牛顿).

飞行员本身的重量对座椅的压力$=70\times 9.8=686$(牛顿).

因此,座椅对飞行员的反力 $F_{反}=560+686=1\,246$(牛顿).

【例 5】 汽车连同载重共 5 吨,在抛物线拱桥上行驶,速度为 21.6 千米/小时,桥的跨度 10 米,拱的高为 0.25 米,求汽车越过桥顶时对桥的压力,如图 3-20.

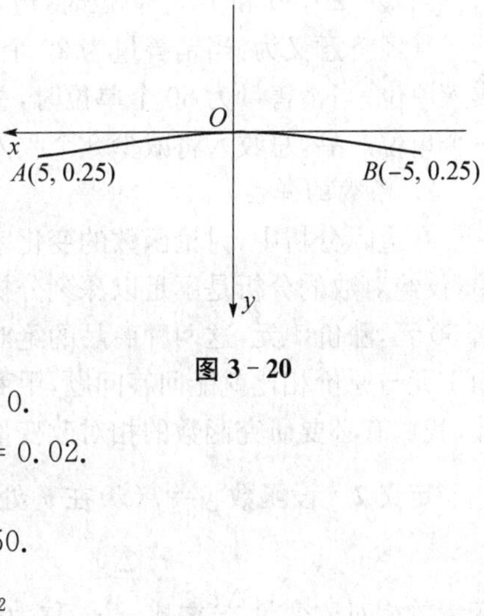

图 3-20

解 如图 3-20 建立坐标系,设拱桥的抛物线方程为 $y=ax^2$,将拱桥端点 A 的坐标(5,0.25)代入方程得 $a=0.01$,

因此抛物线方程为 $y=0.01x^2$,

$$y'=0.02x,\ y'|_{x=0}=0.$$
$$y''=0.02,\quad y''|_{x=0}=0.02.$$

因此曲率半径为 $R=\frac{[1+(y')^2]^{\frac{3}{2}}}{|y''|}=\frac{1}{0.02}=50.$

故离心力 $F_{离}=\frac{mv^2}{R}=\frac{5\times 10^3\times\left(\frac{21.6\times 10^3}{3\,600}\right)^2}{50}=3\,600$(牛顿).

因此汽车越过桥顶对桥的压力为

$$F_{压}=5\times 10^3\times 9.8-3\,600=45\,400(\text{牛顿}).$$

3.5.2 导数在经济分析中的应用

1. 边际分析

边际概念是经济学中的一个重要概念,通常是经济变量的变化率.

定义 1 设函数 $y=f(x)$ 在 x 处可导，则称导数 $f'(x)$ 为 $f(x)$ 的边际函数，$f'(x)$ 在 x_0 处的值 $f'(x_0)$ 称为边际函数值.

其经济意义是：当 $x=x_0$ 时，x 改变一个单位，函数近似改变 $f'(x_0)$ 个单位.

【例 6】 某企业的总成本 C 关于产量 Q 的函数为

$$C(Q)=-10\,485+6.75Q-0.000\,3Q^2,$$

求(1) 该企业的平均成本函数和边际成本函数；

(2) 该企业生产 5 000 个单位产品时的平均成本和边际成本.

解 (1) 平均成本函数 $\overline{C}(Q)=\dfrac{C(Q)}{Q}=-\dfrac{10\,485}{Q}+6.75-0.000\,3Q$.

边际成本函数 $C'(Q)=-0.000\,6Q+6.75$.

(2) $\overline{C}(5\,000)=3.153$，$C'(5\,000)=-0.000\,6\times5\,000+6.75=3.75$.

这表示生产 5 001 个单位产品时，成本增加 3.75 个成本单位.

【例 7】 设某产品的需求函数 $Q=100-5P$，其中 P 为价格，Q 为需求量. 求边际收入函数以及当 $Q=20$，50 和 70 个单位时的边际收入，并说明所得结果的经济意义.

解 总收入函数 $R(Q)=P\cdot Q=\dfrac{1}{5}(100-Q)\cdot Q$，因此边际收入函数为

$$R'(Q)=\frac{1}{5}(100-2Q).$$

当 $Q=20$，50 和 70 个单位时，边际收入分别为 $R'(20)=12$，$R'(50)=0$，$R'(70)=-8$.

其经济意义为：当销售量为 20 个单位时，再多销售一个单位产品，总收入将增加 12 个收入单位；当销售量为 50 个单位时，总收入达到最大值. 当销售量为 70 个单位时，再多销售一个单位产品，总收入将减少 8 个收入单位.

2. 函数的弹性

在边际分析中，讨论函数的变化率与函数改变量均属于绝对范围内的讨论，在经济问题中，仅绝对数的分析是不足以深刻分析问题的，例如，甲商品价格 5 元，涨价 1 元，乙商品价格 50 元，涨价 1 元，这两种商品的绝对改变量都是 1 元，哪个商品涨价幅度更大呢？我们要用 1 元与原价相比就能回答问题，甲商品涨价百分比为 20%，乙商品涨价百分比为 2%. 为此，我们有必要研究函数的相对改变量与相对变化率.

定义 2 设函数 $y=f(x)$ 在 x 处可导，函数的相对改变量 $\dfrac{\Delta y}{y}=\dfrac{f(x+\Delta x)-f(x)}{f(x)}$ 与自变量的相对改变量 $\dfrac{\Delta x}{x}$ 之比 $\dfrac{\frac{\Delta y}{y}}{\frac{\Delta x}{x}}$，称为函数 $f(x)$ 从 x 到 $x+\Delta x$ 两点间的弹性. 当 $\Delta x\to0$ 时，若 $\dfrac{\frac{\Delta y}{y}}{\frac{\Delta x}{x}}$ 的极限存在，则称该极限值为 $f(x)$ 在 x 处的弹性，记作 η，即

$$\eta=\lim_{\Delta x\to0}\frac{\frac{\Delta y}{y}}{\frac{\Delta x}{x}}=y'\cdot\frac{x}{y}=\frac{x}{f(x)}\cdot f'(x). \tag{3}$$

由于 η 也是 x 的函数，即称它为 $f(x)$ 的弹性函数.

【例 8】 求函数 $y=3+2x$ 在 $x=1$ 处的弹性.

解 因 $y'=2$，从而函数的弹性函数为 $\eta=\frac{x}{3+2x}\cdot 2=\frac{2x}{3+2x}$，所以 $\eta|_{x=1}=\frac{2}{5}$.

其经济意义为：在 $x=1$ 时，若自变量 x 增加(或减少)1%，函数值增加(或减少)$\frac{2}{5}$%.

一般地，设某商品的市场需求量为 Q，价格为 P，需求函数 $Q=f(P)$ 可导，则 $f'(P)\cdot\frac{P}{f(P)}$ 为该商品的需求价格弹性函数，简称为需求弹性函数，记为 $\eta=f'(P)\cdot\frac{P}{f(P)}$，由于需求函数为价格的减函数，需求弹性 η 一般为负值，这表明：当某商品的价格增加(或减少)1%时，其需求量将减小(或增加)$|\eta|$%，在经济学中，比较商品需求弹性的大小时指弹性的绝对值 $|\eta|$.

当 $|\eta|>1$ 时，称为富有弹性，价格变动对需求量的影响较大；

当 $|\eta|=1$ 时，称为单位弹性，此时价格与需求变动的幅度相同；

当 $|\eta|<1$ 时，称为弱有弹性，价格的变动对需求量的影响不大.

【例 9】 某商品需求函数为 $Q=10-\frac{P}{2}$，求：(1) 需求价格弹性函数；(2) 当 $P=3$ 时，需求价格弹性.

解 (1) 因 $Q'(P)=-\frac{1}{2}$，所以 $\eta=\frac{P}{Q}\cdot Q'(P)=\frac{P}{10-\frac{P}{2}}\cdot\left(-\frac{1}{2}\right)=\frac{P}{P-20}$.

(2) $\eta|_{P=3}=-\frac{3}{17}$，$|\eta|<1$，即价格变化对需求影响不大.

其经济意义为：在商品价格为 3 的水平下，价格上升(或下降)1%，需求量减少(或增加)$\frac{3}{17}$%.

习题 3-5

1. 某产品的销售量 Q 与价格之间的关系式为 $Q=\frac{1-P}{P}$. 求需求弹性 η_P. 假如销售价格为 $\frac{1}{2}$，试确定 η_P 的值.

2. 设某商品的需求量 Q 对价格 P 的弹性为 $\eta_P=-2P\ln 2$. 求销售收入 $R=P\cdot Q$ 对价格 P 的弹性.

3. 求下列各曲线在给定点处的曲率 K 和曲率半径：

(1) $y=x^3$ 在点(1, 1)处；

(2) $y=\sin x$ 在点$\left(\frac{\pi}{2},1\right)$处；

(3) $y=4x+x^2$ 在点(−2, −4)处.

复习题三

一、选择题.

1. 下列函数中,在区间$[-1, 1]$上满足罗尔定理条件的是 (　　)

A. $f(x)=e^x$　　B. $g(x)=\ln|x|$

C. $h(x)=1-x^2$　　D. $k(x)=\begin{cases} x\sin\dfrac{1}{x}, & x\neq 0, \\ 0, & x=0 \end{cases}$

2. 下列判断正确的是 (　　)

A. 极值可以取在区间端点　　B. 极大值必大于极小值

C. 闭区间上的连续函数必有极值　　D. 闭区间上的连续函数未必有极值

3. 函数 $f(x)=x^3$ 在其定义域上 (　　)

A. 单调下降　B. 向上弯曲　C. 有一个拐点　D. 没有拐点

4. 下列函数中,没有水平和垂直渐近线的是 (　　)

A. $y=\dfrac{1}{x}$　　B. $y^2=x$

C. $y=e^{-x}$　　D. $y=\dfrac{1}{\ln x}$

二、填空题.

1. 函数 $f(x)=x^3$ 在$[-1, 1]$上满足拉格朗日中值定理的条件,则 $\xi=$________.

2. 设 $f(x)=a\ln x+bx^2+x$(a, b 为常数),在 $x_1=1$, $x_2=2$ 处有极值,则 $a=$______,$b=$______.

3. 函数 $f(x)=\ln(x^2+1)$的极值点是______.

4. 曲线 $f(x)=x^3-x$ 的拐点是______.

5. 函数 $f(x)=x^2\ln x$ 在区间________上为单调上升函数,在区间________上为凹的函数.

6. $\lim\limits_{x\to 0}\dfrac{x-\sin x}{2x-\sin 2x}=$________.

三、求函数 $y=\sqrt[3]{x}\cdot\sqrt[3]{(1-x)^2}$的极值.

四、若直角三角形的一直角边与斜线之和为常数,求有最大面积的直角三角形.

五、求乘积为常数 $a>0$,且其和为最小的两个正数.

六、设圆柱形有盖茶缸体积为常数 V,求表面积为最小时,底半径 x 与高 y 之比.

阅读材料——罗必塔

罗必塔(L'Hospital, 1661—1704)是法国数学家.他出身于法国贵族家庭,是欧洲大陆早期微积分领域的先驱.

罗必塔与莱布尼兹和牛顿同时得到所谓“最速降线”问题的解答.他最重要的著作是《阐明曲线的无穷小分析》(1696),这是世界上第一本系统的微分学教科书.该书记载了两年前伯努利告诉罗必塔的一个著名定理,即求一个分数当分子分母都趋于零时的极限法则.事情

是这样的：伯努利在给罗必塔侯爵讲授微积分时，把自己的数学发现也传授给了罗必塔，并允许他使用. 后来他根据伯努利的传授和未发表的论著及自己的学习心得，撰写了这本书. 至于现在一般的微积分教材上用来解决其他未定式求极限的法则，是后人对罗必塔法则所作的推广. 罗必塔是个豁达大度、气宇不凡的人. 由于他与当时欧洲各国主要数学家都有交往，从而成为全欧洲传播微积分的著名人物.

数学史学家认为著名的"罗必塔法则"是由罗必塔的老师——伯努利向罗必塔提及的，之后由罗必塔发表出来.

第四章 积分及其应用

> **本章提要** 积分是微积分学的另一重要部分，它是微分运算的逆运算，包括不定积分和定积分两个概念. 本章将由具体问题引入定积分的概念，并逐步介绍求积分方法，最后将积分法应用于实际.

4.1 定积分的概念

4.1.1 定积分问题举例

【引例1】 曲边梯形的面积

在许多实际问题中，常常需要计算由平面曲线所围成的平面图形的面积，而这些平面图形的面积在适当地选择坐标系后，往往可化为两个曲边梯形的面积的差. 所谓曲边梯形是这样的图形，它有三条边是直线段，其中两条互相平行，第三条和前两条互相垂直，叫做底边，第四条边是一条曲线弧，叫做曲边，这条曲边与任意一条垂直于底边的直线至多只交于一点.

问题1 设 $y=f(x)$ 在区间 $[a, b]$ 上连续、非负，求由曲线 $y=f(x)$ 以及直线 $x=a$，$x=b$ 及 x 轴所围成的平面图形（曲边梯形）的面积 A.

解 我们用极限理论来解决问题，分析如下：

如图 4-1 所示，若 PQ 为一平行于 x 轴的直线段，图形为一矩形，其面积可由公式：

$$\text{高}\times\text{底}$$

来定义和计算. 而这里 PQ 为一曲线弧，曲边梯形在底边上各点处的高 $f(x)$ 在区间 $[a, b]$ 上是变动的，故不能直接用上述公式来计算其面积. 但注意到函数 $y=f(x)$ 在区间 $[a, b]$ 上是连续的，这表明，在一很微小的区间上，曲边梯形的高 $f(x)$ 的变化也很微小，近似于不变，因此，如果把区间 $[a, b]$ 分割成许多小区间，那么，在每一个小区间上对应的窄曲边梯形都可以近似地看做是以该区间上某一点处的函数值为高的矩形（因为高近似于不变），所有这些窄矩形的面积之和便得到曲边梯形面积的近似值，若把区间 $[a, b]$ 无限细分下去，即使得每一个小区间的长度都趋于零，这时所有这些窄矩形的面积之和的极限就是曲边梯形的面积. 这样就得到了求曲边梯形的面积的方法. 具体的作法如下.

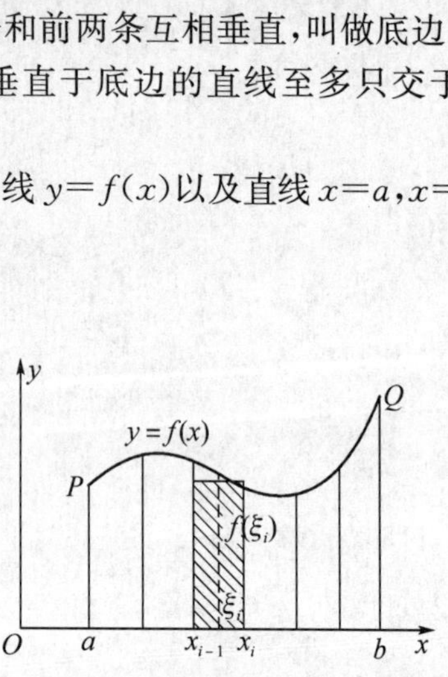

图 4-1

第一步：**分割** 在区间 $[a, b]$ 中任意插入分点 $x_i(i=1, 2, 3, \cdots, n-1)$，$(x_i<x_{i+1})$，将区间 $[a, b]$ 分成 n 个小区间，记 $x_0=a$，$x_n=b$，则第 i 个小区间为 $[x_{i-1}, x_i]$，其长度记为 $\Delta x_i=x_i-x_{i-1}(i=1, 2, 3, \cdots, n)$，过各分点作垂直于 x 轴的直线，将整个曲边梯形分割成

了 n 个小曲边梯形.

第二步:**取近似** 在第 i 个小区间 $[x_{i-1}, x_i]$ 上任取一点 ξ_i,以 $f(\xi_i)$ 为高作一个矩形(图 4-1),则第 i 个小曲边梯形面积 $\Delta A_i \approx f(\xi_i)\Delta x_i$.

第三步:**求和** $A = \sum_{i=1}^{n} \Delta A_i \approx \sum_{i=1}^{n} f(\xi_i)\Delta x_i$.

第四步:**取极限** 小区间长度的最大值为 λ,即 $\lambda = \max\{\Delta x_1, \Delta x_2, \cdots, \Delta x_n\}$,那么,当 $\lambda \to 0$ 时(即小区间个数无限增多,且长度都无限缩小),取上述和式的极限,便得曲边梯形的面积

$$A = \lim_{\lambda \to 0} \sum_{i=1}^{n} f(\xi_i)\Delta x_i .$$

【引例 2】 变速直线运动的路程

问题 2 设一物体做直线运动,已知速度 $v = v(t)$ 是时间间隔 $[T_1, T_2]$ 上的连续函数,且 $v(t) \geqslant 0$,求在这段时间内物体所经过的路程 s.

解 物体运动的速度是变化的,故不能用公式 $s = v \cdot t$ 来计算路程,但由于 $v(t)$ 是关于 t 的连续函数,在一很微小的时间间隔内,物体的运动又可近似地看做是匀速运动,因此,可用类似于讨论曲边梯形面积的方法来确定其路程.

第一步:**分割** 在 $[T_1, T_2]$ 中任意插入分点 $t_i (i=1, 2, 3, \cdots, n-1)$, $(t_i < t_{i+1})$,将区间 $[T_1, T_2]$ 分成 n 个小区间,记 $t_0 = T_1$, $t_n = T_2$,则第 i 个小区间为 $[t_{i-1}, t_i]$,其长度记为 $\Delta t_i = t_i - t_{i-1}$,经过的路程为 $\Delta s_i (i=1, 2, 3, \cdots, n)$.

第二步:**取近似** 在第 i 个小区间 $[t_{i-1}, t_i]$ 上任取一点 τ_i,以 $v(\tau_i)$ 来代替 $[t_{i-1}, t_i]$ 上各时刻的速度,从而可得部分路程的近似值 $\Delta s_i \approx v(\tau_i)\Delta t_i$.

第三步:**求和** $s = \sum_{i=1}^{n} \Delta s_i \approx \sum_{i=1}^{n} v(\tau_i)\Delta t_i$.

第四步:**取极限** $s = \lim_{\lambda \to 0} \sum_{i=1}^{n} v(\tau_i)\Delta t_i$, 其中 $\lambda = \max\{\Delta t_1, \Delta t_2, \cdots, \Delta t_n\}$.

在上面两个例子中,虽然所计算的量具有不同的实际意义(前者是几何量,后者是物理量),如果抽去它们的实际意义,可以看出计算这些量的思想方法和步骤都是相同的,且最后都归结为求具有相同结构的一种特定和式的极限.

由此我们可引出定积分的概念.

4.1.2 定积分的定义

定义 设函数 $y = f(x)$ 在 $[a, b]$ 上有定义且有界,在区间 $[a, b]$ 中任意插入一组分点 $x_i (i=1, 2, 3, \cdots, n-1)$, $(x_i < x_{i+1})$,把区间 $[a, b]$ 分成 n 个小区间,记 $x_0 = a$, $x_n = b$,则第 i 个小区间为 $[x_{i-1}, x_i]$,其长度记为 $\Delta x_i = x_i - x_{i-1} (i=1, 2, 3, \cdots, n)$,在每个小区间 $[x_{i-1}, x_i]$ 上任取一点 ξ_i,作积 $f(\xi_i)\Delta x_i (i=1, 2, 3, \cdots, n)$,并作和式 $\sum_{i=1}^{n} f(\xi_i)\Delta x_i$,记 $\lambda = \max\{\Delta x_1, \Delta x_2, \cdots, \Delta x_n\}$.

当极限 $\lim_{\lambda \to 0} \sum_{i=1}^{n} f(\xi_i)\Delta x_i$ 存在时,则称函数 $f(x)$ 在 $[a, b]$ 上可积,并把该极限值称为函

数 $f(x)$在区间$[a, b]$上的**定积分**，记作 $\int_a^b f(x)\mathrm{d}x$，即

$$\int_a^b f(x)\mathrm{d}x = \lim_{\lambda\to 0}\sum_{i=1}^{n} f(\xi_i)\Delta x_i.$$

其中 $f(x)$称为**被积函数**，$f(x)\mathrm{d}x$ 称为**被积表达式**，x 称为**积分变量**，a 叫**积分下限**，b 叫**积分上限**，$[a, b]$叫**积分区间**.

由定积分的定义可知，前边两个实际问题都可用定积分来表示曲边梯形面积：

$$A = \int_a^b f(x)\mathrm{d}x.$$

和变速直线运动的路程：$$S = \int_{T_1}^{T_2} v(t)\mathrm{d}t.$$

关于定积分的定义需要作如下说明：

(1) 由定义可知 $\int_a^b f(x)\mathrm{d}x$ 代表一个数，只取决于被积函数与积分区间，并且它的值与积分变量用什么字母表示无关，即 $\int_a^b f(x)\mathrm{d}x = \int_a^b f(t)\mathrm{d}t$；

(2) 上述定积分概念中，下限 a 小于上限 b，实际上，下限 a 可以大于或等于上限 b，为了计算和应用方便，特作如下补充规定：

当 $a>b$ 时，$\int_a^b f(x)\mathrm{d}x = -\int_b^a f(x)\mathrm{d}x$；

当 $a=b$ 时，$\int_a^b f(x)\mathrm{d}x = 0$.

(3) 定积分存在的充分条件是：若函数 $f(x)$在$[a, b]$上连续或在$[a, b]$上只有有限个跳跃间断点，则 $f(x)$在$[a, b]$上的定积分存在，也称 $f(x)$在$[a, b]$上可积.

4.1.3　定积分的几何意义

由第一个实例可知，当 $a<b$ 时，

(1) 若 $f(x)\geqslant 0$，$\int_a^b f(x)\mathrm{d}x$ 表示由曲线 $y=f(x)$，直线 $x=a$，$x=b$ 及 x 轴所围成的曲边梯形的面积，即 $\int_a^b f(x)\mathrm{d}x = A$；

(2) 若 $f(x)\leqslant 0$，$\int_a^b f(x)\mathrm{d}x$ 表示由曲线 $y=f(x)$，直线 $x=a$，$x=b$ 及 x 轴所围成的曲边梯形的面积的负值，即 $\int_a^b f(x)\mathrm{d}x = -A$；

(3) 一般而言，定积分 $\int_a^b f(x)\mathrm{d}x$ 在直角坐标平面上总表示由曲线 $y=f(x)$，直线 $x=a$，$x=b$ 及 x 轴所围成的一系列曲边梯形面积的代数和，即：x 轴上方部分的面积减去下方部分的面积.

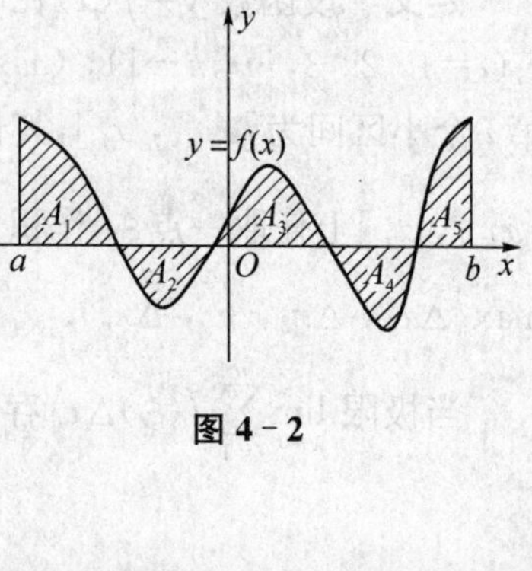

图 4-2

如图 4-2 所示情形有：

$$\int_a^b f(x)\,\mathrm{d}x = A_1 - A_2 + A_3 - A_4 + A_5.$$

【例 1】 利用定积分的几何意义计算下列定积分：

(1) $\int_0^3 (x-1)\,\mathrm{d}x$；(2) $\int_{-\pi}^{\pi} \sin x\,\mathrm{d}x$.

解 (1) 令 $y=x-1$，如图 4-3 所示，

ΔMNQ 的面积为 $A_1=2$；

ΔMOP 的面积为 $A_2=\frac{1}{2}$.

所以，由定积分的几何意义得

$$\int_0^3 (x-1)\,\mathrm{d}x = A_1 - A_2 = 2 - \frac{1}{2} = \frac{3}{2}.$$

(2) 令 $y=\sin x$，如图 4-4 所示，

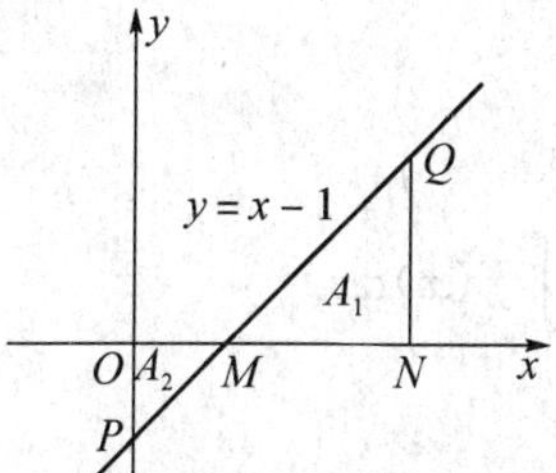

图 4-3

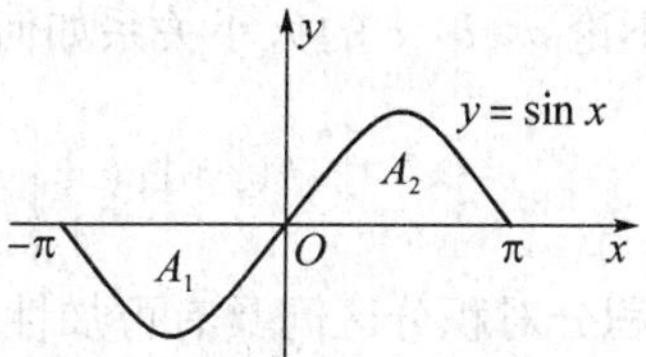

图 4-4

由图形的对称性不难推知

$$A_1 = A_2,$$

所以 $\int_{-\pi}^{\pi} \sin x\,\mathrm{d}x = -A_1 + A_2 = 0$.

【例 2】 一辆汽车以速度 $v(t)=3t+2$(m/s)作直线运动，试用定积分表示汽车在 $t_1=1$ s到 $t_2=3$ s 其间所经过的路程 s，并利用定积分的几何意义求出 s 的值.

解 由定积分的定义，汽车运行的路程是时间 t 在时间间隔[1, 3]上的定积分，即

$$s = \int_1^3 v(t)\,\mathrm{d}t = \int_1^3 (3t+2)\,\mathrm{d}t.$$

又因为被积函数 $v(t)=3t+2$ 的图像是一条直线，如图 4-5 所示，由定积分的几何意义可知，所求路程 s 是上底为 $v(1)=3\times1+2=5$，下底为 $v(3)=3\times3+2=11$，高为 $3-1=2$ 的梯形面积，即

$$s = \int_1^3 v(t)\,\mathrm{d}t = \int_1^3 (3t+2)\,\mathrm{d}t$$

$$= \frac{1}{2}(5+11)\times(3-1) = 16.$$

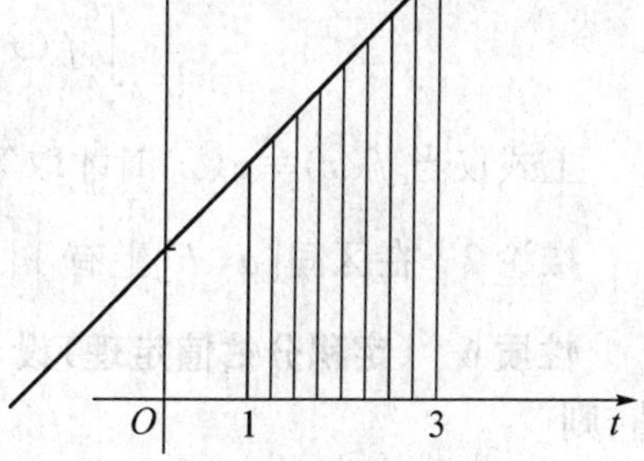

图 4-5

4.1.4 定积分的性质

我们假设函数 $f(x)$和 $g(x)$在所讨论的区间上都是可积的，定积分有以下性质：

性质 1 如果在区间$[a, b]$上 $f(x)\equiv 1$，那么

$$\int_a^b 1\mathrm{d}x = \int_a^b \mathrm{d}x = b-a.$$

性质 2 被积函数中的常数因子可提到积分号外，即

$$\int_a^b kf(x)\mathrm{d}x = k\int_a^b f(x)\mathrm{d}x,(k\text{ 为常数}).$$

性质 3 两个函数的代数和的定积分等于各自的定积分的代数和，即

$$\int_a^b [f(x)\pm g(x)]\mathrm{d}x = \int_a^b f(x)\mathrm{d}x \pm \int_a^b g(x)\mathrm{d}x.$$

该性质可推广到有限个可积函数的情形.

性质 4 不论 a, b, c 的大小关系如何，总有等式

$$\int_a^b f(x)\mathrm{d}x = \int_a^c f(x)\mathrm{d}x + \int_c^b f(x)\mathrm{d}x.$$

此性质表明定积分对积分区间具有可加性.

性质 5 如果在区间$[a, b]$上，$f(x)\geqslant 0$，则 $\int_a^b f(x)\mathrm{d}x \geqslant 0$，仅当 $f(x)\equiv 0$ 时才取等号.

上述五个性质均可由定积分的定义证得，例如，对于性质 3 证明如下：

$$\begin{aligned}\int_a^b [f(x)\pm g(x)]\mathrm{d}x &= \lim_{\lambda\to 0}\sum_{i=1}^n [f(\xi_i)\pm g(\xi_i)]\Delta x_i \\ &= \lim_{\lambda\to 0}\sum_{i=1}^n f(\xi_i)\Delta x \pm \lim_{\lambda\to 0}\sum_{i=1}^n g(\xi_i)\Delta x_i \\ &= \int_a^b f(x)\mathrm{d}x \pm \int_a^b g(x)\mathrm{d}x.\end{aligned}$$

由性质 5 又可得到如下两个推论：

推论 1 如果在区间$[a, b]$上，$f(x)\geqslant g(x)$，则

$$\int_a^b f(x)\mathrm{d}x \geqslant \int_a^b g(x)\mathrm{d}x(a<b).$$

上式仅当 $f(x)\equiv g(x)$时才取等号.

推论 2 在区间$[a, b]$上有 $\left|\int_a^b f(x)\mathrm{d}x\right| \leqslant \int_a^b |f(x)|\mathrm{d}x$.

性质 6 (**定积分估值定理**)设 M 和 m 分别是 $f(x)$在区间$[a, b]$上的最大值和最小值，则

$$m(b-a)\leqslant \int_a^b f(x)\mathrm{d}x \leqslant M(b-a).$$

证明 因为 $m \leqslant f(x) \leqslant M$，所以由性质 5 和性质 3 得

$$m(b-a)=\int_a^b m\,\mathrm{d}x \leqslant \int_a^b f(x)\,\mathrm{d}x \leqslant \int_a^b M\,\mathrm{d}x = M(b-a).$$

借助于性质 6 及闭区间上的连续函数的介值定理又可推得如下重要性质.

性质 7 （**定积分中值定理**）如果 $f(x)$ 在区间 $[a, b]$ 上连续，则在 $[a, b]$ 上至少存在一点 ξ，使得

$$\int_a^b f(x)\,\mathrm{d}x = f(\xi)(b-a).$$

该定理的证明留给读者思考，我们可给出如下的几何解释：

在 $[a, b]$ 上至少存在一点 ξ，使得以 $[a, b]$ 为底，曲线 $y=f(x)$ 为曲边的曲边梯形的面积等于同一底边而高为 $f(\xi)$ 的一个矩形的面积（图 4-6）.

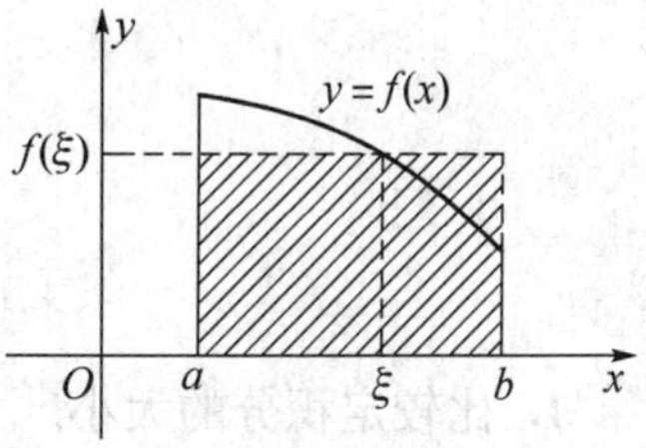

图 4-6

显然，该中值定理不论 $a<b$ 还是 $a>b$ 都是成立的.

其他性质同样可给出几何解释.

【例 3】 已知 $\int_0^2 x^2\,\mathrm{d}x=\frac{8}{3}$，$\int_0^3 x^2\,\mathrm{d}x=9$，求 $\int_2^3 x^2\,\mathrm{d}x$.

解 根据性质可知，

$$\int_0^3 x^2\,\mathrm{d}x=\int_0^2 x^2\,\mathrm{d}x+\int_2^3 x^2\,\mathrm{d}x,$$

从而

$$\int_2^3 x^2\,\mathrm{d}x=\int_0^3 x^2\,\mathrm{d}x-\int_0^2 x^2\,\mathrm{d}x = 9-\frac{8}{3}=\frac{19}{3}.$$

【例 4】 估计下列定积分的值：

(1) $\int_0^1 \sqrt{1+x^3}\,\mathrm{d}x$； (2) $\int_{\frac{\pi}{4}}^{\frac{5\pi}{4}}(1+\sin^2 x)\,\mathrm{d}x$.

解 (1) 由于 $f(x)=\sqrt{1+x^3}$ 在 $[0, 1]$ 上为单调增函数，所以 $m=f(0)=1$，$M=f(1)=\sqrt{2}$，从而

$$1 \leqslant \int_0^1 \sqrt{1+x^3}\,\mathrm{d}x \leqslant \sqrt{2}.$$

(2) 因在 $\left[\frac{\pi}{4}, \frac{5\pi}{4}\right]$ 上，$f(x)=1+\sin^2 x$ 的最大值、最小值分别为 $m=f(\pi)=1$，$M=f\left(\frac{\pi}{2}\right)=2$，所以

$$\pi=\left(\frac{5\pi}{4}-\frac{\pi}{4}\right)\cdot 1 \leqslant \int_{\frac{\pi}{4}}^{\frac{5\pi}{4}}(1+\sin^2 x)\,\mathrm{d}x \leqslant \left(\frac{5\pi}{4}-\frac{\pi}{4}\right)\cdot 2 = 2\pi.$$

注：由观察确定 $f(x)$ 最值有一定难度时，可通过求连续函数在闭区间上的最值的方法来讨论.

【例 5】 比较下列积分值的大小：

(1) $\int_0^1 (1+x)^2 \mathrm{d}x$ 与 $\int_0^1 (1+x)^3 \mathrm{d}x$；　　(2) $\int_1^2 \ln x \mathrm{d}x$ 与 $\int_1^2 (\ln x)^2 \mathrm{d}x$.

解 利用性质 5 可比较两个定积分值的大小.

(1) 当 $0 \leqslant x \leqslant 1$ 时，$(1+x)^2 \leqslant (1+x)^3$，所以

$$\int_0^1 (1+x)^2 \mathrm{d}x \leqslant \int_0^1 (1+x)^3 \mathrm{d}x.$$

(2) 当 $1 \leqslant x \leqslant 2$ 时，$0 \leqslant \ln x \leqslant \ln 2 < 1$，故有 $\ln x \geqslant (\ln x)^2$，所以，

$$\int_1^2 \ln x \mathrm{d}x \geqslant \int_1^2 (\ln x)^2 \mathrm{d}x.$$

习题 4-1

1. 比较定积分的大小.

(1) $\int_0^{\frac{\pi}{2}} x \mathrm{d}x$ 与 $\int_0^{\frac{\pi}{2}} \sin x \mathrm{d}x$；　　(2) $\int_0^1 \sin x \mathrm{d}x$ 与 $\int_0^1 \sin^2 x \mathrm{d}x$；

(3) $\int_3^4 \ln x \mathrm{d}x$ 与 $\int_3^4 \ln^2 x \mathrm{d}x$；　　(4) $\int_0^1 \mathrm{e}^x \mathrm{d}x$ 与 $\int_0^1 \mathrm{e}^{x^2} \mathrm{d}x$.

2. 已知 $\int_0^{\frac{\pi}{2}} \sin x \mathrm{d}x = 1$，利用定积分的几何意义求下列积分.

(1) $\int_0^{\pi} \sin x \mathrm{d}x$；　　(2) $\int_{-\frac{\pi}{2}}^0 \sin x \mathrm{d}x$；　　(3) $\int_{-\frac{\pi}{2}}^{\frac{\pi}{2}} \cos x \mathrm{d}x$.

3. 若 $f(x)$ 在区间 $[a, b]$ 上连续，试证

$$\int_a^b f(x) \cdot g(x) \mathrm{d}x \leqslant \frac{1}{2}\left[\int_a^b f^2(x) \mathrm{d}x + \int_a^b g^2(x) \mathrm{d}x\right].$$

4. 设水流到水箱的速度为 $r(t)$(L/min)，试用定积分表示从 $t=0$ 到 $t=2$ min 这段时间内水流入水箱的总量 W.

5. 由电工学知识可知，经过时间 t，直流电流 I 消耗在电阻 R 上的功为 $W=I^2Rt$. 对于交流电来说，电流强度 $i=i(t)$ 是一个随时间变化的量，试用定积分表示交流电流 i 在一个周期 $[0, T]$ 内消耗在电阻 R 上的功 W.

6. 设有一质量非均匀的细棒，长度为 l，取棒的一端为原点. 假设细棒上任一点 x 处的线密度为 $\rho(x)$，试用定积分表示细棒的质量 M.

4.2 微积分学基本公式

前面介绍了定积分的概念，从理论上讲，总可通过和式的极限来确定定积分的值，但实际运算起来是很繁琐的，有时甚至无法计算. 本节通过揭示定积分与原函数的关系，将引出计算定积分的一个简便而可行的计算公式——**微积分学基本公式**.

4.2.1　原函数的概念

【引例 1】　一曲线通过点(1, 2),在该曲线上任意点处的切线斜率为 $2x$ 求该曲线的方程.

解　要求该曲线方程,即求一个函数 $y=f(x)$,使其满足 $f'(x)=2x$, $f'(1)=2$. 于是可知所求函数为 $y=x^2+1$.

【引例 2】　已知自由落体在任意时刻 t 的运动速度为 $v(t)=gt$,求落体的运动规律(设运动开始时,物体在原点).

解　这个问题是要从关系式 $s'(t)=gt$ 还原出函数 $s(t)$. 反向用导数公式,考虑到 $t=0$ 时 $s=0$,得出:

$$s(t)=\frac{1}{2}gt^2.$$

这就是所求的运动规律.

上述两个引例的共同特点都是已知一个函数的导数,求这个函数.

一般地,我们有,

定义　如果在区间 I 上,可导函数 $F(x)$ 的导函数为 $f(x)$,即对任一 $x\in I$,都有 $F'(x)=f(x)$ 或 $\mathrm{d}F(x)=f(x)\mathrm{d}x$,那么函数 $F(x)$ 就称为 $f(x)$ 在区间 I 上的原函数.

例如:由于 $(\sin x)'=\cos x$,所以 $\sin x$ 是 $\cos x$ 的原函数.

又如:由于 $(x^2)'=2x$,所以 x^2 是 $2x$ 的原函数.

定理 1　如果函数 $f(x)$ 有一个原函数,那么该函数就有无限多个原函数,且任意两个原函数仅仅相差一个常数.

证明从略.

4.2.2　积分上限函数及其导数

1. 积分上限函数的概念

设函数 $y=f(x)$ 在 $[a, b]$ 上连续,x 为 $[a, b]$ 上的一点,不难得知,$f(x)$ 在部分区间 $[a,x]$ 上的定积分 $\int_a^x f(x)\mathrm{d}x$ 存在,这里,x 既表示积分的上限又表示积分变量,为明确起见,把积分变量改用另一字母 t 表示,从而该定积分可表为 $\int_a^x f(t)\mathrm{d}t$.

显然,对于 $[a, b]$ 上的取任一值 x,定积分 $\int_a^x f(t)\mathrm{d}t$ 都有唯一确定的值与之对应,因此,$\int_a^x f(t)\mathrm{d}t$ 在区间 $[a, b]$ 上确定了一个以积分上限 x 为自变量的函数,称之为积分上限函数,通常记为 $\Phi(x)$,即 $\Phi(x)=\int_a^x f(t)\mathrm{d}t$, $(a\leqslant x\leqslant b)$.

2. 积分上限函数的性质

积分上限函数具有如下的重要性质.

定理 2　**(微积分基本原理)**如果函数 $y=f(x)$ 在 $[a, b]$ 上连续,则积分上限的函数

$$\Phi(x)=\int_a^x f(t)\mathrm{d}t,(a\leqslant x\leqslant b).$$

在$[a, b]$上可导,且

$$\Phi'(x)=\left[\int_a^x f(t)\mathrm{d}t\right]'=f(x),(a\leqslant x\leqslant b).$$

这个定理的重要意义在于:

(1) 肯定了连续函数的原函数必存在;

(2) 初步揭示了定积分与原函数的关系,从而预示有可能通过原函数来求得定积分;

(3) 给出了积分上限函数的导数公式 $\left[\int_a^x f(t)\mathrm{d}t\right]'=f(x)$,并由复合函数的求导法则可推得

$$\left[\int_a^{\varphi(x)} f(t)\mathrm{d}t\right]'=f[\varphi(x)]\varphi'(x).$$

【例 1】 求极限 $\lim\limits_{x\to 0}\dfrac{\int_0^x \cos t^2\mathrm{d}t}{x}$.

解 易知该极限为$\dfrac{0}{0}$型未定式,故由罗必塔法则得

$$\lim_{x\to 0}\frac{\int_0^x \cos t^2\mathrm{d}t}{x}=\lim_{x\to 0}\frac{\left[\int_0^x \cos t^2\mathrm{d}t\right]'}{1}=\lim_{x\to 0}\cos x^2=1.$$

【例 2】 求下列函数的导数:

(1) $\varphi(x)=\int_1^{\cos x}\mathrm{e}^{-t^2}\mathrm{d}t$; (2) $\varphi(x)=\int_{x^2}^{2x}\sin t^2\mathrm{d}t$.

解 (1) $\varphi'(x)=\left[\int_1^{\cos x}\mathrm{e}^{-t^2}\mathrm{d}t\right]'=\mathrm{e}^{-\cos^2 x}(\cos x)'=-\mathrm{e}^{-\cos^2 x}\sin x$.

(2) 因为 $\varphi(x)=\int_0^{2x}\sin t^2\mathrm{d}t-\int_0^{x^2}\sin t^2\mathrm{d}t$,

所以,$\varphi'(x)=\left[\int_0^{2x}\sin t^2\mathrm{d}t\right]'-\left[\int_0^{x^2}\sin t^2\mathrm{d}t\right]'$

$=2\sin 4x^2-2x\sin x^4$.

4.2.3 微积分学基本公式

定理 2 如果函数 $F(x)$是连续函数 $f(x)$在$[a, b]$的一个原函数,那么

$$\int_a^b f(x)\mathrm{d}x=F(b)-F(a).$$

证明 因为 $f(x)$在$[a, b]$上连续,所以,$\Phi(x)=\int_a^x f(t)\mathrm{d}t$ 为 $f(x)$的一个原函数,又 $F(x)$是 $f(x)$的原函数,因此,$\int_a^x f(t)\mathrm{d}t=F(x)+C_0$.

当 $x=b$ 时,$\int_a^b f(t)\mathrm{d}t=F(b)+C_0$.

当 $x=a$ 时，$0=F(a)+C_0$.

两式相减即得：$\int_a^b f(x)\mathrm{d}x = F(b)-F(a)$. 证毕.

说明：(1) 上式称为**微积分基本公式**，也称为**牛顿-莱布尼兹公式**.

(2) 在运用该公式时，$F(b)-F(a)$ 通常记为 $[F(x)]_a^b$ 或 $F(x)\big|_a^b$；

(3) 该公式对于 $a>b$ 的情况也适用；

(4) 要注意公式的条件"函数 $f(x)$ 在 $[a, b]$ 上连续".

【例 3】 求函数 $y=\sin x$ 在区间 $[0, \pi]$ 上与 x 轴所围成的图形的面积.

分析 如图 4-7 所示，由定积分的几何意义可知，所求面积等于正弦函数在区间 $[0, \pi]$ 上的定积分，即 $A=\int_0^{\pi}\sin x\mathrm{d}x$，因为 $(-\cos x)'=\sin x$，所以定积分可求.

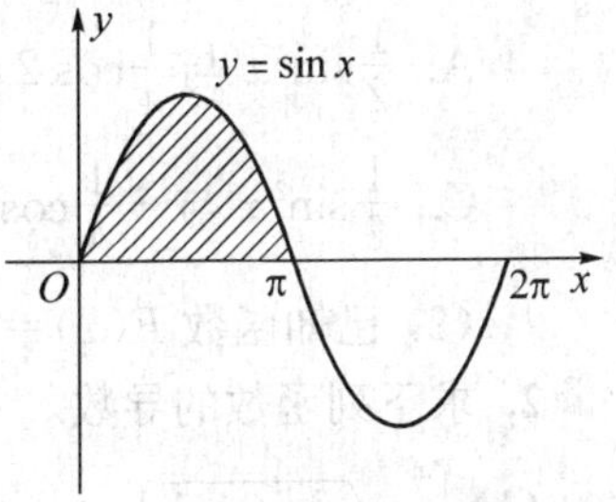

图 4-7

解 $A=\int_0^{\pi}\sin x\mathrm{d}x$

$=-\cos x\big|_0^{\pi}=-\cos\pi+\cos 0=2.$

【例 4】 计算 $\int_0^1 (x^2+2^x)\mathrm{d}x$.

分析 因为 $\left(\frac{x^3}{3}\right)'=x^2$，$\left(\frac{2^x}{\ln 2}\right)'=2^x$.

解 $\int_0^1 (x^2+2^x)\mathrm{d}x=\int_0^1 x^2\mathrm{d}x+\int_0^1 2^x\mathrm{d}x=\frac{x^3}{3}\Big|_0^1+\frac{2^x}{\ln 2}\Big|_0^1=\frac{1}{3}+\frac{1}{\ln 2}.$

【例 5】 计算 $\int_0^1 \frac{x^2}{1+x^2}\mathrm{d}x$.

分析 被积函数 $\frac{x^2}{1+x^2}$ 的原函数不易直接求出，如果作适当的变形，即 $\frac{x^2}{1+x^2}=1-\frac{1}{1+x^2}$，则能求积分，其中 $(\arctan x)'=\frac{1}{1+x^2}$.

解 $\int_0^1 \frac{x^2}{1+x^2}\mathrm{d}x=\int_0^1\left(1-\frac{1}{1+x^2}\right)\mathrm{d}x=\int_0^1\mathrm{d}x-\int_0^1\frac{1}{1+x^2}\mathrm{d}x$

$=x\big|_0^1-\arctan x\big|_0^1$

$=1-\arctan 1+\arctan 0$

$=1-\frac{\pi}{4}.$

【例 6】 求 $\int_0^{\pi}\cos^2\frac{x}{2}\mathrm{d}x$.

解 $\int_0^{\pi}\cos^2\frac{x}{2}\mathrm{d}x=\frac{1}{2}\int_0^{\pi}(1+\cos x)\mathrm{d}x=\frac{1}{2}(x+\sin x)\Big|_0^{\pi}=\frac{\pi}{2}.$

【例 7】 一辆汽车正以 10 m/s 的速度匀速直线行驶，突然发现一障碍物，于是以 $-1\ \mathrm{m/s^2}$ 的加速度匀减速停下，求汽车的刹车路程.

解 因为 $v'(t)=a=-1$，两边从 $t=0$ 到 t 时刻积分，

$\int_0^t v'(t)\mathrm{d}t=\int_0^t -1\mathrm{d}t$，得 $v(t)-v(0)=-t$，

即 $v(t)=v(0)-t=10-t$.

当汽车速度为零，即 $v(t)=10-t=0$ 时，汽车停下，解出所需要的时间为 $t=10$ s，再由速度与路程之间的关系，得汽车的刹车路程为

$$s=\int_0^{10} v(t)\mathrm{d}t=\int_0^{10}(10-t)\mathrm{d}t=(10t-0.5t^2)\Big|_0^{10}=50,$$

即汽车的刹车路程为 50 m.

习题 4-2

1. (1) 下列函数中，是同一函数的原函数的是 (　　)

A. $\frac{1}{2}\sin^2 x$ 与 $\frac{1}{4}\cos 2x$　　B. $\ln|\ln x|$ 与 $2\ln x$

C. $\frac{1}{2}\sin^2 x$ 与 $-\frac{1}{4}\cos 2x$　　D. $\tan^2\frac{x}{2}$ 与 $\csc^2\frac{x}{2}$

(2) 已知函数 $F(x)=x^2\sqrt{x}+2^x$，试问 $F(x)$ 是哪个函数的一个原函数？

2. 求下列函数的导数.

(1) $\int_0^x \sqrt{\sin t+1}\mathrm{d}t$；　　(2) $\int_x^0 \sin^2 t\mathrm{d}t$；

(3) $\int_0^{x^2}(\tan t+1)\mathrm{d}t$；　　(4) $\int_{x^2}^{\cos x}\ln t\mathrm{d}t$.

3. 求极限.

(1) $\lim\limits_{x\to 0}\dfrac{\int_0^x \arcsin t\mathrm{d}t}{x^2}$；　　(2) $\lim\limits_{x\to 0}\dfrac{\int_0^{2x}\ln(1+2t)\mathrm{d}t}{1-\cos x}$.

4. 计算下列定积分.

(1) $\int_1^3 x^3\mathrm{d}x$；　　(2) $\int_0^1(3x^2-x+1)\mathrm{d}x$；

(3) $\int_{\frac{1}{\sqrt{3}}}^{\sqrt{3}}\frac{1}{1+x^2}\mathrm{d}x$；　　(4) $\int_{-\frac{1}{2}}^{\frac{1}{2}}\frac{1}{\sqrt{1-x^2}}\mathrm{d}x$；

(5) $\int_0^{\frac{\pi}{3}}\tan^2 x\mathrm{d}x$；　　(6) $\int_3^9\frac{1}{x}\mathrm{d}x$.

5. 证明：函数 $\arcsin(2x-1)$，$\arccos(1-2x)$，$2\arcsin\sqrt{x}$，$2\arctan\sqrt{\frac{x}{1-x}}$ 都是函数 $\frac{1}{\sqrt{x(1-x)}}$ 的原函数.

6. (飞机着陆) 测得一架飞机着地时的水平速度为 500 km/h，假定这架飞机着地后的加速度 $a=-20\ \mathrm{m/s^2}$. 问从开始着地到飞机完全停止，飞机滑行了多少距离？

4.3 不定积分的概念及性质

由微积分基本公式可知，求连续函数的定积分的便捷方法是求被积函数的一个原函数在积分区间上的改变量，因此，求原函数对定积分计算有着重要意义. 有关原函数的问题，就是本节要讨论的不定积分.

4.3.1 不定积分的定义

【引例1】 (电流函数)一电路中电流关于时间的变化率为$\frac{di}{dt}=4t-t^2$,求电流 i 关于时间 t 的函数.

解 由$\frac{di}{dt}=4t-t^2$,知函数 $2t^2-\frac{1}{3}t^3$ 是 $4t-t^2$ 的一个原函数,所以 $i(t)=2t^2-\frac{1}{3}t^3+C$ 即为所求运动曲线方程,其中常数 C 由电路的初始电流大小决定.

【引例2】 (结冰厚度)池塘结冰的速度由$\frac{dy}{dt}=k\sqrt{t}$给出,其中 y 是自结冰起到时刻 t(单位:h)冰的厚度(单位:cm),k 是正常数,求结冰厚度 y 关于时间 t 的函数.

解 因为$\left(\frac{2}{3}kt^{\frac{3}{2}}\right)'=kt^{\frac{1}{2}}=k\sqrt{t}$,所以 $y=\frac{2}{3}kt^{\frac{3}{2}}$ 是 $k\sqrt{t}$的一个原函数,即

$$y=\frac{2}{3}kt^{\frac{3}{2}}+C.$$

上式是结冰厚度关于时间 t 的函数,其中 C 由结冰的时间确定.

我们把引例 1、引例 2 中的曲线族方程 $F(x)+C$,即所求的原函数全体叫做不定积分.由此得:

定义 在区间 I 上,若函数 $f(x)$存在原函数,则把 $f(x)$的全部原函数称为 $f(x)$在区间 I 上的不定积分,记作$\int f(x)\mathrm{d}x$,其中"$\int$"称为积分号,"$f(x)$"称为被积函数,"$f(x)\mathrm{d}x$"称为被积表达式,"x"称为积分变量.

注:(1) 不定积分运算和导数(微分)运算互为逆运算;

(2) 不定积分是被积函数的一个原函数加任意常数;

(3) 要注意定积分与不定积分的区别,定积分是一个确定的值,而不定积分却是一族函数.

4.3.2 积分的基本公式、性质及应用

1. 积分基本公式

根据定义,我们可由导数基本公式推得积分基本公式. 比如

由$\left(\frac{x^{\alpha+1}}{\alpha+1}\right)'=x^\alpha$ 可推得$\int x^\alpha \mathrm{d}x=\frac{x^{\alpha+1}}{\alpha+1}+C,(\alpha\neq-1)$,

由$(\sin x)'=\cos x$ 可推得$\int\cos x\mathrm{d}x=\sin x+C.$

类似地可以推得其他一些基本的积分公式. 我们把这些积分公式汇集成表 4-1,并称之为**积分基本公式**.

表 4-1 积分基本公式

$F'(x)=f(x)$	$\int f(x)\mathrm{d}x = F(x)+C$
$(kx)'=k$	$\int k\mathrm{d}x = kx+C$
$\dfrac{(x^{\alpha+1})'}{\alpha+1}=x^{\alpha}(\alpha\neq-1)$	$\int x^{\alpha}\mathrm{d}x=\dfrac{x^{\alpha+1}}{\alpha+1}+C$
$(\ln\|x\|)'=\dfrac{1}{x}$	$\int\dfrac{1}{x}\mathrm{d}x=\ln\|x\|+C$
$\dfrac{(a^x)'}{\ln a}=a^x$	$\int a^x\mathrm{d}x=\dfrac{a^x}{\ln a}+C$
$(\mathrm{e}^x)'=\mathrm{e}^x$	$\int\mathrm{e}^x\mathrm{d}x=\mathrm{e}^x+C$
$(\sin x)'=\cos x$	$\int\cos x\mathrm{d}x=\sin x+C$
$-(\cos x)'=\sin x$	$\int\sin x\mathrm{d}x=-\cos x+C$
$(\tan x)'=\sec^2 x$	$\int\sec^2 x\mathrm{d}x=\tan x+C$
$-(\cot x)'=\csc^2 x$	$\int\csc^2 x\mathrm{d}x=-\cot x+C$
$(\sec x)'=\sec x\tan x$	$\int\sec x\tan x\mathrm{d}x=\sec x+C$
$-(\csc x)'=\csc x\cot x$	$\int\csc x\cot x\mathrm{d}x=-\csc x+C$
$(\arcsin x)'=\dfrac{1}{\sqrt{1-x^2}}$	$\int\dfrac{1}{\sqrt{1-x^2}}\mathrm{d}x=\arcsin x+C$
$(\arctan x)'=\dfrac{1}{1+x^2}$	$\int\dfrac{1}{1+x^2}\mathrm{d}x=\arctan x+C$

表 4-1 中的积分公式是求不定积分的基础，要求读者必须熟记.

2. 不定积分的性质

由定义不难推得，不定积分具有如下两个性质：

性质 1　被积函数中不为零的常数因子可以提到积分符号外面来，即

$$\int kf(x)\mathrm{d}x=k\int f(x)\mathrm{d}x,(k\text{ 为非零常数}).$$

性质 2　两个函数的和(差)的不定积分等于各个不定积分的和(差)，即

$$\int[f(x)\pm g(x)]\mathrm{d}x=\int f(x)\mathrm{d}x\pm\int g(x)\mathrm{d}x.$$

说明:该性质可推广到有限个可积函数的情形.

3. 直接积分法

有时要对被积函数进行必要的恒等变形(代数的或三角的),再利用积分基本公式和积分性质求出积分结果,我们把这种求积分的方法叫做**直接积分法**.举例说明.

【例 1】 求$\int \frac{x^3-27}{x-3}dx$.

解 原式$=\int \frac{(x-3)(x^2+3x+9)}{x-3}dx$

$$=\int (x^2+3x+9)dx$$

$$=\int x^2dx+\int 3xdx+\int 9dx$$

$$=\frac{1}{3}x^3+\frac{3}{2}x^2+9x+C.$$

【例 2】 求$\int 3^x e^x dx$.

解 原式$=\int (3e)^x dx=\frac{(3e)^x}{\ln(3e)}+C=\frac{3^x e^x}{1+\ln 3}+C.$

【例 3】 求$\int \frac{x^4}{1+x^2}dx$.

解 原式$=\int \frac{(x^4-1)+1}{1+x^2}dx=\int \left(\frac{x^4-1}{1+x^2}+\frac{1}{1+x^2}\right)dx$

$$=\int \left(x^2-1+\frac{1}{1+x^2}\right)dx=\frac{1}{3}x^3-x+\arctan x+C.$$

【例 4】 求$\int \tan^2 x dx$.

解 原式$=\int (\sec^2 x-1)dx=\tan x-x+C.$

【例 5】 求$\int \frac{1}{\sin^2 x\cos^2 x}dx$.

解 原式$=\int \frac{\sin^2 x+\cos^2 x}{\sin^2 x\cos^2 x}dx=\int (\sec^2 x+\csc^2 x)dx=\tan x-\cot x+C.$

【例 6】 求$\int \sin^2\frac{x}{2}dx$.

解 $\int \sin^2\frac{x}{2}dx=\int \frac{1}{2}(1-\cos x)dx=\frac{1}{2}\int (1-\cos x)dx=\frac{1}{2}\left(\int dx-\int \cos x dx\right)$

$$=\frac{1}{2}(x-\sin x)+C.$$

说明:(1) 积分结果是否正确,只要检验积分结果的导数是否等于被积函数,相等时计算正确,否则计算错误;

(2) 利用直接积分法求积分时,往往不能直接运用积分公式和性质求得积分结果,而是要先对被积函数作一定的恒等变形.

【例 7】 一物体在地球引力的作用下开始做自由落体运动,重力加速度为 g.

(1) 求物体运动的速度方程和运动方程；

(2) 如果一只球从一幢高楼的屋顶掉下，20 s 落地，求此屋的高度.

解 (1) 由于物体只受地球引力的作用，由加速度与速度的关系，有

$$a=\frac{\mathrm{d}v}{\mathrm{d}t}=g\text{，且 }t=0\text{ 时，}v=0\text{，}$$

积分后得

$$v=\int g\mathrm{d}t=gt+C.$$

将 $v(0)=0$ 代入上式，得 $C=0$，故做自由落体运动的物体的速度方程为 $v=gt$.

又由 $v=\frac{\mathrm{d}s}{\mathrm{d}t}=gt$，积分得

$$s=\int gt\,\mathrm{d}t=\frac{1}{2}gt^2+C.$$

将 $s(0)=0$ 代入上式，得 $C=0$，即自由落体的运动方程为

$$s=\frac{1}{2}gt^2.$$

(2) 因球做自由落体运动，所以它满足运动方程，将时间 $t=20$ 代入上式，可得屋顶距地面的高度 h 为

$$h=\frac{1}{2}g\cdot 20^2=200(\mathrm{g})$$

如果取重力加速度 $g=9.8\ \mathrm{m/s^2}$，可得此幢楼的高度为

$$h=1\,960(\mathrm{m}).$$

【例 8】 已知一物体做直线运动，其加速度为 $a=12t^2-3\sin t$，且当 $t=0$ 时，$v=5$，$s=3$. 求：

(1) 速度 v 与时间 t 的函数关系；

(2) 路程 s 与时间 t 的函数关系.

解 (1) 由速度与加速度的关系 $v'(t)=a(t)$ 知速度 $v(t)$ 满足

$$v'(t)=a(t)=12t^2-3\sin t\text{，且 }v(0)=5.$$

求不定积分，得

$$v(t)=\int(12t^2-3\sin t)\mathrm{d}t=4t^2+3\cos t+C.$$

将 $v(0)=5$ 代入上式，得 $C=2$，因此

$$v(t)=4t^3+3\cos t+2.$$

(2) 由路程与速度的关系 $s'(t)=v(t)$，知路程 $s(t)$ 满足

$$s'(t)=v(t)=4t^3+3\cos t+2\text{，且 }s(0)=3.$$

求不定积分，得

$$s(t)=\int(4t^3+3\cos t-3)\mathrm{d}t=t^4+3\sin t+2t+C.$$

将 $s(0)=3$ 代入上式，得 $C=3$，因此

$$s(t)=t^4+3\sin t+2t+3.$$

【例 9】 医学研究发现，刀割伤口表面修复的速度为 $\frac{\mathrm{d}A}{\mathrm{d}t}=-5t^{-2}(\mathrm{cm}^2/\text{天})$，$(1\leqslant t\leqslant 5)$，其中 A 表示伤口的面积，假设 $A(1)=5$，问受伤 5 天后该病人的伤口表面积为多少？

解 由 $\frac{\mathrm{d}A}{\mathrm{d}t}=-5t^{-2}$，

得 $\mathrm{d}A=-5t^{-2}\mathrm{d}t$，

两边求不定积分得 $A(t)=-5\int t^{-2}\mathrm{d}t=5t^{-1}+C.$

将 $A(1)=5$ 代入上式得 $A(1)=5\times 1^{-1}+C=5$，$C=0$.

因此 5 天后病人的伤口表面积 $A(5)=5\times 5^{-1}=1(\mathrm{cm}^2)$.

【例 10】 列车快进站时必须制动减速. 若列车制动后的速度为 $v=1-\frac{1}{3}t(\mathrm{km/min})$，问列车应该在离站台停靠点多远的地方开始制动？

解 令 $v=1-\frac{1}{3}t=0$，得 $t=3$，即 3 分钟后列车停下来. 设列车从制动点开始计算所运行的路程为 s，则

$$s=\int\left(1-\frac{1}{3}t\right)\mathrm{d}t=t-\frac{1}{6}t^2+C.$$

因为 $s(0)=0$，代入上式，得 $C=0$，即

$$s=t-\frac{1}{6}t^2.$$

将 $t=3$ 代入该方程，可求得制动点的距离为

$$s(3)=3-\frac{1}{6}\times 3^2=1.5(\mathrm{km}).$$

【例 11】 一电路中电流关于时间的变化率为 $\frac{\mathrm{d}i}{\mathrm{d}t}=4t-0.6t^2$，若 $t=0$ 时，$i=2A$，求电流 i 关于时间 t 的函数.

解 由 $\frac{\mathrm{d}i}{\mathrm{d}t}=4t-0.6t^2$，求不定积分得

$$i(t)=\int(4t-0.6t^2)\mathrm{d}t=2t^2-0.2t^3+C,$$

将 $i(0)=2$ 代入上式，得 $C=2$，因此

$$i(t)=2t^2-0.2t^3+2.$$

习题 4-3

1. 求下列不定积分.

(1) $\int 3x^5 \mathrm{d}x$;　　(2) $\int (6^x+1)\mathrm{d}x$;

(3) $\int (\mathrm{e}^x+3)\mathrm{d}x$;　　(4) $\int a^x \mathrm{e}^x \mathrm{d}x$;

(5) $\int (ax^2+bx+c)\mathrm{d}x$;　　(6) $\int \frac{2+x}{x^3}\mathrm{d}x$;

(7) $\int \frac{\sqrt{2}\mathrm{d}x}{x^2\sqrt{x}}$;　　(8) $\int (\tan^2 x+x)\mathrm{d}x$;

(9) $\int \frac{6x^3-2x^2+3x+5}{x^3}\mathrm{d}x$;　　(10) $\int \left(\frac{1}{x}+3^x-\frac{4}{\cos^2 x}-7\mathrm{e}^x\right)\mathrm{d}x$;

(11) $\int \frac{7u^3+2u\sqrt{u}+3}{\sqrt{u}}\mathrm{d}u$;　　(12) $\int \left(\frac{x+2}{x}\right)^3\mathrm{d}x$;

(13) $\int \frac{x-4}{\sqrt{x}+2}\mathrm{d}x$;　　(14) $\int \frac{(x+1)^2}{x(x^2+1)}\mathrm{d}x$;

(15) $\int \frac{3+2\sqrt{1-x^2}}{\sqrt{1-x^2}}\mathrm{d}x$;　　(16) $\int \frac{3x^4+3x^2+3}{x^2+1}\mathrm{d}x$;

(17) $\int \frac{\sin 2x}{\cos x}\mathrm{d}x$;　　(18) $\int \frac{\cos 2x}{\cos^2 x}\mathrm{d}x$;

(19) $\int \frac{\cos 2x}{\cos^2 x\sin^2 x}\mathrm{d}x$;　　(20) $\int \left(\frac{7}{4}+\frac{1}{x^2}\right)\sqrt{x\sqrt{x}}\,\mathrm{d}x$;

(21) $\int \sec x(\sec x-\tan x)\mathrm{d}x$;　　(22) $\int \sin^2\frac{x}{2}\mathrm{d}x$;

(23) $\int \frac{3}{1+\cos 2x}\mathrm{d}x$;　　(24) $\int \frac{\mathrm{e}^{2x}-1}{\mathrm{e}^x+1}\mathrm{d}x$.

2. 已知某一曲线通过点(0, 1),且在曲线上横坐标为 x 的点处的切线的斜率等于 $2x-1$,求该曲线的方程.

3. 已知某函数的导数是 $3\sin x-2\cos x$,并且当 $x=\frac{\pi}{2}$时,函数值等于 4,求此函数.

4.4 不定积分换元积分法与分部积分法

利用直接积分法所能计算的不定积分是非常有限的,因此,有必要进一步研究积分的其他计算方法,本节将介绍不定积分的换元积分法与分部积分法.

4.4.1 换元积分法

1. 第一类换元积分法

第一类换元积分法是与微分学中的复合函数求导法则(或微分形式的不变性)相对应的积分方法.为了说明方法,我们先看下面的例子.

【引例 1】 求$\int \cos 5x\mathrm{d}x$.

解 在基本公式中有

$$\int \cos x\mathrm{d}x = \sin x + C.$$

但我们这里不能直接应用,这是因为被积函数 $\cos 5x$ 是一个复合函数. 为了套用这个公式,先把原积分作下列变形,然后进行计算.

$$\begin{aligned}\int \cos 5x\mathrm{d}x &= \frac{1}{5}\int \cos 5x\mathrm{d}(5x)\\ &\xlongequal{\text{令 } 5x=u} \frac{1}{5}\int \cos u\mathrm{d}u\\ &= \frac{1}{5}\sin u + C\\ &\xlongequal{\text{回代 } u=5x} \frac{1}{5}\sin 5x + C.\end{aligned}$$

可以验证其结果是正确的,方法也是可行的.

一般地,我们有:

定理 1 如果$\int f(x)\mathrm{d}x = F(x) + C$,且 $u=\varphi(x)$ 可导,则

$$\begin{aligned}\int f[\varphi(x)]\varphi'(x)\mathrm{d}x &= \int f[\varphi(x)]\mathrm{d}\varphi(x)\\ &\xlongequal{\text{令 } \varphi(x)=u} \int f(u)\mathrm{d}u = F(u) + C\\ &\xlongequal{u=\varphi(x)} F[\varphi(x)] + C.\end{aligned}$$

这种通过凑复合函数 $f[\varphi(x)]$的中间变量 $\varphi(x)$的微分,将被积表达式变成可求积分的类型的方法叫凑微分法,也叫第一换元积分法.

【例 1】 求$\int 2x\cos(x^2-1)\mathrm{d}x$.

解 因为 $2x=(x^2-1)'$,于是

$$\begin{aligned}\int 2x\cos(x^2-1)\mathrm{d}x &= \int \cos(x^2-1)\cdot(x^2-1)'\mathrm{d}x\\ &\xlongequal{\text{令 } x^2-1=u} \int \cos u\mathrm{d}u = \sin u + C\\ &\xlongequal{\text{回代 } u=x^2-1} \sin(x^2-1) + C.\end{aligned}$$

【例 2】 求$\int \frac{\ln x}{x}\mathrm{d}x$.

解 原式$=\int \ln x\mathrm{d}(\ln x)$ (题目知 $x>0$)

$$\xlongequal{\text{令 } \ln x=u} \int u\mathrm{d}u$$

$$=\frac{1}{2}u^2+C$$

$$\xlongequal{\text{回代 } u=\ln x}\frac{1}{2}\ln^2 x+C.$$

【例 3】 求$\int(3-2x)^4\mathrm{d}x$.

解 由于$(3-2x)'=-2$,所以

$$\begin{aligned}\int(3-2x)^4\mathrm{d}x&=-\frac{1}{2}\int(3-2x)^4(3-2x)'\mathrm{d}x\\&=-\frac{1}{2}\int(3-2x)^4\mathrm{d}(3-2x)\\&\xlongequal{\text{令 } 3-2x=u}-\frac{1}{2}\int u^4\mathrm{d}u\\&=-\frac{1}{10}u^5+C\\&\xlongequal{\text{回代 } u=3-2x}-\frac{1}{10}(3-2x)^5+C.\end{aligned}$$

在运算比较熟练以后,可省略写出变量代换的过程,这样可使运算过程更简捷.

【例 4】 求$\int\frac{\sin\sqrt{x}}{\sqrt{x}}\mathrm{d}x$.

解 $\int\frac{\sin\sqrt{x}}{\sqrt{x}}\mathrm{d}x=2\int\sin\sqrt{x}\mathrm{d}(\sqrt{x})=-2\cos\sqrt{x}+C.$

【例 5】 求$\int\tan x\mathrm{d}x$.

解 $\int\tan x\mathrm{d}x=\int\frac{\sin x}{\cos x}\mathrm{d}x=-\int\frac{1}{\cos x}\mathrm{d}(\cos x)=-\ln|\cos x|+C.$

类似可求得$\int\cot x\mathrm{d}x=\ln|\sin x|+C.$

从上面的例子中可以看出凑微分法需要较灵活的技巧,对于不同的积分应采用不同的凑法.下面是凑微分法常用的一些公式:

(1) $\int f(ax+b)\mathrm{d}x=\frac{1}{a}\int f(ax+b)\mathrm{d}(ax+b)$(其中 a,b 为常数,$a\neq 0$);

(2) $\int xf(x^2)\mathrm{d}x=\frac{1}{2}\int f(x^2)\mathrm{d}(x^2)$;

(3) $\int\frac{1}{x}f(\ln x)\mathrm{d}x=\int f(\ln x)\mathrm{d}(\ln x)$;

(4) $\int\frac{1}{\sqrt{x}}f(\sqrt{x})\mathrm{d}x=2\int f(\sqrt{x})\mathrm{d}(\sqrt{x})$;

(5) $\int\frac{1}{x^2}f\left(\frac{1}{x}\right)\mathrm{d}x=-\int f\left(\frac{1}{x}\right)\mathrm{d}\left(\frac{1}{x}\right)$;

(6) $\int \mathrm{e}^x f(\mathrm{e}^x)\mathrm{d}x=\int f(\mathrm{e}^x)\mathrm{d}(\mathrm{e}^x)$;

(7) $\int\sin xf(\cos x)\mathrm{d}x=-\int f(\cos x)\mathrm{d}(\cos x)$;

(8) $\int \cos x f(\sin x)\mathrm{d}x=\int f(\sin x)\mathrm{d}(\sin x)$;

(9) $\int \frac{1}{\cos^2 x}f(\tan x)\mathrm{d}x=\int f(\tan x)\mathrm{d}(\tan x)$;

(10) $\int \frac{1}{\sin^2 x}f(\cot x)\mathrm{d}x=-\int f(\cot x)\mathrm{d}(\cot x)$;

(11) $\int \frac{1}{\sqrt{1-x^2}}f(\arcsin x)\mathrm{d}x=\int f(\arcsin x)\mathrm{d}(\arcsin x)$

或 $\int \frac{1}{\sqrt{1-x^2}}f(\arccos x)\mathrm{d}x=-\int f(\arccos x)\mathrm{d}(\arccos x)$;

(12) $\int \frac{1}{1+x^2}f(\arctan x)\mathrm{d}x=\int f(\arctan x)\mathrm{d}(\arctan x)$

或 $\int \frac{1}{1+x^2}f(\mathrm{arccot}\, x)\mathrm{d}x=-\int f(\mathrm{arccot}\, x)\mathrm{d}(\mathrm{arccot}\, x)$.

总之,凑微分的关键在于将积分 $\int g(x)\mathrm{d}x$ 问题化为 $\int f(u)\mathrm{d}u$ 的形式,再应用积分公式求得积分.

【例 6】 求 $\int \frac{1}{a^2+x^2}\mathrm{d}x,(a>0)$.

解 $\int \frac{1}{a^2+x^2}\mathrm{d}x=\frac{1}{a^2}\int \frac{1}{1+\left(\frac{x}{a}\right)^2}\mathrm{d}x=\frac{1}{a}\int \frac{1}{1+\left(\frac{x}{a}\right)^2}\mathrm{d}\left(\frac{x}{a}\right)=\frac{1}{a}\arctan\frac{x}{a}+C.$

【例 7】 求 $\int \frac{1}{\sqrt{a^2-x^2}}\mathrm{d}x,(a>0)$.

解
$$\int \frac{1}{\sqrt{a^2-x^2}}\mathrm{d}x=\frac{1}{a}\int \frac{1}{\sqrt{1-\left(\frac{x}{a}\right)^2}}\mathrm{d}x$$
$$=\int \frac{1}{\sqrt{1-\left(\frac{x}{a}\right)^2}}\mathrm{d}\left(\frac{x}{a}\right)=\arcsin\frac{x}{a}+C.$$

【例 8】 求 $\int \sin^3 x\mathrm{d}x$.

分析 此积分可以使用凑微分求解,注意与 $\int \sin^2 x\mathrm{d}x$ 解法的差异.

解
$$\int \sin^3 x\mathrm{d}x=\int \sin^2 x\cdot\sin x\mathrm{d}x=-\int(1-\cos^2 x)\mathrm{d}\cos x$$
$$=-\cos x+\frac{1}{3}\cos^3 x+C.$$

2. 第二类换元积分法

【引例 2】 求 $\int \frac{1}{1+\sqrt{x}}\mathrm{d}x$.

分析 此积分和公式中的类型 $\int \frac{1}{u}\mathrm{d}u$ 类似,只是分母中含有根式,可以通过变量代换去掉根号,即令 $\sqrt{x}=t$,则 $x=t^2$, $\mathrm{d}x=2t\mathrm{d}t$.

解 $\int \frac{1}{1+\sqrt{x}}dx \xlongequal{令\sqrt{x}=t} \int \frac{1}{1+t}d(t^2) = \int \frac{2t}{1+t}dt = 2\int \frac{t+1-1}{1+t}dt$

$$= 2\int dt - 2\int \frac{1}{1+t}dt = 2t - 2\ln|1+t| + C$$

$$\xlongequal{回代\, t=\sqrt{x}} 2\sqrt{x} - 2\ln(1+\sqrt{x}) + C.$$

检验 $[2\sqrt{x} - 2\ln(1+\sqrt{x}) + C]' = \frac{1}{\sqrt{x}} - \frac{2}{1+\sqrt{x}} \cdot \frac{1}{2\sqrt{x}} = \frac{1}{1+\sqrt{x}}.$

显然,这种求积分的方法是通过变量代换引入一个新的函数,使被积表达式变换成可求积分的类型.

定理 2 设 $x=\varphi(t)$是单调可导的函数,如果 $f[\varphi(t)]\varphi'(t)$可积,则

$$\int f(x)dx = \int f[\varphi(t)]\varphi'(t)dt, t=\varphi^{-1}(x).$$

其中 $t=\varphi^{-1}(x)$是 $x=\varphi(t)$的反函数.

这种通过变量代换求积分的方法称为第二换元积分法.

注:(1) 第一换元积分法和第二换元积分法的目的都是为了使被积表达式转化为可求积分的类型;

(2) 第一换元积分法求积分过程中,如果不写出中间变量,求出积分的结论就无需回代变量;第二换元积分法则不能省略中间变量的代换.

【例 9】 求 $\int \frac{x+1}{\sqrt[3]{3x+1}}dx.$

分析 此积分被积表达式中含有根式,可以通过换元去掉根号,即令 $\sqrt[3]{3x+1}=t$,则 $x=\frac{t^3-1}{3}$, $dx=t^2dt$.

解 设 $\sqrt[3]{3x+1}=t$,则 $x=\frac{t^3-1}{3}$, $dx=t^2dt$,于是

$$\int \frac{x+1}{\sqrt[3]{3x+1}}dx = \frac{1}{3}\int (t^4+2t)dt = \frac{1}{3}\left(\frac{t^5}{5}+t^2\right)+C = \frac{t^2}{3}\left(\frac{t^3}{5}+1\right)+C$$

$$= \frac{\sqrt[3]{(3x+1)^2}}{5}(x+2)+C.$$

【例 10】 求 $\int \sqrt{a^2-x^2}dx(a>0).$

解 求解该积分的困难在于有根式$\sqrt{a^2-x^2}$,但根据 $1-\sin^2 x=\cos^2 x$ 可化去根式.

设 $x=a\sin t$, $-\frac{\pi}{2}<t<\frac{\pi}{2}$,那么$\sqrt{a^2-x^2}=a\cos t$, $dx=a\cos tdt$,于是

$$\int \sqrt{a^2-x^2}dx = \int a\cos t \cdot a\cos tdt = a^2\int \cos^2 tdt = a^2\left(\frac{t}{2}+\frac{\sin 2t}{4}\right)+C$$

$$= \frac{a^2}{2}t + \frac{a^2}{2}\sin t\cos t + C.$$

由 $x=a\sin t$，$-\frac{\pi}{2}<t<\frac{\pi}{2}$，可得 $t=\arcsin\frac{x}{a}$，且

$$\cos t=\sqrt{1-\sin^2 t}=\sqrt{1-\left(\frac{x}{a}\right)^2}=\frac{\sqrt{a^2-x^2}}{a},$$

于是所求积分为

$$\int\sqrt{a^2-x^2}\,\mathrm{d}x=\frac{a^2}{2}\arcsin\frac{x}{a}+\frac{1}{2}x\sqrt{a^2-x^2}+C.$$

注：上面确定 $\cos t$ 的过程采用如下方法更简便.

由 $x=a\sin t$ 即 $\sin t=\frac{x}{a}$ 作一个辅助直角三角形(图 4－8)，由图即可得 $\cos t=\frac{\sqrt{a^2-x^2}}{a}$.

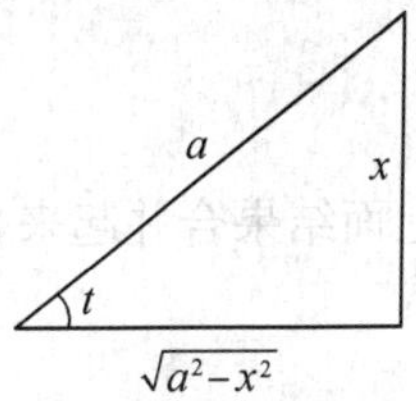

图 4－8

【例 11】 求 $\int\frac{\mathrm{d}x}{\sqrt{a^2+x^2}}(a>0)$.

解 可利用公式 $1+\tan^2 t=\sec^2 t$ 消去积分中的根式

令 $x=a\tan t$，$t\in\left(-\frac{\pi}{2},\frac{\pi}{2}\right)$，那么

$\sqrt{a^2+x^2}=a\sqrt{1+\tan^2 x}=a\sec t$，$\mathrm{d}x=a\sec^2 t\mathrm{d}t$，

于是 $\int\frac{\mathrm{d}x}{\sqrt{a^2+x^2}}=\int\frac{a\sec^2 t}{a\sec t}\mathrm{d}t=\int\sec t\mathrm{d}t=\ln|\sec t+\tan t|+C.$

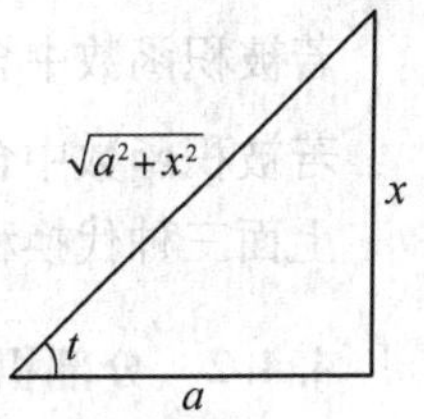

图 4－9

由 $\tan t=\frac{x}{a}$ 作一辅助直角三角形(图 4－9)，便有

$$\sec t=\frac{\sqrt{a^2+x^2}}{a}\text{且 }\sec t+\tan t>0,$$

因此
$$\int\frac{\mathrm{d}x}{\sqrt{a^2+x^2}}=\ln\left(\frac{x}{a}+\frac{\sqrt{a^2+x^2}}{a}\right)+C_1$$

$$=\ln(x+\sqrt{a^2+x^2})+C(\text{其中 }C=C_1-\ln a).$$

【例 12】 求 $\int\frac{\mathrm{d}x}{\sqrt{x^2-a^2}}$，$(a>0)$.

解 因被积函数的定义域为 $x>a$ 或 $x<-a$，故分两种情况讨论. 同理，被积函数中的根式可根据 $\sec^2 t-1=\tan^2 t$ 消去.

当 $x>a$ 时，设 $x=a\sec t\left(0<t<\frac{\pi}{2}\right)$，那么

$\sqrt{x^2-a^2}=\sqrt{a^2\sec^2 t-a^2}=a\sqrt{\sec^2 t-1}=a\tan t$，$\mathrm{d}x=a\sec t\tan t\mathrm{d}t$，

于是
$$\int\frac{\mathrm{d}x}{\sqrt{x^2-a^2}}=\int\frac{a\sec t\tan t}{a\tan t}\mathrm{d}t=\int\sec t\mathrm{d}t=\ln|\sec t+\tan t|+C.$$

由 $\sec t=\dfrac{x}{a}$ 作辅助三角形(图 4 - 10),可得 $\tan t=\dfrac{\sqrt{x^2-a^2}}{a}$.

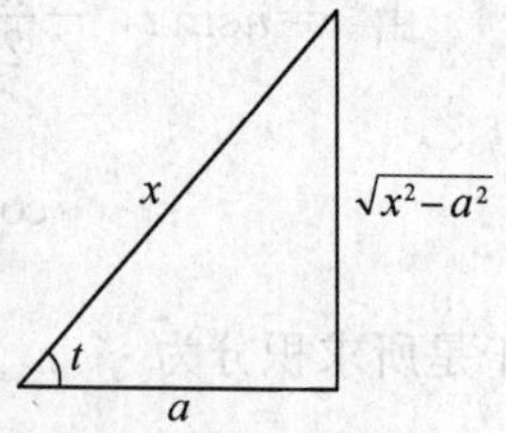

图 4 - 10

因此,$\displaystyle\int\frac{\mathrm{d}x}{\sqrt{x^2-a^2}}=\ln\left|\frac{x}{a}+\frac{\sqrt{x^2-a^2}}{a}\right|+C_1$

$=\ln(x+\sqrt{x^2-a^2})+C$,

(其中 $C=C_1-\ln a$).

当 $x<-a$ 时,只需令 $x=-a\sec t\left(0<t<\dfrac{\pi}{2}\right)$,同理可得

$$\int\frac{\mathrm{d}x}{\sqrt{x^2-a^2}}=\ln\left|-x-\sqrt{x^2-a^2}\right|+C,$$

上面结果合并起来,可写作

$$\int\frac{\mathrm{d}x}{\sqrt{x^2-a^2}}=\ln\left|x+\sqrt{x^2-a^2}\right|+C_1.$$

说明:由上面的例子可以看出

若被积函数中含有根式 $\sqrt{a^2-x^2}$,则令 $x=a\sin t$;

若被积函数中含有根式 $\sqrt{a^2+x^2}$,则令 $x=a\tan t$;

若被积函数中含有根式 $\sqrt{x^2-a^2}$,则令 $x=a\sec t$.

上面三种代换称为**三角代换**.

4.4.2 分部积分法

定理 3 设函数 $u=u(x)$ 及 $v=v(x)$ 都具有连续的导数,则有分部积分公式:

$$\int u\mathrm{d}v=uv-\int v\mathrm{d}u.$$

由分部积分公式可知,如果等式右端中的积分较左端积分容易求出,则可借助该公式求出左端积分的结果,这种求积分的方法叫**分部积分法**.

注:(1) 分部积分法针对特点是:当被积函数 u 与积分变量 v 互换后的积分易求,即 $\int v\mathrm{d}u$ 比 $\int u\mathrm{d}v$ 易求;

(2) 对于被积函数为积类型的积分,如果不能直接求积分或使用凑微分法求积分,可以考虑将被积函数的部分因子凑微分,使积分变成 $\int u\mathrm{d}v$ 的形式,再尝试分部积分法.

【例 13】 求 $\int\ln x\mathrm{d}x$.

解 $\displaystyle\int\ln x\mathrm{d}x=x\ln x-\int x\mathrm{d}(\ln x)=x\ln x-\int\mathrm{d}x=x\ln x-x+C.$

这种求法称之为直接分部积分.

【例 14】 求 $\int x\sin x\mathrm{d}x$.

解 设 $u=x$, $\mathrm{d}v=\sin x\mathrm{d}x$,那么 $\mathrm{d}u=\mathrm{d}x$,易得 $v=-\cos x$,

代入分部积分公式得

$$\int x\sin x\mathrm{d}x=-\int x\mathrm{d}(\cos x)=-x\cos x+\int\cos x\mathrm{d}x$$

而上式右端中的积分 $\int\cos x\mathrm{d}x$ 容易求出，所以

$$\int x\sin x\mathrm{d}x=-x\cos x+\sin x+C.$$

求这个积分时，如果设 $u=\sin x$，$\mathrm{d}v=x\mathrm{d}x$，那么

$$\mathrm{d}u=\cos x\mathrm{d}x,\ v=\frac{x^2}{2}.$$

于是 $\int x\sin x\mathrm{d}x=\frac{x^2}{2}\sin x-\int\frac{x^2}{2}\cos x\mathrm{d}x$.

上式右端的积分比原积分更不易求出.

【例 15】 求 $\int x^2\mathrm{e}^x\mathrm{d}x$.

解 设 $u=x^2$，$\mathrm{d}v=\mathrm{e}^x\mathrm{d}x$，那么 $\mathrm{d}u=2x\mathrm{d}x$，$v=\mathrm{e}^x$，于是

$$\begin{aligned}\int x^2\mathrm{e}^x\mathrm{d}x&=x^2\mathrm{e}^x-2\int x\mathrm{e}^x\mathrm{d}x=x^2\mathrm{e}^x-2\int x\mathrm{d}(\mathrm{e}^x)=x^2\mathrm{e}^x-2x\mathrm{e}^x+2\int\mathrm{e}^x\mathrm{d}x\\&=(x^2-2x+2)\mathrm{e}^x+C.\end{aligned}$$

由此题可以看出，同一个题中，有时须要反复多次运用分部积分法；在运算比较熟练以后，写出 u 及 $\mathrm{d}v$ 的过程可以省略.

【例 16】 求 $\int x^3\ln x\mathrm{d}x$.

解 $$\begin{aligned}\int x^3\ln x\mathrm{d}x&=\int\ln x\mathrm{d}\left(\frac{x^4}{4}\right)=\frac{1}{4}x^4\ln x-\frac{1}{4}\int x^4\mathrm{d}(\ln x)\\&=\frac{1}{4}x^4\ln x-\frac{1}{4}\int x^3\mathrm{d}x=\frac{1}{4}x^4\ln x-\frac{1}{16}x^4+C.\end{aligned}$$

【例 17】 求 $\int\mathrm{e}^x\sin x\mathrm{d}x$.

解 取 $u=\sin x$，那么

$$\begin{aligned}\int\mathrm{e}^x\sin x\mathrm{d}x&=\int\sin x\mathrm{d}(\mathrm{e}^x)\\&=\mathrm{e}^x\sin x-\int\mathrm{e}^x\cos x\mathrm{d}x\text{（取 }u=\cos x\text{，再次运用分部积分公式）}\\&=\mathrm{e}^x\sin x-\int\cos x\mathrm{d}(\mathrm{e}^x)\\&=\mathrm{e}^x\sin x-\mathrm{e}^x\cos x+\int\mathrm{e}^x\mathrm{d}(\cos x)\\&=\mathrm{e}^x(\sin x-\cos x)-\int\mathrm{e}^x\sin x\mathrm{d}x\end{aligned}$$

由于上式右端的积分正是要求的积分 $\int\mathrm{e}^x\sin x\mathrm{d}x$（出现“循环”），此时可用解方程的方

法，可求得 $\int e^x \sin x dx = \frac{1}{2}e^x(\sin x - \cos x) + C$.

但要注意，由于上式右端不含有积分项，因此必须加上任意常数 C.

【例 18】 求 $\int \sin\sqrt{x}dx$.

解 令 $\sqrt{x}=t$，则 $x=t^2$，$dx=2tdt$. 于是

$$\int \sin\sqrt{x}dx = 2\int t\sin tdt = 2\int td(-\cos t)$$
$$=-2t\cos t + 2\int \cos tdt = -2t\cos t + 2\sin t + C$$
$$=-2\sqrt{x}\cos\sqrt{x} + 2\sin\sqrt{x} + C.$$

在结束本节时，还应指出一点，有些不定积分，如 $\int e^{-x^2}dx$，$\int \frac{e^x}{x}dx$，$\int \frac{dx}{\ln x}$ 等，虽然这些不定积分都存在，却不能用初等函数表达所求的原函数，这时称"积不出".

在工程技术问题中，我们还可以借助查积分表(见附录)求一些较复杂的不定积分.

习题 4－4

1. 请在下列括号中填写正确的内容.

(1) $dx = (\quad)d(2-3x)$；　(2) $\frac{1}{x^2}dx = d(\quad)$；

(3) $xe^{x^2}dx = e^{x^2}d(\quad) = (\quad)d(e^{x^2})$；(4) $\cos\frac{x}{2}dx = (\quad)d\left(\sin\frac{x}{2}\right)$；

(5) $\frac{\ln x}{x}dx = \ln xd(\quad) = d(\quad)$；　(6) $\frac{1}{\sqrt{2-3x}}dx = (\quad)d\sqrt{2-3x}$；

(7) $\frac{1}{\sqrt{4-x^2}}dx = (\quad)d\left(\arcsin\frac{x}{2}\right)$；　(8) $\sec^2 xdx = d(\quad)$.

2. 求下列不定积分.

(1) $\int (2x-3)^{100}dx$；　(2) $\int \frac{dx}{\sqrt[3]{3-2x}}$；　(3) $\int e^{-x}dx$；

(4) $\int \frac{1}{(1-x)^2}dx$；　(5) $\int \frac{1}{\sqrt{9-4x^2}}dx$；　(6) $\int \frac{x}{\sqrt{1-x^2}}dx$；

(7) $\int xe^{-x^2}dx$；　(8) $\int \frac{x^2dx}{x^6+4}$；　(9) $\int \frac{1}{x^2}\cos\frac{1}{x}dx$；

(10) $\int \sin^2 xdx$；　(11) $\int \frac{\sin x}{1+\cos x}dx$；　(12) $\int \frac{\sin x}{\cos^2 x}dx$；

(13) $\int \frac{1}{1-\sqrt{2x+1}}dx$；　(14) $\int \frac{x^2}{\sqrt{25-4x^2}}dx$；　(15) $\int \arcsin xdx$；

(16) $\int xe^{-x}dx$；　(17) $\int x^2\ln xdx$；　(18) $\int \ln\frac{x}{2}dx$.

4.5 定积分的换元积分法与分部积分法

在第 4.2 节中，我们已经看到，牛顿-莱布尼兹公式将定积分的计算问题归结为求原函

数(或不定积分)问题,因此,不定积分中用以求原函数的两种方法——换元积分法与分部积分法,同样可以在定积分中应用.下面分别讨论,并请注意这两种方法在用法上与不定积分的异同.

4.5.1 定积分的换元积分法

定理 设函数 $f(x)$在区间$[a, b]$上连续,函数 $x=\varphi(t)$满足以下条件:

(1) $\varphi(\alpha)=a$, $\varphi(\beta)=b$;

(2) $\varphi(t)$在$[\alpha, \beta]$(或$[\beta, \alpha]$)上具有连续导数,且其对应的值域不超出区间$[a, b]$

则有

$$\int_a^b f(x)\mathrm{d}x=\int_\alpha^\beta f[\varphi(t)]\varphi'(t)\mathrm{d}t.$$

注:(1) 从左边到右边应用上述公式时,相当于不定积分的第二类换元积分法.计算时,用代换 $x=\varphi(t)$把原积分变量 x 换成新变量 t 时,积分上下限必须换成相应于新变量 t 积分上下限,但最后不必像不定积分那样还要将变量还原;

(2) 从右边到左边应用上述公式时,相当于不定积分的凑微分法.计算时,一般不需引入新的积分变量,因此原积分上下限不变.

【例 1】 求$\int_0^a \sqrt{a^2-x^2}\mathrm{d}x$,$(a>0)$.

解 令 $x=a\sin t$,则 $\mathrm{d}x=a\cos t\mathrm{d}t$,

当 $x=0$ 时,$t=0$;当 $x=a$ 时,$t=\frac{\pi}{2}$,于是

$$\begin{aligned}\int_0^a \sqrt{a^2-x^2}\mathrm{d}x&=\int_0^{\frac{\pi}{2}} a\cos t\cdot a\cos t\mathrm{d}t=a^2\int_0^{\frac{\pi}{2}}\cos^2 t\mathrm{d}t=a^2\int_0^{\frac{\pi}{2}}\frac{1+\cos 2t}{2}\mathrm{d}t\\&=\frac{a^2}{2}\int_0^{\frac{\pi}{2}}\mathrm{d}t+\frac{a^2}{2}\int_0^{\frac{\pi}{2}}\cos 2t\mathrm{d}t=\frac{a^2}{2}\int_0^{\frac{\pi}{2}}\mathrm{d}t+\frac{a^2}{4}\int_0^{\frac{\pi}{2}}\cos 2t\mathrm{d}2t\\&=\frac{a^2}{2}[t]_0^{\frac{\pi}{2}}+\frac{a^2}{4}[\sin 2t]_0^{\frac{\pi}{2}}=\frac{\pi a^2}{4}.\end{aligned}$$

事实上,我们可以通过定积分的几何意义得知上述定积分在数量上等于半径为 a 的圆的四分之一面积.

【例 2】 计算$\int_0^1\frac{\mathrm{d}x}{\sqrt{x^2+1}}$.

解 设三角代换 $x=\tan t$,则 $\mathrm{d}x=\sec^2 t\mathrm{d}t$.且当 $x=0$ 时,$t=0$;当 $x=1$ 时,$t=\frac{\pi}{4}$.于是有

$$\int_0^1\frac{\mathrm{d}x}{\sqrt{x^2+1}}=\int_0^{\frac{\pi}{4}}\frac{1}{\sec t}\cdot\sec^2 t\mathrm{d}t=\int_0^{\frac{\pi}{4}}\sec t\mathrm{d}t=\ln|\sec t+\tan t|\Big|_0^{\frac{\pi}{4}}=\ln(\sqrt{2}+1).$$

【例 3】 求$\int_0^4\frac{x+2}{\sqrt{2x+1}}\mathrm{d}x$.

解 令$\sqrt{2x+1}=t$，则$x=\frac{t^2-1}{2}$，$dx=tdt$。当$x=0$时，$t=1$；当$x=4$时，$t=3$，于是

$$\int_0^4 \frac{x+2}{\sqrt{2x+1}}dx=\int_1^3 \frac{\frac{t^2-1}{2}+2}{t}t\,dt=\int_1^3 \frac{t^2+3}{2}dt=\frac{1}{2}\int_1^3(t^2+3)dt$$

$$=\frac{1}{2}\int_1^3 t^2 dt+\frac{3}{2}\int_1^3 dt=\frac{1}{2}\left[\frac{t^3}{3}\right]_1^3+\frac{3}{2}[t]_1^3=\frac{22}{3}.$$

【例 4】 证明：

(1) 若$f(x)$在$[-a, a]$上连续且为偶函数，则

$$\int_{-a}^a f(x)dx=2\int_0^a f(x)dx.$$

(2) 若$f(x)$在$[-a, a]$上连续且为奇函数，则

$$\int_{-a}^a f(x)dx=0.$$

证明 根据定积分的积分区间具有可加性，得

$$\int_{-a}^a f(x)dx=\int_{-a}^0 f(x)dx+\int_0^a f(x)dx,$$

对上式右边第一个积分，令$x=-t$，得

$$\int_{-a}^0 f(x)dx=-\int_a^0 f(-t)dt=\int_0^a f(-t)dt=\int_0^a f(-x)dx,$$

于是
$$\int_{-a}^a f(x)dx=\int_0^a f(-x)dx+\int_0^a f(x)dx=\int_0^a[f(-x)+f(x)]dx$$

(1) 若$f(x)$在$[-a, a]$上连续且为偶函数，则$f(-x)=f(x)$，于是

$$\int_{-a}^a f(x)dx=2\int_0^a f(x)dx.$$

(2) 若$f(x)$在$[-a, a]$上连续且为奇函数，则$f(-x)=-f(x)$，于是

$$\int_{-a}^a f(x)dx=0.$$

该题的结论，可简化奇函数与偶函数在对称区间上的定积分.

【例 5】 求下列定积分的值.

(1) $\int_{-1}^1 x^2|x|dx$；(2) $\int_{-1}^1 \frac{x\cos x}{\sqrt{1+x^2}}dx$.

解 (1) 因为被积函数$x^2|x|$是$[-1, 1]$上的偶函数，所以有

$$\int_{-1}^1 x^2|x|dx=2\int_0^1 x^2|x|dx=2\int_0^1 x^2\cdot x dx=2\int_0^1 x^3 dx=\left[\frac{x^4}{2}\right]_0^1=\frac{1}{2}.$$

(2) 因为被积函数$\frac{x\cos x}{\sqrt{1+x^2}}$是$[-1, 1]$上的奇函数，所以有

$$\int_{-1}^{1}\frac{x\cos x}{\sqrt{1+x^2}}\mathrm{d}x=0.$$

【例 6】 近年来，世界范围内每年的石油消耗率呈指数增长，增长指数大约为 0.07. 1970 年初，消耗量大约为 161 亿桶. 设 $R(t)$ 表示从 1970 年起第 t 年的石油消耗率，已知 $R(t)=161\mathrm{e}^{0.07t}$（亿桶）. 试用此式计算从 1970 年到 1990 年间石油消耗的总量.

解 设 $T(t)$ 表示从 1970 年（$t=0$）起到第 t 年石油消耗的总量. $T'(t)$ 就是石油消耗率 $R(t)$，即 $T'(t)=R(t)$，于是由变化率求总改变量得

$$T(20)-T(0)=\int_0^{20}T'(t)\mathrm{d}t=\int_0^{20}R(t)\mathrm{d}t=\int_0^{20}161\mathrm{e}^{0.07t}\mathrm{d}t=\frac{1}{0.07}\int_0^{20}161\mathrm{e}^{0.07t}\mathrm{d}0.07t.$$

设 $u=0.07t$，当 $t=0$ 时，$u=0$；当 $t=20$ 时，$u=1.4$；因此

$$\int_0^{20}161\mathrm{e}^{0.07t}\mathrm{d}t=\frac{161}{0.07}\int_0^{1.4}\mathrm{e}^u\mathrm{d}u=\frac{161}{0.07}\mathrm{e}^u\Big|_0^{1.4}\approx 7\,027\text{（桶）}.$$

【例 7】 某一太阳能的能量 f 相对于太阳能接触的表面面积 x 的变化率为 $\dfrac{\mathrm{d}f}{\mathrm{d}x}=\dfrac{0.005}{\sqrt{0.01x+1}}$，如果当 $x=0$ 时，$f=0$. 求出 f 的函数表达式.

解 对 $\dfrac{\mathrm{d}f}{\mathrm{d}x}=\dfrac{0.005}{\sqrt{0.01x+1}}$ 积分，得

$$\begin{aligned}f&=\int\frac{0.005}{\sqrt{0.01x+1}}\mathrm{d}x=\int\frac{0.005}{\sqrt{0.01x+1}}\cdot\frac{1}{0.01}\mathrm{d}(0.01x+1)\\&=0.5\int\frac{1}{\sqrt{0.01x+1}}\mathrm{d}(0.01+x).\end{aligned}$$

令 $u=0.01x+1$，得

$$f=0.5\int\frac{1}{\sqrt{u}}\mathrm{d}u=0.5\times 2\sqrt{u}+C=\sqrt{u}+C.$$

将当 $x=0$，即当 $u=1$ 时，$f=0$，代入上式，得 $C=-1$. 所以

$$f=\sqrt{0.01x+1}-1.$$

【例 8】 某种商品一年中的销售速度为 $v(t)=100+100\sin\left(2\pi t-\dfrac{\pi}{2}\right)$，（$t$ 的单位：月，$0\leqslant t\leqslant 12$），求此商品前 3 个月的销售总量.

解 由变化率求总改变量知商品在前 3 个月的销售总量 P 为

$$\begin{aligned}P&=\int_0^3\left[100+100\sin\left(2\pi t-\frac{\pi}{2}\right)\right]\mathrm{d}t\\&=\int_0^3 100\mathrm{d}t+\int_0^3 100\sin\left(2\pi t-\frac{\pi}{2}\right)\cdot\frac{1}{2\pi}\mathrm{d}\left(2\pi t-\frac{\pi}{2}\right)\\&=100t\Big|_0^3+\frac{100}{2\pi}\int_0^3\sin\left(2\pi t-\frac{\pi}{2}\right)\cdot\mathrm{d}\left(2\pi t-\frac{\pi}{2}\right)\end{aligned}$$

$$= 300 - \frac{100}{2\pi}\left[\cos\left(2\pi t - \frac{\pi}{2}\right)\right]\Big|_0^3.$$

【例 9】 设导线在时刻 t（单位：秒）的电流为 $i(t)=0.006t\sqrt{t^2+1}$，求在时间间隔[1, 4]秒内流过导线横截面的电量 Q（单位：安）.

解 由电流与电量的关系 $i=\frac{\mathrm{d}Q}{\mathrm{d}t}$ 得在[1, 4]秒内流过导线横截面的电量 Q 为

$$Q = \int_1^4 0.006t\sqrt{t^2+1}\,\mathrm{d}t = \int_1^4 0.003\sqrt{t^2+1}\,\mathrm{d}(t^2+1)$$

$$= \left[0.002\,(t^2+1)^{\frac{3}{2}}\right]\Big|_1^4 \approx 0.1345(\text{安}).$$

4.5.2 定积分的分部积分法

设函数 $u=u(x)$，$v=v(x)$ 在区间 $[a, b]$ 上具有连续导数，由乘积求微公式

$$\mathrm{d}(uv) = v\mathrm{d}u + u\mathrm{d}v,$$

移项得

$$u\mathrm{d}v = \mathrm{d}(uv) - v\mathrm{d}u,$$

两边在 $[a, b]$ 上积分，用牛顿-莱布尼兹公式得

$$\int_a^b u\,\mathrm{d}v = [uv]_a^b - \int_a^b v\,\mathrm{d}u.$$

这就是定积分的**分部积分公式**.

不定积分的分部积分法和定积分的分部积分法在公式和方法上相同，只是定积分带有积分上下限，而不定积分没有；在求出原函数时，不定积分需加积分常数，而定积分需求改变量.

【例 10】 求 $\int_1^{\mathrm{e}} \ln x\,\mathrm{d}x$.

解 $\int_1^{\mathrm{e}} \ln x\,\mathrm{d}x = [x\ln x]_1^{\mathrm{e}} - \int_1^{\mathrm{e}} x\,\mathrm{d}(\ln x) = \mathrm{e} - \int_1^{\mathrm{e}} x\cdot(\ln x)'\mathrm{d}x = \mathrm{e} - \int_1^{\mathrm{e}} x\cdot\frac{1}{x}\mathrm{d}x$

$$= \mathrm{e} - \int_1^{\mathrm{e}} \mathrm{d}x = \mathrm{e} - [x]_1^{\mathrm{e}} = 1.$$

【例 11】 求 $\int_0^{\sqrt{3}} x\arctan x\,\mathrm{d}x$.

解 $\int_0^{\sqrt{3}} x\arctan x\,\mathrm{d}x = \int_0^{\sqrt{3}} \arctan x\cdot\left(\frac{x^2}{2}\right)'\mathrm{d}x = \frac{1}{2}\int_0^{\sqrt{3}} \arctan x\,\mathrm{d}(x^2)$

$$= \frac{1}{2}\left[x^2\arctan x\right]_0^{\sqrt{3}} - \frac{1}{2}\int_0^{\sqrt{3}} x^2\,\mathrm{d}(\arctan x)$$

$$= \frac{1}{2}\times 3\times\arctan\sqrt{3} - \frac{1}{2}\int_0^{\sqrt{3}} \frac{x^2}{1+x^2}\mathrm{d}x$$

$$= \frac{1}{2}\times 3\times\frac{\pi}{3} - \frac{1}{2}\int_0^{\sqrt{3}}\left(1-\frac{1}{1+x^2}\right)\mathrm{d}x$$

$$= \frac{\pi}{2} - \frac{1}{2}\left[x - \arctan x\right]_0^{\sqrt{3}} = \frac{\pi}{2} - \frac{1}{2}\left[\sqrt{3} - \frac{\pi}{3}\right]$$

$$=\frac{2\pi}{3}-\frac{\sqrt{3}}{2}.$$

【例 12】 工程师们预计一个新开发的天然气新井在开采后的第 t 年的产量为：$P(t)=0.0849te^{-t}\times10^6(\mathrm{m}^3)$，试估计该新井前 4 年的总产量.

解 该新井前 4 年的总产量为

$$P=\int_0^4 P(t)\mathrm{d}t=\int_0^4 0.0849te^{-t}\mathrm{d}t=-0.0849\int_0^4 t\mathrm{d}e^{-t}=0.0849(te^{-t})\Big|_0^4-\int_0^4 e^{-t}\mathrm{d}t$$

$$=0.0849(te^{-t})\big|_0^4-e^{-t}\big|_0^4\approx 0.0771\times10^6(\mathrm{m}^3).$$

【例 13】 在电力需求的电涌时期，消耗电能的速度 r 可以近似地表示为 $r=te^{-t}$（t 单位：h）. 求在前两个小时内消耗的总电能 E（单位：J）.

解 由变化率求总改变量得

$$E=\int_0^2 r\mathrm{d}t=\int_0^2 te^{-t}\mathrm{d}t=\int_0^2(-t)\mathrm{d}e^{-t}=(te^{-t})\big|_0^2-\int_0^2 e^{-t}\mathrm{d}(-t)$$

$$=-2e^{-2}-0-(e^{-t})\big|_0^2$$

$$\approx 0.594(\mathrm{J}).$$

习题 4－5

1. 计算下列定积分.

(1) $\int_0^1\sqrt{4x+5}\mathrm{d}x$；

(2) $\int_0^1\frac{1}{\sqrt{4+5x}-1}\mathrm{d}x$；

(3) $\int_0^2\sqrt{4-x^2}\mathrm{d}x$；

(4) $\int_1^{\sqrt{3}}\frac{1}{x\sqrt{x^2+1}}\mathrm{d}x$；

(5) $\int_0^1 xe^x\mathrm{d}x$；

(6) $\int_0^1 x\cos\pi x\mathrm{d}x$；

(7) $\int_1^e x\ln x\mathrm{d}x$；

(8) $\int_0^{\sqrt{3}}\arctan x\mathrm{d}x$.

2. 环保局近日受托对一起放射性碘物质泄漏事件进行调查，检测结果显示，出事当日，大气辐射水平是可接受的最大限度的四倍，于是环保局下令当地居民立即撤离这一地区，已知碘物质放射源的辐射水平是按下式衰减的：

$$R(t)=R_0e^{-0.004t}.$$

其中，R 是 t 时刻的辐射水平（单位：mR/h），R_0 是初始（$t=0$）辐射水平，t 按小时计算：

(1) 该地降低到可接受的辐射水平需要多长时间？

(2) 假设可接受的辐射水平的最大限度为 0.6 mR/h，那么降低到这一水平时已经泄漏出去的放射物的总量是多少？（mR：毫伦琴）

3. 经济学家研究一口新井的原油生产速度 $R(t)$（t 的单位：年）为

$$R(t)=1-0.02t\sin(2\pi t).$$

求开始 3 年内生产的石油总量.

4. 某工厂排出大量废气体，造成了严重空气污染，于是工厂通过减产来控制废气的排

放量，若第 t 年废气的排放量为

$$C(t)=\frac{20\ln(t+1)}{(t+1)^2}.$$

求该厂在 $t=0$ 到 $t=5$ 年间排出的总废气量.

4.6 广义积分与定积分应用

4.6.1 无穷区间上的广义积分

在电子电工技术里，经常会遇到形如 $\int_a^{+\infty} f(t)\mathrm{d}t$ 的积分式子，如后面要讲到的拉氏变换，它与我们前面学习的定积分 $\int_a^b f(x)\mathrm{d}x$ 的不同之处在于积分区间不再是一个有限区间 $[a, b]$，而是一个与时间 t 有关的无限区间 $[a, +\infty]$. 事实上，无限区间还有 $[-\infty, b]$ 和 $[-\infty, +\infty]$ 两种形式，我们把函数 $f(x)$ 在这样一些无穷区间上的积分称为**广义积分**. 其几何意义是当 $f(x)\geqslant 0$ 时，广义积分的值是一"开口曲边梯形"的面积，下面我们先看一个例子.

【引例】 求曲线 $y=\mathrm{e}^{-x}$，x 轴以及 y 轴右方所围成的"开口曲边梯形"的面积图 4-11.

解 因为这个图形不是封闭的曲边梯形，而在 x 轴的正方向是开口的；这就是说，这时的积分区间是无限区间 $[0, +\infty)$，所以不能用前面所学的定积分来计算它的面积.

我们任意取一个大于 0 的数 b，那么在区间 $[0, b]$ 上由曲线 $y=\mathrm{e}^{-x}$ 所围成的曲边梯形的面积为

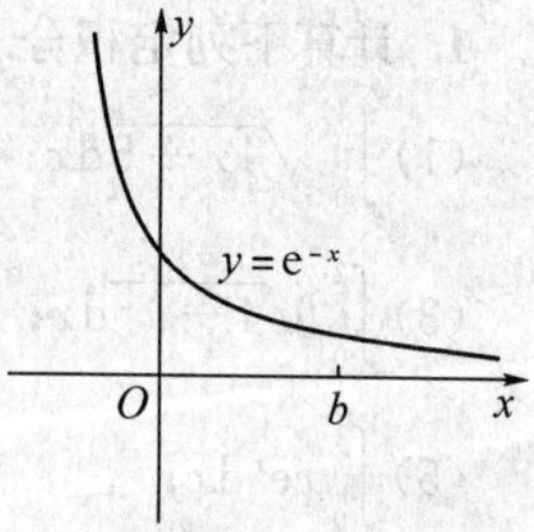

图 4-11

$$\int_0^b \mathrm{e}^{-x}\mathrm{d}x=\left[-\mathrm{e}^{-x}\right]_0^b=1-\mathrm{e}^{-b}.$$

很明显，当 b 改变时，曲边梯形的面积也随之改变，且随着 b 的趋于正无穷而趋近于一个确定的极限，即

$$\lim_{b\to+\infty}\int_0^b \mathrm{e}^{-x}\mathrm{d}x=\lim_{b\to+\infty}(1-\mathrm{e}^{-b})=1.$$

显然，这个极限值就表示所求"开口曲边梯形"的面积.

一般地，对于积分区间是无限的情形，给出下面的定义.

定义 1 设函数 $f(x)$ 在区间 $[a, +\infty)$ 上连续，取 $b>a$，如果极限 $\lim\limits_{b\to+\infty}\int_a^b f(x)\mathrm{d}x$ 存在，则称此极限为函数 $f(x)$ 在无穷区间 $[a, +\infty)$ 上的广义积分，记作 $\int_a^{+\infty} f(x)\mathrm{d}x$，即

$$\int_a^{+\infty} f(x)\mathrm{d}x=\lim_{b\to+\infty}\int_a^b f(x)\mathrm{d}x.$$

这时也称广义积分$\int_a^{+\infty} f(x)\mathrm{d}x$收敛；如果上述极限不存在，广义积分$\int_a^{+\infty} f(x)\mathrm{d}x$就没有意义，相应称广义积分$\int_a^{+\infty} f(x)\mathrm{d}x$发散，

同样的，我们还可以下面两个广义定义：

（Ⅰ）$\int_{-\infty}^b f(x)\mathrm{d}x = \lim\limits_{a\to-\infty}\int_a^b f(x)\mathrm{d}x$，若极限$\lim\limits_{a\to-\infty}\int_a^b f(x)\mathrm{d}x$存在(或不存在)，相应也称$\int_{-\infty}^b f(x)\mathrm{d}x$收敛(或发散)；

（Ⅱ）$\int_{-\infty}^{+\infty} f(x)\mathrm{d}x = \int_{-\infty}^0 f(x)\mathrm{d}x + \int_0^{+\infty} f(x)\mathrm{d}x$.

上式中，只有当右边两个广义积分都收敛时，左边的广义积分才收敛.

注：(1) 虽然广义积分是通过定积分来定义的，但它们是两个完全不同的概念；

(2) 为方便起见，设$F(x)$是函数$f(x)$的一个原函数，且广义积分收敛，根据牛顿-莱布尼兹公式，广义积分也可简记为

$$\int_a^{+\infty} f(x)\mathrm{d}x = F(+\infty) - F(a) = [F(x)]_a^{+\infty},$$

$$\int_{-\infty}^b f(x)\mathrm{d}x = F(b) - F(-\infty) = [F(x)]_{-\infty}^b,$$

$$\int_{-\infty}^{+\infty} f(x)\mathrm{d}x = F(+\infty) - F(-\infty) = [F(x)]_{-\infty}^{+\infty},$$

其中，$F(+\infty) = \lim\limits_{x\to+\infty} F(x)$，$F(-\infty) = \lim\limits_{x\to-\infty} F(x)$.

【例 1】 计算下列广义积分：

(1) $\int_0^{+\infty} \frac{1}{1+x^2}\mathrm{d}x$； (2) $\int_{-\infty}^0 \frac{1}{1+x^2}\mathrm{d}x$； (3) $\int_{-\infty}^{+\infty} \frac{1}{1+x^2}\mathrm{d}x$； (4) $\int_{-\infty}^0 x\mathrm{e}^x\mathrm{d}x$.

解

(1) $\int_0^{+\infty} \frac{1}{1+x^2}\mathrm{d}x = \lim\limits_{b\to+\infty}\int_0^b \frac{1}{1+x^2}\mathrm{d}x = \lim\limits_{b\to+\infty}[\arctan x]_0^b = \lim\limits_{b\to+\infty}\arctan b = \frac{\pi}{2}$,

(2) $\int_{-\infty}^0 \frac{1}{1+x^2}\mathrm{d}x = \lim\limits_{a\to-\infty}\int_a^0 \frac{1}{1+x^2}\mathrm{d}x = \lim\limits_{a\to-\infty}[\arctan x]_a^0 = \lim\limits_{a\to-\infty}\arctan a = -\frac{\pi}{2}$,

(3) $\int_{-\infty}^{+\infty} \frac{1}{1+x^2}\mathrm{d}x = [\arctan x]_{-\infty}^{+\infty} = \pi$,

(4) 因为，$\int x\mathrm{e}^x\mathrm{d}x = \int x\mathrm{d}(\mathrm{e}^x) = x\mathrm{e}^x - \int \mathrm{e}^x\mathrm{d}x = x\mathrm{e}^x - \mathrm{e}^x + C$,

所以，$\int_{-\infty}^0 x\mathrm{e}^x\mathrm{d}x = [x\mathrm{e}^x - \mathrm{e}^x]_{-\infty}^0 = -1 - \lim\limits_{x\to-\infty}(x\mathrm{e}^x - \mathrm{e}^x) = -1$.

【例 2】 讨论广义积分$\int_a^{+\infty} \frac{1}{x^p}\mathrm{d}x (a>0)$的收敛性.

解 当$p=1$时，$\int_a^{+\infty} \frac{1}{x^p}\mathrm{d}x = \int_a^{+\infty} \frac{1}{x}\mathrm{d}x = [\ln x]_a^{+\infty} = +\infty$；

当$p\neq1$时，$\int_a^{+\infty} \frac{1}{x^p}\mathrm{d}x = \left[\frac{x^{1-p}}{1-p}\right]_a^{+\infty} = \begin{cases} +\infty & p<1, \\ \frac{a^{1-p}}{p-1} & p>1. \end{cases}$

综上所述，当 $p>1$ 时，该广义积分收敛，其值为$\dfrac{a^{1-p}}{p-1}$；当 $p\leqslant1$ 时，该广义积分发散.

4.6.2 元素法及定积分的应用

通过定积分思想和积分方法的学习，我们可以解决一些非均匀变化的相应改变量问题，事实上，在实际应用过程中，如何把一个所求量表示为定积分的形式，是我们使用定积分解决问题的前提.

1. 元素法的概念

我们首先回顾定积分的定义引入过程中求由曲线 $y=f(x)$，$[f(x)\geqslant0]$和直线 $x=a$，$x=b$，$y=0$ 围成的曲边梯形面积的四个步骤：

(1) 分割. 在区间$[a, b]$内任意插入 $n-1$ 个分点把区间$[a, b]$分成 n 个小区间$[x_{i-1}, x_i](i=1, 2, \cdots, n)$，则大曲边梯形被分割成 n 个小曲边梯形.

(2) 取近似. 在区间$[x_{i-1}, x_i]$上任取一点 $\xi_i\in[x_{i-1}, x_i]$，用小矩形的面积 $f(\xi_i)\Delta x_i$ 近似代替小曲边梯形的面积，即 $\Delta A_i\approx f(\xi_i)\Delta x_i$.

(3) 求和. 将所有的小曲边梯形面积相加，就得出大曲边梯形面积(近似值)，即

$$A=\sum_{i=1}^{n}\Delta A_i\approx\sum_{i=1}^{n}f(\xi_i)\Delta x_i.$$

(4) 取极限令 $\lambda=\max\{\Delta x_i\}(i=1, 2, \cdots, n)$，于是，当 $\lambda\to0$ 时，$\sum\limits_{i=1}^{n}f(\xi_i)\Delta x_i\to A$，即

$$A=\lim_{\lambda\to0}\sum_{i=1}^{n}f(\xi_i)\Delta x_i=\int_a^b f(x)\mathrm{d}x.$$

在积分表达式的四个步骤中，主要是第二步确定小曲边梯形面积的近似值. 为了简便，我们用 ΔA 表示任一小区间$[x, x+\mathrm{d}x]$上的小曲边梯形的面积，而且取该小区间左端点 x 处对应的函数值 $f(x)$为小矩形的高，则小矩形的面积 $f(x)\mathrm{d}x$ 近似等于小曲边梯形的面积 ΔA，即 $\Delta A\approx f(x)\mathrm{d}x$(如图 4-12 中阴影部分)，于是将小矩形面积求和取极限即得曲边梯形的面积

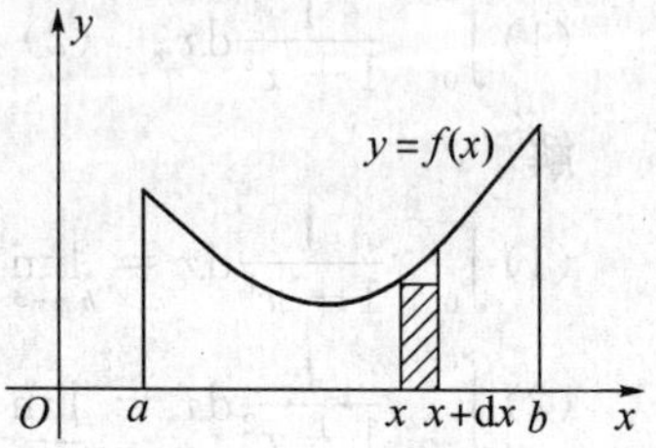

图 4-12

$$A=\int_a^b f(x)\mathrm{d}x.$$

事实上，小矩形的面积 $f(x)\mathrm{d}x$ 就是定积分的被积表达式，我们将该小矩形的面积 $f(x)\mathrm{d}x$称为面积元素，记为 $\mathrm{d}A=f(x)\mathrm{d}x$，也即 $A=\int_a^b\mathrm{d}A=\int_a^b f(x)\mathrm{d}x$.

在实际应用过程中，如果所求量的微小增量可以近似表示为一个函数在某一点处的函数值与自变量的增量的积的形式 $f(x)\mathrm{d}x$，我们就把这个积 $f(x)\mathrm{d}x$ 称为所求量的**元素**，对该元素求定积分就得到所求量.

2. 元素法的具体步骤

(1) 根据问题的具体情况，选取一个变量(如 x)为积分变量，并确定它的变化区间$[a, b]$；

(2) 选取积分变量 $x\in[a, b]$，在$[a, b]$上任取一小区间$[x, x+\mathrm{d}x]$，以点 x 处对应的函数值 $f(x)$与 $\mathrm{d}x$ 的乘积 $f(x)\mathrm{d}x$ 为所求量 A 的元素 $\mathrm{d}A$，即 $\mathrm{d}A=f(x)\mathrm{d}x$；

(3) 以所求量 A 的元素 $\mathrm{d}A=f(x)\mathrm{d}x$ 为被积表达式，在区间$[a, b]$上求定积分，得 $A=\int_a^b \mathrm{d}A=\int_a^b f(x)\mathrm{d}x$. 这就是所求量 A 的积分表达式.

3. 定积分在几何上的应用

(1) 平面图形的面积

根据定积分的几何意义，我们能够直接将平面直角坐标系中 x 轴上方(或下方)部分的曲边梯形的面积表示为定积分(或定积分的相反数)，对于较为复杂的图形的面积，借助于定积分的元素法，将会更便捷.

我们讨论由连续曲线 $y=f(x)$，$y=g(x)$与直线 $x=a$，$x=b$ 所围成的平面图形的面积$(a<b)$(图 4－13). 取任意 $x\in[a, b]$为积分变量，对于任意小区间$[x, x+\mathrm{d}x]$，该部分的面积可以用以$|f(x)-g(x)|$为高、$\mathrm{d}x$ 为宽的小矩形的面积(面积元素)近似代替，即 $\mathrm{d}A=|f(x)-g(x)|\mathrm{d}x$，于是 $A=\int_a^b|f(x)-g(x)|\mathrm{d}x$.

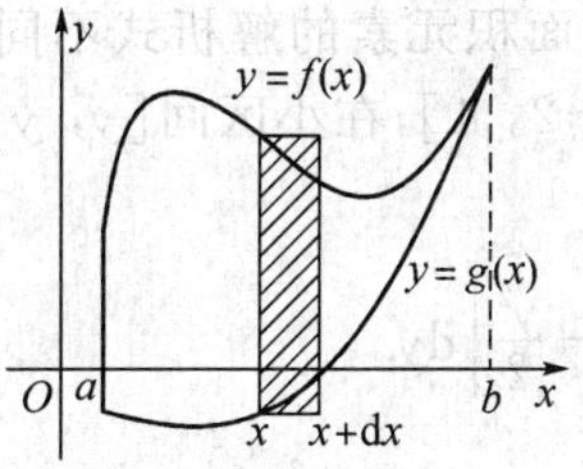

图 4－13

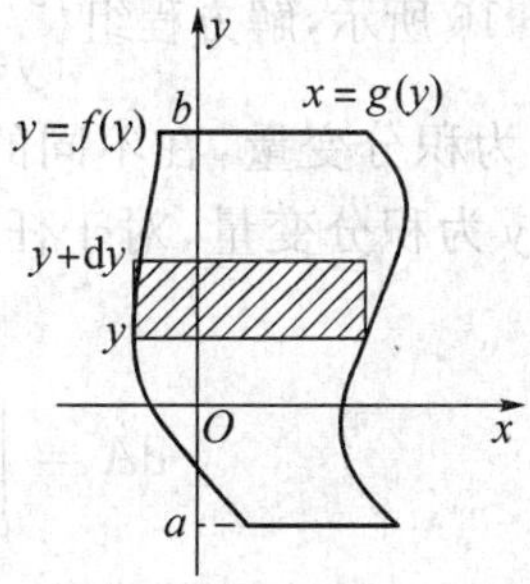

图 4－14

注：① 曲边梯形中，$y=g(x)=0$，$A=\int_a^b|f(x)|\mathrm{d}x$.

② 如果平面图形由连续曲线 $x=f(y)$，$x=g(y)$与直线 $y=a$，$y=b(a<b)$围成，则取任意 $x\in[a, b]$为积分变量，面积元素为 $\mathrm{d}A=|f(y)-g(y)|\mathrm{d}y$. 如图 4－14 所示.

【例 3】 计算由曲线 $y=x^3$ 和直线 $y=x$ 围成的平面图形的面积.

解 如图 4－15 所示，解方程组$\begin{cases}y=x^3\\y=x\end{cases}$，得曲线交点为$(-1, -1)$，$(0, 0)$，$(1, 1)$. 选取 x 为积分变量，则对于任意 $x\in[-1, 1]$，在小区间$[x, x+\mathrm{d}x]$上，其面积元素为 $\mathrm{d}A=|x-x^3|\mathrm{d}x$，于是

$$A=\int_{-1}^1\mathrm{d}A=\int_{-1}^1|x-x^3|\mathrm{d}x=\int_{-1}^0|x-x^3|\mathrm{d}x+\int_0^1|x-x^3|\mathrm{d}x$$

$$=\int_{-1}^0(x^3-x)\mathrm{d}x+\int_0^1(x-x^3)\mathrm{d}x=\left[\frac{x^4}{4}\right]_{-1}^0-\left[\frac{x^2}{2}\right]_{-1}^0+\left[\frac{x^2}{2}\right]_0^1-\left[\frac{x^4}{4}\right]_0^1=\frac{1}{2}.$$

为简化运算，也可以根据图形的对称性 $A=2\int_0^1|x-x^3|\mathrm{d}x$ 求面积.

如果选择 y 为积分变量，则对于任意 $y\in[-1, 1]$，在小区间$[y, y+\mathrm{d}y]$上，其面积元

素为 $dA=\left|y-\sqrt[3]{y}\right|dy$，于是

$$A=2\int_0^1\left|y-\sqrt[3]{y}\right|dy=2\int_0^1(\sqrt[3]{y}-y)dy=2\left[\frac{3y^{\frac{4}{3}}}{4}\right]_0^1-2\left[\frac{y^2}{2}\right]_0^1=\frac{1}{2}.$$

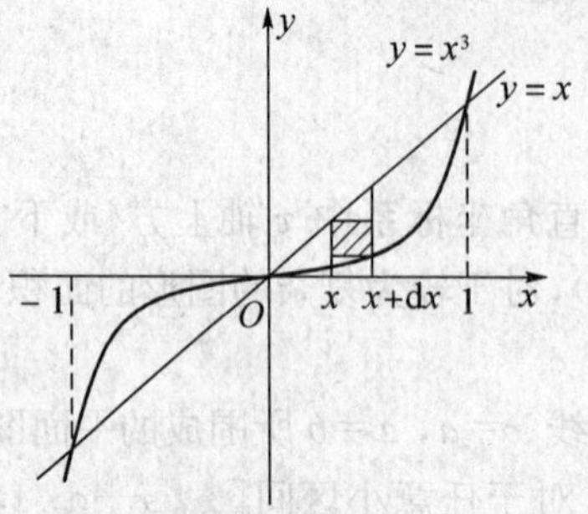

图 4-15

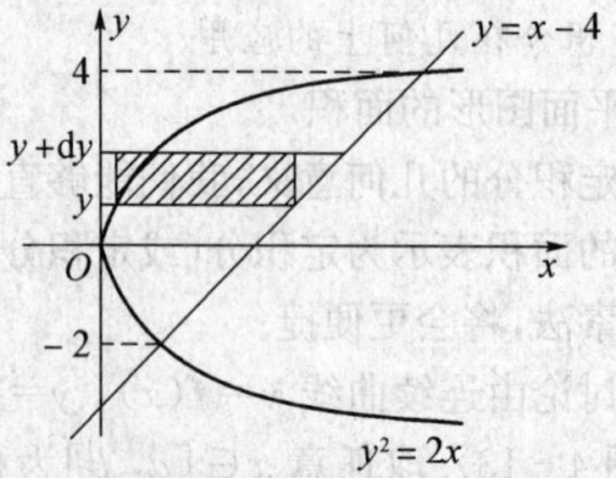

图 4-16

【例 4】 求由抛物线 $y^2=2x$ 与直线 $y=x-4$ 所围成的平面图形的面积.

解 如图 4-16 所示，解方程组 $\begin{cases}y^2=2x\\ y=x-4\end{cases}$，得交点坐标为 $(2,\ -2)$，$(8,\ 4)$.

如果选择 x 为积分变量，在不同的小区间，面积元素的解析式不同，需要分区间求面积. 如果选择 y 为积分变量，对于任意 $y\in[-2,\ 4]$，在小区间 $[y,\ y+dy]$ 上，面积元素为

$$dA=\left|(y+4)-\frac{y^2}{2}\right|dy.$$

于是 $A=\int_{-2}^{4}dA=\int_{-2}^{4}\left|(y+4)-\frac{y^2}{2}\right|dy=\int_{-2}^{4}\left(y+4-\frac{y^2}{2}\right)dy=\left[\frac{y^2}{2}+4y-\frac{1}{6}y^3\right]_{-2}^{4}=18.$

由此可见，适当选取积分变量可以使计算简便.

(2) 旋转体的体积

旋转体是指平面图形绕平面上某一条直线旋转而成的空间立体. 例如圆柱、圆锥、球体都可以看成是由矩形、三角形、半圆形绕着一直边旋转而成的. 这里，我们用定积分的元素法分析由曲线 $y=f(x)$ 和直线 $x=a$，$x=b$，$y=0$ 围成的曲边梯形绕 x 轴旋转而成的旋转体的体积(图 4-17)，其步骤如下：

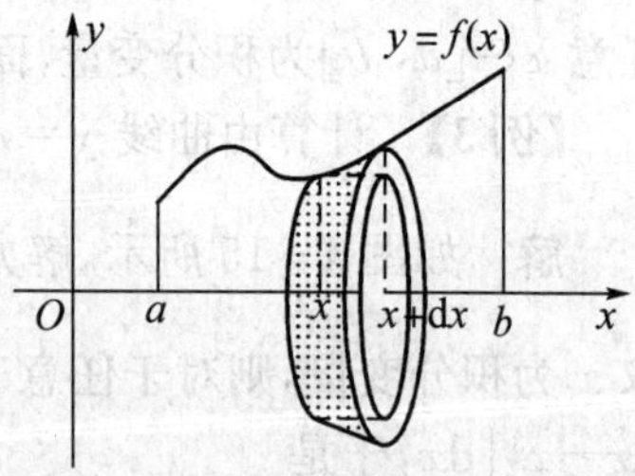

图 4-17

① 取积分变量. 选择 x 为积分变量，则 x 的取值范围是 $[a,\ b]$，该区间的长度就是旋转体的高度.

② 求面积元素. 对于任意 $x\in[a,\ b]$，在小区间 $[x,\ x+dx]$ 内(小旋转体)，可以用小圆柱体的体积近似代替，即以 $f(x)$ 为高、dx 为宽的矩形绕 x 轴旋转而成的圆柱体的体积就是旋转体的体积元素，有 $dv=\pi\left[f(x)\right]^2dx$.

③ 求积分. 该旋转体的体积就是体积元素 dv 在区间 $[a,\ b]$ 上的定积分，即

$$V=\int_a^b \mathrm{d}v=\int_a^b \pi[f(x)]^2\mathrm{d}x.$$

注：

① 如果平面图形绕 y 旋转，则应选择 y 为积分变量.

② 灵活选择积分变量的目的是为了使分割后的小立体还是旋转体，也就相当于用垂直于旋转轴的平面切割旋转体，使截面面积可求，其体积的近似值可以看做是圆柱体，从而使体积元素易求.

【例 5】 求由椭圆曲线$\frac{x^2}{a^2}+\frac{y^2}{b^2}=1(a>0,\ b>0)$绕 x 轴旋转而成的椭球体的体积.

分析 如图 4-18 所示，由于椭圆是对称图形，所以，我们只需求出椭圆在第一象限内的曲线和坐标轴围成的曲边梯形绕 x 轴旋转而成的半个椭球体的体积 V_1，就得出椭球体的体积 $V=2V_1$.

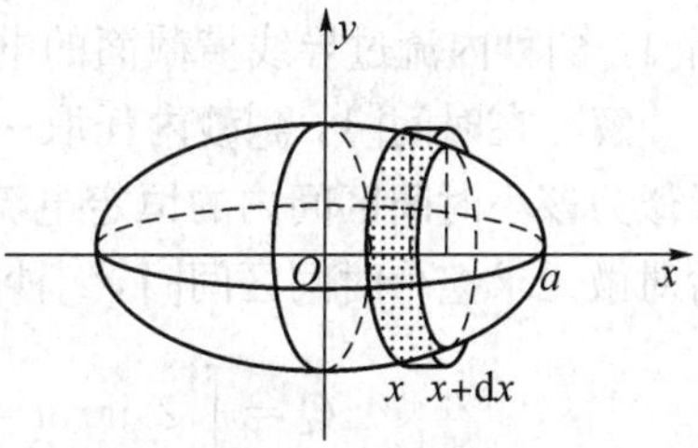

图 4-18

解 选择 x 为积分变量，其取值范围为$[0,\ a]$，对于任意 $x\in[0,\ a]$，在小区间$[x,\ x+\mathrm{d}x]$上，将小旋转体的体积近似看作以 $y=\frac{b}{a}\sqrt{a^2-x^2}$为高、以 $\mathrm{d}x$ 为宽的矩形绕 x 轴旋转而成的圆柱体的体积，即体积元素为

$\mathrm{d}V_1=\pi y^2\mathrm{d}x=\frac{\pi b^2}{a^2}(a^2-x^2)\mathrm{d}x$，于是

$$V=2V_1=2\int_0^a \mathrm{d}V_1=\frac{2\pi b^2}{a^2}\int_0^a (a^2-x^2)\mathrm{d}x=\frac{2\pi b^2}{a^2}\left[a^2x-\frac{x^3}{3}\right]_0^a=\frac{2\pi b^2}{a^2}\times\frac{2a^3}{3}=\frac{4}{3}\pi ab^2.$$

显然，当 $a=b$ 时就是半径为 a 的球体的体积 $V=\frac{4}{3}\pi a^3$.

【例 6】 求由两条曲线 $y=x^2$、$y=\sqrt{x}$围成的平面图形绕 x 轴旋转所形成的旋转体的体积.

分析 该立体是一个中空的旋转体，细分后的小旋转体的体积可以近似看做是阴影部分矩形绕 x 轴旋转而成的中空的柱体的体积(体积元素)，如图 4-19 所示，该柱体底面积为 $\pi y_1^2-\pi y_2^2$，高为 $\mathrm{d}x$.

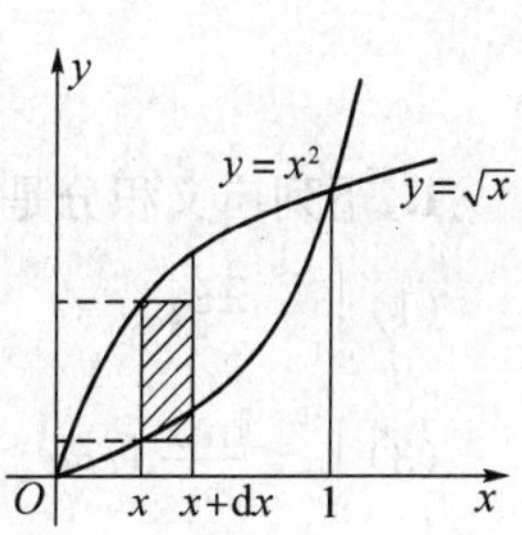

图 4-19

解 解方程组$\begin{cases}y=x^2\\ y=\sqrt{x}\end{cases}$得交点为$(0,\ 0)$，$(1,\ 1)$.

选取 x 为积分变量，其取值范围为$[0,\ 1]$，对于任意 $x\in[0,\ 1]$，在小区间$[x,\ x+\mathrm{d}x]$上，体积元素为 $\mathrm{d}V=(\pi y_1^2-\pi y_2^2)\mathrm{d}x=(\pi x-\pi x^4)\mathrm{d}x$，于是

$$V=\int_0^1 \mathrm{d}V=\int_0^1(\pi x-\pi x^4)\mathrm{d}x=\pi\left[\frac{x^2}{2}-\frac{x^5}{5}\right]_0^1=\frac{3}{10}\pi.$$

4. 定积分在物理学中的应用

【例 7】 弹簧在静止状态下受外力作用拉伸长度为 4 cm(弹性限度内),设弹性系数为 k,求拉伸过程中外力所做的功.

解 由于弹簧的弹力 f 与伸长的长度成正比,方向指向平衡位置,且 $f=-ks$,于是外力 $F=-f=ks$,选择弹簧伸长量 s 为积分变量,其取值范围为 $[0, 4]$,对于任意 $s\in[0, 4]$,在位移区间 $[s, s+\mathrm{d}s]$ 上,功元素为 $\mathrm{d}W=F\mathrm{d}s=ks\mathrm{d}s$,于是

$$W=\int_0^4 ks\,\mathrm{d}s=k\int_0^4 s\mathrm{d}s=k\left[\frac{s^2}{2}\right]_0^4=8k.$$

【例 8】 设导线在时刻 t(单位:s)的电流强度为 $i(t)=2\sin t$,试用定积分表示在时间间隔 $[1, 4]$ 秒内流过导线横截面的电量 Q(单位:A).

解 在时间 $[1, 4]$ 秒内任取一很小的时间区间 $[t, t+\mathrm{d}t]$,"以常代变",用 t 时刻的电流近似为该小时间区间内的恒定电流,由电量与电流关系易得其电量微元为 $\mathrm{d}Q=2\sin t\mathrm{d}t$,然后对微元求整个时间区间 $[1,4]$ 秒的定积分就可求出电量

$$Q=\int_1^4 2\sin t\mathrm{d}t=-2\cos t\,\Big|_1^4=-2\cos 4+2\cos 1(\mathrm{A}).$$

【例 9】 在电力需求的电涌期间,假设电能的消耗速率为 $r(t)=t\mathrm{e}^{-t}$,试求前 2 个单位时间内消耗的总电能 E.

解 在时间段 $[0, 2]$ 内任取一很小区间 $[t, t+\mathrm{d}t]$,将小区间内的电能变化率近似为恒定,可得电能微元 $\mathrm{d}E=t\mathrm{e}^{-t}\mathrm{d}t$,于是总电能为它在 $[0, 2]$ 上的定积分:

$$\begin{aligned}E&=\int_0^2 r(t)\mathrm{d}t=\int_0^2 t\mathrm{e}^{-t}\mathrm{d}t=-\int_0^2 t\mathrm{d}(\mathrm{e}^{-t})\\&=-\left(t\mathrm{e}^{-t}\,\Big|_0^2-\int_0^2\mathrm{e}^{-t}\mathrm{d}t\right)\\&=-2\mathrm{e}^{-2}-\mathrm{e}^{-t}\,\Big|_0^2=1-\frac{3}{\mathrm{e}^2}.\end{aligned}$$

习题 4-6

1. 下列广义积分是否收敛?若收敛,算出它的值.

(1) $\displaystyle\int_1^{+\infty}\frac{\mathrm{d}x}{x^4}$;　　(2) $\displaystyle\int_0^{+\infty}\mathrm{e}^{-ax}\mathrm{d}x(a>0)$;

(3) $\displaystyle\int_a^{+\infty}\frac{\ln x}{x}\mathrm{d}x(a>0)$;　　(4) $\displaystyle\int_{-\infty}^{+\infty}\frac{\mathrm{d}x}{x^2+2x+2}\mathrm{d}x$.

2. 求由下列曲线所围成的平面图形的面积.

(1) $y=\sqrt{x}$, $y=x$;　　(2) $y=x$, $y=2x$, $y=2$;

(3) $y=x-2$, $x=y^2$;　　(4) $xy=1$, $y=x$, $y=3$.

3. 求由下列曲线所围平面图形绕指定坐标轴旋转而成的旋转体体积.

(1) $y=x^2$, $y=x$ 绕 x 轴;　　(2) $y=x^2$, $y=4$ 绕 x 轴;

(3) $\dfrac{x^2}{4}+\dfrac{y^2}{9}=1$ 绕 x 轴、y 轴;　　(4) $y=\dfrac{3}{x}$ 及 $y=4-x$ 绕 x 轴、y 轴.

4. 设把金属杆的长度从 a 拉长到 $a+x$ 时，所需的力等于 $\frac{k}{a}x$，其中 k 为常数，试求将金属杆由长度 a 拉长到 b 时所作功.

5. 在电力需求的电涌期间，假设电能的消耗速率为 $r(t)=te^{-t}$，试求前 2 个单位时间内消耗的总电能 E.

6. 如图 4-20 所示，一底为 8 m，高为 6 m 的等腰三角形钢性薄板，垂直地沉没在水中，顶在上，底在下且与水面平行，而顶离水面 3 m，求它一侧所受水的压力.

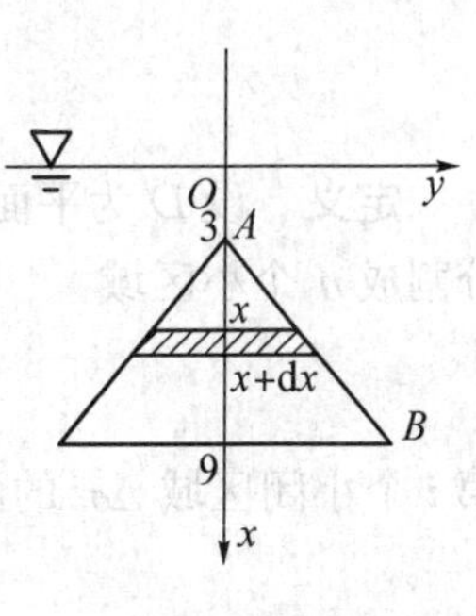

图 4-20

4.7 二重积分*

在一元函数中，我们以曲边梯形为例，引出了定积分的概念. 这种解决问题的思想方法可以推广到二元函数中，建立二重积分的概念.

4.7.1 二重积分的概念与性质

1. 二重积分的概念

【引例】 曲顶柱体的体积

以 xOy 平面上区域 D 为底面、以 D 的边界曲线为准线而母线平行于 z 轴的柱面为侧面、它的顶为曲线 $z=f(x, y)$，这种立体为曲顶柱体. 下面来讨论它的体积.

设曲顶 $z=f(x, y)$ 为 D 上的连续函数，且 $f(x, y)\geqslant 0$(图 4-21).

大家知道：柱体的体积公式为

$$\text{体积}=\text{底面积}\times\text{高}.$$

对于曲顶柱体，其高 $f(x, y)\geqslant 0$ 是个变量，因此，它的体积不能直接用柱体的体积公式来计算. 但在前面第 4.1.1 小节中我们曾讨论过曲边梯形的面积的求法. 不难想到：那里用来解决问题的思想方法，这里也可采用. 做法如下：

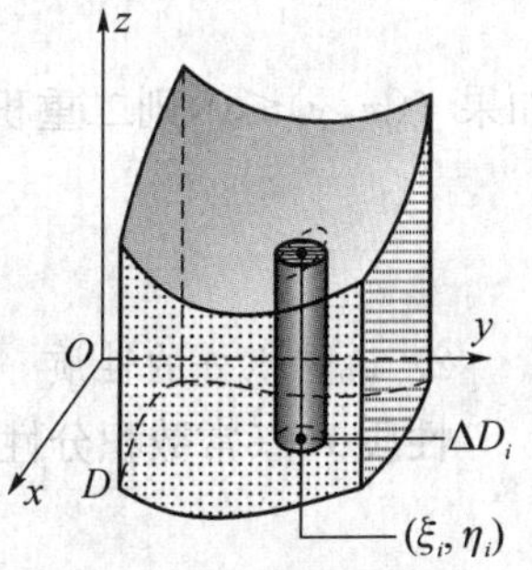

图 4-21

(1) 用网格曲线把闭区域 D 分割成 n 个小闭区域

$$\Delta\sigma_1, \Delta\sigma_2, \cdots, \Delta\sigma_n,$$

小闭区域 $\Delta\sigma_i$ 的面积也记为 $\Delta\sigma_i$；

(2) 闭区域 D 分割成 n 个小闭区域时，相应地，曲顶柱体分割成 n 个小曲顶柱体(图 4-21)，$f(x, y)\geqslant 0$ 在 $\Delta\sigma_i$ 上变化很小，可以近似地看做是平顶柱体，任取 $(\xi_i, \eta_i)\in\Delta\sigma_i$，从而第 i 个小曲顶柱体的体积

$$\Delta V_i\approx f(\xi_i,\eta_i)\Delta\sigma_i;$$

(3) 求和 $V=\sum\limits_{i=1}^{n}\Delta V_i\approx\sum\limits_{i=1}^{n}f(\xi_i,\eta_i)\Delta\sigma_i$；

(4) 令分割无限加细，记 $\lambda=\max\{|\Delta\sigma_i|\}$，表示各个小区域的直径中最大值，则和式的极限就是要求的体积 V，即

$$V=\lim_{\lambda\to 0}\sum_{i=1}^{n}f(\xi_i,\eta_i)\Delta\sigma_i.$$

定义 设 D 为平面上的有界闭区域，$z=f(x, y)$ 为定义在 D 上的有界函数. 将 D 任意分割成 n 个小区域

$$\Delta\sigma_1, \Delta\sigma_2, \cdots, \Delta\sigma_n,$$

第 i 个小闭区域 $\Delta\sigma_i$ 的面积也记为 $\Delta\sigma_i$，任取 $(\xi_i,\eta_i)\in\Delta\sigma_i$ 作乘积的和式

$$\sum_{i=1}^{n}f(\xi_i,\eta_i)\Delta\sigma_i$$

如果当 $\lambda=\max\{|\Delta\sigma_i|\}\to 0$ 时上述和式的极限存在，则称此极限值为函数 $f(x,y)$ 在 D 上的**二重积分**，记为

$$\iint f(x,y)\mathrm{d}\sigma=\lim_{\lambda\to 0}\sum_{i=1}^{n}f(\xi_i,\eta_i)\Delta\sigma_i,$$

其中：$f(x, y)$ 称为**被积函数**，$f(x, y)\mathrm{d}s$ 称为被积表达式，$\mathrm{d}s$ 称为面积元素，x，y 称为积分变量，D 称为**积分区域**.

说明：(1) 若 $f(x, y)$ 在 D 上的二重积分存在，则称 $f(x, y)$ 在 D 上可积. 可以证明，闭区域 D 的连续函数 $f(x, y)$ 必可积. 如不特别声明，总假定 $f(x, y)$ 在积分区域 D 上连续.

(2) 如果 $f(x, y)\geqslant 0$，则二重积分表示曲顶柱体的体积，即

$$V=\iint f(x,y)\mathrm{d}\sigma;$$

如果 $f(x,y)\leqslant 0$，则二重积分表示曲顶柱体的体积的相反数，即

$$V=-\iint f(x, y)\mathrm{d}\sigma.$$

2. 二重积分的性质

性质 1 （常数积分性质）如果在区域 D 上有 $f(x, y)=1$，则

$$\iint f(x,y)\mathrm{d}\sigma=S$$

其中的 S 为 D 的面积. 这个性质的几何意义表示，高为 1 的平顶柱体的体积在数值上就等于柱体的底面积.

性质 2 常数与函数乘积的积分，等于常数与函数积分号的乘积，即

$$\iint_D kf(x, y)\mathrm{d}\sigma=k\iint f(x, y)\mathrm{d}\sigma(k\text{ 为常数}).$$

性质 3 （和差性质）函数和、差的积分等于各个函数积分的和、差即

$$\iint_D[f(x, y)\pm g(x, y)]\mathrm{d}\sigma=\iint f(x, y)\mathrm{d}\sigma\pm\iint_D g(x, y)\mathrm{d}\sigma$$

性质 4 （区域可加性质）如果闭区域 D 被一条曲线分为两个部分区域 D_1，D_2（$D=$

$D_1 \bigcup D_2$)，则

$$\iint_D f(x,y)\mathrm{d}\sigma = \iint_{D_1} f(x,y)\mathrm{d}\sigma + \iint_{D_2} f(x,y)\mathrm{d}\sigma$$

4.7.2 二重积分的计算方法

由二重积分的定义我们知道，积分和的极限 $\lim\limits_{\lambda\to 0}\sum\limits_{i=1}^{n} f(\xi_i\ \eta_i)\Delta\sigma_i$ 与区域的分割无关，与点 $(\xi_i\ \eta_i)\in\Delta\sigma_i$ 选取无关. 因此，在解决二重积分计算问题的时候，可以根据问题的实际情况建立相应的坐标系，从而使问题得到比较顺利地解决. 我们常见的二重积分计算都分别在两大坐标系下进行：一是直角坐标系；二是极坐标系. 我们先从直角坐标系开始，介绍二重积分的基本计算方法.

1. 直角坐标系下的二重积分计算

在积分和式 $\sum\limits_{i=1}^{n} f(\xi_i\ \eta_i)\Delta\sigma_i$ 中，$\Delta\sigma_i$ 是小区域 $\Delta\sigma_i$ 的面积，这里的分割是任意的，既然二重积分值与区域的分割无关，那么，在直角坐标系下我们就可以用一种非常特别的分割方法——**平行坐标轴的网线**去分割区域 D，这样每个小区域就是矩形了(图 4－22)，因此 $\Delta\sigma_i=\Delta x_i\Delta y_i$.

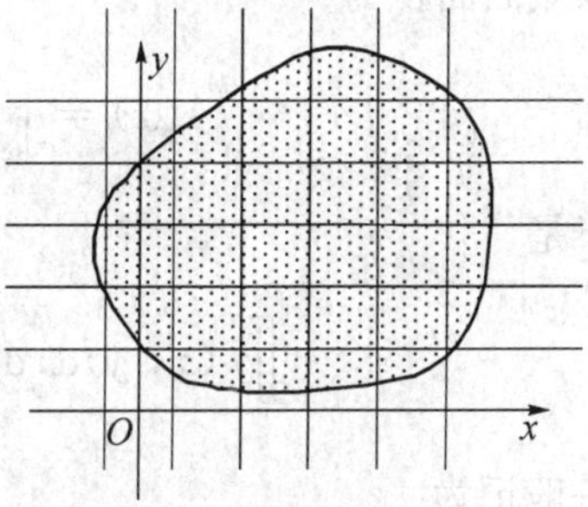

图 4－22

正是因为如此，所以面积微元可表示成

$$\mathrm{d}\sigma = \mathrm{d}x\mathrm{d}y.$$

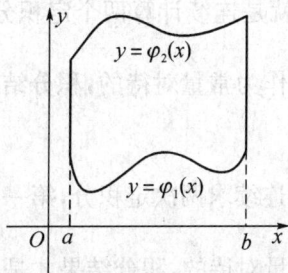

这样二重几分就可表示成

$$\iint_D f(x,\ y)\mathrm{d}x\mathrm{d}y.$$

这也是我们最常见的二重积分表示式.

为了便于计算，我们将平面区域进行适当的分类，分别称为 X－型平面区域和 Y－型平面区域，其几何特征如下：

(1) X－型平面区域

一个以 $x=a$，$x=b$，$y=\varphi_1(x)$和 $y=\varphi_2(x)$为边界的平面区域称为 X－型平面区域，如图 4－23 所示.

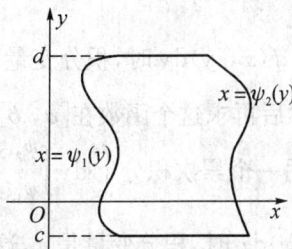

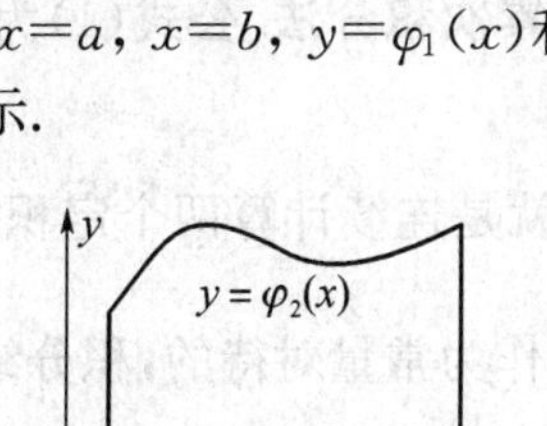

图 4－23

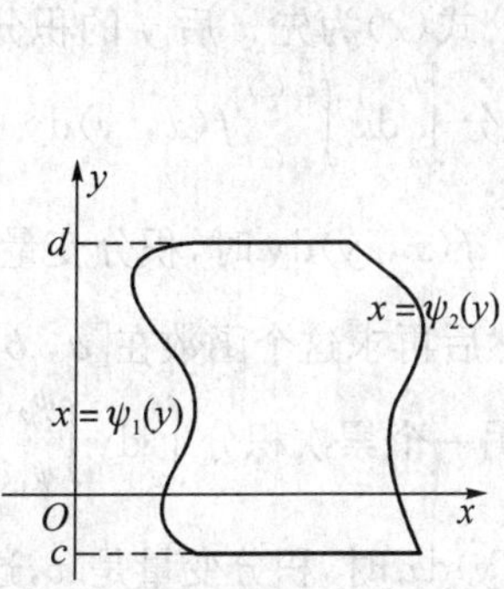

图 4－24

(2) Y-型平面区域

一个以 $y=c$, $y=d$, $x=\psi_1(y)$和 $x=\psi_2(y)$为边界的平面区域称为 Y-型平面区域,如图 4-24 所示.

如果$\iint\limits_D f(x, y)\mathrm{d}x\mathrm{d}y$ 的积分区域是 X-型平面区域,即

$$D: a \leqslant x \leqslant b,\ \varphi_1(x) \leqslant y \leqslant \varphi_2(x)\ (\text{图 } 4-23),$$

借助二重积分的几何意义,我们导出这个积分的计算公式.

由于$\iint\limits_D f(x,y)\mathrm{d}x\mathrm{d}y$ 是一个曲顶柱体的体积,按照定积分求体积的思路,我们应当先求截面面积. 于是在 x 轴的 a 到 b 之间任取一点 x,过点 x 作垂直 x 轴的垂面,截得几何体一截面(图 4-25),该截面面积为

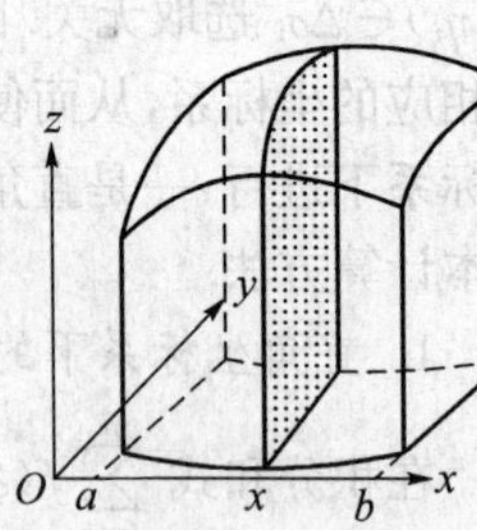

图 4-25

$$A(x) = \int_{\varphi_1(x)}^{\varphi_2(x)} f(x,y)\mathrm{d}y,$$

于是

$$\iint\limits_D f(x, y)\mathrm{d}x\mathrm{d}y = \int_a^b A(x)\mathrm{d}x = \int_a^b \left[\int_{\varphi_1(x)}^{\varphi_2(x)} f(x, y)\mathrm{d}y\right]\mathrm{d}x,$$

一般记为

$$\iint\limits_D f(x, y)\mathrm{d}x\mathrm{d}y = \int_a^b \mathrm{d}x \int_{\varphi_1(x)}^{\varphi_2(x)} f(x, y)\mathrm{d}y. \tag{1}$$

如果积分区域 D 是 Y-型平面区域,即

$$D: c \leqslant y \leqslant d,\ \psi_1(y) \leqslant x \leqslant \psi_2(y)\ ,(\text{图 } 4-24),$$

同理可得

$$\iint\limits_D f(x, y)\mathrm{d}x\mathrm{d}y = \int_c^d \mathrm{d}y \int_{\psi_1(y)}^{\psi_2(y)} f(x, y)\mathrm{d}x. \tag{2}$$

公式(1)和公式(2)的积分方法称为化二重积分为**累次积分法**. 公式(1)为先 y 后 x 的积分次序,公式(2)为先 x 后 y 的积分次序.

累次积分$\int_a^b \mathrm{d}x \int_{\varphi_1(x)}^{\varphi_2(x)} f(x, y)\mathrm{d}y$ 的实际计算,其实就是连续计算两个定积分,第一次求定积分$\int_{\varphi_1(x)}^{\varphi_2(x)} f(x, y)\mathrm{d}y$ 时,积分变量是 y,这时的 x 是作为常量对待的,积分结果才是关于 x 的函数,然后再求这个函数在$[a, b]$上的定积分.

当然,另一个累次积分$\int_c^d \mathrm{d}y \int_{\psi_1(y)}^{\psi_2(y)} f(x, y)\mathrm{d}x$ 也是连续求两次定积分,第一次求定积分$\int_{\psi_1(y)}^{\psi_2(y)} f(x, y)\mathrm{d}x$ 时,积分变量是 x,这时的 y 是作为常量对待的,积分结果才是关于 y 的函数,然后再求这个函数在$[c, d]$上的定积分.

下面我们以具体示例介绍二重积分的基本计算方法.

【例 1】 计算二重积分

$$\iint_D (3x^2y+4xy^2)\,dxdy,$$

其中 $D=\{(x,y)\mid 0\leqslant x\leqslant 2,\ 1\leqslant y\leqslant 4\}$.

这个积分区域是一个矩形区域,矩形区域既是 X-型的也是 Y-型的,从积分区域的角度来说,是最简单的一种类型.

解 $$\iint_D (3x^2y+4xy^2)\,dxdy=\int_0^2 dx\int_1^4 (3x^2y+4xy^2)\,dy$$

$$\int_0^2 dx\left(\frac{3}{2}x^2y^2+\frac{4}{3}xy^3\right)\Big|_1^4=\int_0^2\left(\frac{45}{2}x^2+\frac{252}{3}x\right)dx$$

$$=\left(\frac{45}{6}x^3+\frac{252}{6}x^2\right)\Big|_0^2=\frac{684}{3}.$$

当然,它也可以按另一种积分次序计算.

$$\iint_D (3x^2y+4xy^2)\,dxdy=\int_1^4 dy\int_0^2 (3x^2y+4xy^2)\,dx$$

$$=\int_1^4 dy(x^3y+2x^2y^2)\big|_0^2=\int_1^4 (8y+8y^2)\,dy$$

$$=\left(4y^2+\frac{8}{3}y^3\right)\Big|_1^4=\frac{684}{3}.$$

【例 2】 计算二重积分 $\iint\limits_D xy\,dxdy$, 其中 D 由 $y=x^2$, $y=\sqrt{2x-x^2}\,(0\leqslant x\leqslant 1)$ 所围,如图 4-26.

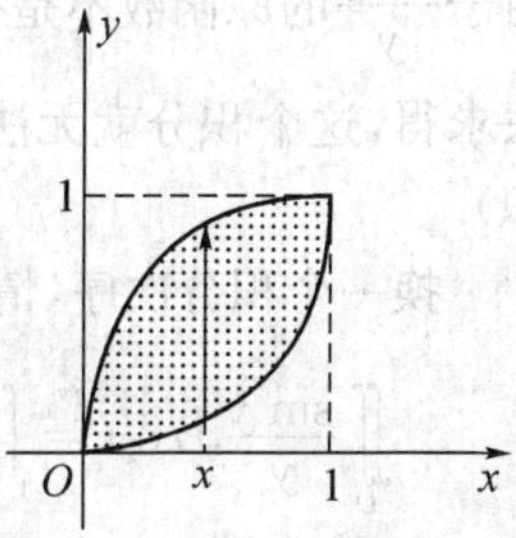

图 4-26

解 如果按 X-型平面区域计算. 在 x 轴的 0 到 1 之间任取一点 x,这时 y 的取值范围为下边界在 x 点的值到上边界在 x 点的值,即

$$x^2\leqslant y\leqslant\sqrt{2x-x^2}\ (\text{图 } 4-27),$$

于是

$$\iint_D xy\,dxdy=\int_0^1 dx\int_{x^2}^{\sqrt{2x-x^2}} xy\,dy$$

$$=\int_0^1 dx\left(\frac{1}{2}xy^2\right)\Big|_{x^2}^{\sqrt{2x-x^2}}$$

$$=\int_0^1 \frac{1}{2}(2x^2-x^3-x^5)\,dx$$

$$=\frac{1}{2}\left(\frac{2}{3}x^3-\frac{1}{4}x^4-\frac{1}{6}x^6\right)\Big|_0^1=\frac{1}{8}.$$

如果本例按 Y-型平面区域进行计算的话,先在 y 轴的 0 到 1 之间任取一点,这样 x 的取值范围就是左边界在 y 点的值到右边界在 y 点的值,即 $1-\sqrt{1-y^2}\leqslant x\leqslant\sqrt{y}$,于是

$$\iint_D xy\,dx\,dy = \int_0^1 dy\int_{1-\sqrt{1-y^2}}^{\sqrt{y}} xy\,dx$$

$$= \int_0^1 dy\left(\frac{1}{2}x^2 y\right)\Big|_{1-\sqrt{1-y^2}}^{\sqrt{y}}$$

$$= \int_0^1 \frac{1}{2}(y^2 - y(1-\sqrt{1-y^2})^2)\,dy$$

$$= \int_0^1 \frac{1}{2}(y^2 - 2y + 2y\sqrt{1-y^2} + y^3)\,dy$$

$$= \frac{1}{2}\left(\frac{1}{3}y^3 - y^2 - \frac{2}{3}\sqrt{(1-y^2)^3} + \frac{1}{4}y^4\right)\Big|_0^1 = \frac{1}{8}.$$

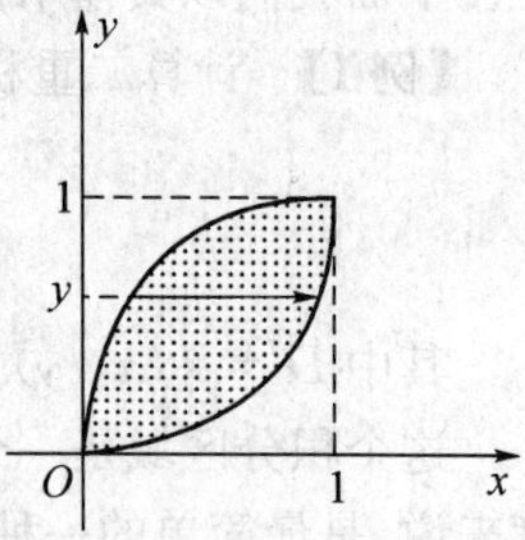

图 4-27

相比之下，按 Y-型平面区域进行计算，难度和计算量都要稍大一点. 这说明积分次序的选择是重要的.

【例 3】 计算二重积分 $\iint\limits_D \frac{\sin y}{y}\,dx\,dy$，其中 D 由曲线 $y=x$ 以及 $x=y^2$ 所围.

解 如图 4-28 所示，本题的积分区域既是 X-型的也是 Y-型的，从理论上来说，两种积分次序都可以选择.

在 X-型平面区域下进行计算，有

$$\iint_D \frac{\sin y}{y}\,dx\,dy = \int_0^1 dx\int_x^{\sqrt{x}} \frac{\sin y}{y}\,dy.$$

由于 $\frac{\sin y}{y}$ 的原函数不是初等函数，因此 $\int_x^{\sqrt{x}} \frac{\sin y}{y}\,dy$ 无法用初等方法求得，这个积分就无法进行了，也就是积不出来(并不是指不可积).

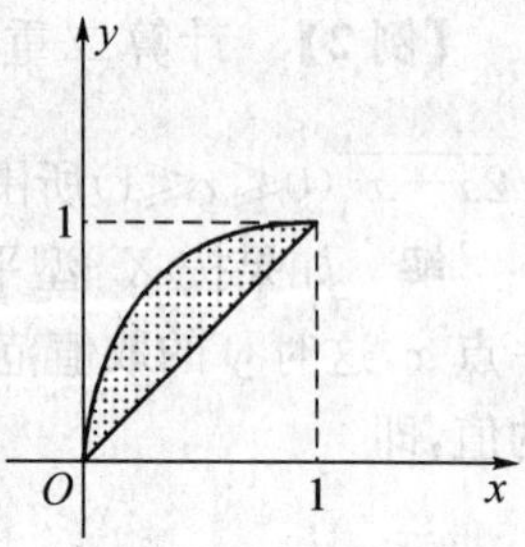

图 4-28

换一个积分次序，情况会怎样呢？

$$\iint_D \frac{\sin y}{y}\,dx\,dy = \int_0^1 dy\int_{y^2}^{y} \frac{\sin y}{y}\,dx = \int_0^1 dy\left(\frac{\sin y}{y}x\right)\Big|_{y^2}^{y}$$

$$= \int_0^1 (\sin y - y\sin y)\,dy = 1 - \sin 1.$$

这个例子再一次说明积分次序选择的重要性.

既然积分次序的选择在一定的情况下是非常重要的，那么怎么合理选择积分次序呢？到目前为止，编者还不能提供普遍可以遵循的方法，但编者认为，当一种次序计算中遇到很大困难的时候，不妨换一个次序试试看. 有的时候，**被积函数对哪个变量来说形式更简单，就先对哪个变量求积分**，这有可能是一种最佳的选择(如例 3).

【例 4】 更换累次积分 $\int_0^1 dy\int_{y^2}^{1+\sqrt{1-y^2}} f(x,y)\,dx$ 的次序.

解 由已知可知 y 的变化范围为：$0\leqslant y\leqslant 1$，当 y 在 $[0,1]$ 上任意确定之后，x 的变化范围是：$y^2\leqslant x\leqslant 1+\sqrt{1-y^2}$，我们在坐标系下划出两条曲线

$$x = y^2 \text{ 和 } x = 1+\sqrt{1-y^2}$$

的图像，这样，积分区域 D 就画出来了，如图 4－29 所示，于是

$$\begin{aligned}\int_0^1 \mathrm{d}y\int_{y^2}^{1+\sqrt{1-y^2}} f(x,\ y)\mathrm{d}x &= \iint_D f(x,\ y)\mathrm{d}x\mathrm{d}y\\ &= \iint_{D_1} f(x,\ y)\mathrm{d}x\mathrm{d}y+\iint_{D_2} f(x,\ y)\mathrm{d}x\mathrm{d}y\\ &= \int_0^1 \mathrm{d}x\int_0^{\sqrt{x}} f(x,\ y)\mathrm{d}y+\int_1^2 \mathrm{d}x\int_0^{\sqrt{2x-x^2}} f(x,\ y)\mathrm{d}y.\end{aligned}$$

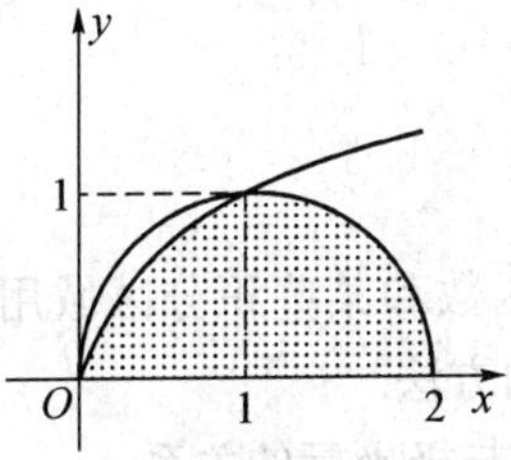

图 4－29

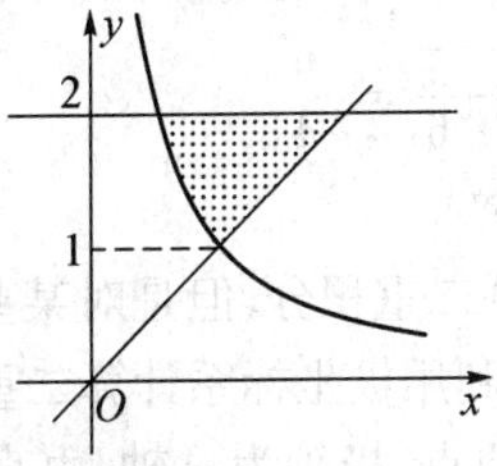

图 4－30

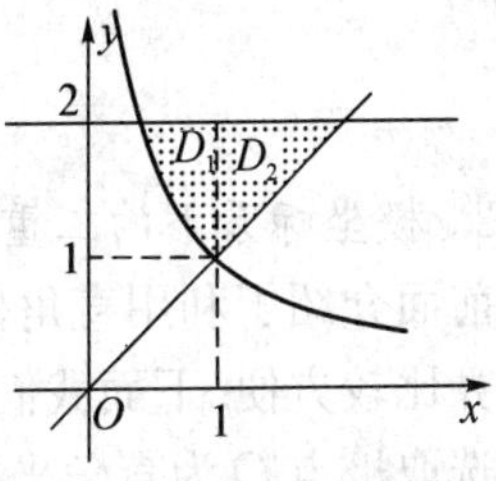

图 4－31

【例 5】 计算二重积分 $\iint_D \frac{y^2}{x^2}\mathrm{d}x\mathrm{d}y$，其中 D 由 $y=x$，$y=2$ 以及 $y=\frac{1}{x}$ 所围.

解 这是一个 Y－型积分区域上的积分. 如图 4－30 所示，由已知得交点坐标为 $(1,\ 1)$，$(2,\ 2)$ 和 $\left(\frac{1}{2},\ 2\right)$，$y$ 的变化范围是：$1\leqslant y\leqslant 2$，取定 y 之后，x 的变化范围是：$\frac{1}{y}\leqslant x\leqslant y$，因此

$$\begin{aligned}\iint_D \frac{y^2}{x^2}\mathrm{d}x\mathrm{d}y &= \int_1^2 \mathrm{d}y\int_{\frac{1}{y}}^{y}\frac{y^2}{x^2}\mathrm{d}x=\int_1^2 \mathrm{d}y\left(-\frac{y^2}{x}\right)\Bigg|_{\frac{1}{y}}^{y}\\ &= \int_1^2 (y^3-y)\mathrm{d}y=\left(\frac{1}{4}y^4-\frac{1}{2}y^2\right)\Bigg|_1^2=\frac{9}{4}.\end{aligned}$$

如果要按照 X－型积分区域进行计算的话，那么就要对区域 D 进行分割，如图 4－31 所示，于是

$$\iint_D \frac{y^2}{x^2}\mathrm{d}x\mathrm{d}y=\iint_{D_1}\frac{y^2}{x^2}\mathrm{d}x\mathrm{d}y+\iint_{D_2}\frac{y^2}{x^2}\mathrm{d}x\mathrm{d}y.$$

由已知得交点坐标为

$$(1,\ 1),\ (2,\ 2)\ 和\left(\frac{1}{2},\ 2\right),\ 又$$

$$D_1:\frac{1}{2}\leqslant x\leqslant 1,\ \frac{1}{x}\leqslant y\leqslant 2;\quad D_2:1\leqslant x\leqslant 2,\ x\leqslant y\leqslant 2,$$

因此

$$\begin{aligned}\iint\limits_{D}\frac{y^2}{x^2}\mathrm{d}x\mathrm{d}y &= \iint\limits_{D_1}\frac{y^2}{x^2}\mathrm{d}x\mathrm{d}y+\iint\limits_{D_2}\frac{y^2}{x^2}\mathrm{d}x\mathrm{d}y\\ &= \int_{\frac{1}{2}}^{1}\mathrm{d}x\int_{\frac{1}{x}}^{2}\frac{y^2}{x^2}\mathrm{d}y+\int_{1}^{2}\mathrm{d}x\int_{x}^{2}\frac{y^2}{x^2}\mathrm{d}y\\ &= \int_{\frac{1}{2}}^{1}\mathrm{d}x\left(\frac{1}{3}\frac{y^3}{x^2}\right)\Bigg|_{\frac{1}{x}}^{2}+\int_{1}^{2}\mathrm{d}x\left(\frac{1}{3}\frac{y^3}{x^2}\right)\Bigg|_{x}^{2}\\ &= \int_{\frac{1}{2}}^{1}\left(\frac{8}{3}\frac{1}{x^2}-\frac{1}{3}\frac{1}{x^5}\right)\mathrm{d}x+\int_{1}^{2}\left(\frac{8}{3}\frac{1}{x^2}-\frac{x}{3}\right)\mathrm{d}x\\ &= \left(-\frac{8}{3}\frac{1}{x}+\frac{1}{12}\frac{1}{x^4}\right)\Bigg|_{\frac{1}{2}}^{1}+\left(-\frac{8}{3}\frac{1}{x}-\frac{x^2}{6}\right)\Bigg|_{1}^{2}\\ &= \frac{17}{12}+\frac{5}{6}=\frac{9}{4}.\end{aligned}$$

2. 极坐标系下的二重积分计算

前面介绍了利用直角坐标计算二重积分，但是对某些被积函数和某些积分区域用极坐标计算比较方便.下面我们来介绍利用极坐标系计算二重积分的方法.

选取极点 O 为直角坐标系的原点、极轴为 x 轴，由直角坐标与极坐标的关系

$$\begin{cases}x=r\cos\theta,\\ y=r\sin\theta,\end{cases}$$

有

$$f(x,\ y)=f(r\cos\theta,\ r\sin\theta).$$

下面我们来考虑极坐标系下面积元素 $\mathrm{d}\sigma$ 的表达形式. 在二重积分的定义中区域 D 的分割是任意的，极限 $\lim\limits_{\lambda\to 0}\sum\limits_{i=1}^{n}f(\xi_i,\eta_i)\Delta\sigma_i$ 都存在，那么对于区域进行特殊分割该极限也应该存在. 在极坐标系下，我们用 $\theta=$常数和 $r=$常数的两族曲线，即一族从极点出发的射线和另一族圆心在极点的同心圆，把区域 D 分割成许多小区域(图 4－32). 除靠区域 D 边界曲线的一些小区域外，其余的都是小扇环区域. 当这些小区域的直径的最大者 $\lambda\to 0$时，这些靠区域 D 边界的不规则的小区域的面积之和趋于 0. 因此，第 i 个小扇环区域 $\Delta\sigma_i$ 的面积近似等于以 $r\mathrm{d}\theta$ 为长、$\mathrm{d}r$ 为宽的矩形面积，因此在极坐标系中的面积元素为

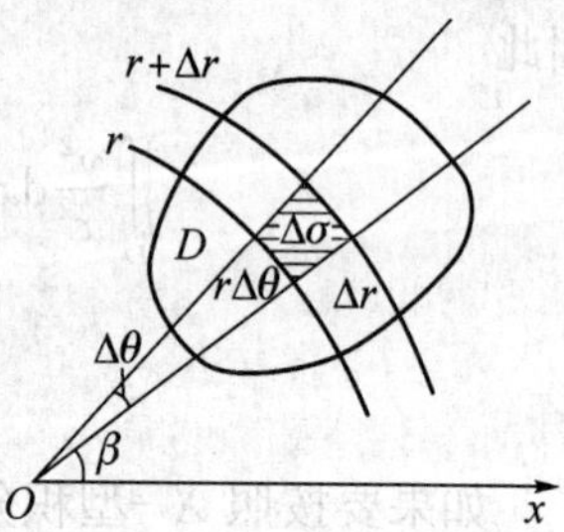

图 4－32

$$\mathrm{d}\sigma=r\mathrm{d}r\mathrm{d}\theta,$$

于是二重积分的极坐标形式为

$$\iint\limits_{D}f(x,y)\mathrm{d}\sigma=\iint\limits_{D}f(r\cos\theta,\ r\sin\theta)r\mathrm{d}r\mathrm{d}\theta.$$

公式表明，要把一个二重积分变为极坐标系下的二重积分，只要把被积函数中的 x，y 分别换成 $r\cos\theta$，$r\sin\theta$，面积元素 $\mathrm{d}\sigma$ 换成 $r\mathrm{d}r\mathrm{d}\theta$ 即可.

极坐标系下的二重积分，同样要化为累次积分来计算.

如图 4 - 33 所示，积分区域 D 可以用不等式组表示为

$$\begin{cases}\alpha\leqslant\theta\leqslant\beta,\\ r_1(\theta)\leqslant r\leqslant r_2(\theta),\end{cases}$$

则极坐标系下的二重积分 $\iint\limits_D f(r\cos\theta,\ r\sin\theta)r\mathrm{d}r\mathrm{d}\theta$ 化为累次积分的公式为

$$\iint\limits_D f(r\cos\theta,\ r\sin\theta)r\mathrm{d}r\mathrm{d}\theta=\int_\alpha^\beta\mathrm{d}\theta\int_{r_1(\theta)}^{r_2(\theta)}f(r\cos\theta,\ r\sin\theta)r\mathrm{d}r.$$

【例 6】 计算 $\iint\limits_D \mathrm{e}^{-x^2-y^2}\mathrm{d}\sigma$，其中 D 是由中心在原点、半径为 R 的圆周所围成的闭区域.

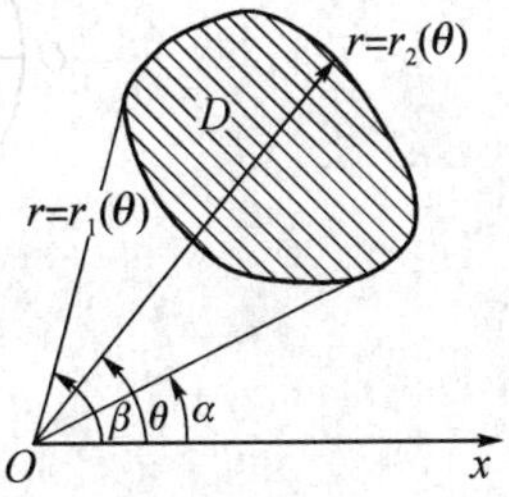

图 4 - 33

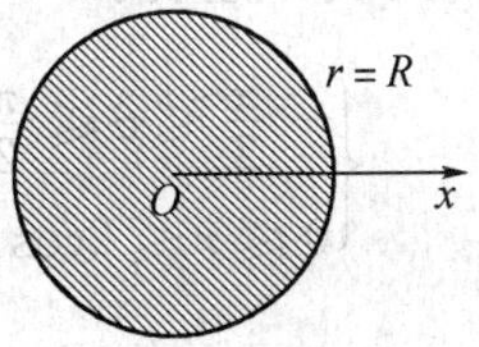

图 4 - 34

解 首先画出区域 D 的图形（图 4 - 34），并把 D 的边界曲线 $x^2+y^2=R^2$ 化为极坐标方程，即

$$r=R.$$

然后将积分区域 D 用不等式组表示

$$\begin{cases}0\leqslant\theta\leqslant 2\pi,\\ 0\leqslant r\leqslant R.\end{cases}$$

于是

$$\iint\limits_D \mathrm{e}^{-x^2-y^2}\mathrm{d}\sigma=\iint\limits_D \mathrm{e}^{-r^2}r\mathrm{d}r\mathrm{d}\theta=\int_0^{2\pi}\left(\int_0^R \mathrm{e}^{-r^2}r\mathrm{d}r\right)\mathrm{d}\theta=\int_0^{2\pi}\left(-\frac{1}{2}\mathrm{e}^{-r^2}\right)\Big|_0^R\mathrm{d}\theta$$

$$=\frac{1}{2}(1-\mathrm{e}^{-R^2})\int_0^{2\pi}\mathrm{d}\theta=\pi(1-\mathrm{e}^{-R^2}).$$

【例 7】 计算 $\iint\limits_D x^2\mathrm{d}\sigma$，其中 D 是由圆 $x^2+y^2=1$ 和圆 $x^2+y^2=4$ 之间的环形区域.

解 首先画出积分区域 D 的图形（图 4 - 35），并把 D 的边界曲线 $x^2+y^2=1$ 和 $x^2+y^2=4$ 化成极坐标方程，即

$$r=1\text{ 和 }r=2.$$

然后将积分区域 D 用不等式组表示

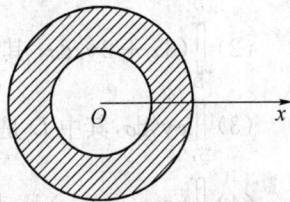

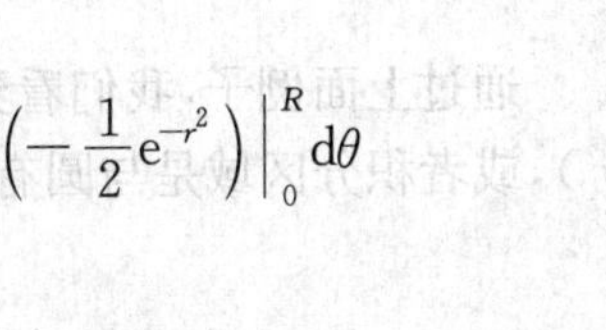

图 4 - 35

$$\begin{cases}0\leqslant\theta\leqslant 2\pi,\\1\leqslant r\leqslant 2.\end{cases}$$

于是

$$\iint_D x^2\mathrm{d}\sigma=\iint_D(r\cos\theta)^2 r\mathrm{d}r\mathrm{d}\theta=\int_0^{2\pi}\left(\int_1^2 r^3\cos^2\theta\mathrm{d}r\right)\mathrm{d}\theta=\frac{15}{4}\int_0^{2\pi}\cos^2\theta\mathrm{d}\theta=\frac{15}{4}\pi.$$

【例 8】 计算$\iint_D\sqrt{4-x^2-y^2}\mathrm{d}\sigma$，其中 D 是由圆 $x^2+y^2=2x$ 所围成的区域.

解 首先画出积分区域 D 的图形(图 4－36)，并把 D 的边界曲线 $x^2+y^2=2x$ 化成极坐标方程，即

$$r=2\cos\theta.$$

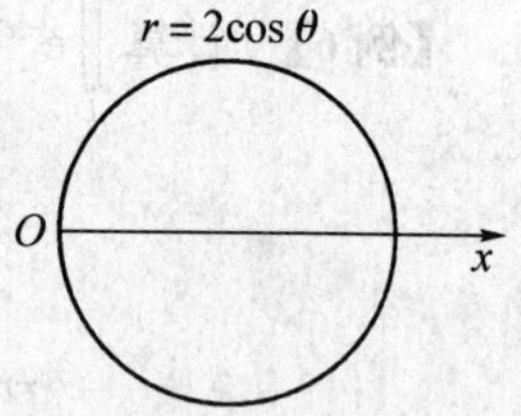

图 4－36

然后将积分区域 D 用不等式组表示

$$\begin{cases}-\dfrac{\pi}{2}\leqslant\theta\leqslant\dfrac{\pi}{2},\\0\leqslant r\leqslant 2\cos\theta.\end{cases}$$

于是

$$\begin{aligned}\iint_D\sqrt{4-x^2-y^2}\mathrm{d}\sigma&=\iint_D\sqrt{4-r^2}r\mathrm{d}r\mathrm{d}\theta=\int_{-\pi/2}^{\pi/2}\left[\int_0^{2\cos\theta}\sqrt{4-r^2}r\mathrm{d}r\right]\mathrm{d}\theta\\&=\int_{-\pi/2}^{\pi/2}\left[-\frac{1}{3}(4-r^2)^{3/2}\right]\Big|_0^{2\cos\theta}\mathrm{d}\theta\\&=\frac{1}{3}\int_{-\pi/2}^{\pi/2}(8-8\,|\sin\theta|^3)\mathrm{d}\theta\\&=\frac{16}{3}\int_0^{\pi/2}(1-\sin^3\theta)\mathrm{d}\theta\\&=\frac{8}{9}(3\pi-4).\end{aligned}$$

通过上面例子，我们看到，如果二重积分的被积函数是以 x^2+y^2 为变量的函数 $f(x^2+y^2)$，或者积分区域是与圆有关的图形，一般利用极坐标系来计算二重积分较为简便.

习题 4－7

1. 用直角坐标系计算下列二重积分.

(1) $\iint_D x\mathrm{e}^{xy}\mathrm{d}x\mathrm{d}y$，其中 D：$0\leqslant x\leqslant 1,\ -1\leqslant y\leqslant 0$；

(2) $\iint_D(3x+2y)\mathrm{d}\sigma$，其中 D 是由两坐标轴及直线 $x+y=2$ 所围成的闭区域；

(3) $\iint_D xy^2\mathrm{d}\sigma$，其中 D 是由抛物线 $y^2=2x$ 和直线 $x=\dfrac{1}{2}$ 所围的区域；

(4) $\iint_D x\cos(x+y)\mathrm{d}\sigma$，其中 D 是顶点分别为$(0,0)$，$(\pi,0)$，和(π,π) 的三角形闭区域.

2. 用极坐标系计算下列二重积分.

(1) $I=\iint_D(6-3x-2y)\mathrm{d}x\mathrm{d}y$,其中 $D:x^2+y^2\leqslant R^2$;

(2) $I=\iint_D\sqrt{R^2-x^2-y^2}\mathrm{d}x\mathrm{d}y$,其中 $D:x^2+y^2\leqslant Rx$;

(3) $I=\iint_D\ln(1+x^2+y^2)\mathrm{d}x\mathrm{d}y$,其中 $D:x^2+y^2\leqslant 1$ 在第一象限的部分.

4.8 Matlab 在求解积分中的应用

4.8.1 不定积分

基本语句及功能:

1. int(f)

功能:求函数 f 关于默认变量的不定积分,用于函数中只有一个变量.

2. int(f,v)

功能:求函数 f 关于变量 v 的不定积分.

【例 1】 计算 $\int_a^b(x^3-2x+1)\mathrm{d}x$.

解 Matlab 命令为:

```
>>syms x
>>y=x^3-2*x+1;
>>int(y)
```

运行得:

```
ans=
        1/4*x^4-x^2+x
```

故 $\int(x^3-2x+1)\mathrm{d}x=\frac{1}{4}x^4-x^2+x+C$.

【例 2】 计算 $\int\frac{\sqrt{x}-1}{x^2}\mathrm{d}x$.

解 Matlab 命令为:

```
>>syms x
>>y=(sqrt(x)-1)/x^2;
>>int(y)
```

运行得:

```
ans=
        -2/x^(1/2)+1/x
```

故 $\int\frac{\sqrt{x}-1}{x^2}\mathrm{d}x=-\frac{2}{x^{\frac{1}{2}}}+\frac{1}{x}+C$

【例 3】 计算 $\int\frac{1}{a^2-x^2}\mathrm{d}x$.

解 Matlab 命令为：

```
>>syms a, x                      %这里 a 也是未知变量
>>y=1/(a^2-x^2);
>>pretty(int(y, x))       %求 y 关于变量 x 的积分,并用手写格式输出
```

运行得：

```
         log(x-a)          log(x+a)
-1/2-------------+1/2-------------
            a                 a
```

练习：

求下列不定积分：

(1) $\int \tan^2 x\mathrm{d}x$；　　(2) $\int x^3 \mathrm{e}^x \mathrm{d}t$；　　(3) $\int (\ln x - 2x)\mathrm{d}x$.

4.8.2 定积分

基本语句及其功能：

int(f, x, a, b)　　　功能：计算定积分 $\int_a^b f(x)\mathrm{d}x$.

【例 4】 计算 $\int_0^1 x^2 \mathrm{d}x$.

解 Matlab 命令如下：

```
>>syms x
>>y=x^2;
>>int(y, x, 0, 1)
```

运行得：

```
ans=
        1/3
```

【例 5】 计算 $\int_0^1 x^3 \mathrm{e}^{x^2} \mathrm{d}x$.

解 Matlab 命令如下：

```
>>syms x
>>y=x^3*exp(x^2);
>>int(y, x, 0, 1)
```

运行得：

```
ans=
        1/2
```

【例 6】 计算 $\int_{-1}^1 (x+a)\mathrm{d}x$.

解 Matlab 命令如下：

```
>>syms a, x         %把 a 看作符号变量
```

```
>>y=x+a;
>>int(y, x, -1, 1)
```

运行得：

```
ans=
    2*a
```

练习：

求下列定积分：

(1) $\int_{-1}^{1}\sqrt{1+x^2}\mathrm{d}x$；　　(2) $\int_{0}^{1}\frac{\sin x}{x}\mathrm{d}x$；　　(3) $\int_{0}^{3}(2t^2-t+1)\mathrm{d}t$.

4.8.3 广义积分

基本语句及其功能：

1. int(f, x, a, inf)　　功能：计算广义积分 $\int_{a}^{+\infty}f(x)\mathrm{d}x$.

2. int(f, x, -inf, b)　　功能：计算广义积分 $\int_{-\infty}^{b}f(x)\mathrm{d}x$.

3. int(f, x, -inf, inf)　　功能：计算广义积分 $\int_{-\infty}^{+\infty}f(x)\mathrm{d}x$.

【例 7】 计算广义积分 $\int_{1}^{+\infty}\frac{1}{x^4}\mathrm{d}x$.

解 Matlab 命令如下：

```
>>syms x
>>y=1/x^4;
>>int(y, x, 1, inf)
```

运行得：

```
ans=
    1/3
```

【例 8】 计算广义积分 $\int_{-\infty}^{+\infty}\frac{1}{1+x^2}\mathrm{d}x$.

解 Matlab 命令如下：

```
>>syms x
>>y=1/(1+x^2);
>>int(y, x, -inf, inf)
```

运行得：

```
ans=
    Pi          %广义积分的结果为π
```

练习：

计算广义积分 $\int_{0}^{+\infty}\frac{1}{x}\mathrm{d}x$.

4.8.4 定积分的应用

【例 9】 求由 $y=e^x$，$y=e^{-x}$和 $x=1$ 所围图形的面积.

解 易知所围图形面积为 $s=\int_0^1(e^x-e^{-x})dx$.

Matlab 命令如下：

```
>>syms x
>>y=exp(x)-exp(-x);
>>int(y, x, 0, 1)
运行得：
ans=
        -2+exp(1)+exp(-1)          %所围图形面积为 e+e^-1-2
```

【例 10】 计算曲线 $f(x)=x\sin^2 x$,$x=0$ 和 $x=\pi$ 所围成的图形分别绕 x 轴和 y 轴旋转所得旋转体的体积.

解 易知绕 x 轴和 y 轴所得旋转体的体积为：

$$V_x=\pi\int_0^\pi[f(x)]^2dx,\ V_y=2\pi\int_0^\pi xf(x)dx.$$

Matlab 命令如下：

```
>>syms x
>>v1=pi*(x*sin(x)^2)^2;
>>v2=2*pi*x^2*sin(x)^2;
>>vx=int(v1, x, 0, pi)
运行得：
vx=
        -15/64*pi^2+1/8*pi^4       %绕 x 轴旋转体积为-15/64π^2+1/8π^4
>>vy=int(v2, x, 0, pi)
运行得：
vy=
        -1/2*pi^2+1/3*pi^4         %绕 y 轴旋转体积为-1/2π^2+1/3π^4
```

复 习 题 四

一、求下列不定积分.

1. $\int\frac{dx}{2+x^2}$；　　**2.** $\int\sin 3x dx$；　　**3.** $\int\frac{x}{x^2-9}dx$；

4. $\int\frac{dx}{x\ln x}$；　　**5.** $\int\sin^3 x dx$；　　**6.** $\int\frac{1}{1+\sqrt{x-1}}dx$；

7. $\int \frac{1}{\sqrt{x}+\sqrt[4]{x}}dx$； 8. $\int \frac{\sin x}{1+\cos x}dx$； 9. $\int \sqrt{1-4x^2}dx$.

二、求下列定积分

1. $\int_0^1 x\sqrt{1+x^2}dx$； 2. $\int_0^{\sqrt{3}} \arctan x dx$； 3. $\int_{\frac{\sqrt{2}}{2}}^1 \frac{\sqrt{1-x^2}}{x}dx$；

4. $\int_0^1 xe^x dx$； 5. $\int_1^e \ln^3 x dx$； 6. $\int_0^1 \frac{dx}{1+e^x}$.

三、求由曲线围成图形的面积.

1. $y=2-x^2$，$y=-x$；

2. $y=x^2$，$y=\frac{x^2}{2}$ 和 $y=2x$.

四、求由抛物线 $y=x^2$ 和 $y=\sqrt{x}$所围成图形绕 x 轴旋转所成的旋转体体积.

五、求反常积分.

1. $\int_0^{+\infty} \frac{\arctan x dx}{1+x^2}$；

2. $\int_e^{+\infty} \frac{dx}{x\ln^2 x}$；

3. $\int_2^{+\infty} \frac{1}{x^2-1}dx$.

六、设函数 $f(x)$的原函数为 $\sin x\ln x$，求$\int_1^{\pi} xf'(x)dx$.

七、求函数 $y=\int_0^x (x-1)(x-2)^2 dx$ 的极值和它的图形上的拐点.

八、计算由四个平面 $x=0$，$y=0$，$x=1$，$y=1$ 所围成的柱体被平面 $z=0$ 及 $2x+3y+z=6$ 截得的立体的体积.

九、求由平面 $x=0$，$y=0$，$x+y=1$ 所围成的柱体被平面 $z=0$ 及抛物面 $x^2+y^2=6-z$ 截得的立体的体积.

十、求由曲面 $z=x^2+2y^2$ 及 $z=6-2x^2-y^2$ 所围成的立体的体积.

阅读材料——莱布尼兹简介

莱布尼兹(G. W. Leibniz,1646—1716)，是德国最重要的数学家、物理学家、历史学家和哲学家，一个举世罕见的科学天才，和牛顿同为微积分的创建人.

莱布尼兹生于莱比锡，卒于汉诺威. 莱布尼兹的父亲在莱比锡大学教授伦理学，在他六岁时就过世，留下大量的人文书籍，早慧的他自习拉丁文与希腊文，广泛阅读. 1661 年，进入莱比锡大学学习法律，又曾到耶拿大学学习几何. 1666 年，在纽伦堡阿尔多夫大学通过论文《论组合的艺术》，获法学博士，并成为教授，该论文及后来的一系列工作使他成为数理逻辑的创始人. 1667 年，他投身外交界，游历欧洲各国，接触了许多数学界的名流并保持联系，在巴黎受惠更斯的影响，决心钻研数学. 他的主要目标是寻求可获得知识和创造发明的一般方法，这导致了他一生中的许多发明，其中最突出的是微积分.

与牛顿不同，他主要是从代数的角度，把微积分作为一种运算的过程与方法；而牛顿则主要从几何和物理的角度来思考和推理，把微积分作为研究力学的工具．莱布尼兹于1684年发表了第一篇微分学的论文《一种求极大极小和切线的新方法》，是世界上最早的关于微积分的文献，虽仅6页，推理也不清晰，却含有现代的微分学的记号与法则．1686年，他又发表了他的第一篇积分论文，由于印刷困难，未用现在积分记号“$\int$”，但在他1675年10月的手稿中用了拉长的S“$\int$”，作为积分记号，同年11月的手稿上出现了微分记号$\mathrm{d}x$．

有趣的是，在莱布尼兹发表了他的第一篇微分学的论文不久，牛顿公布了他的私人笔记，并证明至少在莱布尼兹发表论文的10年之前已经运用了微积分的原理．牛顿还说，在莱布尼兹发表成果的不久前，他曾在写给莱布尼兹的信中，谈起过自己关于微积分的思想．但是，事后证实，在牛顿给莱布尼兹的信中有关微积分的几行文字，几乎没有涉及这一理论的重要之处．因此，他们是各自独立地发明了微积分．

莱布尼兹思考微积分的问题大约开始于1673年，其思想和研究成果记录在从该年起的数百页笔记本中．其中他断言，作为求和的过程的积分是微分的逆．正是由于牛顿在1665年至1666年和莱布尼兹在1673年至1676年独立建立了微积分学的一般方法，他们被公认为是微积分学的两位创始人．莱布尼兹创立的微积分记号对微积分的传播和发展起了重要作用，并沿用至今．

莱布尼兹的其他著作包括哲学、法学、历史、语言、生物、地质、物理、外交、神学，并于1671年制造了第一架可作乘法计算的计算机，他的多才多艺在历史上少有人能与之相比．

第五章　常微分方程

本章提要　微积分研究的对象是函数.要应用微积分解决问题,首先要根据实际问题寻找其中存在的函数关系.但是根据实际问题给出的条件,往往不能直接写出其中的函数关系,而可以列出函数及其导数所满足的方程式,这类方程式称为微分方程.本章介绍微分方程的一些基本概念和几种简单的微分方程的解法.

5.1　微分方程的基本概念

为了说明微分方程的基本概念,先看两个引例.

5.1.1　引例

1. R-L-C 电路

在如图 5-1 所示的 R-L-C 电路中,它包含电感 L,电阻 R 和电源 $e(t)$.设 $t=0$,电路中没有电流.试求当开关 K 合上后,电路中电流 I 与时间 t 之间的关系式(R, L, C 都是常数).

解　要建立电路的微分方程,引用关于电路的基尔霍夫第二定律:在闭合回路中,所有支路上的电压的代数和等于零.因此有

$$e(t)-L\frac{\mathrm{d}I}{\mathrm{d}t}-RI-\frac{q}{C}=0.$$

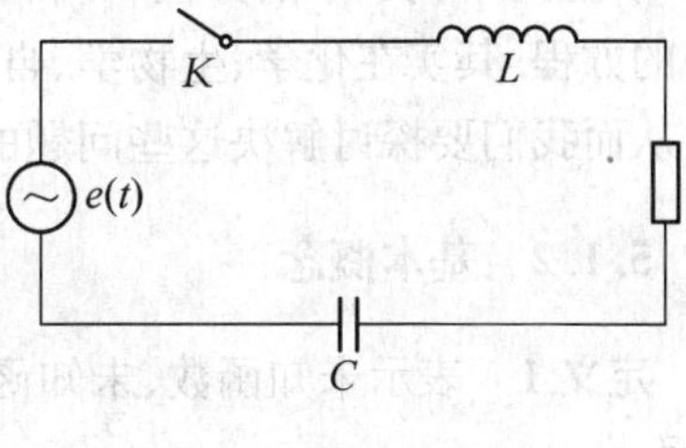

图 5-1

因为

$$I=\frac{\mathrm{d}q}{\mathrm{d}t},$$

所以得到:

$$\frac{\mathrm{d}^2I}{\mathrm{d}t^2}+\frac{R}{L}\frac{\mathrm{d}I}{\mathrm{d}t}+\frac{I}{LC}=\frac{1}{L}\frac{\mathrm{d}e(t)}{\mathrm{d}t}. \tag{1}$$

求出的 $I=I(t)$ 应满足条件:当 $t=0$ 时,$I=0$.

2. 变速直线运动的路程方程

用初速 v_0 垂直上抛一物体,设此物体只受重力影响,求该物体上升高度 s 和上抛时间 t 的函数关系.

设 s 和 t 的函数关系为 $s=s(t)$,物体获得的加速度 a 是 s 对 t 的二阶导数,即 $a=s''(t)$.由牛顿第二定律 $F=ma$ 得

$$ms''(t) = -mg,$$

即

$$s''(t) = -g, \tag{2}$$

其中：m 为物体质量，g 为重力加速度，负号表示物体运动方向与重力加速度方向相反.

对(2)式两端积分一次得

$$s'(t) = -gt + C_1, \tag{3}$$

再积分一次，得

$$s(t) = -\frac{1}{2}gt^2 + C_1 t + C_2, \tag{4}$$

显然，题中有两个条件

$$s|_{t=0} = s_0,\ s'|_{t=0} = v_0, \tag{5}$$

用(5)式代入(3)式和(4)式得

$$C_1 = v_0,\ C_2 = s_0,$$

故 s 和 t 的函数关系为

$$s(t) = -\frac{1}{2}gt^2 + v_0 t + s_0. \tag{6}$$

以上两个例子中的方程(1)和(2)都是含有未知函数及其导数(包括一阶导数和高阶导数)的方程. 其实在化学、生物学、自动控制、电子技术等学科中我们都会碰到与此类似的方程，从而我们要探讨解决这些问题的方法.

5.1.2 基本概念

定义 1 表示未知函数、未知函数的导数或微分以及自变量之间关系的方程，称为**微分方程**.

在微分方程中，若未知函数是一元函数，则称为**常微分方程**，若未知函数是多元函数，则称为**偏微分方程**. 我们只讨论只讨论常微分方程.

例如：

(1) $y' + 2y - 3x = 1$；　　(2) $\mathrm{d}y + y\tan x\mathrm{d}x = 0$；

(3) $y'' + \frac{1}{x}(y')^2 + \sin x = 0$；　　(4) $\frac{\partial^2 u}{\partial x^2} + \frac{\partial^2 u}{\partial y^2} + \frac{\partial^2 u}{\partial z^2} = 0$；

(5) $\frac{\mathrm{d}y}{\mathrm{d}x} + \cos y = 3x$；　　(6) $\left(\frac{\mathrm{d}y}{\mathrm{d}x}\right)^2 + \ln y + \cot x = 0$.

以上六个方程都是微分方程，其中(1)、(2)、(3)、(5)、(6)是常微分方程，(4)是偏微分方程.

定义 2 微分方程中含未知函数的导数的最高阶数称为微分方程的阶.

n 阶微分方程一般记为：

$$F(x, y, y', \cdots, y^{(n)}) = 0. \tag{*}$$

例如:以上四个方程中(1)、(2)、(5)、(6)是一阶常微分方程,(3)是二阶常微分方程,(4)是二阶偏微分方程.

定义 3 如果微分方程中含的未知函数以及它的所有的导数都是一次多项式,则称该方程为**线性方程**,否则称为**非线性方程**.

比如:(1)、(2)、(4)都是线性方程,(3)、(5)、(6)都是非线性方程.

定义 4 若将 $y=f(x)$ 代入微分方程(*)中使之恒成立,则称 $y=f(x)$ 是方程(*)的解(也称显式解);若将 $\varphi(x,y)=0$ 代入微分方程(*)中使之恒成立,则称关系式 $\varphi(x, y)=0$ 是方程(*)的隐式解.

若将 $y=f(x, C_1, C_2, \cdots, C_n)$ 代入方程(*)中使之恒成立($C_1, C_2, \cdots, C_n$ 为相互独立的常数),则称为方程的通解(也称显式通解);若 $\varphi(x, y, C_1, C_2, \cdots, C_n)=0$ 代入方程(*)中使之恒成立,则称为方程(*)的隐式通解.

注:显式解与隐式解统称为方程的解;显式通解与隐式通解统称为方程的通解.

定义 5 微分方程一个满足特定条件的解,称为该微分方程的一个特解,所给特定条件称为初始条件.

比如:$y'=y$ 满足 $y|_{x=0}=1$ 的特解为 $y=e^x$,其中 $y|_{x=0}=1$ 就是初始条件.

定义 6 微分方程的特解的图形是一条积分曲线,称为微分方程的积分曲线,通解的图形是一族积分曲线,称为积分曲线族.

【例 1】 验证函数 $y=C_1\sin x-C_2\cos x$ 是 $y''+y=0$ 的通解,其中 C_1, C_2 是任意常数.

解 因为 $y'=C_1\cos x+C_2\sin x$, $y''=-C_1\sin x+C_2\cos x$,用 y, y', y'' 代入原方程左端,得

$$-C_1\sin x+C_2\cos x+C_1\sin x-C_2\cos x=0,$$

所以 $y=C_1\sin x-C_2\cos x$ 是 $y''+y=0$ 的解. 又因为解中含有两个任意常数,其个数与方程阶数相等,所以 $y=C_1\sin x-C_2\cos x$ 是 $y''+y=0$ 的通解.

【例 2】 已知函数 $y=C_1x+C_2x^2$ 是微分方程 $y=y'x-\frac{1}{2}y''x^2$ 的通解,求满足初始条件 $y|_{x=-1}=1$, $y'|_{x=1}=-1$ 的特解.

解 用 $y|_{x=-1}=1$ 代入通解中,得 $C_2-C_1=1$,又 $y'=C_1+2C_2x$,用 $y'|_{x=1}=-1$ 代入,得 $C_1+2C_2=-1$,联立

$$\begin{cases} C_2-C_1=1, \\ C_1+2C_2=-1, \end{cases}$$

解得 $C_1=-1, C_2=0$,

因此满足初始条件的特解为 $y=-x$.

【例 3】 设一个微分方程的通解为 $(x-C)^2+y^2=1$,求对应的微分方程.

解 对通解两端求导数得

$$2(x-C)+2yy'=0,$$

即

$$x - C = -yy' \text{ 或 } C = x + yy',$$

用 $C = x + yy'$ 代入原方程，得

$$y^2 y'^2 + y^2 = 1.$$

习题 5-1

1. 指出下列各微分方程的阶数.

(1) $xy'^2 - 2yy' + x = 0$；　(2) $x^2 y'' - xy' + y = 0$；

(3) $xy''' + 2y'' + x^2 y = 0$；　(4) $(7x - 6y)\mathrm{d}x + (x + y)\mathrm{d}y = 0$；

(5) $L\dfrac{\mathrm{d}^2 Q}{\mathrm{d}t^2} + R\dfrac{\mathrm{d}Q}{\mathrm{d}t} + \dfrac{1}{C}Q = 0$；　(6) $\dfrac{\mathrm{d}\rho}{\mathrm{d}\theta} + \rho = \sin^2\theta$.

2. 指出下列各题中的函数是否为所给微分方程的解.

(1) $xy' = 2y, y = 5x^2$；

(2) $y'' + y = 0, y = 3\sin x - 4\cos x$；

(3) $y'' - 2y' + y = 0, y = x^2 \mathrm{e}^x$；

(4) $y'' - (\lambda_1 + \lambda_2)y' + \lambda_1\lambda_2 y = 0, y = C_1\mathrm{e}^{\lambda_1 x} + C_2\mathrm{e}^{\lambda_2 x}$.

3. 在下列各题中，验证所给二元方程所确定的函数为所给微分方程的解.

(1) $(x - 2y)y' = 2x - y, x^2 - xy + y^2 = C$；

(2) $(xy - x)y'' + xy'^2 + yy' - 2y' = 0, y = \ln(xy)$.

4. 在下列各题给出的微分方程的通解中，按照所给的初始条件确定特解.

(1) $x^2 - y^2 = C,\ y|_{x=0} = 5$；

(2) $y = (C_1 + C_2 x)\mathrm{e}^{2x},\ y|_{x=0} = 0,\ y'|_{x=0} = 1$；

(3) $y = C_1\sin(x - C_2),\ y|_{x=\pi} = 1,\ y'|_{x=\pi} = 0$.

5.2 一阶微分方程

一阶微分方程的一般形式为

$$F(x, y, y') = 0,$$

其通解的形式为

$$y = y(x, c) \text{ 或 } \varphi(x, y, c) = 0.$$

后者称为隐式解. 下面介绍三种特殊的一阶微分方程的解法.

5.2.1 可分离变量的微分方程

定义 1 形如

$$\frac{\mathrm{d}y}{\mathrm{d}x} = f(x)g(y) \tag{1}$$

的一阶微分方程,称为**可分离变量的微分方程**.这里 $f(x)$, $g(y)$分别是关于 x, y 连续函数.

例如,$\frac{dy}{dx}=\frac{y}{x}$, $x(y^2-1)dx+y(x^2-1)dy=0$ 等都是可分离变量的微分方程;而 $\cos(xy)dx+xydy=0$ 不是可分离变量的微分方程.

这类方程的特点是:方程经过适当的变形后,可以将含有同一变量的函数与微分分离到等式的同一端.

下面我们给出方程(1)的求解方法:

由
$$\frac{dy}{dx}=f(x)g(y),$$

分离变量得
$$\frac{dy}{g(y)}=f(x)dx, \tag{2}$$

两边积分得
$$\int\frac{dy}{g(y)}=\int f(x)dx,$$

求出积分,得通解
$$G(y)=F(x)+C.$$

其中 $G(y)$, $F(x)$分别是$\frac{1}{g(y)}$, $f(x)$的原函数,利用初始条件求出常数 C,得特解.

注意:(1) 把$\int\frac{dy}{g(y)}$, $\int f(x)dx$ 分别理解为函数$\frac{1}{g(y)}$, $f(x)$的某一个原函数,因为在上式中已经加上了积分常数;

(2) 若 $g(x)=0$,应另行讨论,通常对此不作声明,习惯地理解成 $g(y)\neq0$ 的条件下进行求解;

(3) 上述解微分方程的方法叫做**分离变量法**.

【例 1】 求微分方程 $\frac{dy}{dx}=\frac{y}{x^2}$ 的通解.

解 将原方程分离变量得

$$\frac{dy}{y}=\frac{dx}{x^2},$$

两边积分得

$$\int\frac{dy}{y}=\int\frac{dx}{x^2},$$

$$\ln|y|=-\frac{1}{x}+\ln C,$$

$$|y|=e^{-\frac{1}{x}+\ln C},$$

原方程的通解为 $y=Ce^{-\frac{1}{x}}$,(C 为任意的常数).

注:在解这个微分方程的时候没有说明 $y\neq0$,还是 $y=0$,通常情况下我们不加讨论,都看作在有意义的情况下求解;其实本题中 $y=0$ 也是方程的解.以后遇到类似的情况可作同

样的处理.

【例 2】 求微分方程 $(y-1)\mathrm{d}x-(xy-y)\mathrm{d}y=0$ 的通解.

解 将方程分离变量为

$$(x-1)y\mathrm{d}y=(y-1)\mathrm{d}x,$$

$$\frac{y}{y-1}\mathrm{d}y=\frac{1}{x-1}\mathrm{d}x,$$

两边积分得

$$\int\frac{y}{y-1}\mathrm{d}y=\int\frac{1}{x-1}\mathrm{d}x,$$

$$y+\ln|y-1|=\ln|x-1|+C,(C\text{ 为任意常数}).$$

这个解，就是方程的隐式通解，在此没有必要再进行化简.

【例 3】 求方程 $\dfrac{\mathrm{d}y}{\mathrm{d}x}=\dfrac{y+1}{x-1}$ 的通解.

解 分离变量后得 $$\frac{\mathrm{d}y}{y+1}=\frac{\mathrm{d}x}{x-1},$$

两边积分得

$$\ln|y+1|=\ln|x-1|+C_1,$$

$$|y+1|=\mathrm{e}^{C_1}|x-1|,$$

$$y+1=\pm\mathrm{e}^{C_1}(x-1),$$

$$y=C(x-1)-1\ (\text{令 }C=\mathrm{e}^{C_1}\text{ 为任意常数}).$$

为方便起见，以后在解微分方程的过程中，如果积分后出现对数，理应都需作类似下述的处理，其结果是一样的. 以例 3 为例叙述如下：

分离变量后得 $$\frac{\mathrm{d}y}{y+1}=\frac{\mathrm{d}x}{x-1},$$

两边积分得 $\ln(y+1)=\ln(x-1)+\ln C$,

故解为 $$y+1=C(x-1),$$

$$y=C(x-1)-1,(C\text{ 为任意常数}).$$

5.2.2 齐次方程

有的微分方程不是可分离变量的，但通过适当的变量变换后，得到关于新变量的可变量分离方程，然后用以上的方法求解这些方程.

定义 2 形如

$$\frac{\mathrm{d}y}{\mathrm{d}x}=f\left(\frac{y}{x}\right)\tag{3}$$

的微分方程称为**齐次方程**.

例如，$(x^2-y^2)\mathrm{d}x+2xy\mathrm{d}y=0$ 就是齐次方程，因为这个方程可化成 $\dfrac{\mathrm{d}y}{\mathrm{d}x}=\dfrac{y^2-x^2}{2xy}=$

$\dfrac{\left(\dfrac{y}{x}\right)^2-1}{2\left(\dfrac{y}{x}\right)}$；而$(x^2-y^2)\mathrm{d}x+2xy^2\mathrm{d}y=0$不是齐次微分方程，因为它不能化成(3)式的形式.

现在介绍齐次型方程(3)的解法：

要解齐次微分方程(3)式，只需引入新的未知函数$u=\dfrac{y}{x}$，则(3)式就可化成关于新未知函数$u(x)$的可分离变量的微分方程.

事实上，$y=ux$，$y'=u+xu'$，代入(3)式得

$$u+xu'=f(u) \text{ 或 } x\frac{\mathrm{d}u}{\mathrm{d}x}=f(u)-u,$$

即

$$\frac{\mathrm{d}u}{\mathrm{d}x}=\frac{f(u)-u}{x},$$

于是，当$f(u)-u\neq 0$时，有

$$\frac{\mathrm{d}u}{f(u)-u}=\frac{\mathrm{d}x}{x},$$

两边分别积分后得

$$\int\frac{\mathrm{d}u}{f(u)-u}=\ln|x|+c_1,$$

积出结果后，再用$\dfrac{y}{x}$代替u，求得(3)式的通解.

【例 4】 解方程$y^2+x^2\dfrac{\mathrm{d}y}{\mathrm{d}x}=xy\dfrac{\mathrm{d}y}{\mathrm{d}x}$.

解 原方程变形为

$$\frac{\mathrm{d}y}{\mathrm{d}x}=\frac{y^2}{xy-x^2}=\frac{\left(\dfrac{y}{x}\right)^2}{\dfrac{y}{x}-1},$$

是齐次方程.

令$\dfrac{y}{x}=u$，即$y=ux$，两边对x求导得

$$\frac{\mathrm{d}y}{\mathrm{d}x}=u+x\frac{\mathrm{d}u}{\mathrm{d}x}.$$

于是原方程变为

$$u+x\frac{\mathrm{d}u}{\mathrm{d}x}=\frac{u^2}{u-1},$$

分离变量得

$$\left(1-\frac{1}{u}\right)du=\frac{dx}{x},$$

两边积分得

$$u-\ln u+C=\ln x \Rightarrow \ln(xu)=u+C,$$

以$\frac{y}{x}$代替u,得到原方程的通解

$$\ln y=\frac{y}{x}+C.$$

【例 5】 求方程$(xy-y^2)dx-(x^2-2xy)dy=0$的通解.

解 原方程可化为$\frac{dy}{dx}=\frac{xy-y^2}{x^2-2xy}=\frac{\frac{y}{x}-\left(\frac{y}{x}\right)^2}{1-2\frac{y}{x}}$.

设$\frac{y}{x}=u$,则$y=ux$,$\frac{dy}{dx}=u+x\frac{du}{dx}$. 代入原方程得

$$u+x\frac{du}{dx}=\frac{u-u^2}{1-2u},$$

即

$$x\frac{du}{dx}=\frac{u^2}{1-2u}.$$

分离变量得

$$\frac{1-2u}{u^2}du=\frac{dx}{x},$$

两边积分得

$$-\frac{1}{u}-2\ln u=\ln x+\ln C,$$

即

$$Cxu^2=e^{-\frac{1}{u}},$$

将$u=\frac{y}{x}$代回得

$$y^2=\frac{1}{C}xe^{-\frac{x}{y}},$$

故原方程的通解为

$$y^2=C_1xe^{-\frac{x}{y}},\left(C_1=\frac{1}{C}\right).$$

【例 6】 求微分方程$xy'=y(1+\ln y-\ln x)$的通解.

解 将方程化为齐次方程的形式

$$\frac{\mathrm{d}y}{\mathrm{d}x}=\frac{y}{x}\left(1+\ln\frac{y}{x}\right).$$

令 $u=\frac{y}{x}$，则方程化为

$$u+x\frac{\mathrm{d}u}{\mathrm{d}x}=u(1+\ln x).$$

分离变量后得

$$\frac{\mathrm{d}u}{u\ln u}=\frac{1}{x}\mathrm{d}x,$$

两边积分得

$$\ln\ln u=\ln x+\ln C,$$

即 $\ln u=Cx$，$u=\mathrm{e}^{Cx}$，(C 为任意的常数)，

代回原来的变量，得通解

$$y=x\mathrm{e}^{Cx}.$$

其实在解一阶微分方程时，本书中我们不管用什么方法最终都是将它化为变量分离方程来求解，对不同形式的微分方程，有不同的变量替代方法，这里就不一一介绍了.

5.2.3 一阶线性微分方程

定义 3 形如

$$\frac{\mathrm{d}y}{\mathrm{d}x}+P(x)y=Q(x) \tag{4}$$

的方程[其中 $P(x)$，$Q(x)$ 是 x 的已知连续函数]，称之为**一阶线性微分方程**. $Q(x)$ 称为自由项(或非齐次项).

(1) 若 $Q(x)\equiv 0$ 时，方程(4)变为

$$\frac{\mathrm{d}y}{\mathrm{d}x}+P(x)y=0, \tag{5}$$

方程(5)称为**一阶线性齐次微分方程**.

(2) 若 $Q(x)\neq 0$ 时，方程(4)称为**一阶线性非齐次微分方程**，并称方程(5)为对应于(4)的线性齐次微分方程.

接下来我们就是如何来求它的通解呢？首先求(5)的解，它是一阶线性齐次微分方程，并且是可分离变量的方程，分离变量得

$$\frac{\mathrm{d}y}{y}=-P(x)\mathrm{d}x,$$

两边积分得

$$\ln|y|=-\int P(x)\mathrm{d}x+\ln C,$$

即

$$y = Ce^{-\int P(x)dx}. \tag{6}$$

(6)式是线性齐次方程(5)的通解. 为了书写方便，约定以后不定积分符号只表示被积函数的某一个原函数，如符号 $\int P(x)\mathrm{d}x$ 是 $P(x)$ 的某一个原函数.

现在来讨论一阶线性非齐次方程(4)的解法.

显然(6)不是方程(4)的解，但我们可以假设 C 若不是常数，而是关于 x 的函数的话，即 $y = C(x)e^{\int P(x)dx}$ 是不是方程(4)的解？假设是它的解，把它代入方程(4)，若能求出 $C(x)$ 的话，则就得出了方程(4)的解.

为此先求 $y = C(x)e^{-\int P(x)dx}$ 的一阶导数

$$y' = C'(x)e^{-\int P(x)dx} - P(x)C(x)e^{-\int P(x)dx}.$$

将它们代入方程(4)得

$$C'(x)e^{-\int P(x)dx} - P(x)C(x)e^{-\int P(x)dx} + P(x)C(x)e^{-\int P(x)dx} = Q(x),$$

$$C'(x) = Q(x)e^{\int P(x)dx}$$

两边积分得

$$C(x) = \int Q(x)e^{\int P(x)dx}dx + C.$$

这样就求出了 $C(x)$，说明我们的假设是有效的.

因此，线性非齐次方程(5)的通解为

$$y = e^{-\int P(x)dx}\left[\int Q(x)e^{\int P(x)dx}dx + C\right] \tag{7}$$

这种把对应的齐次方程通解中的常数 C 变换为待定函数 $C(x)$，然后求得线性非齐次方程(4)的通解的方法，称之为**常数变易法**.

将(7)式改写成两项之和

$$y = Ce^{-\int P(x)dx} + e^{-\int P(x)dx}\int Q(x)e^{\int P(x)dx}dx.$$

不难看出，上式右端第一项是对应的线性齐次方程(5)的通解(6)，第二项是线性非齐次方程(4)的一个特解[在方程(5)的通解(7)中取 $c=0$，便得到这个特解].

由此可见，一阶线性非齐次方程的通解等于对应的线性齐次方程的通解与线性非齐次方程的一个特解之和，这是一阶线性非齐次方程通解的结构.

注：(1) 在解非齐次线性微分方程时，可以直接用公式(7)求解；

(2) 在解具体的方程时，有时用常数变易方法求解往往更方便，不容易出错.

【例 7】 求方程 $\frac{dy}{dx} - \frac{n}{x+1}y = e^x (x+1)^n$ 的通解，其中 n 为常数.

解 这是一阶线性非齐次方程，下面我们用两种方法求其解.

方法一：常数变易法

首先，求其对应的齐次方程 $\frac{dy}{dx}-\frac{n}{x+1}y=0$ 的通解.

分离变量得 $$\frac{dy}{y}=\frac{n}{x+1}dx,$$

两边积分得齐次方程的通解 $$y=C(x+1)^n.$$

其次，应用常数变易法求非齐次方程的通解.

在上式中令 $C=u(x)$，则 $y=u(x)(x+1)^n$. 于是

$$\frac{dy}{dx}=u'(x+1)^n+n(x+1)^{n-1}u,$$

把上两式代入原方程得 $u'=e^x$，积分得，

$$u(x)=e^x+C,$$

把所求得的 $u(x)$ 代入 $y=u(x)(x+1)^n$ 得原方程的通解为

$$y=(x+1)^n(e^x+C).$$

方法二：公式法

把所求方程与方程(1)对照有

$$P(x)=-\frac{n}{x+1},Q(x)=e^x(x+1)^n$$

代入公式(7)得
$$\begin{aligned}y&=e^{\int\frac{n}{x+1}dx}\left[\int e^x(x+1)^n e^{-\int\frac{n}{x+1}dx}dx+C\right]\\&=(x+1)^n\left[\int e^x(x+1)^n(x+1)^{-n}dx+C\right]\\&=(x+1)^n(e^x+C).\end{aligned}$$

由此例的求解可知，若能确定一个方程为一阶线性非齐次方程，求解它既可以用常数变易法也可以套用公式.

【例 8】 求方程 $\frac{dy}{dx}=\frac{1}{x+y}$ 的通解.

解 该方程不是未知函数 y 的线性方程，但可以将它变形为

$$\frac{dx}{dy}=x+y,$$

即

$$\frac{dx}{dy}-x=y. \tag{8}$$

把 x 视为未知函数，y 视为自变量，方程(8)便是一线性方程.

下面我们用常数变易法来求其通解.

方程(8)对应的齐次方程为 $\frac{dx}{dy}-x=0$.

分离变量，两边积分得通解为 $x=Ce^y$.

常数变易令 $C=u(y)$，则

$$x=u(y)e^{y}, \tag{9}$$

$$\frac{dx}{dy}=u'e^{y}+ue^{y},$$

把上两式代入(8)得

$$u'=ye^{-y},$$

积分得

$$u(y)=-e^{-y}(y+1)+C.$$

将 $u(y)$ 结果代入(9)得原方程的通解为

$$x=Ce^{y}-y-1.$$

此题也可以作变量代换 $x+y=u$ 把方程转化为可分离变量的方程来解决.

【例 9】 求解微分方程 $(1+x^2)y''+2xy'=1$.

解 这是二阶线性微分方程.

由于其中不含变量 y，如果令 $y'=z$，则 $y''=z'$，那么有

$$(1+x^2)z'+2xz=1.$$

就化成一阶线性微分方程. 由公式(7)得

$$\begin{aligned} z&=e^{-\int P(x)dx}\left[\int Q(x)e^{\int P(x)dx}dx+C_1\right]\\ &=(1+x^2)^{-1}\left[\int\frac{1}{1+x^2}(1+x^2)dx+C_1\right]\\ &=\frac{x+C_1}{1+x^2}, \end{aligned}$$

再积分一次，可得

$$y=\frac{1}{2}\ln(1+x^2)+C_1\arctan x+C_2.$$

注：我们在解微分方程时，要灵活应用，注意方程的特点，对不同形式的方程采用不同的思维和方法.

习题 5－2

1. 求下列微分方程的通解.

(1) $ydy=xdx$；

(2) $(x+xy^2)dx+(y-x^2y)dy=0$；

(3) $y'=\dfrac{y}{x}+\tan\dfrac{y}{x}$；

(4) $(x+y)y'+(x-y)=0$；

(5) $xy'+2y=x$；

(6) $ydx+(x-y^3)dy=0$.

2. 求下列微分方程满足所给初始条件的特解.

(1) $(y+3)dx+\cot x dt=0$，$y|_{x=0}=1$；

(2) $y'\sin^2 x = y\ln y$, $y|_{x=\frac{\pi}{2}} = \mathrm{e}$；

(3) $y' = \frac{x}{y} + \frac{y}{x}$, $y|_{x=1} = 2$；

(4) $\frac{\mathrm{d}y}{\mathrm{d}x} + 3y = 8$, $y|_{x=0} = 2$.

5.3 二阶常系数线性微分方程

定义 形如

$$y'' + py' + qy = f(x) \tag{1}$$

的微分方程称为**二阶常系数线性微分方程**，其中 p, q 为实常数，$f(x)$ 为 x 的已知连续函数.

当 $f(x)\equiv 0$ 时，方程(1)为

$$y'' + py' + qy = 0, \tag{2}$$

称为**二阶常系数线性齐次微分方程**. 当 $f(x)\neq 0$ 时，方程(1)称为**二阶常系数线性非齐次微分方程**.

例如：方程 $y''+4y'+5y=0$ 是二阶常系数线性齐次微分方程，而方程 $y''-y'-6y=\sin x$ 则是二阶常系数线性非齐次微分方程.

5.3.1 二阶常系数齐次线性微分方程解的结构

定理 如果 y_1 与 y_2 是二阶常系数齐次线性方程(2)的两个特解，且满足

$$\frac{y_1}{y_2} \neq C,\ (y_2 \neq 0,\ C \text{为常数}),$$

则 $y=C_1y_1+C_2y_2$ 就是方程(2)的通解(其中 C_1, C_2 是任意常数).

定理给出了求方程(1)通解的一种方法. 例如：$\sin 2x$ 与 $\cos 2x$ 是二阶常系数齐次线性微分方程 $y''+4y=0$ 的两个特解，又因 $\frac{\sin 2x}{\cos 2x}=\tan 2x\neq C$，所以 $y=C_1\sin 2x+C_2\cos 2x$ 是它的通解.

用定理求方程(2)的通解时，应注意条件 $\frac{y_1}{y_2}\neq C$，否则就会导致错误的结论. 例如：

$$y_1 = \sin 2x \text{ 和 } y_2 = 3\sin 2x,$$

虽然是方程 $y''+4y=0$ 的两个特解，但 $y=C_1y_1+C_2y_2$ 不是它的通解，这是因为

$$\frac{y_1}{y_2} = \frac{\sin 2x}{3\sin 2x} = \frac{1}{3},$$

所以有

$$y = C_1y_1 + C_2y_2 = C_1y_1 + C_2(3y_1) = (C_1 + 3C_2)y_1 = Cy_1,$$

即在 y 的表达式中实际上只含有一个任意常数，这与通解的定义矛盾.

5.3.2 二阶常系数线性齐次微分方程的解法

首先，我们讨论方程(2)的求解方法. 回顾一阶常系数线性微分方程

$$\frac{dy}{dx}+ax=0,$$

它有形如 $y=e^{-ax}$ 的解，再者函数 e^{-ax} 本身具有求任意阶导数都含有 e^{-ax} 的特点，这就启发我们对二阶常系数线性微分求解方法的一个思路，根据解的结构定理知道，只要找出方程(2)的两个线性无关的特解 y_1 与 y_2，即可得方程(2)的通解 $y=c_1y_1+c_2y_2$. 如何求出方程(2)的两个线性无关的解呢？

为此我们试着用 $y=e^{\lambda x}$ 看做是方程(2)的解(λ 是待定常数)，将它代入方程(2)，看 λ 应满足什么样的条件？

将 $y=e^{\lambda x}$，$y'=\lambda e^{\lambda x}$，$y''=\lambda^2e^{\lambda x}$ 代入方程(2)得

$$e^{\lambda x}(\lambda^2+p\lambda+q)=0,$$

有

$$\lambda^2+p\lambda+q=0. \tag{3}$$

也就是说，只要 λ 是代数方程(3)的根，那么 $y=e^{\lambda x}$ 就是微分方程(2)的解. 于是微分方程(2)的求解问题，就转化为求代数方程(3)的根的问题，代数方程(3)称为微分方程(2)的**特征方程**.

因特征方程(3)是一个关于 λ 的二次方程，所以它的根有三种情况. 我们并且把(3)的根称之为方程的**特征根**.

根据特征方程(3)不同的特征根的情形，我们来讨论与它相应的微分方程(2)的解的不同情况. 由此，我们将微分问题转化为代数来进行解决.

1° 当 $p^2-4q>0$ 时

特征方程(3)有两个不相等的实根 λ_1 及 λ_2，即 $\lambda_1\neq\lambda_2$，此时方程(2)对应有两个特解为：$y_1=e^{\lambda_1x}$ 与 $y_2=e^{\lambda_2x}$. 又因为

$$\frac{y_1}{y_2}=\frac{e^{\lambda_1x}}{e^{\lambda_2x}}=e^{(\lambda_1-\lambda_2)x}\neq\text{常数},$$

即 y_1，y_2 线性无关，根据解的结构定理，因此方程(2)的通解为：

$$y=C_1e^{r_1x}+C_2e^{r_2x},(C_1,\ C_2\ \text{为任意的常数}).$$

【例 1】 求微分方程 $y''+4y'-5y=0$ 的通解.

解 特征方程为 $\lambda^2+4\lambda-5=0$，即

$$(\lambda-1)(\lambda+5)=0.$$

得特征根为 $\lambda_1=1,\lambda_2=-5$.

故所求方程的通解为

$$y = C_1 e^{x} + C_2 e^{-5x},(C_1, C_2 \text{ 为任意的常数}).$$

【例 2】 求微分方程 $y''-6y'-7y=0$ 的通解.

解　特征方程 $r^2-6r-7=0$ 的特征根为 $r_1=-1$, $r_2=7$,故原方程的通解为

$$y = C_1 e^{-x} + C_2 e^{7x},(C_1, C_2 \text{ 为任意的常数}).$$

2°　当 $p^2-4q=0$ 时

特征方程(3)有两个相等的实根 $\lambda_1=\lambda_2=-\dfrac{p}{2}=\lambda$,这时只得到方程(2)的一个特解 $y_1=e^{\lambda x}$,还需要找一个与 y_1 线性无关的另一个解 y_2. 为此设 $\dfrac{y_2}{y_1}=u(x)$(不是常数),其中 $u(x)$ 为待定函数,假设 y_2 是方程(2)的解,则

$$y_2 = u(x)y_1 = u(x)e^{\lambda x},$$

求导得

$$y_2' = e^{\lambda x}(u' + \lambda u),$$

$$y_2'' = e^{\lambda x}(u'' + 2\lambda u' + \lambda^2 u).$$

将 y_2, y_2', y_2''代入方程(2)得

$$e^{\lambda x}[(u'' + 2\lambda u' + \lambda^2 u) + p(u' + \lambda u) + qu] = 0,$$

对任意的 λ, $e^{\lambda x}\neq 0$,即

$$[u'' + (2\lambda + p)u' + (\lambda^2 + p\lambda + q)u] = 0,$$

因为 λ 是特征方程的重根,所以 $\lambda^2+p\lambda+q=0$, $2\lambda+p=0$,于是得 $u''=0$. 取满足该方程的最简单的不为常数的函数 $u=x$,从而 $y_2=xe^{\lambda x}$ 是方程(1)的一个与 $y_1=xe^{\lambda x}$ 线性无关的解. 所以方程(2)的通解为

$$y = (C_1 + C_2)e^{\lambda x},(C_1, C_2 \text{ 为任意的常数}).$$

【例 3】 求微分方程$\dfrac{d^2 s}{dt^2}+2\dfrac{ds}{dt}+s=0$ 满足初始条件 $s|_{t=0}=4$, $s'|_{x=0}=-2$ 的特解.

解　先求通解,再求它满足初始条件的特解.

特征方程为:$\lambda^2+2\lambda+1=0$,解得:$\lambda_1=\lambda_2=-1$, 故方程的通解为

$$s = (c_1 + c_2 t)e^{-t},$$

代入初始条件 $s|_{t=0}=4$, $s'|_{x=0}=-2$,得 $C_1=0$, $C_2=1$, 因此原方程满足初始条件的特解为

$$s = te^{-t}.$$

【例 4】 求微分方程 $y''-10y'+25y=0$ 满足初始条件 $y|_{x=0}=1$, $y'|_{x=0}=-1$ 的特解.

解　特征方程 $r^2-10r+25=0$ 的特征根为 $r_1=r_2=5$,故原方程的通解为

$$y = (C_1 + C_2 x)e^{5x},$$

用 $y|_{x=0}=1$ 代入，得 $C_1=1$，故

$$y=\mathrm{e}^{5x}+C_2x\mathrm{e}^{5x},$$

$$y'=5\mathrm{e}^{5x}+C_2(\mathrm{e}^{5x}+5x\mathrm{e}^{5x}),$$

用 $y'|_{x=0}=-1$ 代入，得 $C_2=-6$，于是所求特解为

$$y=\mathrm{e}^{5x}(1-6x).$$

3° 当 $p^2-4q<0$ 时

特征方程(3)有一对共轭复根 $r_1=\alpha+\mathrm{i}\beta$，$r_2=\alpha-\mathrm{i}\beta$，其中

$$\alpha=-\frac{p}{2},\ \beta=\frac{\sqrt{4q-p^2}}{2}.$$

这时方程(1)有两个复数形式的解为：$y_1=\mathrm{e}^{(\alpha+\mathrm{i}\beta)x}$，$y_2=\mathrm{e}^{(\alpha-\mathrm{i}\beta)x}$.

在实际问题中，常用的是实数形式的解. 根据欧拉(Euler)公式：

$$\mathrm{e}^{\mathrm{i}x}=\cos x+\mathrm{i}\sin x,$$

可得

$$y_1=\mathrm{e}^{\alpha x}(\cos\beta x+\mathrm{i}\sin\beta x),\ y_2=\mathrm{e}^{\alpha x}(\cos\beta x-\mathrm{i}\sin\beta x),$$

于是有：

$$\frac{1}{2}(y_1+y_2)=\mathrm{e}^{\alpha x}\cos\beta x,\ \frac{1}{2\mathrm{i}}(y_1-y_2)=\mathrm{e}^{\alpha x}\sin\beta x.$$

由定理知，函数 $\mathrm{e}^{\alpha x}\cos\beta x$ 与 $\mathrm{e}^{\alpha x}\sin\beta x$ 均为方程(2)的解，且它们线性无关，因此方程(2)的通解为：

$$y=\mathrm{e}^{\alpha x}(C_1\cos\beta x+C_2\sin\beta x),\ (C_1,\ C_2 \text{ 为任意的常数}).$$

【例 5】 求微分方程 $\frac{\mathrm{d}^2y}{\mathrm{d}x^2}-2\frac{\mathrm{d}y}{\mathrm{d}x}+5y=0$ 的通解.

解 原方程的特征方程为：$\lambda^2-2\lambda+5=0$，于是，$\lambda_{1,2}=1\pm2\mathrm{i}$ 它是一对共轭复根，因此所求方程的通解为：$y=\mathrm{e}^x(C_1\cos2x+C_2\sin2x)$.

【例 6】 微分方程 $y''-2y'+5y=0$ 的一条积分曲线通过点(0, 1)，且在该点和直线 $x+y=1$ 相切，求这条曲线.

解 特征方程 $r^2-2r+5=0$ 的特征根为 $r_1=1+2\mathrm{i}$，$r_2=1-2\mathrm{i}$，故原方程的通解为

$$y=\mathrm{e}^x(C_1\cos2x+C_2\sin2x),$$

求通解的导数得

$$y'=\mathrm{e}^x(C_1\cos2x+C_2\sin2x)+\mathrm{e}^x(-2C_1\sin2x+2C_2\cos2x),$$

用初始条件 $y|_{x=0}=1$，$K=y'|_{x=0}=-1$ 分别代入 y 及 y' 得 $C_1=1$，$C_2=-1$，故所求曲线方程为

$$y=\mathrm{e}^x(\cos2x-\sin2x).$$

综上所述,可以给出求二阶常系数线性齐次微分方程

$$y'' + py' + qy = 0$$

的通解步骤如下:

(1) 写出微分方程(2)的特征方程 $\lambda^2+p\lambda+q=0$;

(2) 求出特征方程(3)的两个特征根 λ_1,λ_2;

(3) 根据两个根的不同情况,分别写出微分方程(2)的通解:

特征方程 $\lambda^2+p\lambda+q=0$ 的两个根 λ_1,λ_2	微分方程 $y''+py'+qy=0$ 的通解
两个不相等的实根 $r_1\neq r_2$	$y=C_1e^{r_1x}+C_2e^{r_2x}$
两个相等的实根 $\lambda=\lambda_1=\lambda_2$	$y=(C_1+C_2x)e^{rx}$
一对共轭复根 $\lambda_{1,2}=\alpha\pm\beta i$	$y=e^{\alpha x}(C_1\cos\beta x+C_2\sin\beta x)$

5.3.3 二阶常系数线性非齐次微分方程的解法

对二阶常系数线性非齐次微分方程:

$$y'' + py' + qy = f(x),$$

其中:p, q 为常数,$f(x)$称为自由项或非齐次项.如何求它的通解呢?根据二阶非齐次线性方程解的结构定理可知,只要求出它对应的齐次方程(2)的通解 y 和非齐次方程(1)的一个特解 y^* 就可以了.第 5.3.2 小节已经介绍了求齐次方程通解的方法,接下来的就是如何求非齐次方程(1)的一个特解 y^* 的问题了.

求特解显然是与它的非齐次项有关的,以下主要介绍 $f(x)=P_m(x)e^{\lambda x}$ 的非齐次项形式的求特解的方法,其中 $P_m(x)$是 x 的 m 次多项式,常数 λ 是实常数或复常数.

$$y'' = py' + qy = P_m(x)e^{\lambda x} \tag{4}$$

由于多项式函数与指数函数乘积的导数仍为多项式函数与指数函数的积,联系到非齐次方程(4)左端的系数均为常数的特点,它应该有多项式函数与指数函数的乘积形式的特解.因此可设特解 $y^*=Q(x)e^{\lambda x}$,其中 $Q(x)$是待定的多项式函数.

对 y^* 求导,有

$$y^{*\prime} = e^{\lambda x}[Q'(x)+\lambda Q(x)],$$

$$y^{*\prime\prime} = e^{\lambda x}[Q''(x)+2\lambda Q'(x)+\lambda^2 Q(x)],$$

把 y^*, $y^{*\prime}$, $y^{*\prime\prime}$代入方程(4),约去 $e^{\lambda x}$,得

$$Q''(x)+(2\lambda+p)Q'(x)+(\lambda^2+p\lambda+q)Q(x)=P_m(x) \tag{5}$$

以下我们分三种情况加以讨论:

(Ⅰ) 当 λ 不是特征方程 $r^2+pr+q=0$ 的根时,即 $\lambda^2+p\lambda+q\neq 0$.由于(5)的右端是 m 次多项式,因此 $Q(x)$也是 m 次多项式,因此可设特解:$y^*=Q(x)e^{\lambda x}$,其中 $Q(x)=b_0x^m+$

$b_1x^{m-1}+\cdots+b_{m-1}x+b_m$, $b_i(i=0, 1, 2, \cdots, m)$是待定系数,然后将所设定特解代入方程(4),并通过比较两端 x 的同次幂系数来确定 $b_i(i=0, 1, 2, \cdots, m)$.

(Ⅱ) 当 λ 是特征方程的单根时,必有:$\lambda^2+p\lambda+q=0$ 而 $2\lambda+p\neq 0$. 由(5)式可见 $Q'(x)$ 必须是 m 次多项式,从而 $Q(x)$ 是 $m+1$ 次多项式,且可取常数项为零,即设特解为:$y^*=xQ(x)e^{\lambda x}$,并用与(Ⅰ)同样的方法确定 $Q(x)$ 的系数:$b_i(i=0, 1, 2, \cdots, m)$.

(Ⅲ) 当 λ 是特征方程的二重根时,必有:$\lambda^2+p\lambda+q=0$ 且 $2\lambda+p=0$. 由(5)式可见,$Q''(x)$ 必须是 m 次多项式,从而 $Q(x)$ 是 $m+2$ 次多项式,且可设 $Q(x)$ 的一次项系数和常数都为零. 即设特解为:$y^*=x^2Q(x)e^{\lambda x}$,并用与(Ⅰ)同样的方法确定 $Q(x)$ 的系数.

综上所述,如果 $f(x)=P_m(x)e^{\lambda x}$,则可假设方程(4)有如下形式的特解:

$$y=x^kQ(x)e^{\lambda x},$$

其中:$Q(x)$ 是与 $P_m(x)$ 同次的特定多项式,按 λ 不是特征方程的根;是特征方程的单根;或是二重根,k 分别取 0,1 或 2.

设方程(1)的右端项为 $f(x)=e^{\lambda x}P_m(x)$,则以上结果可以总结如下表:

λ 的情况	方程(1)的特解形式
λ 不是对应齐次方程的特征根	$y^*=e^{\lambda x}Q_m(x)$
λ 是对应齐次方程的特征根,且为单根	$y^*=xe^{\lambda x}Q_m(x)$
λ 是对应齐次方程的特征根,且为二重根	$y^*=x^2e^{\lambda x}Q_m(x)$

注:表中,$Q_m(x)$ 是 m 次的多项式,其系数 $b_0, b_1, \cdots, b_m$ 待定.

【例 7】 求微分方程 $y''+2y'-3y=2x-1$ 的通解.

解 解题过程如下:

(1) 先求对应齐次方程的通解

特征方程 $\lambda^2+2\lambda-3=0$ 的两个特征根是 $\lambda_1=1$, $\lambda_2=-3$.

因此对应齐次方程的通解为:$\tilde{y}=C_1e^x+C_2e^{-3x}$.

(2) 求非齐次方程的一个特解

因为右端非齐次项是 $f(x)=2x-1=(2x-1)e^{0\cdot x}$,且 $\lambda=0$ 不是特征方程的根,所以设特解为:$y^*=Q(x)=Ax+B$,求导得 $(y^*)'=A$, $(y^*)''=0$,将 y^*, $y^{*\prime\prime}$ 代入原方程,得

$$-3Ax+2A-3B=2x-1,$$

比较两端 x 同次幂的系数得 $\begin{cases}-3A=2,\\ 2A-3B=-1,\end{cases}$ 故 $A=\frac{-2}{3}$, $B=\frac{1}{9}$,于是

$$y^*=-\frac{2}{3}x+\frac{1}{9}.$$

(3) 写出非齐次方程的通解

$$y=\tilde{y}+y^*=C_1e^x+C_2e^{-3x}-\frac{2}{3}x+\frac{1}{9}.$$

【例 8】 求微分方程 $y''+6y'+9y=5xe^{-3x}$ 的通解.

解 (1) 先求对应齐次方程的通解

特征方程式为 $r^2+6r+9=0$,特征根 $r_1=r_2=-3$,因此齐次方程的通解为 $\tilde{y}=(c_1+c_2x)e^{-3x}$.

(2) 求非齐次方程的一个特解

因为方程右端 $f(x)=5xe^{-3x}$,属 $P_1(x)e^{\lambda x}$ 型,其中 $P_1(x)=5x$, $\lambda=-3$,且 $\lambda=-3$ 是特征方程的重根,所以设特解为:$y^*=x^2(b_0x+b_1)e^{-3x}$,求导得

$$y^{*\prime}=e^{-3x}[-3b_0x^3+(3b_1-3b_1)x^2+2b_1x],$$

$$y^{*\prime\prime}=e^{-3x}[9b_0x^3+(-18b_0+9b_1)x^2+(6b_0-12b_1)x+2b_1],$$

将 y^*, $y^{*\prime}$, $y^{*\prime\prime}$代入原方程并整理,得 $6b_0x+2b_1\equiv5x$,比较两端 x 同次幂的系数,得 $b_0=\frac{5}{6}$, $b_1=0$, 于是, $y^*=\frac{5}{6}x^3e^{-3x}$.

(3) 写出非齐次方程的通解

因此方程的通解为: $y=(C_1+C_2x+\frac{5}{6}x^3)e^{-3x}$.

习题 5-3

1. 求下列微分方程的通解.

(1) $y''+y'-2y=0$;　　(2) $y''-4y'=0$;

(3) $y''+y=0$;　　(4) $y''+6y'+13y=0$;

(5) $2y''+y'-y=2e^x$;　　(6) $y''+3y'+2y=3xe^{-x}$.

2. 求下列微分方程满足所给初始条件的特解.

(1) $y''-4y'+3y=0$, $y|_{x=0}=6$, $y'|_{x=0}=10$;

(2) $4y''+4y'+y=0$, $y|_{x=0}=2$, $y'|_{x=0}=0$;

(3) $y''-3y'-4y=0$, $y|_{x=0}=0$, $y'|_{x=0}=-5$;

(4) $y''+4y'+29y=0$, $y|_{x=0}=0$, $y'|_{x=0}=15$.

5.4 微分方程的应用举例

微分方程在科学技术和实际生活中都有着广泛的应用,用微分方程解决实际问题的一般步骤为:

(1) 分析问题,设未知函数,建立微分方程,并确定初始条件;

(2) 求出微分方程的通解;

(3) 利用初始条件,求出微分方程的特解,再根据特解解决一些相关的问题.

【例 1】 设降落伞从跳伞塔下落后,所受空气阻力与速度成正比,若降落伞离开跳伞塔时($t=0$)速度为零,求降落伞下落速度与时间的函数关系.

解 设降落伞的质量为 m,下落速度为 $v(t)$. 降落伞在空中下落时,受到重力 P 与阻力 R 的共同作用. 重力大小为 mg,方向与 v 一致;阻力大小为 kv(k 为比例系数),方向与 v 相反. 因此降落伞所受总外力为

$$f = mg - kv.$$

根据牛顿第二定律，函数满足方程

$$m\frac{dv}{dt} = mg - kv.$$

按题意，初始条件为

$$v\big|_{t=0} = 0.$$

该微分方程是可分离变量的方程，分离变量后，两端积分

$$\int_0^v \frac{dv}{mg - kv} = \int_0^t \frac{1}{m}dt,$$

得

$$\frac{1}{-k}[\ln(mg-kv)] = \frac{t}{m} + C_1,$$

即

$$mg - kv = e^{-\frac{k}{m}t - kC_1} \text{ 或 } v = \frac{mg}{k} + Ce^{-\frac{k}{m}t}\left(C = -\frac{e^{-kC_1}}{k}\right),$$

将初始条件 $v\big|_{t=0}=0$ 代入上式，得 $C=-\dfrac{mg}{k}$.

于是降落伞下落速度与时间的函数关系为

$$v = \frac{mg}{k}(1 - e^{-\frac{k}{m}t}).$$

从函数关系式可以看出，降落伞的下落速度有如下规律：

(1) $0 < v(t) < \dfrac{mg}{k}$；

(2) $v(t)$是时间 t 的单调增函数；

(3) 当 $t\to\infty$时，$v(t)\to\dfrac{mg}{k}$，称为极限速度.

可见，在下落阶段，降落伞是加速运动，但随着时间推移，而逐渐接近于匀速运动.

【例 2】 (冷却问题)已知物体在空气中的冷却速度与物体和空气的温度之差成正比. 试求：

(1) 温度为 θ_0 的物体放到保持 θ_1 度的环境中($\theta_0 > \theta_1$)，求物体的温度 θ 与时间 t 的函数关系；

(2) 温度为 20 ℃，如果物体在 20 min 内由 100 ℃降至 60 ℃，问要使物体温度降至 30 ℃，需用多长时间?

解 (1) 物体在冷却过程中，设温度 θ 与时间 t 的关系为 $\theta=\theta(t)$，则物体冷却的速度就是其温度 θ 对时间 t 的变化率，即$\dfrac{d\theta}{dt}$. 于是，由题设(冷却定律)，有温度 $\theta(t)$ 所满足的微分方程和初始条件：

$$\frac{d\theta}{dt}=-k(\theta-\theta_1),\theta|_{t=0}=\theta_0,$$

其中:常数 $k>0$ 为比例系数.由于 θ 是 t 的减函数,即$\frac{d\theta}{dt}<0$,因此在微分方程的右端加一个符号.

对微分方程分离变量,积分,得

$$\frac{d\theta}{\theta-\theta_0}=-kdt,\ \ln(\theta-\theta_0)=-kt+\ln C,\ \theta=Ce^{-kt}+\theta_1.$$

将$\theta|_{t=0}=\theta_0$ 代入上式,得 $C=\theta_0-\theta_1$.因此,物体温度与时间的函数关系为

$$\theta=\theta(t)=(\theta_0-\theta_1)e^{-kt}+\theta_1.$$

(2) 由上述结果和题设知,θ 随 t 的变化规律为

$$\theta=\theta(t)=(100-20)e^{-kt}+20,$$

其中:k 为未知数.

由题设$\theta|_{t=20}=60$,将其代入上式,得

$$60=80e^{-20k}+20,$$

由此解出 $k=\frac{1}{20}\ln 2$.于是

$$\theta(t)=80e^{-\frac{\ln 2}{20}t}+20.$$

再按题目要求,将 $\theta(t)=30$ 代入上式右端有

$$30=80e^{-\frac{\ln 2}{20}t}+20,$$

即

$$\frac{1}{8}=e^{-\frac{\ln 2}{20}t},$$

可解得 $t=60$ s.故物体由 100 ℃冷却到 30 ℃需经过 60 min.

【例 3】 (**R-L 电路问题**)在如图 5-2 所示的 R-L 电路中,电源电动势为 E,电阻为 R,电感为 L,在时刻 $t=0$ 时接通电路,求电流强度 I 与时间 t 的函数关系(其中 E, R, L 为常数).

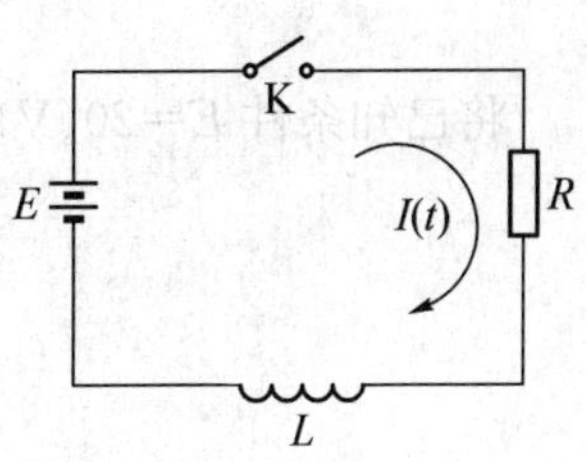

图 5-2

解 由电学知识可知,当电流 I 变化时,电感 L 上的感应电压和电阻 R 上的电压分别为 $U_L=L\frac{di}{dt}$, $U_R=RI$.

根据回路电压定律 $U_L+U_R=E$,即

$$L\frac{dI}{dt}+RI=E,$$

也即

$$\frac{dI}{dt}+\frac{R}{L}I=\frac{E}{L}.$$

这是关于 $I(t)$的一阶线性微分方程. 设 K 闭合时为 $t=0$,则初始条件为$I|_{t=0}=0$.

易求得电流 I 与时间 t 的函数关系为

$$I(t)=\frac{E}{R}(1-e^{-\frac{R}{L}t}).$$

由解的表达式可知:电流 $I(t)$是由稳态部门$\frac{E}{R}$和暂态部分$-\frac{E}{R}e^{-\frac{R}{L}t}$组成,后者 $t\to+\infty$时,趋于零(图 5-3).

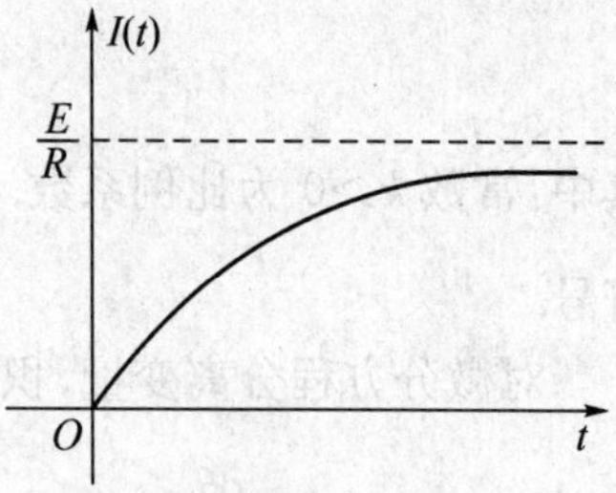

图 5-3

【例 4】 在如图 5-4 所示的 R-L-C 电路中,先将开关 K 拨向 A,使电容充电,当它达到稳定状态后,再将开关 K 拨向 B. 设开关拨向 B 的时间为 $t=0$,求 $t>0$ 时,电压 $U_c(t)$与电流强度 $I(t)$. 已知 $E=20(\text{V})$, $R=20(\Omega)$, $L=1.6(\text{H})$, $C=0.5(\text{F})$.

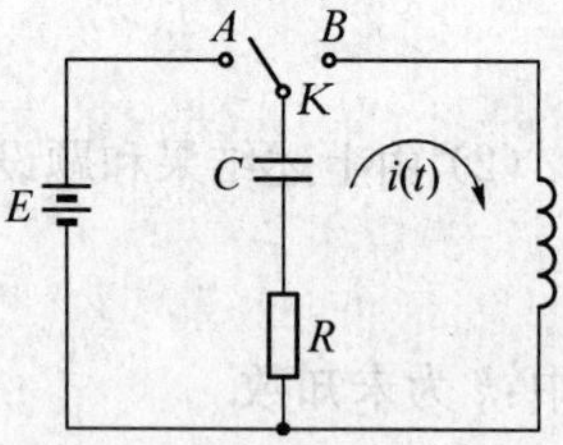

图 5-4

解 根据回路电压定律,有

$$U_L+U_R=U_C,$$

即

$$L\frac{dI}{dt}+RI-U_C=0,$$

且有 $U_C|_{t=0}=E,\ I|_{t=0}=0$.

由于 $I=\frac{dq}{dt}=-C\frac{dU_C}{dt}, \frac{dI}{dt}=-C\frac{d^2U_C}{dt^2}$, 因此有

$$LC\frac{d^2U_C}{dt^2}+RC\frac{dU_C}{dt}+U_C=0,$$

即

$$U_C''+\frac{R}{L}U_C'+\frac{1}{LC}U_C=0.$$

将已知条件 $E=20(\text{V})$, $R=20(\Omega)$, $L=1.6(\text{H})$, $C=0.5(\text{F})$代入上式,则有

$$\begin{cases}U_C''+\frac{R}{L}U_C'+\frac{1}{LC}U_C=0,\\ U_C|_{t=0}=20,\\ U_C'|_{t=0}=0.\end{cases}$$

改方程为二阶常系数齐次微分方程. 该方程的特征方程为

$$r^2+3r+\frac{5}{4}=0,$$

解得 $r_1=-\dfrac{5}{2}$，$r_2=-\dfrac{1}{2}$. 因此该方程的通解为

$$U_C(t)=C_1\mathrm{e}^{-\frac{5}{2}t}+C_2\mathrm{e}^{-\frac{1}{2}t},$$

求导，得

$$U_C'(t)=-\frac{5}{2}C_1\mathrm{e}^{-\frac{5}{2}t}-\frac{1}{2}C_2\mathrm{e}^{-\frac{1}{2}t}.$$

将初始条件 $U_C|_{t=0}=20$，$U_C'|_{t=0}=0$ 分别代入以上两式，可得 $C_1=-5$，$C_2=25$. 因此有

$$U_C(t)=-5\mathrm{e}^{-\frac{5}{2}t}+25\mathrm{e}^{-\frac{1}{2}t},$$

从而，得

$$I(t)=-C\frac{\mathrm{d}U_C}{\mathrm{d}t}=\frac{25}{4}(\mathrm{e}^{-\frac{1}{2}t}-\mathrm{e}^{-\frac{5}{2}t}).$$

从图 5-5 可见，当开关 K 拨向 B 后，回路中反向电流开始逐渐增大，达到最大又逐渐减少趋于零.

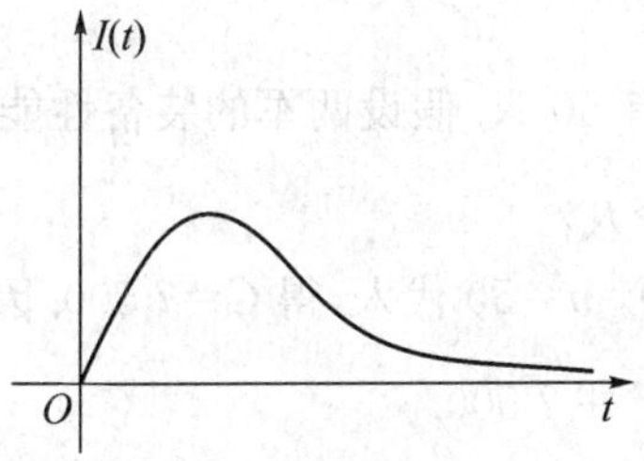

图 5-5

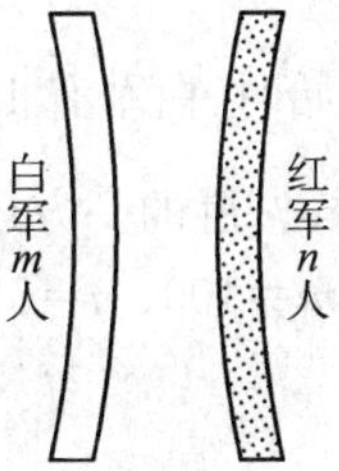

图 5-6

【例 5】 （战争问题）现有白军 m 人与红军 n 人作战（图 5-6），

(1) 试计算战斗过程中双方的死亡情况以及最后哪一方失败？

(2) 若战争开始时，白军有 100 人，红军有 50 人. 假设两军的装备性能相同，胜负将会怎样？胜的一方还能剩下多少人？

解 为了便于讨论，我们做如下假设.

(1) 用 t 表示时刻，并假设战斗始终是均匀连续进行. 虽然实际战斗有时激烈，有时停止，但只要认为战斗停止时，时钟停止；战斗越激烈，时钟走得越快，前面的假设就可以成立.

(2) 当红军分别是 100 人和 1 000 人的时候，其射出的子弹数目之比应是 $100:1\,000=\dfrac{1}{10}$. 在这两情况下可以认为白军的死亡速度之比也是 $\dfrac{1}{10}$. 即白军的死亡速度与红军的兵力是成正比的. 同样，红军的死亡速度也是与白军的兵力成正比的. 于是，得微分方程

$$\begin{cases}\dfrac{\mathrm{d}m}{\mathrm{d}t}=-k_1 n\,(k_1>0),\\[2mm] \dfrac{\mathrm{d}n}{\mathrm{d}t}=-k_2 m\,(k_2>0),\end{cases}$$

式中：k_1、k_2 前面的负号表示兵力减少，并且 k_1，k_2 是由两军装备的优劣所决定的. k 值越大，就表示火力配备越强. 一般用 λ 表示 $\frac{k_1}{k_2}$，称为交换比，即

$$\lambda = \frac{k_1}{k_2}.$$

由微分方程组，得

$$\frac{\mathrm{d}m}{\mathrm{d}n} = \lambda \frac{n}{m},$$

分离变量得

$$m\mathrm{d}m = \lambda n \mathrm{d}n,$$

两边积分得

$$m^2 = \lambda n^2 + C,$$

上式中 m，n 都是时间 t 的函数，C 为积分常数. 这就是兰切斯特(F. W. Lanchester, 1878—1946)战争法则.

例如，战斗开始时，白军有 100 人，红军有 50 人. 假设两军的装备性能相同，即 $\lambda=\frac{k_1}{k_2}=1$ 时，胜负将会怎样？胜的一方还能剩下多少人？

战斗开始时，$m=100$，$n=50$. 将 $m=100$，$n=50$ 代入，得 $C=7\,500$. 因此

$$m^2 = \lambda n^2 + 7\,500.$$

战斗结束时，$n=0$. 代入上式，得 $m=\sqrt{7\,500}\approx 87$. 即白军的 100 人战死 13 人，剩下 87 人；红军 50 人全部被消灭.

【例 6】 (油井收入)一个月产 300 桶原油的油井，在 3 年后将要枯竭，预计从现在开始 t 个月后，原油价格将是每桶

$$P(t) = 18 + 0.3\sqrt{t}.$$

如果假定原油一生产出立刻被售出，问从这口井可得到多少美元的收入？

解 令 $R(t)$ 表示 t 个月的总收入，则每个月的收入为 $\frac{\mathrm{d}R(t)}{\mathrm{d}t}$. 由于每月收入等于每桶原油的价格与每月卖出原油的桶数之积，每桶原油的价格为 $P(t)=18+0.3\sqrt{t}$，每月卖出的桶数为 300，因此

$$\frac{\mathrm{d}R(t)}{\mathrm{d}t} = 300 \times (18 + 0.3\sqrt{t}) = 5\,400 + 90\sqrt{t}.$$

这是一个可分离变量方程，有

$$\mathrm{d}R(t) = (5\,400 + 90\sqrt{t})\mathrm{d}t,$$

两边同时积分得

$$R(t)=\int(5\,400+90\sqrt{t})\mathrm{d}t=5\,400t+60t^{\frac{3}{2}}+C$$

而 $R(0)=0$，于是有 $C=0$，且

$$R(t)=5\,400t+60t^{\frac{3}{2}}.$$

由于这口井将在 36 个月后干枯，于是总收入是

$$R(36)=5\,400\times36+60\times36^{\frac{3}{2}}=207\,360(\text{美元}).$$

【例 7】 (新产品的推广模型)设有某种新产品要推向市场，t 时刻的销量为 $x(t)$. 由于产品性能良好，每个产品都是一个宣传品，因此，t 时刻产品销售的增长率 $\frac{\mathrm{d}x}{\mathrm{d}t}$ 与 $x(t)$ 成正比. 同时，考虑到产品销售存在一定的市场容量 N，统计表明 $\frac{\mathrm{d}x}{\mathrm{d}t}$ 与尚未购买该产品的潜在顾客的数量 $N-x(t)$ 也成正比. 试建立销量的微分方程模型.

解 因为增长率 $\frac{\mathrm{d}x}{\mathrm{d}t}$ 与 $N-x(t)$ 成正比，所以有

$$\frac{\mathrm{d}x}{\mathrm{d}t}=kx(N-x) \tag{1}$$

其中：k 为比例系数. 分离变量积分，可以解得

$$x(t)=\frac{N}{1+C\mathrm{e}^{-kNt}}. \tag{2}$$

求导得
$$\frac{\mathrm{d}x}{\mathrm{d}t}=\frac{CN^2k\mathrm{e}^{-kNt}}{(1+C\mathrm{e}^{-kNt})^2},\ \frac{\mathrm{d}^2x}{\mathrm{d}t^2}=\frac{Ck^2N_3\mathrm{e}^{-kNt}(C\mathrm{e}^{-kNt}-1)}{(1+C\mathrm{e}^{-kNt})^2},$$

当 $x(t^*)<N$ 时，则有 $\frac{\mathrm{d}x}{\mathrm{d}t}>0$，即销量 $x(t)$ 单调增加. 当 $x(t^*)=\frac{N}{2}$ 时，$\frac{\mathrm{d}^2x}{\mathrm{d}t^2}=0$；当 $x(t^*)>\frac{N}{2}$ 时，$\frac{\mathrm{d}^2x}{\mathrm{d}t^2}<0$；当 $x(t^*)<\frac{N}{2}$ 时，即当销量达到最大需求量 N 的一半时，产品最为畅销；当销量不足 N 一半时，销售速度不断增大；当销量超过一半时，销售速度逐渐减少.

国内外许多经济学家调查表明，许多产品的销售曲线与公式(2)的曲线(Logistic 曲线)十分接近. 根据对曲线性状的分析，许多分析家认为：在新产品推出的初期，应采用小批量生产并加强广告宣传；而在产品用户达到 20%到 80%期间，产品应大批量生产；在产品用户超过 80%时，应适时转产，可以达到最大的经济效益.

注：在利用微分方程寻求实际问题中未知函数的三个步骤中，关键是第一个步骤，即根据实际问题建立微分方程，确定初始条件. 而建立微分方程的方法，主要是利用导数的几何意义或物理意义直接列出方程. 然后求出所列微分方程的通解，并根据初始条件确定出符合实际情况的特解.

习题 5-4

1. 质量为 1 g 的质点受外力作用作直线运动，这外力和时间成正比，和质点运动的速度成反比. 在 $t=10$ s 时，速度等于 50 cm/s，外力为 4 g·cm/s^2，问从运动开始经过了一分钟

后的速度是多少？

2. 镭的衰变有如下的规律：镭的衰变速度与它的现存量 R 成正比. 有经验材料得知，镭经过 1 600 年后，只余原始量 R_0 的一半. 试求镭的量 R 与时间 t 的函数关系.

3. 求一曲线的方程，这曲线通过原点，并且它在点 (x, y) 处的切线斜率等于 $2x+y$.

4. 在一个冬天的傍晚，警方于 20:20 接到报警，立即于第一时间赶到凶案现场，随即法医在晚上 20:30 测得尸体体温为 33.4 ℃，一小时后在现场再次测得尸体体温为 32.2 ℃，案发现场气温始终是 23 ℃，据死者王某家属称，20:15 回家时发现空调就一直是开着的，并设定在 23 ℃上. 警方经过初步排查，认为张某具有较大嫌疑. 因为他有作案动机：张某与死者王某生前纠纷不断，结怨甚深，曾多次对王某有过人身侵犯. 现在要确定张某有没有作案时间. 有确凿的证据，说明 18:00 之前的整个下午张某一直在岗位上，但 18:00 以后谁也无法作证张某在何处，而张某的岗位到死者遇害地点只有步行 5 分钟的路程.

5.5 Matlab 求解常微分方程

5.5.1 常微分方程的符号解法

基本语句及其功能：

1. dsolve('equation')　功能：求常微分方程 equation 的解.

2. dsolve('equation', 'cond1, cond2…', 'var')

功能：求常微分方程 equation 的满足初始条件的特解.

注意：(1) 其中，equation 是求解的微分方程或微分方程组，cond1, cond2 是初始条件，var 是自变量；

(2) Dy 表示 dy/dt（t 为缺省的自变量），Dny 表示 y 对 t 的 n 阶导数.

【例 1】 求 $\frac{dy}{dx}=y^2$ 的解.

解 Matlab 命令如下：

```
>>dsolve('Dy=y^2','x')                %不注明自变量时，系统默认自变量为 t
```

运行得：

```
ans=
    -1/(x-C1)
```

【例 2】 求 $\begin{cases} y'=2y \\ y(0)=1 \end{cases}$ 的一阶特解.

解 Matlab 命令如下：

```
>>y=dsolve('Dy=2*y', 'y(0)=1', 'x')
```

运行得：

```
y=
    exp(2*x)   %解为 y=e^(2x)
```

【例 3】 求 $y''=-a^2y$ 的二阶通解.

解 Matlab 命令如下：

```
>>y=dsolve('D2y=-a^2*y','x')
```

运行得:

```
y=
C1*sin(a*x)+C2*cos(a*x)
```

【例 4】 求解$\begin{cases} xy''-3y'=x^2, \\ y(1)=0,\ y(5)=0. \end{cases}$

解 Matlab 命令如下:

```
>>y=dsolve('x*D2y-3*Dy=x^2', 'y(1)=0, y(5)=0', 'x')
```

运行得:

```
y=
    31/468*x^4-1/3*x^3+125/468
```

练习:

1. 解微分方程:

(1) $xy'+y=xe^x$;　　(2) $y''=2x+e^x$.

2. 求$\begin{cases} y''=-a^2y, \\ y(0)=1,\ y'\left(\dfrac{\pi}{a}\right)=0, \end{cases}$的二阶特解.

5.5.2 微分方程的简单应用

【例 5】 长期以来,通过建立传染病的数学模型来描述传染病的传播过程,一直是各国关注的课题.人们不能去做传染病传播的试验以获取数据,因此通常是依据机理分析的方法来建立模型.

在某种传染病传播的过程中,假定所考虑的人群只有易感染者(健康者)和已感染者(病人)两类人,且当病人和健康者进行有效接触时,健康者会变成病人.再假设:

(1) 所考察地区的总人数 N 不变.记 t 时刻健康者和病人占总人数的比例分别为 $x(t)$,$y(t)$.

(2) 每个病人平均每天有效接触人数为 a,其中包括健康者人数为 ax.

由假设(2)知,yN 个病人每天可使 $axyN$ 个健康者变为病人,即病人数的增加率为 axy,于是有

$$\frac{dy}{dt}=axy,$$

又

$$x(t)+y(t)=1,$$

于是,得模型

$$\begin{cases} \dfrac{dy}{dt}=ay(1-y), \\ y(0)=b, \end{cases}$$

其中:b 为初始时刻病人的比例.

运用 Matlab 可运算得：

```
>>y=dsolve('Dy=a*y*(1-y)', 'y(0)=b')
y=
    -b/(-b-exp(-a*t)+exp(-a*t)*b)
```

复习题五

一、填空题.

1. 微分方程 $e^{-x}dy+e^{-y}dx=0$ 的通解是________.

2. 以函数 $y=cx^2+x$（c 为任意常数）为通解的微分方程是________.

3. 微分方程 $y'+y\cos x=0$ 的通解是________.

4. 微分方程 $y''=e^x$ 的通解是________.

二、单项选择题.

1. 微分方程 $y'=y$ 的通解为 （　）

A. $y=x$　B. $y=Cx$　C. $y=e^x$　D. $y=Ce^x$

2. 下列方程是可分离变量方程的是 （　）

A. $y'=x^2+y$　B. $x^2(dx+dy)=y(dx-dy)$

C. $(3x+xy^2)dx=(5y+xy)dy$　D. $(x+y^2)dx=(y+x^2)dy$

3. 下列方程式齐次微分方程的是 （　）

A. $(x^2+xy)dx=(y^2+2xy)(dx-dy)$　B. $(e^{2x}+2y)dx+(ye^x+2x)dy$

C. $y'=2y+x^2\sin y$　D. $y'-(\sin x+1)y=5$

4. 下列方程式一阶线性微分方程的是 （　）

A. $y'-x\sin y=0$　B. $ydx=(x+y^2)dy$

C. $xdx=(x+y)dy$　D. $y'=x^3y^2+3$

5. 微分方程 $y'=y$ 满足初始条件 $y|_{x=0}=2$ 的特解是 （　）

A. $y=e^x+1$　B. $y=e^{2x}$　C. $y=2e^{2x}$　D. $y=2e^x$

6. 设 y_1，y_2，y_3 都是微分方程 $y''+P(x)y'+Q(x)y=f(x)$ 的解，且 $\frac{y_1-y_3}{y_2-y_3}\neq$ 常数，则该微分方程的通解为 （　）

A. $y=C_1y_1+C_2y_2+y_3$　B. $y=C_1y_1+C_2y_2-(C_1+C_2)y_3$

C. $y=C_1y_1+C_2y_2-(1-C_1-C_2)y_3$　D. $y=C_1y_1+C_2y_2+(1-C_1-C_2)y_3$

7. 设 y_1 是线性非齐次方程 $y''+py'+qy=f(x)$ 的解，y_0 是该方程对应的齐次方程的解. 则在下列函数中仍为原方程的解是 （　）

A. $y=y_1+y_0$　B. $y=C_1y_1+C_2y_0$　C. $y=C_1y_1+y_0$　D. 前三个都不是

三、综合题.

1. 一容器内盛盐水 100 升，含盐 50 克，现以浓度为 $c_1=2$ 克/升的盐水注入容器内，其流量为 $\Psi_1=3$ 升/分钟. 设注入的盐水与原有盐水被搅拌而迅速成为均匀的混合液，同时，此混合液又以流量为 $\Psi_2=2$ 升/分钟流出. 试求容器内的盐量 x 与时间 t 的函数关系.

2. 某水塘原有 50 000 t 清水（不含有害杂质），从时间 $t=0$ 开始，含有有害杂质 5%的浊水流入该水塘，流入的速度为 2 t/min，在塘中充分混合（不考虑沉淀）后又以 2 t/min 的速度流出水塘.问经过多长时间后塘中有害物质的浓度达到 4%?

3. 当一次谋杀发生后,尸体的温度从原来的 37 ℃按照牛顿冷却定律开始下降,如果两个小时后尸体温度变为 35 ℃,并且假定周围空气的温度保持 20 ℃不变,试求出尸体温度 H 随时间 t 的变化规律.又如果尸体发现时的温度是 30 ℃,时间是下午 4 点整,那么谋杀是何时发生的?

阅读材料——微分方程简介

微分方程是一门具有悠久历史的学科,几乎与微积分同时诞生于 1676 年前后,至今已有 300 多年的历史了.在微分方程发展的初期,人们主要是针对实际问题提出的各种方程,用积分的方法求其精确的解析表达式,这就是人们常说的初等积分法.这种研究方法一直延续到 1841 年前后,其历史有 160 多年.促使人们放弃这一研究方法的原因,归结于 1841 年刘维尔(Liouville, 1809—1882)的一篇著名论文,他证明了大多数微分方程不能用初等积分法求解.

在刘维尔这一工作之后,微分方程进入了基础定理和新型分析方法的研究阶段.如 19 世纪中叶,柯西等人完成了奠定性工作(解的存在性和唯一性定理),以及拉格朗日等人对线性微分方程的系统性研究工作;到 19 世纪末,庞加莱和李雅普诺夫分别创立了微分方程的定性理论和稳定性理论,这代表了一种崭新的研究非线性方程的新方法,其思想和做法一直深刻地影响到今天.

微分方程是研究自然科学和社会科学中的事物、物体和现象运动、演化和变化规律的最为基本的数学理论和方法.物理、化学、生物、工程、航空航天、医学、经济和金融领域中的许多原理和规律都可以描述成适当的微分方程,如牛顿的运动定律、万有引力定律、机械能守恒定律,能量守恒定律、人口发展规律、生态种群竞争、疾病传染、遗传基因变异、股票的涨幅趋势、利率的浮动、市场均衡价格的变化等,对这些规律的描述、认识和分析就归结为对相应的微分方程描述的数学模型的研究.因此,微分方程的理论和方法不仅广泛应用于自然科学,而且越来越多的应用于社会科学的各个领域.

早在 17 世纪至 18 世纪,微分方程作为牛顿力学的得力助手,在天体力学和其他机械力学领域内就显示了巨大的功能,比如,科学史上有这样一件大事足以显示微分方程的重要性,那就是在海王星被实际观测到之前,这颗行星的存在就被天文学家用微分方程的方法推算出来了.时至今日,微分方程在自然科学以及社会科学中越来越表现出它的重要作用.在长期不断的发展过程中,微分方程一方面直接从与生产实践联系的其他科学技术中汲取活力,另一方面又不断以全部数学科学的新旧成就来武装自己,因此微分方程的问题越来越显得多种多样,而方法也越来越显得丰富多彩.

第六章　级　　数

本章提要　无穷级数是高等数学的一个重要组成部分，它在表示函数、研究函数的性质以及进行数值计算等方面成为一种重要的工具，在科学技术领域中有广泛的应用．本章从常数项级数入手，简要介绍级数的一些基本概念，然后介绍如何将函数展开成幂级数和傅里叶级数．

6.1　级数的概念

6.1.1　引例

【引例 1】　用圆内接正多边形面积逼近圆面积．

解　依次作圆内接正 $3\times 2^n(n=0, 1, 2\cdots)$ 边形，设 a_0 表示内接正三角形面积，a_k 表示边数增加时增加的面积，则圆内接正 3×2^n 边形的面积为

$$a_0+a_1+a_2+\cdots+a_n,$$

当 $n\to\infty$ 时，这个和逼近于圆的面积 A，即

$$A=a_0+a_1+a_2+\cdots+a_n+\cdots$$

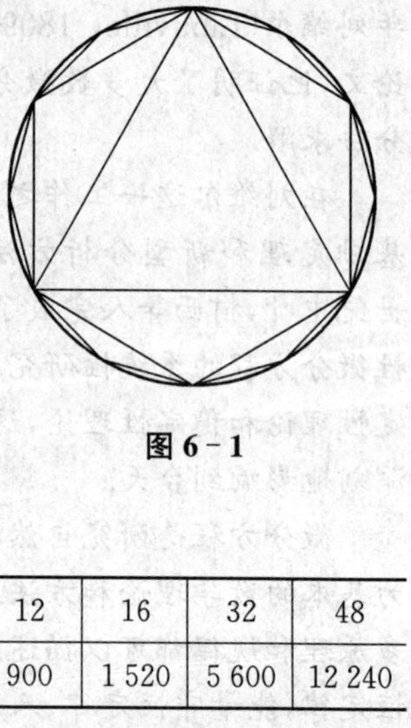

图 6-1

【引例 2】　（**QQ 级数的计算**）下面的表 6-1 给出了 QQ 级数与在线时数的对应值．

表 6-1　QQ 级数与在线时数的对应值

QQ 级数	1	2	3	4	5	6	7	8	12	16	32	48
在线时数	20	50	90	140	200	270	350	440	900	1 520	5 600	12 240

问：QQ 级数是怎样由在线时数计算出来的呢？

分析　从第 2 项开始，将在线时数后一项减去前一项，得到下面的数列

$$20, 30, 40, 50, 60, 70, 80, \cdots$$

显然，上述数列是首项为 20、公差为 10 的等差数列．对上述数列求前 n 项和 s_n，

$s_1=20$，

$s_2=20+30=50$，

$s_3=20+30+40=90$，

$s_4=20+30+40+50=140$，

$s_5=20+30+40+50+60=200$，

…

$s_n=20+30+40+\cdots+[20+(n-1)10]=15n^2+15n$，

…

可以看出，前 1 项的和对应第 1 级，前 2 项的和对应第 2 级，前 3 项的和对应第 3 级，…，前 n 项的和对应第 n 级.

由此可知，QQ 的等级数实际上是一个数列的和的问题.

从以上两个例子我们可以看出最后的结果都归结于无穷多个数相加的数学式子，在求解很多实际问题中我们经常会碰到类似的结果，我们把它抽象出来就得到了级数的定义.

6.1.2 数项级数的概念

定义 1 给定一个无穷数列 $\{u_n\}$，把它的各项依次用加号连接起来的表达式

$$u_1+u_2+\cdots+u_n+\cdots \tag{1}$$

称为**数项级数**或**无穷级数**，简称**级数**，$u_1, u_2, \cdots, u_n, \cdots$称为级数(1)的项，$u_n$ 称为级数(1)的通项或第 n 项. 级数(1)简写为：$\sum\limits_{n=1}^{\infty}u_n$.

无穷级数 $S=1-1+1-1+1-\cdots\cdots$到底等于什么？当时人们认为一方面 $S=(1-1)+(1-1)+\cdots=0$；另一方面，$S=1-(1-1)-(1-1)-\cdots=1$，那么岂非 $0=1$？这一矛盾曾使傅里叶那样的数学家困惑不解. 由此可见，无限个数相加不能简单地用有限个数相加的概念，但无限多个数的和也不是孤立的，我们可以从有限个数的和出发，借助前面所学的极限这个工具来理解无限多个数的和.

数项级数(1)的前 n 项之和，记为

$$s_n=\sum_{k=1}^{n}u_k=u_1+u_2+\cdots+u_n, \tag{2}$$

称为数项级数(1)的前 n 项部分和. 当 n 依次取 1, 2, 3, …时，级数(1)对应着一个部分和数列 $\{s_n\}$，根据该数列是否收敛，我们就得到数项级数(1)收敛与发散的定义.

定义 2 如果数项级数(1)的部分和数列 $\{s_n\}$ 收敛于 s，即$\lim\limits_{n\to\infty}s_n=s$，则称数项级数(1)**收敛**，称 s 为数项级数(1)的和，记为

$$s=\sum_{n=1}^{\infty}u_n=u_1+u_2+\cdots+u_n+\cdots$$

如果 $\{s_n\}$ 是发散数列，则称数项级数(1)**发散**.

当数项级数(1)收敛时，其和与部分和的差

$$r_n=s-s_n=u_{n+1}+u_{n+2}+\cdots$$

称为数项级数(1)的余项.

【例 1】 讨论等比级数(又称**几何级数**)

$$a+aq+aq^2+\cdots+aq^n+\cdots \tag{3}$$

的收敛性($a\neq0$).

解 当 $q\neq 0$ 时,级数(3)的前 n 项部分和

$$s_n = a + aq + aq^2 + \cdots + aq^{n-1} = \frac{a-aq^n}{1-q}.$$

当 $|q|<1$ 时,$\lim\limits_{n\to\infty}s_n=\lim\limits_{n\to\infty}\frac{a-aq^n}{1-q}=\frac{a}{1-q}$,级数(3)收敛,其和为 $\frac{a}{1-q}$;

当 $|q|>1$ 时,$\lim\limits_{n\to\infty}s_n=\infty$,级数(3)发散;

当 $q=1$ 时,$s_n=na$,级数(3)发散;

当 $q=-1$ 时,$s_{2k}=0$, $s_{2k+1}=a$, $k=0, 1, 2, \cdots$级数发散.

总之,级数(3),当 $|q|<1$ 时收敛,当 $|q|\geqslant 1$ 时发散.

【例 2】 讨论级数

$$\frac{1}{1\cdot 4}+\frac{1}{4\cdot 7}+\frac{1}{7\cdot 10}+\cdots+\frac{1}{(3n-2)(3n+1)}+\cdots$$

的收敛性.

解 通项 u_n 可表示为

$$u_n=\frac{1}{(3n-2)(3n+1)}=\frac{1}{3}\left(\frac{1}{3n-2}-\frac{1}{3n+1}\right),$$

级数的前 n 项部分和 s_n 为

$$\begin{aligned} s_n &= \frac{1}{1\cdot 4}+\frac{1}{4\cdot 7}+\frac{1}{7\cdot 10}+\cdots+\frac{1}{(3n-2)(3n+1)} \\ &= \frac{1}{3}\left[\left(1-\frac{1}{4}\right)+\left(\frac{1}{4}-\frac{1}{7}\right)+\left(\frac{1}{7}-\frac{1}{10}\right)+\cdots+\left(\frac{1}{3n-2}-\frac{1}{3n+1}\right)\right] \\ &= \frac{1}{3}\left(1-\frac{1}{3n+1}\right). \end{aligned}$$

由于

$$\lim_{n\to\infty}s_n=\lim_{n\to\infty}\frac{1}{3}\left(1-\frac{1}{3n+1}\right)=\frac{1}{3},$$

因此所给级数收敛,且它的和为 $\frac{1}{3}$.

【例 3】 讨论级数 $\sum\limits_{n=1}^{\infty}\ln\frac{n+1}{n}$ 的收敛性.

解 级数的前 n 项部分和 s_n 为

$$\begin{aligned} s_n &= \sum_{k=1}^{n}\ln\frac{k+1}{k}=\ln\frac{2}{1}+\ln\frac{3}{2}+\ln\frac{4}{3}+\cdots\ln\frac{n+1}{n} \\ &= \ln\left(\frac{2}{1}\cdot\frac{3}{2}\cdot\frac{4}{3}\cdot\cdots\cdot\frac{n+1}{n}\right)=\ln(n+1). \end{aligned}$$

由于 $\lim\limits_{n\to\infty}s_n=\lim\limits_{n\to\infty}\ln(n+1)=\infty$,因此所给级数是发散的.

6.1.3 级数的性质

由于级数 $\sum_{n=1}^{\infty} u_n$ 的收敛与它的部分和数列 $\{s_n\}$ 的收敛是等价的，根据数列极限的性质，可以得出收敛级数的几个性质.

性质 1 若级数 $\sum_{n=1}^{\infty} u_n$ 收敛于和 s，则级数 $\sum_{n=1}^{\infty} ku_n$ 也收敛，且其和是 ks，其中 k 为常数.

性质 2 如果收敛级数 $\sum_{n=1}^{\infty} u_n$ 与 $\sum_{n=1}^{\infty} v_n$ 分别收敛于和 s,σ，则对任意常数 a,b，级数 $\sum_{n=1}^{\infty}(au_n+bv_n)$ 也收敛，且其和为 $as+b\sigma$.

性质 3 去掉、增加或改变级数的有限项，不会改变级数的收敛性.

性质 4 如果级数 $\sum_{n=1}^{\infty} u_n$ 收敛，则对这级数的项任意加括号后所成的级数

$$(u_1+\cdots+u_{n_1})+(u_{n_1+1}+\cdots+u_{n_2})+\cdots+(u_{n_{k-1}+1}+\cdots+u_{n_k})+\cdots$$

仍收敛，且其和不变.

说明：从级数加括号后的收敛，不能推断它在未加括号前也收敛. 例如：

$$(1-1)+(1-1)+\cdots+(1-1)+\cdots=0$$

收敛于零，但级数

$$1-1+1-1+\cdots$$

却是发散的.

性质 5 **(级数收敛的必要条件)**若级数(1)收敛，则 $\lim_{n\to\infty} u_n=0$.

注意：级数的通项趋于零不能判断级数收敛，如本节例 3，虽然

$$\lim_{n\to\infty} u_n=\lim_{n\to\infty}\ln\frac{n+1}{n}=0,$$

但该级数是发散的. 推论 1 的等价命题，常用于判别一些级数发散.

【例 4】 (分苹果)有 A, B, C 三人按以下方法分一个苹果：先将苹果分成 4 份，每人取一份；然后将剩下的一份又分成 4 份，每人一份；依此类推，以至无穷. 验证：最终每人分得苹果的 $\frac{1}{3}$.

解 根据题意，每人分得的苹果为

$$\frac{1}{4}+\frac{1}{4^2}+\frac{1}{4^3}+\cdots+\frac{1}{4^n}+\cdots$$

它是 $a=q=\frac{1}{4}$ 的等比级数，因此其和为

$$s=\frac{\frac{1}{4}}{1-\frac{1}{4}}=\frac{1}{3},$$

即最终每人分得苹果的$\frac{1}{3}$.

【例 5】 假设政府在经济上投入 1 亿元人民币以刺激消费. 如果每个经营者和每个居民将收入的 25%存入银行，其余的 75%被消费掉，从最初的 1 亿元开始，这样一直下去. 问：由政府增加投资而引起的消费总增长为多少？如果每人只存 10%，结果为多少？

解 根据题意，若每人收入的 25%存入银行则引起的消费总增长为

$$1+\frac{3}{4}+\left(\frac{3}{4}\right)^2+\left(\frac{3}{4}\right)^3+\cdots+\left(\frac{1}{4}\right)^n+\cdots$$

它为等比级数，因$\frac{3}{4}<1$，所以此级数收敛，其和为

$$\lim_{n\to+\infty}s_n=\lim_{n\to+\infty}\frac{1-\left(\frac{3}{4}\right)^n}{1-\frac{3}{4}}=4.$$

若每人收入的 10%存入银行，则引起的消费总增长为

$$\lim_{n\to\infty}s_n=\lim_{n\to\infty}\frac{1}{1-\frac{1}{10}}=\frac{10}{9}.$$

$$\lim_{n\to+\infty}s_n=\lim_{n\to+\infty}\frac{1-\left(\frac{9}{10}\right)^n}{1-\frac{9}{10}}=10.$$

习题 6-1

1. 判断题.

(1) 若$\lim\limits_{n\to\infty}u_n=0$，则级数 $\sum\limits_{n=1}^{\infty}u_n$ 收敛；

(2) 若$\lim\limits_{n\to\infty}u_n\neq 0$，则级数 $\sum\limits_{n=1}^{\infty}u_n$ 发散；

(3) 若级数$\sum\limits_{n=1}^{\infty}u_n$ 发散，则$\lim\limits_{n\to\infty}u_n\neq 0$；

(4) 若级数 $\sum\limits_{n=1}^{\infty}u_n$ 发散，则必有$\lim\limits_{n\to\infty}u_n=\infty$；

(5) 若级数 $\sum\limits_{n=1}^{\infty}u_n$，$\sum\limits_{n=1}^{\infty}v_n$ 都发散，则级数 $\sum\limits_{n=1}^{\infty}(u_n+v_n)$ 必发散；

(6) 若级数 $\sum\limits_{n=1}^{\infty}(u_n+v_n)$ 收敛，则级数 $\sum\limits_{n=1}^{\infty}u_n$，$\sum\limits_{n=1}^{\infty}v_n$ 都收敛；

(7) 若级数 $\sum_{n=1}^{\infty} u_n$ 收敛，$\sum_{n=1}^{\infty} v_n$ 发散，则级数 $\sum_{n=1}^{\infty}(u_n+v_n)$ 必发散；

(8) 若级数 $\sum_{n=1}^{\infty}(u_n+v_n)$ 发散，则级数 $\sum_{n=1}^{\infty} u_n$，$\sum_{n=1}^{\infty} v_n$ 都发散；

(9) 若级数 $\sum_{n=1}^{\infty}(u_{2n-1}+u_{2n})$ 收敛，则级数 $\sum_{n=1}^{\infty} u_n$ 收敛；

(10) 若级数 $\sum_{n=1}^{\infty}(u_{2n-1}+u_{2n})$ 收敛，则 $\lim\limits_{n\to\infty} u_n=0$；

(11) 若级数 $\sum_{n=1}^{\infty}(u_{2n-1}+u_{2n})$ 发散，则级数 $\sum_{n=1}^{\infty} u_n$ 发散；

(12) 若 $\lim\limits_{n\to\infty} u_n=0$，则级数 $\sum_{n=1}^{\infty}(u_{2n-1}+u_{2n})$ 收敛.

2. 依据级数收敛与发散的定义，判断下列级数的收敛性.

(1) $\sum_{n=1}^{\infty}(\sqrt{n+1}-\sqrt{n})$；　　(2) $\sum_{n=1}^{\infty}\frac{1}{\left(1+\frac{1}{n}\right)^n}$；

(3) $\sum_{n=1}^{\infty}\left(\frac{1}{2^n}+\frac{1}{3^n}\right)$；　　(4) $\frac{1}{3}+\frac{1}{6}+\frac{1}{9}+\cdots+\frac{1}{3n}+\cdots$

6.2 数项级数的审敛法

根据级数收敛的定义可以判断级数的敛散性，但在绝大多数的情况下，求级数的部分和的表达式，进而求出极限是十分困难的，如下例.

【引例】 （正整数平方倒数和）研究下面数列

$$\sum_{n=1}^{\infty}\frac{1}{n^2}=1+\frac{1}{2^2}+\frac{1}{3^3}+\cdots+\frac{1}{n^2}+\cdots$$

(1) 该级数是否收敛？(2) 如果该级数收敛，收敛到多少？

这就是所谓"正整数平方倒数和问题"，是 17 世纪下半叶的著名数学难题之一，困惑着欧洲当时一流的数学家，牛顿、莱布尼兹和伯努利等都曾经研究过它，但都未能得到解答.

我们可以看出求它的前 n 项和是非常困难的，因此我们希望从级数的一般项来判断其敛散性. 虽然在大多数情况下，并不能求出其和，但只要知道某个级数收敛，就可以用部分和作为其和的近似值，这对实际问题已经足够了.

6.2.1 正项级数及其审敛法

定义 1 设级数 $\sum_{n=1}^{\infty} u_n$，若对 $\forall n$，有 $u_n\geqslant 0$，则称它为正项级数.

$$\sum_{n=1}^{\infty} u_n=u_1+u_2+\cdots+u_n+\cdots \tag{1}$$

的每一项是非负的，即 $u_n\geqslant 0$，因此部分和数列 $\{s_n\}$ 是一个单调增加数列，$s_n\geqslant s_{n-1}$. 由正项级数的这个特点,有以下定理.

定理 1 正项级数 $\sum_{n=1}^{\infty} u_n$ 收敛的充分必要条件是它的部分和数列 $\{s_n\}$ 有界.

【例 1】 判别级数 $\sum_{n=1}^{\infty} \sin\frac{\pi}{2^n}$ 的敛散性.

解 因为对 $0<x<\frac{\pi}{2}$,有 $\sin x<x$ 成立. 所以对 $\forall n\in\mathbf{N}$,有

$$\sin\frac{\pi}{2^n}<\frac{\pi}{2^n},$$

故

$$\begin{aligned}S_n &=\sin\frac{\pi}{2}+\sin\frac{\pi}{2^2}+\sin\frac{\pi}{2^3}+\cdots+\sin\frac{\pi}{2^n}\\ &<\pi\left(\frac{1}{2}+\frac{1}{2^2}+\frac{1}{2^3}+\cdots+\frac{1}{2^n}\right)\\ &=\pi\left(1-\frac{1}{2^n}\right)<\pi,\end{aligned}$$

因此级数 $\sum_{n=1}^{\infty} \sin\frac{\pi}{2^n}$ 收敛.

定理 2 (比较审敛法)设 $\sum_{n=1}^{\infty} u_n$ 与 $\sum_{n=1}^{\infty} v_n$ 为正项级数.

(1) 若级数 $\sum_{n=1}^{\infty} v_n$ 收敛,且 $u_n\leqslant v_n$,则级数 $\sum_{n=1}^{\infty} u_n$ 也收敛;

(2) 若级数 $\sum_{n=1}^{\infty} v_n$ 发散,且 $u_n\geqslant v_n$,则级数 $\sum_{n=1}^{\infty} u_n$ 也发散.

(证明从略.)

推论 1 设正项级数 $\sum_{n=1}^{\infty} u_n$,$\sum_{n=1}^{\infty} v_n$,若 $\lim_{n\to\infty}\frac{u_n}{v_n}=l(0<l<+\infty)$,则级数 $\sum_{n=1}^{\infty} u_n$,$\sum_{n=1}^{\infty} v_n$ 具有相同的敛散性.

【例 2】 判定级数 $\sum_{n=1}^{\infty} \frac{1}{n\cdot 2^n}$ 的收敛性.

解 因为 $\frac{1}{n\cdot 2^n}\leqslant\frac{1}{2^n}$,而级数 $\sum_{n=1}^{\infty}\frac{1}{2^n}$ 是以 $\frac{1}{2}$ 为公比的几何级数,它是收敛的,依据定理 2 知,级数 $\sum_{n=1}^{\infty} \frac{1}{n\cdot 2^n}$ 是收敛的.

【例 3】 讨论 p-级数 $\sum_{n=1}^{\infty} \frac{1}{n^p}$ 的敛散性.

解 (1) 当 $p<0$ 时,$\frac{1}{n^p}\to+\infty\ (n\to\infty)$,由必要条件可得,级数 $\sum_{n=1}^{\infty}\frac{1}{n^p}$ 发散.

(2) 当 $p=1$ 时,是调和级数,因此发散.

(3) 当 $p<1$ 时,因 $\frac{1}{n^p}>\frac{1}{n}$,而级数 $\sum_{n=1}^{\infty}\frac{1}{n}$ 发散,由定理 2 可得,级数发散.

(4) 当 $p>1$ 时,对原级数依次按一项、二项、四项、八项…规律加括号得新级数:

$$1+\left(\frac{1}{2^p}+\frac{1}{3^p}\right)+\left(\frac{1}{4^p}+\frac{1}{5^p}+\frac{1}{6^p}+\frac{1}{7^p}\right)+\left(\frac{1}{8^p}+\cdots+\frac{1}{15^p}\right)+\cdots$$

$$<1+\underbrace{\left(\frac{1}{2^p}+\frac{1}{2^p}\right)}_{\text{共二项}}+\underbrace{\left(\frac{1}{4^p}+\cdots+\frac{1}{4^p}\right)}_{\text{共四项}}+\underbrace{\left(\frac{1}{8^p}+\cdots+\frac{1}{8^p}\right)}_{\text{共八项}}+\cdots$$

$$<1+\frac{1}{2^{p-1}}+\left(\frac{1}{2^{p-1}}\right)^2+\left(\frac{1}{2^{p-1}}\right)^3+\cdots$$

而 $\frac{1}{2^{p-1}}<1$,因此等比级数 $\sum\limits_{n=1}^{\infty}\frac{1}{2^{p-1}}$ 收敛. 由定理 2 可得级数

$$1+\left(\frac{1}{2^p}+\frac{1}{3^p}\right)+\left(\frac{1}{4^p}+\frac{1}{5^p}+\frac{1}{6^p}+\frac{1}{7^p}\right)+\left(\frac{1}{8^p}+\cdots+\frac{1}{15^p}\right)+\cdots$$

收敛;

对正项级数而言,加括号不改变级数的敛散性,因此级数 $\sum\limits_{n=1}^{\infty}\frac{1}{n^p}$ 收敛.

综上所述:p-级数 $\sum\limits_{n=1}^{\infty}\frac{1}{n^p}$,当 $p\leqslant 1$ 时发散,当 $p>1$ 时收敛. 这是一个很重要的级数,此结论以后可以直接用. 有时我们经常用此级数的结论来判别其他级数的敛散性.

【例 4】 判定级数 $\sum\limits_{n=1}^{\infty}\frac{n+1}{n^3+1}$ 的收敛性.

解 $\frac{n+1}{n^3+1}<\frac{2n}{n^3}=\frac{2}{n^2}$. 级数 $\sum\limits_{n=1}^{\infty}\frac{1}{n^2}$ 是收敛的 p-级数,由级数的性质知,级数 $\sum\limits_{n=1}^{\infty}\frac{2}{n^2}$ 也是收敛的. 由定理 2 知,级数 $\sum\limits_{n=1}^{\infty}\frac{n+1}{n^3+1}$ 是收敛的.

例 4 是将级数与 p-级数作比较以判定其收敛性. 下面将这种比较用极限形式表述,以便于使用.

比较审敛法的难点是必须预先找到一个作为比较用的基本级数,而且该级数的敛散性是已知的. 自然提出这样的问题:能否通过极限自身判断级数的敛散性呢?

定理 3 [比值审敛法,也称达朗贝尔(d′ Alembert)判别法]设 $\sum\limits_{n=1}^{\infty}u_n$ 为正项级数,若

$$\lim_{n\to\infty}\frac{u_{n+1}}{u_n}=\lambda,$$

则

当 $\lambda<1$ 时,级数 $\sum\limits_{n=1}^{\infty}u_n$ 收敛;

当 $\lambda>1\left(\text{或}\lim\limits_{n\to\infty}\frac{u_{n+1}}{u_n}=+\infty\right)$ 时,级数 $\sum\limits_{n=1}^{\infty}u_n$ 发散;

当 $\lambda=1$ 时,级数 $\sum\limits_{n=0}^{\infty}u_n$ 的收敛性不能确定.

注:在比值审敛法中,若 $\lambda>1$ 或 $\lim\limits_{n\to\infty}\frac{u_{n+1}}{u_n}=+\infty$, 则数列$\{u_n\}$为递增数列(从某项开始),必有$\lim\limits_{n\to\infty}u_n\neq 0$. 这一事实以后会常用到.

【例 5】 判定级数 $\sum\limits_{n=1}^{\infty}\frac{n}{3^n}$ 的收敛性.

解 $\lim\limits_{n\to\infty}\frac{u_{n+1}}{u_n}=\lim\limits_{n\to\infty}\frac{\frac{n+1}{3^{n+1}}}{\frac{n}{3^n}}=\frac{1}{3}\lim\limits_{n\to\infty}\frac{n+1}{n}=\frac{1}{3}<1$,

由比值审敛法知,级数 $\sum\limits_{n=1}^{\infty}\frac{n}{3^n}$ 收敛.

【例 6】 判定级数 $\sum\limits_{n=1}^{\infty}\frac{a^n}{n!}$($a>0$,为常数)的收敛性.

解 $\lim\limits_{n\to\infty}\frac{u_{n+1}}{u_n}=\lim\limits_{n\to\infty}\frac{\frac{a^{n+1}}{n+1}}{\frac{a^n}{n!}}=\lim\limits_{n\to\infty}\frac{a}{n+1}=0<1$,

故级数 $\sum\limits_{n=1}^{\infty}\frac{a^n}{n!}$ 收敛.

【例 7】 判定级数

$$1+\frac{1}{2^2}+\frac{1}{3^3}+\cdots+\frac{1}{n^n}+\cdots$$

的收敛性.

解

$$\lim_{n\to\infty}\frac{u_{n+1}}{u_n}=\lim_{n\to\infty}\frac{\frac{1}{(n+1)^{n+1}}}{\frac{1}{n^n}}=\lim_{n\to\infty}\left(\frac{n}{n+1}\right)^n\frac{1}{n+1},$$

又

$$\lim_{n\to\infty}\left(\frac{n}{n+1}\right)^n=\lim_{n\to\infty}\frac{1}{\left(1+\frac{1}{n}\right)^n}=\frac{1}{\mathrm{e}},$$

因此

$$\lim_{n\to\infty}\frac{u_{n+1}}{u_n}=\lim_{n\to\infty}\left(\frac{n}{n+1}\right)^n\frac{1}{n+1}=0,$$

故级数 $\sum\limits_{n=1}^{\infty}\frac{1}{n^n}$ 收敛.

定理 4 (根值判别法,也称柯西判别法)设正项级数 $\sum\limits_{n=1}^{\infty}u_n$,若有 $\lim\limits_{n\to\infty}\sqrt[n]{u_n}=l$, 则

(1) 当 $l<1$ 时,级数 $\sum_{n=1}^{\infty}u_n$ 收敛;

(2) 当 $l>1$(包括 $l=+\infty$)时,级数 $\sum_{n=1}^{\infty}u_n$ 发 散;

(3) 当 $l=1$ 时,级数 $\sum_{n=1}^{\infty}u_n$ 可能收敛,也可能发散,要另行判定.

【例 8】 判别下列级数的敛散性.

(1) $\sum_{n=1}^{\infty}\left(\frac{3n}{5n+2}\right)^n$; (2) $\sum_{n=1}^{\infty}\left(\frac{an}{n+1}\right)^n,(a\geqslant 0)$; (3) $\sum_{n=1}^{\infty}\frac{1}{[\ln(n+1)]^n}$.

解 (1) 因 $\lim\limits_{n\to\infty}\sqrt[n]{\left(\frac{3n}{5n+2}\right)^n}=\lim\limits_{n\to\infty}\frac{3n}{5n+2}=\frac{3}{5}<1$, 所以原级数收敛.

(2) 因 $\lim\limits_{n\to\infty}\sqrt[n]{\left(\frac{an}{n+1}\right)^n}=\lim\limits_{n\to\infty}\frac{an}{n+1}=a$,

所以当 $0\leqslant a<1$ 时,级数收敛;当 $a>1$ 时, $\sum_{n=1}^{\infty}\left(\frac{an}{n+1}\right)^n$ 发散.

(3) 因 $\lim\limits_{n\to\infty}\sqrt[n]{\frac{1}{(\ln(n+1))^n}}=\lim\limits_{n\to\infty}\frac{1}{\ln(n+1)}=0<1$, 所以原级数收敛.

6.2.2 交错级数及其审敛法

定义 2 正负相间的级数称为交错级数,形如: $\sum_{n=1}^{\infty}(-1)^{n-1}u_n$, $\sum_{n=1}^{\infty}(-1)^n u_n$, 其中 $u_n>0$.

现给出交错级数的一个重要的审敛法.

定理 5 [莱布尼兹(Leibniz)准则]若交错级数 $\sum_{n=1}^{\infty}(-1)^{n-1}u_n$ 满足条件:

(1) $u_n\geqslant u_{n+1}(n=1, 2\cdots)$;

(2) $\lim\limits_{n\to\infty}u_n=0$,

则级数收敛,且其和 $s\leqslant u_1$,其余项 r_n 的绝对值不超过 u_{n+1},即 $|r_n|\leqslant u_{n+1}$.

【例 9】 判定交错级数

$$1-\frac{1}{2}+\frac{1}{3}-\frac{1}{4}+\cdots+(-1)^{n-1}\frac{1}{n}+\cdots$$

的收敛性.

解 $u_n=\frac{1}{n}$,满足 $u_n\geqslant u_{n+1}$,且 $\lim\limits_{n\to\infty}u_n=\lim\limits_{n\to\infty}\frac{1}{n}=0$,因此级数 $\sum_{n=1}^{\infty}(-1)^{n-1}\frac{1}{n}$ 收敛,且其和 $s\leqslant 1$.

若用前 n 项部分和 $s_n=1-\frac{1}{2}+\cdots+(-1)^{n-1}\frac{1}{n}$ 作为级数和 s 的近似值,则误差 $|r_n|\leqslant\frac{1}{n+1}$.

【例 10】 判定交错级数 $\sum_{n=1}^{\infty}(-1)^{n-1}\frac{1}{n\cdot 3^n}$ 的收敛性.

解　$u_n=\frac{1}{n\cdot 3^n}$，显然$\frac{1}{(n+1)3^{n+1}}<\frac{1}{n\cdot 3^n}$，且$\lim\limits_{n\to\infty}u_n=\lim\limits_{n\to\infty}\frac{1}{n\cdot 3^n}=0$，因此级数收敛.

6.2.3　绝对收敛与条件收敛

下面讨论任意项级数$\sum\limits_{n=1}^{\infty}u_n$的审敛法. 将级数各项$u_n$取绝对值，得正项级数$\sum\limits_{n=1}^{\infty}|u_n|$. 任意项级数$\sum\limits_{n=1}^{\infty}u_n$的收敛性与正项级数$\sum\limits_{n=1}^{\infty}|u_n|$的收敛性有以下关系.

定理 6　若正项级数$\sum\limits_{n=1}^{\infty}|u_n|$收敛，则任意项级数$\sum\limits_{n=1}^{\infty}u_n$必收敛.

注意：这个定理的逆定理不成立，不能由级数$\sum\limits_{n=1}^{\infty}u_n$收敛断言级数$\sum\limits_{n=1}^{\infty}|u_n|$是收敛的，例如，例 9 中级数$\sum\limits_{n=1}^{\infty}(-1)^{n-1}\frac{1}{n}$是收敛的，各项取绝对值后得到调和级数$\sum\limits_{n=1}^{\infty}\frac{1}{n}$是发散的.

定义 3　若级数$\sum\limits_{n=1}^{\infty}|u_n|$收敛，则称级数$\sum\limits_{n=1}^{\infty}u_n$**绝对收敛**；若级数$\sum\limits_{n=1}^{\infty}u_n$收敛，而级数$\sum\limits_{n=1}^{\infty}|u_n|$发散，则称级数$\sum\limits_{n=1}^{\infty}u_n$**条件收敛**.

【例 11】　判定下列级数是绝对收敛或条件收敛：

(1) $\sum\limits_{n=1}^{\infty}\frac{(-1)^{\frac{n(n+1)}{2}}}{2^n}$；　　(2) $\sum\limits_{n=1}^{\infty}\frac{(-1)^{n-1}}{n^2}\sin\frac{n\pi}{3}$；

(3) $\sum\limits_{n=1}^{\infty}\frac{(-1)^n}{\sqrt[3]{n}}$；　　(4) $\sum\limits_{n=1}^{\infty}\frac{a^n}{n}$，($a$为常数).

解　(1) 因$|u_n|=\left|\frac{(-1)^{\frac{n(n+1)}{2}}}{2^n}\right|=\frac{1}{2^n}$，而级数$\sum\limits_{n=1}^{\infty}\frac{1}{2^n}$收敛，所以原级数绝对收敛.

(2) 因$|u_n|=\left|\frac{(-1)^{n-1}}{n^2}\sin\frac{n\pi}{3}\right|\leqslant\frac{1}{n^2}$，而级数$\sum\limits_{n=1}^{\infty}\frac{1}{n^2}$收敛，所以原级数

$$\sum_{n=1}^{\infty}\frac{(-1)^{n-1}}{n^2}\sin\frac{n\pi}{3}$$

绝对收敛.

(3) 因$|u_n|=\left|\frac{(-1)^n}{\sqrt[3]{n}}\right|=\frac{1}{\sqrt[3]{n}}$，而$p=\frac{1}{3}$，所以级数$\sum\limits_{n=1}^{\infty}\frac{1}{\sqrt[3]{n}}$发散.

而$u_n=\frac{1}{\sqrt[3]{n}}>\frac{1}{\sqrt[3]{n+1}}=u_{n+1}$，且$\lim\limits_{n\to\infty}\frac{1}{\sqrt[3]{n}}=0$，因此交错级数$\sum\limits_{n=1}^{\infty}\frac{(-1)^n}{\sqrt[3]{n}}$是属于莱布尼兹级数，故收敛. 原级数条件收敛.

(4) 因$\left|\frac{a^n}{n}\right|=\frac{|a|^n}{n}$，对常数$a$要分情况加以讨论.

当$|a|>1$时，$\lim\limits_{n\to\infty}\frac{a^n}{n}\neq 0$(可以用罗必塔法则的推论)，因此级数$\sum\limits_{n=1}^{\infty}\frac{a^n}{n}$发散.

当 $a=1$ 时，则 $\sum_{n=1}^{\infty}\frac{a^n}{n}=\sum_{n=1}^{\infty}\frac{1}{n}$，是调和级数，发散.

当 $a=-1$ 时，则 $\sum_{n=1}^{\infty}\frac{a^n}{n}=\sum_{n=1}^{\infty}\frac{(-1)^n}{n}$ 是属于莱布尼兹级数，故收敛. 是条件收敛.

当 $|a|<1$ 时，对级数 $\sum_{n=1}^{\infty}\left|\frac{a^n}{n}\right|$ 而言，用比值判别法可得

$$\lim_{n\to\infty}\frac{\frac{|a^{n+1}|}{n+1}}{\frac{|a^n|}{n}}=\lim_{n\to\infty}\frac{n|a|}{n+1}<1,$$

因此原级数绝对收敛.

习题 6－2

1. 用比较审敛法判定下列级数的收敛性.

(1) $\sum_{n=1}^{\infty}\frac{1}{\sqrt{n}}$；　(2) $\sum_{n=1}^{\infty}\frac{1}{(2n^2+2n+1)}$；　(3) $\sum_{n=1}^{\infty}\sin\frac{\pi}{2^n}$.

2. 用比值审敛法判定下列级数的收敛性.

(1) $\frac{3}{1\cdot 2}+\frac{3^2}{2\cdot 2^2}+\cdots+\frac{3^n}{n\cdot 2^n}+\cdots$　(2) $\frac{4}{1^2}+\frac{4^2}{2^2}+\cdots+\frac{4^n}{n^2}+\cdots$

3. 判定下列级数的收敛性，若级数收敛，是绝对收敛还是条件收敛.

(1) $1-\frac{1}{\sqrt{2}}+\frac{1}{\sqrt{3}}-\frac{1}{\sqrt{4}}+\cdots$　(2) $1-\frac{1}{3}+\cdots+(-1)^{n+1}\frac{1}{2n-1}+\cdots$

(3) $\frac{1}{\ln 2}-\frac{1}{\ln 3}+\frac{1}{\ln 4}-\frac{1}{\ln 5}+\cdots$　(4) $\sum_{n=1}^{\infty}(-1)^{n-1}\frac{n}{3^{n-1}}$.

6.3 幂 级 数

6.3.1 函数项级数的概念

设有一个定义在区间 I 上的函数列 $u_1(x)$, $u_2(x)$, $u_3(x)$, …, $u_n(x)$, …，则称表达式

$$u_1(x)+u_2(x)+u_3(x)+\cdots+u_n(x)+\cdots \tag{1}$$

为定义在区间 I 上的**函数项级数**，简记为 $\sum_{n=1}^{\infty}u_n(x)$. 称

$$s_n=\sum_{k=1}^{n}u_k(x),\ x\in I,\ n=1,2,3,\cdots$$

为函数项级数(1)的部分和函数列.

对每一个 $x=x_0\in I$，函数项级数(1)就成为数项级数

$$u_1(x_0)+u_2(x_0)+u_3(x_0)+\cdots+u_n(x_0)+\cdots \tag{2}$$

如果级数(2)收敛,则称点 x_0 为函数项级数(1)的**收敛点**;如果级数(2)发散,则称点 x_0 为函数项级数(1)的**发散点**. 函数项级数(1)的所有收敛点的全体称为它的**收敛域**,所有发散点的全体称为它的**发散域**. 函数项级数(1)在收敛域 D 上的每一点 x 与其所对应的数项级数(2)的和 $s(x)$ 之间就构成一个定义在 D 上的函数,称为级数(1)的**和函数**,并写成

$$s(x) = u_1(x) + u_2(x) + u_3(x) + \cdots + u_n(x) + \cdots (x \in \mathrm{D})$$

即

$$\lim_{n \to \infty} s_n(x) = s(x), (x \in \mathrm{D})$$

这就是说函数项级数(1)的收敛性就是指它的部分和函数列 $\{s_n(x)\}$ 的收敛性.

【例 1】 讨论定义在 $(-\infty, +\infty)$ 上的函数项级数

$$1 + x + x^2 + \cdots + x^n + \cdots \tag{3}$$

的收敛性.

解 级数(3)的部分和函数为 $s_n(x) = \dfrac{1-x^n}{1-x}$.

当 $|x| < 1$ 时,

$$s(x) = \lim_{n \to \infty} s_n(x) = \frac{1}{1-x},$$

因此,级数(3)在 $(-1, 1)$ 内收敛于和函数 $s(x) = \dfrac{1}{1-x}$.

当 $|x| \geqslant 1$ 时,级数(3)发散.

6.3.2 幂级数及其收敛域

定义 形如

$$\sum_{n=0}^{\infty} a_n (x - x_0)^n = a_0 + a_1(x - x_0) + a_2 (x - x_0)^2 + \cdots + a_n (x - x_0)^n + \cdots \tag{4}$$

的函数项级数称为 $x - x_0$ 的**幂级数**, $a_0, a_1, a_2, \cdots, a_n, \cdots$ 叫做幂级数的系数.

特别地,当 $x_0 = 0$ 时,幂级数(4)变为

$$\sum_{n=0}^{\infty} a_n x^n = a_0 + a_1 x + a_2 x^2 + \cdots + a_n x^n + \cdots \tag{5}$$

称为 x 的幂级数.

因为通过变换 $t = x - x_0$ 即可将幂级数(4)化为幂级数(5)的形式,所以本节只讨论幂级数(5).

幂级数(5)在 $x=0$ 处总是收敛的,除此之外,它还有哪些点收敛呢?我们有下面的定理.

定理 1 (阿贝尔定理)如果幂级数(5)在 $x = x_0 \neq 0$ 收敛,则对满足不等式 $|x| < |x_0|$ 的一切 x 使幂级数(5)绝对收敛;如果幂级数(5)在 $x = x_0$ 发散,则对满足不等式 $|x| > |x_0|$ 的一切 x 使幂级数(5)发散.

由此定理知道:幂级数(5)的收敛域是以原点为中心的区间,若以 $2R$ 表示区间的长度,则称 R 为该幂级数的**收敛半径**. 因此

当 $R=0$ 时，幂级数(5)仅在 $x=0$ 处收敛；

当 $R=+\infty$ 时，幂级数(5)在 $(-\infty, +\infty)$ 上收敛；

当 $0<R<+\infty$ 时，幂级数(5)在 $(-R, R)$ 内绝对收敛；对一切满足 $|x|>R$ 的 x，幂级数(5)发散；在 $x=\pm R$ 处幂级数(5)可能收敛也可能发散.

我们称 $(-R, R)$ 为幂级数(5)的**收敛区间**.

怎样求幂级数(5)的收敛半径，有如下定理.

定理 2 对于幂级数(5)，若 $\lim\limits_{n\to\infty}\left|\dfrac{a_{n+1}}{a_n}\right|=\rho$，则

(1) 当 $0<\rho<+\infty$ 时，幂级数(5)的收敛半径 $R=\dfrac{1}{\rho}$；

(2) 当 $\rho=0$ 时，幂级数(5)的收敛半径 $R=+\infty$；

(3) 当 $\rho=+\infty$ 时，幂级数(5)的收敛半径 $R=0$.

【例 2】 求幂级数 $\sum\limits_{n=1}^{\infty}\dfrac{2^n}{n}x^n$ 的收敛半径与收敛域.

解 因为

$$\rho=\lim_{n\to\infty}\left|\frac{a_{n+1}}{a_n}\right|=\lim_{n\to\infty}\frac{2^{n+1}}{n+1}\cdot\frac{n}{2^n}=\lim_{n\to\infty}\frac{2n}{n+1}=2,$$

所以收敛半径 $R=\dfrac{1}{\rho}=\dfrac{1}{2}$，收敛区间为 $\left(-\dfrac{1}{2}, \dfrac{1}{2}\right)$.

当 $x=\dfrac{1}{2}$ 时，所给级数为调和级数 $\sum\limits_{n=1}^{\infty}\dfrac{1}{n}$，它发散.

当 $x=-\dfrac{1}{2}$ 时，所给级数为交错级数 $\sum\limits_{n=1}^{\infty}(-1)^n\dfrac{1}{n}$，它收敛.

因此，收敛域为 $\left[-\dfrac{1}{2}, \dfrac{1}{2}\right)$.

【例 3】 求幂级数 $\sum\limits_{n=1}^{\infty}n^nx^n$ 的收敛半径.

解 因为

$$\rho=\lim_{n\to\infty}\left|\frac{a_{n+1}}{a_n}\right|=\lim_{n\to\infty}\frac{(n+1)^{n+1}}{n^n}=\lim_{n\to\infty}(n+1)\cdot\left(1+\frac{1}{n}\right)^n=+\infty,$$

所以收敛半径 $R=0$，即幂级数仅在点 $x=0$ 处收敛.

【例 4】 求幂级数 $\sum\limits_{n=1}^{\infty}\dfrac{(x-2)^n}{n^2\cdot 3^n}$ 的收敛域.

解 令 $t=x-2$，则原级数变为 $\sum\limits_{n=1}^{\infty}\dfrac{t^n}{n^2\cdot 3^n}$. 因为

$$\rho=\lim_{n\to\infty}\left|\frac{a_{n+1}}{a_n}\right|=\lim_{n\to\infty}\frac{n^2\cdot 3^n}{(n+1)^2\cdot 3^{n+1}}=\frac{1}{3},$$

所以收敛半径 $R=3$.

又因 $t=\pm 3$ 时，$\sum\limits_{n=1}^{\infty}\dfrac{1}{n^2}$ 与 $\sum\limits_{n=1}^{\infty}\dfrac{(-1)^n}{n^2}$ 均收敛，所以 $\sum\limits_{n=1}^{\infty}\dfrac{t^n}{n^2\cdot 3^n}$ 的收敛域为 $[-3, 3]$，即

$-3\leqslant x-2\leqslant 3$，解得 $-1\leqslant x\leqslant 5$，因此原级数的收敛域为$[-1,5]$.

【例 5】 求幂级数 $\sum\limits_{n=0}^{\infty}\frac{(2n)!}{(n!)^2}x^{2n}$ 的收敛半径.

解 级数缺少奇次幂的项，直接应用定理 2 将导致错误的结果. 根据比式判别法有

$$\lim_{n\to\infty}\left|\frac{\frac{[2(n+1)]!}{[(n+1)!]^2}x^{2(n+1)}}{\frac{(2n)!}{(n!)^2}x^{2n}}\right|=4|x|^2$$

当 $4|x|^2<1$ 即 $|x|<\frac{1}{2}$ 时级数收敛；当 $4|x|^2>1$ 即 $|x|>\frac{1}{2}$ 时级数发散. 因此收敛半径为 $R=\frac{1}{2}$.

6.3.3 幂级数的运算和性质

1. 和、差运算

设级数 $\sum\limits_{n=0}^{\infty}a_nx^n$，$\sum\limits_{n=0}^{\infty}b_nx^n$ 的收敛区间分别为 D_1,D_2，当 $x\in D_1\cap D_2$ 时有如下运算：

加法：$\sum\limits_{n=0}^{\infty}a_nx^n+\sum\limits_{n=0}^{\infty}b_nx^n=\sum\limits_{n=0}^{\infty}(a_n+b_n)x^n$；

减法：$\sum\limits_{n=0}^{\infty}a_nx^n-\sum\limits_{n=0}^{\infty}b_nx^n=\sum\limits_{n=0}^{\infty}(a_n-b_n)x^n$.

2. 性质

性质 1 设幂级数 $\sum\limits_{n=0}^{\infty}a_nx^n$ 的收敛半径为 $R(R>0)$，则它的和函数 $s(x)$ 在区间 $(-R,R)$ 内连续. 如果幂级数在 $x=R$（或 $x=-R$）也收敛，则和函数 $s(x)$ 在 $(-R,R]$ 或 $[-R,R)$ 连续.

性质 2 设幂级数 $\sum\limits_{n=0}^{\infty}a_nx^n$ 的收敛半径为 $R(R>0)$，则它的和函数 $s(x)$ 在区间 $(-R,R)$ 内是可导的，且有逐项求导公式：

$$s'(x)=\left(\sum_{n=0}^{\infty}a_nx^n\right)'=\sum_{n=0}^{\infty}(a_nx^n)'=\sum_{n=1}^{\infty}na_nx^{n-1},\tag{6}$$

其中：$|x|<R$，逐项求导后所得到的幂级数和原级数有相同的收敛半径.

反复应用上述结论可得：若幂级数 $\sum\limits_{n=0}^{\infty}a_nx^n$ 的收敛半径为 $R(R>0)$，则它的和函数 $s(x)$ 在区间 $(-R,R)$ 内具有任意阶导数.

推论 设幂级数 $\sum\limits_{n=0}^{\infty}a_nx^n$ 在 $x=0$ 的某邻域内的和函数为 $s(x)$，则该级数的系数与 $s(x)$ 在 $x=0$ 处的各阶导数有如下关系：

$$a_0=s(0),\ a_n=\frac{s^{(n)}(0)}{n!}(n=1,2,3,\cdots).$$

该推论表明，若级数 $\sum_{n=0}^{\infty} a_n x^n$ 在 $(-R, R)$ 内有和函数 $s(x)$，则该级数由 $s(x)$ 在 $x=0$ 处的各阶导数所唯一确定.

性质 3 设幂级数 $\sum_{n=0}^{\infty} a_n x^n$ 的收敛半径为 $R(R>0)$，则它的和函数 $s(x)$ 在区间 $(-R, R)$ 内是可积的，且有逐项积分公式：

$$\int_0^x s(x)\mathrm{d}x = \int_0^x \left(\sum_{n=0}^{\infty} a_n x^n\right)\mathrm{d}x = \sum_{n=0}^{\infty} \int_0^x a_n x^n \mathrm{d}x = \sum_{n=0}^{\infty} \frac{a_n}{n+1} x^{n+1}, \tag{7}$$

其中：$|x|<R$，逐项积分后所得到的幂级数和原级数有相同的收敛半径.

【例 6】 在区间 $(-1, 1)$ 内求幂级数 $\sum_{n=1}^{\infty} n x^{n-1}$ 的和函数.

解 设所给级数的和函数为 $s(x)$，则当 $x\in(-1, 1)$，有

$$s(x) = \sum_{n=1}^{\infty} n x^{x-1} = \sum_{n=1}^{\infty} (x^n)' = \left(\sum_{n=1}^{\infty} x^n\right)' = \left(\frac{x}{1-x}\right)' = \frac{1}{(1-x)^2},$$

因此

$$\sum_{n=1}^{\infty} n x^{n-1} = \frac{1}{(1-x)^2},\ x\in(-1, 1).$$

【例 7】 求幂级数 $\sum_{n=1}^{\infty} (-1)^n \frac{x^{n+1}}{n+1}$ 的和函数.

解 设 $s(x) = \sum_{n=1}^{\infty} (-1)^n \frac{x^{n+1}}{n+1} = x - \frac{x^2}{2} + \frac{x^3}{3} - \frac{x^4}{4} + \cdots + (-1)^n \frac{x^{n+1}}{n+1} + \cdots$

因为

$$s'(x) = 1 - x + x^2 - x^3 + \cdots + x^n + \cdots = \frac{1}{1+x},\quad x\in(-1, 1),$$

于是

$$s(x) - s(0) = \int_0^x s'(x)\mathrm{d}x = \int_0^x \frac{1}{1+x}\mathrm{d}x = \ln(1+x),$$

又 $s(0)=0$，所以有

$$s(x) = \sum_{n=1}^{\infty} (-1)^n \frac{x^{n+1}}{n+1} = \ln(1+x),\quad x\in(-1, 1).$$

习题 6－3

1. 填空题.

(1) 若幂级数 $\sum_{n=0}^{\infty} a_n x^n$ 的收敛半径为 R，则幂级数 $\sum_{n=0}^{\infty} a_n (x-2)^n$ 的收敛区间为____________；

(2) 若幂级数 $\sum_{n=1}^{\infty} a_n (x-1)^n$ 在 $x=-1$ 处收敛，则级数在点 $x=2$ 处的收敛性为______

______;

(3) 若幂级数 $\sum_{n=0}^{\infty} a_n x^n$ 的收敛半径为 R，则幂级数 $\sum_{n=0}^{\infty} a_n x^{3n}$ 的收敛区间为______.

2. 求下列幂级数的收敛区间.

(1) $1-x+\frac{x^2}{2^2}-\cdots+(-1)^n\frac{x^n}{n^2}+\cdots$

(2) $\sum_{n=1}^{\infty} nx^n$；

(3) $\sum_{n=1}^{\infty} \frac{2^n}{2n+1}x^n$；

(4) $\frac{x}{1\cdot 3}+\frac{x^2}{2\cdot 3^2}+\frac{x^3}{3\cdot 3^3}+\cdots+\frac{x^n}{n\cdot 3^n}+\cdots$

3. 求下列幂级数的和函数.

(1) $\sum_{n=1}^{\infty} \frac{1}{n}x^{n-1}$；　(2) $\sum_{n=1}^{\infty} \frac{1}{2n+1}x^{2n+1}$；　(3) $\sum_{n=1}^{\infty} \frac{1}{n+1}x^n$.

6.4 函数展开成幂函数

前面我们讨论了幂级数在收敛域内求和函数的问题，在实际应用中常常遇到与之相反的问题，就是对一个给定的函数，能否在一个区间内展开成幂级数？如果可以，又如何将其展开成幂级数？其收敛情况如何？本节就来解决这些问题.

6.4.1 泰勒级数

设给定函数 $f(x)$ 在 $x=0$ 点的某邻域内存在任意阶导数，如果 $f(x)$ 在 $x=0$ 点的某邻域内可以展开成幂级数

$$f(x)=\sum_{n=0}^{\infty} a_n x^n = a_0+a_1x+a_2x^2+\cdots+a_nx^n+\cdots \tag{1}$$

将 $x=0$ 代入(1)式，得

$$a_0=f(0).$$

对(1)式两边求各阶导数，再将 $x=0$ 代入，可得

$$a_1=f'(0),\ a_2=\frac{f''(0)}{2!},\ a_3=\frac{f'''(0)}{3!},\ \cdots,\ a_n=\frac{f^{(n)}(0)}{n!},\ \cdots$$

于是，得到幂级数

$$\sum_{n=0}^{\infty}\frac{f^{(n)}(0)}{n!}x^n=f(0)+f'(0)x+\frac{f''(0)}{2!}x^2+\cdots+\frac{f^{(n)}(0)}{n!}x^n+\cdots \tag{2}$$

级数(2)称为 $f(x)$ 的**麦克劳林(Maclaurin)级数**.

称

$$R_n(x)=f(x)-\left[f(0)+f'(0)x+\frac{f''(0)}{2!}x^2+\cdots+\frac{f^{(n)}(0)}{n!}x^n+\cdots\right]$$

为 $f(x)$的**麦克劳林余项**.

定理 1 如果函数 $f(x)$在 $x=0$ 的某邻域内存在$(n+1)$阶导数,则有

$$f(x)=f(0)+f'(0)x+\frac{f''(0)}{2!}x^2+\cdots+\frac{f^{(n)}(0)}{n!}x^n+R_n(x), \quad (3)$$

其中 $$R_n(x)=\frac{f^{(n+1)}(\theta x)}{(n+1)!}x^{n+1}, \quad (0<\theta<1). \quad (4)$$

(3)式称为**麦克劳林**(**Maclaurin**)公式,余项(4)式又称为**拉格朗日余项**.(证明从略.)

关于 $f(x)$的麦克劳林级数的收敛情况,有以下结论:

定理 2 设函数 $f(x)$在 $x=0$ 点的某邻域内存在任意阶导数,则 $f(x)$的麦克劳林级数(2)收敛于 $f(x)$的充分必要条件是 $\lim\limits_{n\to+\infty}R_n(x)=0$.

(证明从略.)

定理 2 说明,如果 $\lim\limits_{n\to+\infty}R_n(x)=0$,则有

$$f(x)=f(0)+f'(0)x+\frac{f''(0)}{2!}x^2+\cdots+\frac{f^{(n)}(0)}{n!}x^n+\cdots \quad (5)$$

公式(5)称为 $f(x)$的**麦克劳林**(**Maclaurin**)展开式,又称为 $f(x)$的幂级数展开式.

可以证明,$f(x)$的幂级数展开式是唯一的.

6.4.2 函数展开成幂级数

1. 直接展开法

所谓直接展开法,就是按以下步骤将函数展开成幂级数:

(1) 求出 $f(x)$的各阶导数,进而求出 $f(0)$, $f'(0)$, $f''(0)$, …, $f^{(n)}(0)$, …

(2) 写出 $f(x)$的麦克劳林级数,并求出其收敛半径 R 与收敛域;

(3) 考察当 $x\in(-R, R)$时, $\lim\limits_{n\to+\infty}R_n(x)$是否为零,如果 $\lim\limits_{n\to+\infty}R_n(x)=0$,则步骤(2)所得的级数即为 $f(x)$的幂级数展开式.

【例 1】 将函数 $f(x)=e^x$ 展开成 x 的幂级数.

解 由于 $f^{(n)}(x)=e^x$, $f^{(n)}(0)=1$, $(n=1, 2, \cdots)$, $f(0)=1$. 于是得级数

$$1+x+\frac{x^2}{2!}+\cdots+\frac{x^n}{n!}+\cdots$$

它的收敛半径为 $R=+\infty$.

由于 $f(x)$的拉格朗日余项为

$$R_n(x)=\frac{e^{\xi}}{(n+1)!}x^{n+1}, (\xi \text{ 在 } 0 \text{ 与 } x \text{ 之间}),$$

因此,

$$|R_n(x)| = \frac{e^{\xi}}{(n+1)!}|x|^{n+1} \leqslant e^{|x|}\frac{|x|^{n+1}}{(n+1)!}.$$

由于级数 $\sum\limits_{n=0}^{\infty}\frac{|x|^{n+1}}{(n+1)!}$ 的收敛域为$(-\infty, +\infty)$，因此

$$\lim_{n\to\infty}\frac{|x|^{n+1}}{(n+1)!} = 0.$$

故对任何实数 x 均有 $\lim\limits_{n\to\infty}R_n(x) = 0$.

于是 $\quad e^x = 1 + x + \frac{x^2}{2!} + \cdots + \frac{x^n}{n!} + \cdots,\ x \in (-\infty, +\infty).$

【例 2】 将函数 $f(x)=\sin x$ 展开成 x 的幂级数.

解 $f^{(n)}(x)=\sin\left(x+\frac{n\pi}{2}\right),\ (n=1, 2, \cdots),$

$f^{(n)}(0)$顺序循环地取 $0, 1, 0, -1, \cdots(n=1, 2, \cdots)$，于是得级数

$$x - \frac{x^3}{3!} + \frac{x^5}{5!} - \cdots + (-1)^{n-1}\frac{x^{2n-1}}{(2n-1)!} + \cdots$$

它的收敛半径为$R=+\infty$. 现考察正弦函数的拉格朗日余项. 由于

$$|R_n(x)| = \left|\frac{\sin\left[\xi + (n+1)\frac{\pi}{2}\right]}{(n+1)!}x^{n+1}\right| \leqslant \frac{|x|^{n+1}}{(n+1)!} \to 0,\ (n\to\infty).$$

因此 $\sin x$ 的展式为

$$\sin x = x - \frac{x^3}{3!} + \frac{x^5}{5!} - \cdots + (-1)^{n-1}\frac{x^{2n-1}}{(2n-1)!} + \cdots,\ x \in (-\infty, +\infty).$$

一般来说，只有少数比较简单的函数，其幂级数展开式能用直接展开法得到，更多的是从已知的展开式出发，通过变量代换、四则运算或逐项求导、逐项求积等方法，间接地求得函数的幂级数展开式，这种方法叫做间接展开法. 来看下面的例子.

2. 间接展开法

用直接展开法求函数 $f(x)$的幂级数展开式，既要计算系数，又要考察$\lim\limits_{n\to\infty}R_n(x)$是否为零，这样计算量较大，而且比较复杂. 因此常常采用间接展开法来求函数 $f(x)$的幂级数展开式，即利用一些已知函数的幂级数展开式和幂级数的性质，通过变量代换或加、减法或逐项求导、逐项积分等方法，将所给函数展开成幂级数.

【例 3】 将函数 $f(x)=\cos x$ 展开成 x 的幂级数.

解 对 $\sin x=x-\frac{x^3}{3!}+\frac{x^5}{5!}-\cdots+(-1)^{n-1}\frac{x^{2n-1}}{(2n-1)!}+\cdots$逐项求导，得

$$\cos x = 1 - \frac{x^2}{2!} + \frac{x^4}{4!} - \cdots + (-1)^n\frac{x^{2n}}{(2n)!} + \cdots,\ x \in (-\infty, +\infty).$$

【例 4】 将函数$\frac{1}{3+x}$展开成：(1) x 的幂级数；(2) $(x-1)$的幂级数.

解 (1) 由于

$$\frac{1}{1-x}=1+x+x^2+\cdots+x^n+\cdots\ (-1<x<1),$$

又由于$\frac{1}{3+x}=\frac{1}{3}\cdot\frac{1}{1-\left(-\frac{x}{3}\right)}$,将上式中的 x 换成$-\frac{x}{3}$得到

$$\frac{1}{3+x}=\frac{1}{3}\sum_{n=0}^{\infty}\left(-\frac{x}{3}\right)^n=\sum_{n=0}^{\infty}\frac{(-1)^n}{3^{n+1}}x^n,\ (-3<x<3).$$

(2) 由于 $\frac{1}{3+x}=\frac{1}{4+(x-1)}=\frac{1}{4}\cdot\frac{1}{1-\left(-\frac{x-1}{4}\right)}$

$$=\frac{1}{4}\sum_{n=0}^{\infty}\left(-\frac{x-1}{4}\right)^n=\sum_{n=0}^{\infty}\frac{(-1)^n}{4^{n+1}}(x-1)^n,\ (|x-1|<4).$$

如果函数 $f(x)$在开区间$(-R, R)$内的展开式为 $f(x)=\sum\limits_{n=0}^{\infty}a_nx^n$，而所展开的幂级数在该区间的端点 $x=R$(或 $x=-R$)仍收敛,且函数 $f(x)$在 $x=R$(或 $x=-R$)处有定义并连续,那么由幂级数的和函数的连续性,所得展式对 $x=R$(或 $x=-R$)也成立.

【例 5】 将函数 $f(x)=\ln(1+x)$展开成 x 的幂级数.

解 因为 $f'(x)=\frac{1}{1+x}$,用例 4 的解法可得

$$\frac{1}{1+x}=1-x+x^2-x^3+\cdots+(-1)^nx^n+\cdots\ (-1<x<1),$$

将上式从 0 到 x 逐项积分,得

$$\ln(1+x)=x-\frac{x^2}{2}+\frac{x^3}{3}-\frac{x^4}{4}+\cdots+(-1)^n\frac{x^{n+1}}{n+1}+\cdots\ (-1<x<1).$$

又由于 $\ln(1+x)$在 $x=1$ 处连续,且上式右边的幂级数在 $x=1$ 处收敛,因此

$$\ln(1+x)=x-\frac{x^2}{2}+\frac{x^3}{3}-\frac{x^4}{4}+\cdots+(-1)^n\frac{x^{n+1}}{n+1}+\cdots(-1<x\leqslant 1).$$

另外,函数 $f(x)=(1+x)^\lambda$(其中 λ 为任意实数)展开成 x 的幂级数为

$$(1+x)^\lambda=1+\lambda x+\frac{\lambda(\lambda-1)}{2!}x^2+\cdots+\frac{\lambda(\lambda-1)\cdot\cdots\cdot(\lambda-n+1)}{n!}x^n+\cdots \tag{5}$$

它的收敛半径为 1,收敛区间是$(-1, 1)$.在区间的端点,展开式是否成立,要看 λ 的数值而定.

(5)式称为二项展开式.特别地,当 λ 为正整数时,级数为 x 的 λ 次多项式,这时的(5)式就是代数中的二项式定理.

当$\lambda=-\frac{1}{2}$时,(5)式为

$$\frac{1}{\sqrt{1+x}}=1-\frac{1}{2}x+\frac{1\cdot 3}{2\cdot 4}x^2-\frac{1\cdot 3\cdot 5}{2\cdot 4\cdot 6}x^3+\cdots\ x\in(-1, 1]. \tag{6}$$

习题 6-4

1. 将下列函数展开成 x 的幂级数：

(1) e^{-x^2}；　　　　(2) $\cos^2 x$；

(3) $\ln(3+x)$；　　　　(4) $f(x)=\dfrac{1}{(1+x)^2}$.

2. 将函数 $f(x)=\dfrac{1}{x^2+3x+2}$ 展开成 $x+4$ 的幂级数，并确定其收敛域.

6.5 傅里叶级数

在自然界和工程技术中，经常出现周期现象. 周期函数就是描述周期现象的. 最简单的周期现象就是简谐振动，它可以用正弦函数 $f(t)=A\sin(\omega t+\varphi)$ 来描述. 一个自然的问题是，对于一个复杂的周期运动，能否分解成简谐振动的叠加. 我们先来看一个引例.

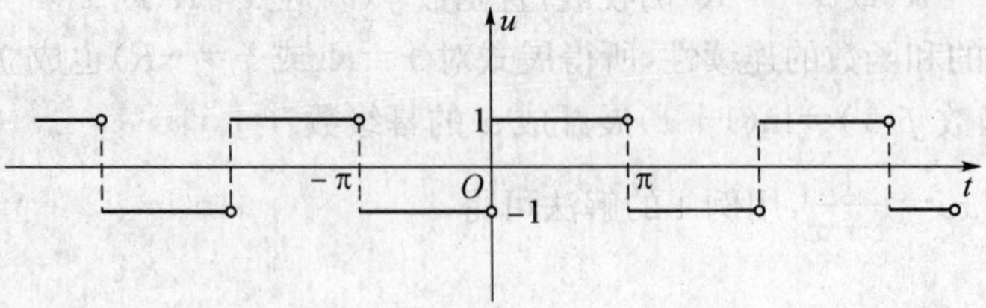

图 6-2

6.5.1 引例

电子技术中常用的非正弦周期函数：

(矩形波)设 $u(t)$ 是周期为 2π 的函数，在 $[-\pi,\pi]$ 上的表示式为

$$u(t)=\begin{cases}-1, & -\pi\leqslant t<0,\\ 1, & 0\leqslant t<\pi,\end{cases}$$

可由不同频率的正弦波逐个叠加而成(图 6-2)

$$\frac{4}{\pi}\sin t,\ \frac{4}{\pi}\cdot\frac{1}{3}\sin 3t,\ \frac{4}{\pi}\cdot\frac{1}{5}\sin 5t,\ \frac{4}{\pi}\cdot\frac{1}{7}\sin 7t,\ \cdots$$

$$u(t)\approx\frac{4}{\pi}\left(\sin t+\frac{1}{3}\sin 3t+\frac{1}{5}\sin 5t+\frac{1}{7}\sin 7t+\cdots\right).$$

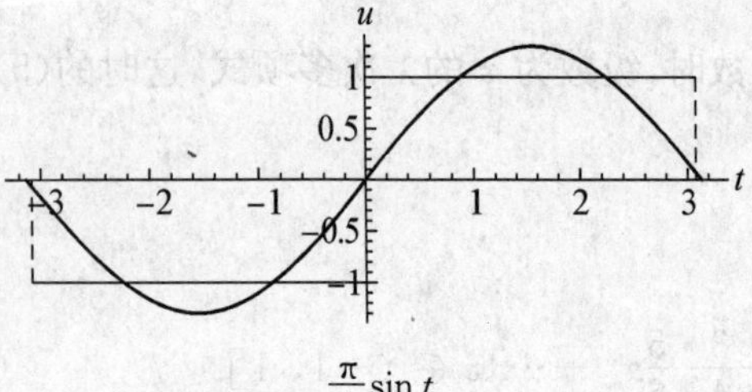

$\dfrac{\pi}{4}\sin t$

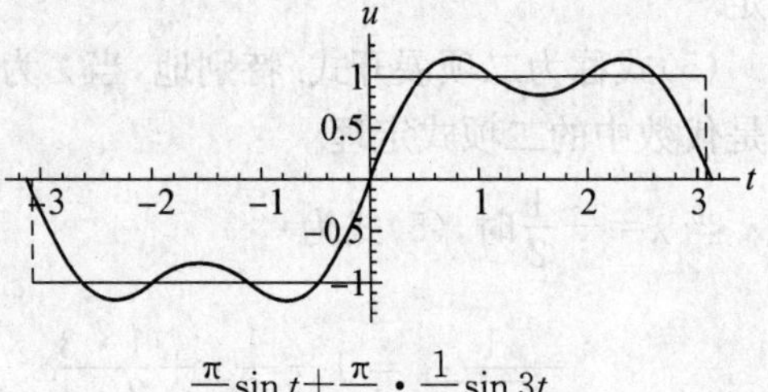

$\dfrac{\pi}{4}\sin t+\dfrac{\pi}{4}\cdot\dfrac{1}{3}\sin 3t$

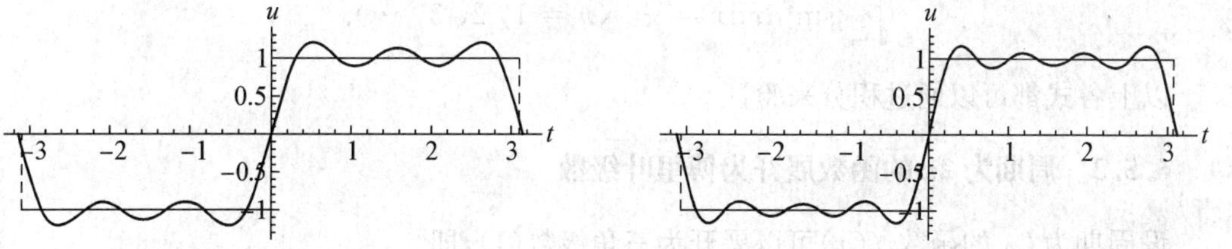

$\frac{4}{\pi}\sin t+\frac{4}{\pi}\cdot\frac{1}{3}\sin 3t+\frac{4}{\pi}\cdot\frac{1}{5}\sin 5t$　　$\frac{4}{\pi}\sin t+\frac{4}{\pi}\cdot\frac{1}{3}\sin 3t+\frac{4}{\pi}\cdot\frac{1}{5}\sin 5t+\frac{4}{\pi}\cdot\frac{1}{7}\sin 7t$

图 6-3

从图 6-3 中我们可以看到:随着项数的逐渐增多,曲线与矩形波的拟合越来越好.一般来讲一个比较复杂的周期运动我们都可以看做是许多不同频率的简谐振动的叠加.

6.5.2 三角级数及其正交性

定义 1 形如

$$\frac{a_0}{2}+\sum_{n=1}^{\infty}(a_n\cos nx+b_n\sin nx) \tag{1}$$

的函数项级数称为**三角级数**,其中常数 a_0, a_n, b_n, $(n=1, 2, 3, \cdots)$称为该**三角级数的系数**.

在三角级数(1)中出现的函数

$$1, \cos x, \sin x, \cos 2x, \sin 2x, \cdots, \cos nx, \sin nx, \cdots$$

称为**三角函数系**.三角函数系在$[-\pi, \pi]$上具有**正交性**:其中任意两个函数之积在$[-\pi, \pi]$上的积分等于零,即

$$\int_{-\pi}^{\pi}1\times\cos nx\,\mathrm{d}x=0\ (n=1, 2, 3\cdots);$$

$$\int_{-\pi}^{\pi}1\times\sin nx\,\mathrm{d}x=0(n=1, 2, 3, \cdots);$$

$$\int_{-\pi}^{\pi}\cos nx\sin kx\,\mathrm{d}x=0(n, k=1, 2, 3, \cdots);$$

$$\int_{-\pi}^{\pi}\cos nx\cos kx\,\mathrm{d}x=0(n\neq k, n, k=1, 2, 3, \cdots);$$

$$\int_{-\pi}^{\pi}\sin nx\sin kx\,\mathrm{d}x=0(n\neq k, n, k=1, 2, 3, \cdots).$$

此外,三角函数系中任意一个函数的平方在$[-\pi, \pi]$上的积分不等于零,即

$$\int_{-\pi}^{\pi}1^2\,\mathrm{d}x=2\pi;$$

$$\int_{-\pi}^{\pi}\cos^2 nx\,\mathrm{d}x=\pi\quad(n=1, 2, 3,\cdots);$$

$$\int_{-\pi}^{\pi} \sin^2 nx\,dx = \pi \quad (n = 1, 2, 3, \cdots).$$

以上各式都可以通过积分来验证.

6.5.3 周期为 2π 的函数展开为傅里叶级数

设周期为 2π 的函数 $f(x)$ 可以展开为三角级数(1)，即

$$f(x) = \frac{a_0}{2} + \sum_{n=1}^{\infty} (a_n \cos nx + b_n \sin nx). \tag{2}$$

对(2)式两端在$[-\pi, \pi]$上积分，则有

$$\int_{-\pi}^{\pi} f(x)\,dx = \int_{-\pi}^{\pi} \frac{a_0}{2}\,dx + \sum_{n=1}^{\infty} \left(a_n \int_{-\pi}^{\pi} \cos nx\,dx + b_n \int_{-\pi}^{\pi} \sin nx\,dx\right),$$

由三角函数系的正交性，可得

$$a_0 = \frac{1}{\pi} \int_{-\pi}^{\pi} f(x)\,dx.$$

用 $\cos kx$ 乘以(2)式的两端，再求其在$[-\pi, \pi]$上的积分，则有

$$\int_{-\pi}^{\pi} f(x)\cos kx\,dx = \int_{-\pi}^{\pi} \frac{a_0}{2} \cos kx\,dx + \sum_{n=1}^{\infty} \left(a_n \int_{-\pi}^{\pi} \cos nx \cos kx\,dx + b_n \int_{-\pi}^{\pi} \sin nx \cos kx\,dx\right),$$

由三角函数系的正交性，上式右端除 $k=n$ 项外，其余各项均为零，故有

$$\int_{-\pi}^{\pi} f(x)\cos nx\,dx = a_n \int_{-\pi}^{\pi} \cos^2 nx\,dx = a_n \pi,$$

得到

$$a_n = \frac{1}{\pi} \int_{-\pi}^{\pi} f(x) \cos nx\,dx, \ (n = 1, 2, \cdots).$$

类似地，用 $\sin kx$ 乘以(2)式的两端，再求其在$[-\pi, \pi]$上的积分，可得

$$b_n = \frac{1}{\pi} \int_{-\pi}^{\pi} f(x) \sin nx\,dx, \ (n = 1, 2, \cdots).$$

定义 2 设 $f(x)$ 是周期为 2π 的函数，则称三角级数

$$\left.\begin{aligned} & f(x) = \frac{a_0}{2} + \sum_{n=1}^{\infty} (a_n \cos nx + b_n \sin nx), \\ & \text{其中 } a_n = \frac{1}{\pi} \int_{-\pi}^{\pi} f(x) \cos nx\,dx (n = 0, 1, 2, \cdots), \\ & b_n = \frac{1}{\pi} \int_{-\pi}^{\pi} f(x) \sin nx\,dx (n = 1, 2, 3, \cdots) \end{aligned}\right\} \tag{3}$$

为 $f(x)$ 的**傅里叶(Fourier)级数**，简称**傅氏级数**. 而称 a_0，a_n，$b_n (n=1, 2, 3, \cdots)$ 为 $f(x)$ 的**傅里叶系数**.

在电学中，这种展开称为**谐波分析**，$f(x)$ 的傅里叶级数中的 $\frac{a_0}{2}$ 又称为 $f(x)$ 的**基波**，而

$(a_n\cos nx+b_n\sin nx)$则称为 $f(x)$的**第 n 次谐波**.

关于傅里叶级数的收敛情况,有如下的收敛定理:

定理 1 [狄立克雷(Dirichlet)收敛条件]设$f(x)$是周期为 2π 的周期函数,若 $f(x)$在一个周期内满足条件:

(1) 连续或只有有限个第一类间断点;

(2) 至多只有有限个极值点.

则 $f(x)$的傅里叶级数收敛.且在其连续点 x 处,级数收敛于 $f(x)$;而在其第一类间断点 x_0 处,级数收敛于 $\dfrac{f(x_0-0)+f(x_0+0)}{2}$.

(证明从略.)

由定理 1 可知,只要周期为 2π 的函数 $f(x)$在$[-\pi,\ \pi]$上连续或至多只有有限个第一类间断点,且不作无限次的振动时,它就可以展开为傅里叶级数,并且除有限个间断点外,级数均收敛于 $f(x)$.

【例 1】 (脉冲矩形波)设 $u(t)$是周期为 2π 的函数,在$[-\pi,\ \pi)$上的表示式为

$$u(t)=\begin{cases}-1,\ -\pi\leqslant t<0,\\ 1,\ 0\leqslant t<\pi,\end{cases}$$

将 $u(t)$展开为傅里叶级数.

解 函数 $u(t)$的图像如图 6-4 所示.按公式(3)计算傅里叶系数:

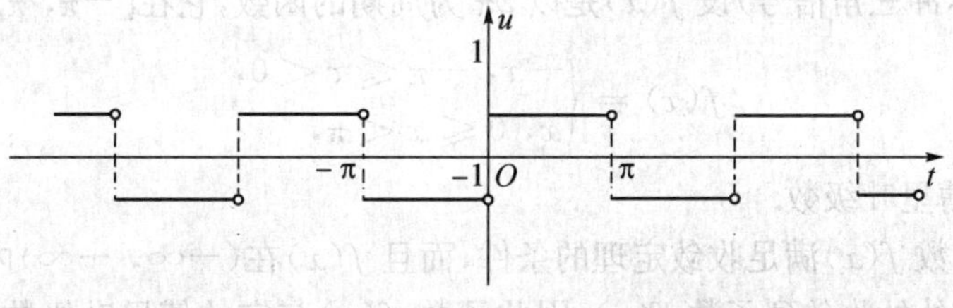

图 6-4

$$a_0=\frac{1}{\pi}\int_{-\pi}^{\pi}u(t)\mathrm{d}t=\frac{1}{\pi}\left[\int_{-\pi}^{0}(-1)\mathrm{d}t+\int_0^{\pi}1\cdot\mathrm{d}t\right]=0;$$

$$a_n=\frac{1}{\pi}\int_{-\pi}^{\pi}u(t)\cos nt\,\mathrm{d}t=\frac{1}{\pi}\left[\int_{-\pi}^{0}(-1)\cos nt\,\mathrm{d}t+\int_0^{\pi}1\cdot\cos nt\,\mathrm{d}t\right]=0\quad(n=1,\ 2,\ 3\cdots);$$

$$\begin{aligned}b_n&=\frac{1}{\pi}\int_{-\pi}^{\pi}u(t)\sin nt\,\mathrm{d}t=\frac{1}{\pi}\left[\int_{-\pi}^{0}(-1)\sin nt\,\mathrm{d}t+\int_0^{\pi}1\cdot\sin nt\,\mathrm{d}t\right]\\&=\frac{2}{\pi}\int_0^{\pi}\sin nt\,\mathrm{d}t=\frac{2}{n\pi}(1-\cos n\pi)\\&=\begin{cases}0,\ 当\ n\ 为偶数,\\ \dfrac{4}{n\pi},\ 当\ n\ 为奇数.\end{cases}\end{aligned}$$

于是得到函数 $u(t)$的傅里叶级数为

$$\frac{4}{\pi}\left[\sin t+\frac{1}{3}\sin 3t+\frac{1}{5}\sin 5t+\cdots+\frac{1}{2m-1}\sin(2m-1)t+\cdots\right].$$

由于函数 $u(t)$ 在一个周期内满足收敛定理的条件，因此上面的傅里叶级数在 $u(t)$ 的间断点 $t=k\pi$，$(k\in\mathbf{Z})$ 处收敛于

$$\frac{1}{2}[f(k\pi+0)+f(k\pi-0)]=\frac{1}{2}[1+(-1)]=0.$$

在 $u(t)$ 的连续点 $t\neq k\pi$，$(k\in\mathbf{Z})$ 处收敛于 $u(t)$. 于是有

$$u(t)=\frac{4}{\pi}\left[\sin t+\frac{1}{3}\sin 3t+\frac{1}{5}\sin 5t+\cdots+\frac{1}{2m-1}\sin(2m-1)t+\cdots\right]$$

$$(-\infty<t<+\infty,\ t\neq k\pi,\ k\in\mathbf{Z}).$$

以上和函数的图像如图 6-5 所示.

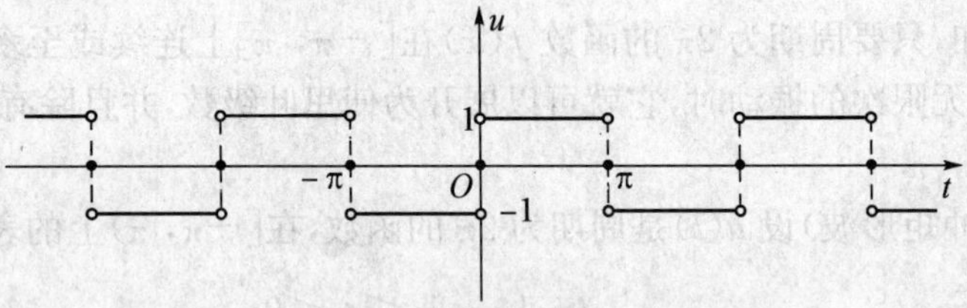

图 6-5

注：注意到 $f(x)$ 在区间 $(-\pi,\ \pi)$ 上是奇函数，因此它的傅里叶级数中余弦项的系数(包括 a_0 在内)都为 0，从而傅里叶级数中只出现正弦项. 我们称这样的傅里叶级数为**正弦级数**.

【例 2】 (脉冲三角信号)设 $f(x)$ 是以 2π 为周期的函数，它在 $[-\pi,\ \pi)$ 上的表示式为

$$f(x)=\begin{cases}-x,\ -\pi\leqslant x<0,\\ x,\ 0\leqslant x<\pi,\end{cases}$$

将 $f(x)$ 展开为傅里叶级数.

解 因为函数 $f(x)$ 满足收敛定理的条件，而且 $f(x)$ 在 $(-\infty,\ +\infty)$ 内处处连续，所以它的傅里叶级数处处收敛到函数 $f(x)$，因此函数 $f(x)$ 与它的傅里叶级数的和函数有相同的图像(图 6-6).

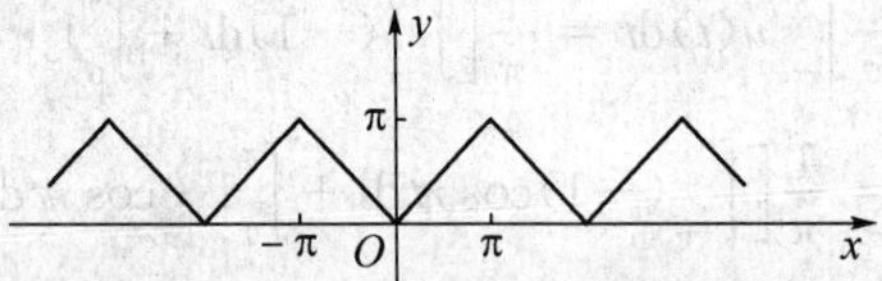

图 6-6

按公式(3)计算傅里叶系数：

$$\begin{aligned}a_0&=\frac{1}{\pi}\int_{-\pi}^{\pi}f(x)\mathrm{d}x\\&=\frac{1}{\pi}\left[\int_{-\pi}^{0}(-x)\mathrm{d}x+\int_{0}^{\pi}x\mathrm{d}x\right]\\&=\frac{2}{\pi}\int_{0}^{\pi}x\mathrm{d}x=\pi;\end{aligned}$$

$$a_n=\frac{1}{\pi}\int_{-\pi}^{\pi}f(x)\cos nx\,\mathrm{d}x=\frac{1}{\pi}\left[\int_{-\pi}^{0}(-x)\cos nx\,\mathrm{d}x+\int_{0}^{\pi}x\cos nx\,\mathrm{d}x\right]$$

$$=\frac{2}{\pi}\int_{0}^{\pi}x\cos nx\,\mathrm{d}x=\frac{2}{\pi}\left[\frac{x}{n}\sin nx+\frac{1}{n^2}\cos nx\right]_0^{\pi}$$

$$=\frac{2}{n^2\pi}(\cos n\pi-1)=\begin{cases}0,\text{当 } n \text{ 为偶数},\\ -\dfrac{4}{n^2\pi},\text{当 } n \text{ 为奇数};\end{cases}$$

$$b_n=\frac{1}{\pi}\int_{-\pi}^{\pi}f(x)\sin nx\,\mathrm{d}x$$

$$=\frac{1}{\pi}\left[\int_{-\pi}^{0}(-x)\sin nx\,\mathrm{d}x+\int_{0}^{\pi}x\sin nx\,\mathrm{d}x\right]=0,\ (n=1,\ 2,\ 3\cdots).$$

因为函数 $f(x)$满足收敛定理的条件，且没有间断点，所以 $f(x)$的傅里叶级数为

$$f(x)=\frac{\pi}{2}-\frac{4}{\pi}\left[\cos x+\frac{1}{3^2}\cos 3x+\cdots+\frac{1}{(2m-1)^2}\cos(2m-1)x+\cdots\right],(-\infty<x<+\infty).$$

注：例 2 中的 $f(x)$在区间$(-\pi,\pi)$上是偶函数，因此它的傅里叶级数中正弦项的系数都为 0，其傅里叶级数中只出现余弦项. 我们称这样的傅里叶级数为**余弦级数**.

【例 3】 （锯齿脉冲信号）设锯齿脉冲信号函数 $f(x)$的周期为 2π，它在$[-\pi,\ \pi)$的表达式为

$$f(x)=\begin{cases}0,\ -\pi\leqslant x<0,\\ x,\ 0\leqslant x<\pi,\end{cases}$$

如图 6－7 所示，将它展开成傅里叶级数.

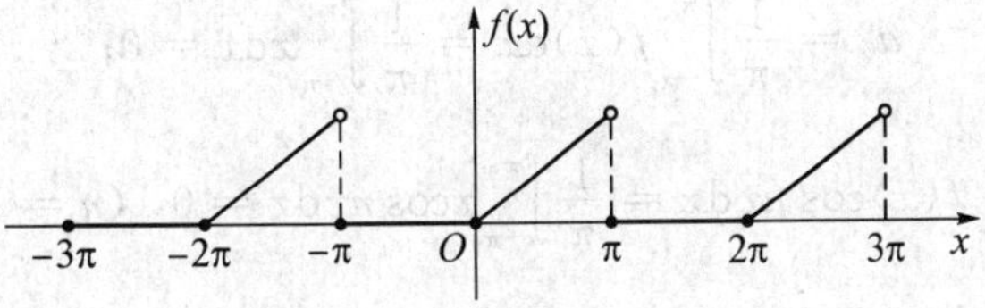

图 6－7

解 函数 $f(x)$为非奇非偶函数. 计算傅里叶系数如下：

$$a_0=\frac{1}{\pi}\int_{-\pi}^{\pi}f(x)\mathrm{d}x=\frac{1}{\pi}\int_{0}^{\pi}x\mathrm{d}x=\frac{1}{\pi}\left(\frac{x^2}{2}\right)\Big|_0^{\pi}=\frac{\pi}{2};$$

$$a_n=\frac{1}{\pi}\int_{-\pi}^{\pi}f(x)\cos nx\,\mathrm{d}x=\frac{1}{\pi}\int_{0}^{\pi}x\cos nx\,\mathrm{d}x=\frac{1}{\pi}\left(\frac{x}{n}\sin nx+\frac{1}{n^2}\cos nx\right)\Big|_0^{\pi}$$

$$=-\frac{2}{\pi n^2},(n=1,3,5,\cdots);$$

$$b_n=\frac{1}{\pi}\int_{-\pi}^{\pi}f(x)\sin nx\,\mathrm{d}x=\frac{1}{\pi}\int_{0}^{\pi}x\sin nx\,\mathrm{d}x=\frac{1}{\pi}\left(-\frac{x}{n}\cos nx+\frac{1}{n^2}\sin nx\right)\Big|_0^{\pi}$$

$$=\frac{1}{\pi}\left(-\frac{\pi}{n}\cos n\pi\right)=\frac{(-1)^{n+1}}{n},(n=1,\ 2,\ 3,\ \cdots).$$

于是，函数 $f(x)$ 的傅里叶级数展开式为

$$f(x)=\frac{\pi}{4}-\frac{2}{\pi}\left(\cos x+\frac{1}{3^2\cos 3x}+\frac{1}{5^2}\cos 5x+\cdots\right)+\left(\sin x-\frac{1}{2}\sin 2x+\frac{1}{3}\sin 3x-\cdots\right),$$
$$[-\infty<x<+\infty, x\neq(2k-1)\pi, k\in\mathbf{Z}].$$

【例 4】 将函数 $f(x)=x$, $x\in[-\pi,\pi)$ 展开成傅里叶级数.

解 $f(x)$ 只在 $[-\pi,\pi)$ 上有定义，我们可以将其延拓成 $(-\infty,+\infty)$ 上以 2π 为周期的周期函数（这叫对 $f(x)$ 作周期性延拓），则延拓后的函数在 $(-\infty,+\infty)$ 上有定义，除点 $x=\pm\pi,\pm3\pi,\pm5\pi,\cdots$ 外处处连续（图 6-8）. 因此此函数的傅里叶级数在 $(-\pi,\pi)$ 内处处收敛于 $f(x)$；在 $x=\pm\pi$ 处收敛于

$$\frac{1}{2}[f(-\pi+0)+f(\pi-0)]=\frac{1}{2}(-\pi+\pi)=0.$$

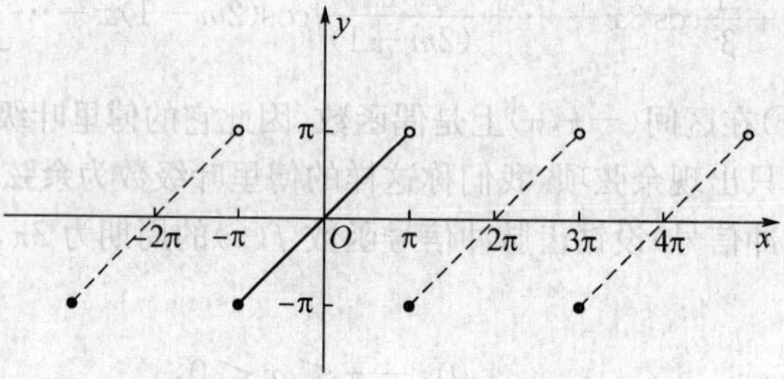

图 6-8

下面计算 $f(x)$ 的傅里叶级数

$$a_0=\frac{1}{\pi}\int_{-\pi}^{\pi}f(x)\mathrm{d}x=\frac{1}{\pi}\int_{-\pi}^{\pi}x\mathrm{d}x=0;$$

$$a_n=\frac{1}{\pi}\int_{-\pi}^{\pi}f(x)\cos nx\mathrm{d}x=\frac{1}{\pi}\int_{-\pi}^{\pi}x\cos nx\mathrm{d}x=0,\ (n=1,2,\cdots);$$

$$b_n=\frac{1}{\pi}\int_{-\pi}^{\pi}f(x)\sin nx\mathrm{d}x=\frac{1}{\pi}\int_{-\pi}^{\pi}x\sin nx\mathrm{d}x=\frac{2}{\pi}\int_{0}^{\pi}x\sin nx\mathrm{d}x$$
$$=-\frac{2}{n\pi}\int_{0}^{\pi}x\mathrm{d}\cos nx=-\frac{2}{n\pi}\left(x\cos nx\Big|_0^{\pi}-\int_0^{\pi}\cos nx\mathrm{d}x\right)$$
$$=-\frac{2}{n\pi}(\pi\cos n\pi)=(-1)^{n+1}\frac{2}{n},(n=1,2,\cdots).$$

因此 $f(x)$ 的傅里叶级数展开式为

$$f(x)=\frac{a_0}{2}+\sum_{n=1}^{\infty}(a_n\cos nx+b_n\sin nx)=\sum_{n=1}^{\infty}(-1)^{n+1}\frac{2}{n}\sin nx.$$
$$=2\sin x-\sin 2x+\frac{2}{3}\sin 3x-\frac{1}{2}\sin 4x+\cdots\ x\in(-\pi,\pi).$$

注：若把 $f(x)$ 延拓成奇函数，称为**奇延拓**；若把 $f(x)$ 延拓成偶函数，称为**偶延拓**.

若要把定义在 $[0,\pi]$ 上的函数展开成正弦级数（或余弦级数），只需在 $[-\pi,0)$ 上补充

$f(x)$的定义，得到一个定义在$[-\pi, \pi]$的新的奇函数[或偶函数$F(x)$]，使其在$[0, \pi]$上，$F(x)=f(x)$. 这种做法称为对函数$f(x)$的奇延拓(或偶延拓). 然后将$F(x)$展开为傅里叶级数，再将$F(x)$的傅里叶级数限制在$[0, \pi]$上，这样就得到$f(x)$的正弦级数(或余弦级数)展开式.

【例 5】 将函数$f(x)=x+1(0\leqslant x\leqslant\pi)$分别展开成正弦级数和余弦级数.

解 先求正弦级数展开式. 为此对$f(x)$进行奇延拓，延拓后的函数当$x\neq k\pi(k=0, \pm1, \pm2, \cdots)$时处处连续，在点$x=k\pi$，$(k=\pm1, \pm2, \cdots)$处有第一类间断点，因此其傅里叶级数在$(0, \pi)$上收敛于$f(x)$；在$x=0$处收敛于$\frac{1}{2}[f(-\pi+0)+f(\pi-0)]=\frac{1}{2}[1+(-1)]=0$；在$x=\pm\pi$处收敛于$\frac{1}{2}[f(\pi-0)-f(\pi-0)]=\frac{1}{2}[1+\pi-(1+\pi)]=0$(图 6-9).

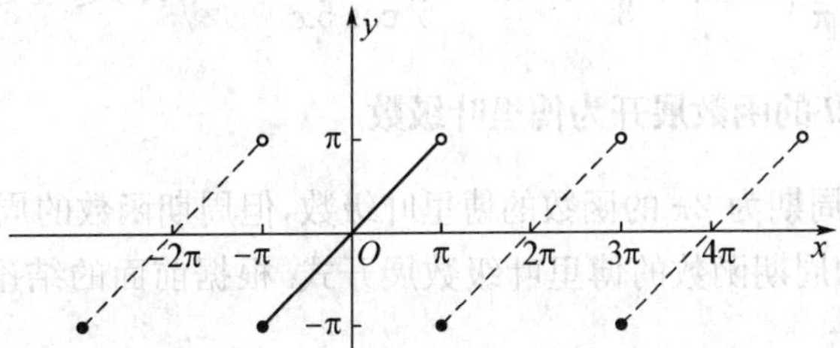

图 6-9

下面计算正弦级数的系数：

$$\begin{aligned} b_n &= \frac{2}{\pi}\int_0^{\pi} f(x)\sin nx\,dx = \frac{2}{\pi}\int_0^{\pi}(x+1)\sin nx\,dx \\ &= \frac{2}{\pi}\left[-\frac{(x+1)\cos nx}{n}+\frac{\sin nx}{n^2}\right]\Bigg|_0^{\pi} \\ &= \frac{2}{n\pi}[1-(\pi+1)\cos n\pi] \\ &= \begin{cases} \dfrac{2}{\pi}\cdot\dfrac{\pi+2}{n}, & n=1, 3, 5, \cdots \\ -\dfrac{2}{n}, & n=2, 4, 6, \cdots \end{cases} \end{aligned}$$

于是$x+1=\frac{2}{\pi}\left[(\pi+2)\sin x-\frac{2}{\pi}\sin 2x+\frac{1}{3}(\pi+2)\sin 3x-\cdots\right]$，$(0<x<\pi)$.

再求余弦级数展开式. 为此对$f(x)$进行偶延拓，则延拓后的函数在$(-\infty, +\infty)$上处处连续，因此其余弦级数在$[0, \pi]$上处处收敛于$f(x)$(图 6-10).

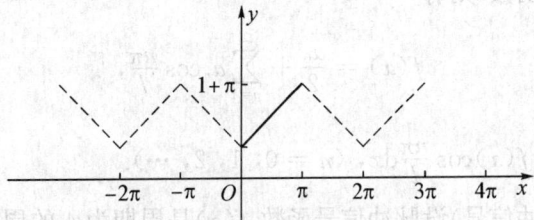

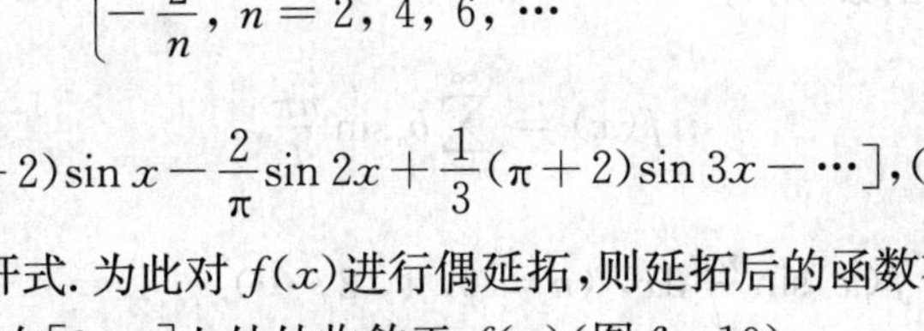

图 6-10

下面计算 $f(x)$ 的余弦级数的系数：

$$a_0=\frac{2}{\pi}\int_0^{\pi}(x+1)\mathrm{d}x=\pi+2;$$

$$a_n=\frac{2}{\pi}\int_0^{\pi}(x+1)\cos nx\mathrm{d}x=\frac{2}{\pi}\left[\frac{(x+1)\sin nx}{n}+\frac{\cos nx}{n^2}\right]\Bigg|_0^{\pi}$$

$$=\frac{2}{n^2\pi}(\cos n\pi-1)=\begin{cases}0,\ n=2,\ 4,\ 6,\ \cdots\\ -\dfrac{4}{n^2\pi},\ n=1,\ 3,\ 5,\ \cdots\end{cases}$$

故 $x+1=\frac{\pi}{2}+1-\frac{4}{\pi}\left(\cos x+\frac{1}{3^2}\cos 3x+\frac{1}{5^2\cos 5x}+\cdots\right),(0\leqslant x\leqslant\pi)$.

6.5.4 周期为 2l 的函数展开为傅里叶级数

前面我们讨论了周期为 2π 的函数的傅里叶级数，但周期函数的周期不一定是 2π，下面我们讨论周期为 $2l$ 的周期函数的傅里叶级数展开式. 根据前面的结论，通过自变量的变量代换，有下面的定理.

定理 2 设周期为 $2l$ 的周期函数 $f(x)$ 满足收敛定理的条件，则它的傅里叶级数展开式为

$$f(x)=\frac{a_0}{2}+\sum_{n=1}^{\infty}\left(a_n\cos\frac{n\pi}{l}x+b_n\sin\frac{n\pi}{l}x\right),$$

其中：系数 a_n, b_n 为

$$a_n=\int_{-l}^{l}f(x)\cos\frac{n\pi}{l}\mathrm{d}x,\ (n=0,\ 1,\ 2,\ \cdots),$$

$$b_n=\int_{-l}^{l}f(x)\sin\frac{n\pi}{l}\mathrm{d}x,\ (n=0,\ 1,\ 2,\ \cdots).$$

(1) 若 $f(x)$ 为奇函数，则有

$$f(x)=\sum_{n=1}^{\infty}b_n\sin\frac{n\pi}{l},$$

其中：系数 $b_n=\frac{2}{l}\int_0^{l}f(x)\sin\frac{n\pi}{l}\mathrm{d}x,\ (n=0,\ 1,\ 2,\ \cdots)$.

(2) 若 $f(x)$ 为偶函数，则有

$$f(x)=\frac{a_0}{2}+\sum_{n=1}^{\infty}a_n\cos\frac{n\pi}{l},$$

其中：系数 $a_n=\frac{2}{l}\int_0^{l}f(x)\cos\frac{n\pi}{l}\mathrm{d}x,\ (n=0,\ 1,\ 2,\ \cdots)$.

【例 6】 (矩形脉冲信号)设脉冲信号函数 $f(x)$ 是周期为 4 的周期函数，它在一个周期 $[-2,\ 2)$ 上的表达式为

$$f(x)=\begin{cases}0, & -2\leqslant x<0,\\ k, & 0\leqslant x<2,(k>0),\end{cases}$$

如图 6-11 所示. 将函数 $f(x)$ 展开成傅立叶级数.

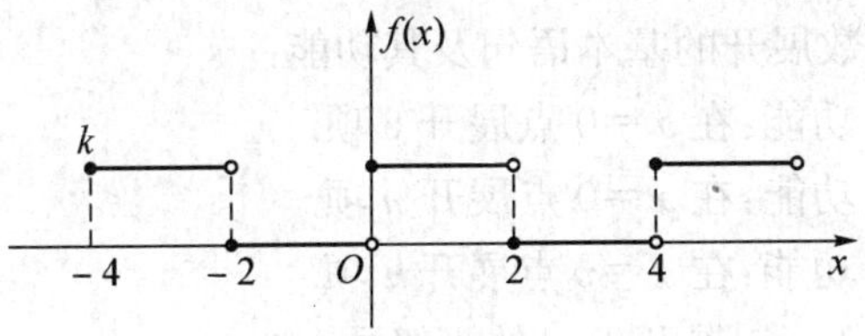

图 6-11

解 按周期为 $2l$ 的函数展开成傅立叶级数的系数计算公式,这时 $l=2$,有

$$a_0=\frac{1}{2}\int_{-2}^{2}f(x)\mathrm{d}x=\frac{1}{2}\left(\int_{-2}^{0}0\mathrm{d}x+\int_{0}^{2}k\mathrm{d}x\right)=\frac{1}{2}(kx)\Big|_0^2=k,$$

$$\begin{aligned}a_n&=\frac{1}{2}\int_{-2}^{2}f(x)\cos\frac{n\pi x}{2}\mathrm{d}x=\frac{1}{2}\int_{0}^{2}k\cos\frac{n\pi x}{2}\mathrm{d}x\\&=\left(\frac{k}{n\pi}\sin\frac{n\pi x}{2}\right)\Big|_0^2=0\ (n=1,\ 2,\ \cdots),\end{aligned}$$

$$\begin{aligned}b_n&=\frac{1}{2}\int_{-2}^{2}f(x)\sin\frac{n\pi x}{2}\mathrm{d}x=\frac{1}{2}\int_{0}^{2}k\sin\frac{n\pi x}{2}\mathrm{d}x\\&=\left(-\frac{k}{n\pi}\cos\frac{n\pi x}{2}\right)\Big|_0^2=\frac{k}{n\pi}(1-\cos n\pi)\\&=\frac{k}{n\pi}[1-(-1)^n]=\begin{cases}\dfrac{2k}{n\pi}, & n=1,\ 3,\ 5,\ \cdots\\ 0, & n=2,\ 4,\ 6,\ \cdots\end{cases}\end{aligned}$$

于是,函数 $f(x)$ 的傅立叶级数展开式为

$$f(x)=\frac{k}{2}+\frac{2k}{\pi}\left(\sin\frac{\pi x}{2}+\frac{1}{3}\sin\frac{3\pi x}{2}+\frac{1}{5}\sin\frac{5\pi x}{2}+\cdots\right),$$

$\left(-\infty<x<+\infty,\ x\neq 0,\pm 2,\pm 4,\cdots;\text{在 } x=0,\pm 2,\pm 4,\cdots \text{处,收敛于}\dfrac{k}{2}\right)$.

习题 6-5

1. 设 $f(x)$ 是周期为 2π 的周期函数,试将 $f(x)$ 展开成傅里叶级数. 如果 $f(x)$ 在 $[-\pi,\pi)$ 上的表达式为:

(1) $f(x)=x+1(-\pi<x\leqslant\pi)$;

(2) $f(x)=\begin{cases}0, & -\pi\leqslant x<0,\\ 2, & 0\leqslant x<\pi;\end{cases}$

(3) $f(x)=\begin{cases}0, & -\pi\leqslant x<0,\\ x, & 0\leqslant x<\pi.\end{cases}$

2. 将函数 $f(x)=x\ (0\leqslant x\leqslant \pi)$分别展开成正弦级数和余弦级数.

6.6 用 Matlab 进行级数的运算

用 Matlab 进行幂级数展开的基本语句及其功能：

1. taylor(f)　　　功能：在 $x=0$ 点展开 6 项.
2. taylor(f, n)　　功能：在 $x=0$ 点展开 n 项.
3. taylor(f, n, v)　功能：在 $x=v$ 点展开 n 项.

【例 1】 把函数 $f(x)=e^x$ 展开为 x 的幂级数.

解　Matlab 命令如下：

```
>>syms x
>>f=exp(x);
>>y=taylor(f)
```

运行得：

```
y=
        1+x+1/2*x^2+1/6*x^3+1/24*x^4+1/120*x^5
```

【例 2】 将 $y=\dfrac{1}{x}$展开为 $x-3$ 的幂级数.

解　Matlab 命令如下：

```
>>syms x
>>f=1/x;
>>y=taylor(f, 6, 3)
```

运行得：

```
y=
    2/3-1/9*x+1/27*(x-3)^2-1/81*(x-3)^3+1/243*(x-3)^4-1/729*
(x-3)^5
```

【例 3】 将 $y=\ln x$ 在 $x=1$ 处展开成 5 项幂级数.

解　Matlab 命令如下：

```
>>syms x
>>f=log(x);
>>y=taylor(f, 5, 1)
```

运行得：

```
y=
        x-1-1/2*(x-1)^2+1/3*(x-1)^3-1/4*(x-1)^4
```

【例 4】 用正弦函数 $y=\sin x$ 的不同 Taylor 展式，观察函数 Taylor 逼近的特点.

解　Matlab 命令如下：

```
>>syms x
>>y=sin(x);
>>f1=taylor(y, 3); f2=taylor(y, 6); f3=taylor(y, 15);
```

%下面是在一张图中画多个图形

>>subplot(2, 2, 1), ezplot(y), gtext('sin x')

>>subplot(2, 2, 2), ezplot(f1), gtext('3 阶泰勒展开 ')

>>subplot(2, 2, 3), ezplot(f2), gtext('6 阶泰勒展开 ')

>>subplot(2, 2, 4), ezplot(f3), gtext('15 阶泰勒展开 ')

%gtext 是在指定位置插入文本

运行得:

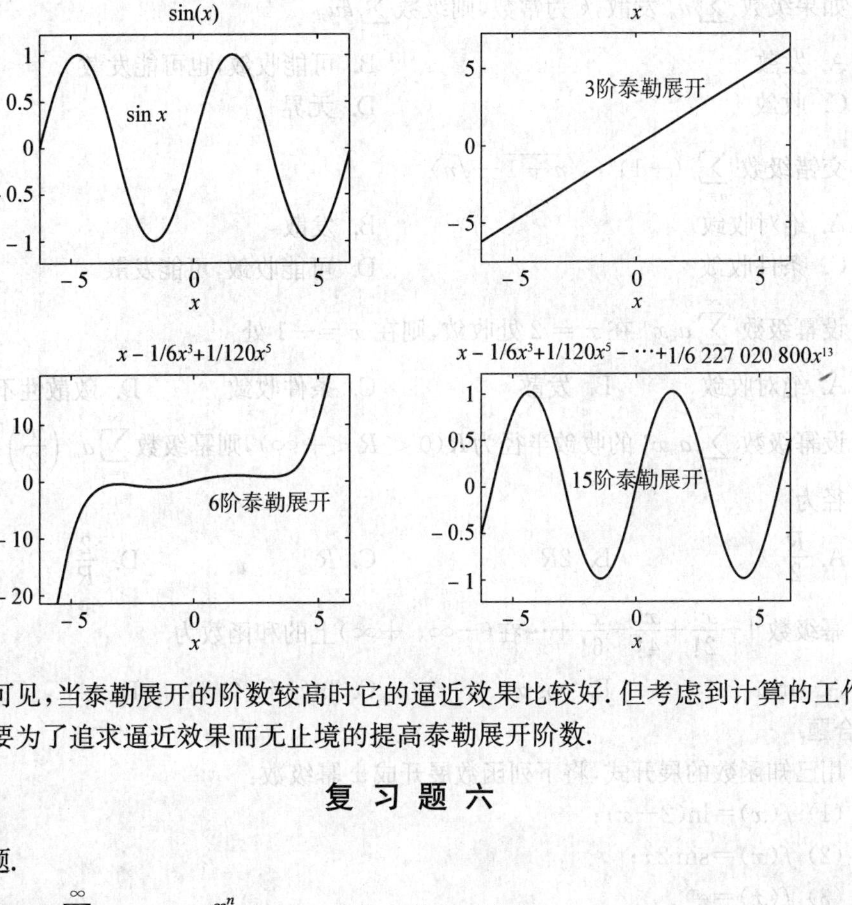

由此可见,当泰勒展开的阶数较高时它的逼近效果比较好. 但考虑到计算的工作量,往往没有必要为了追求逼近效果而无止境的提高泰勒展开阶数.

复 习 题 六

一、填空题.

1. 幂级数 $\sum\limits_{n=1}^{\infty}(-1)^{n-1}\dfrac{x^n}{n}$ 在$(-1,1]$上的和函数是__________.

2. 幂级数 $\sum\limits_{n=1}^{\infty}\dfrac{(x-3)^n}{n\cdot 3^n}$ 的收敛域是__________.

3. 设 $f(x)=x+1\ (0\leqslant x\leqslant\pi)$的正弦级数 $\sum\limits_{n=1}^{\infty}b_n\sin nx$ 在 $x=-\dfrac{1}{2}$ 处收敛于________.

4. 函数 $f(x)=e^{\frac{x}{2}}$ 在点 $x=0$ 处展开成幂级数为__________.

二、单项选择题.

1. 设常数 $a\neq0$,几何级数 $\sum\limits_{n=1}^{\infty}aq^n$ 收敛,则 q 满足 ( )

A. $q<1$　　B. $-1<q<1$　　C. $q>-1$　　D. $q>1$

2. 若级数 $\sum_{n=1}^{\infty}\frac{1}{n^{p-2}}$ 发散,则有　　(　　)

A. $p>0$　　B. $p>3$　　C. $p\leqslant 3$　　D. $p\leqslant 2$

3. 若极限 $\lim_{n\to\infty}u_n\neq 0$,则级数 $\sum_{n=1}^{\infty}u_n$　　(　　)

A. 收敛　　B. 发散　　C. 条件收敛　　D. 绝对收敛

4. 如果级数 $\sum_{n=1}^{\infty}u_n$ 发散,k 为常数,则级数 $\sum_{n=1}^{\infty}ku_n$　　(　　)

A. 发散　　B. 可能收敛,也可能发散

C. 收敛　　D. 无界

5. 交错级数 $\sum_{n=1}^{\infty}(-1)^n(\sqrt{n+1}-\sqrt{n})$　　(　　)

A. 绝对收敛　　B. 发散

C. 条件收敛　　D. 可能收敛,可能发散

6. 设幂级数 $\sum_{n=1}^{\infty}a_nx^n$ 在 $x=2$ 处收敛,则在 $x=-1$ 处　　(　　)

A. 绝对收敛　　B. 发散　　C. 条件收敛　　D. 敛散性不一定

7. 设幂级数 $\sum_{n=1}^{\infty}a_nx^n$ 的收敛半径为 $R(0<R<+\infty)$,则幂级数 $\sum_{n=1}^{\infty}a_n\left(\frac{x}{2}\right)^n$ 的收敛半径为　　(　　)

A. $\frac{R}{2}$　　B. $2R$　　C. R　　D. $\frac{2}{R}$

8. 幂级数 $1-\frac{x^2}{2!}+\frac{x^4}{4!}-\frac{x^6}{6!}+\cdots$ 在 $(-\infty,+\infty)$ 上的和函数为　　(　　)

A. $\sin x$　　B. $\cos x$　　C. $\ln(1+x^2)$　　D. e^x

三、综合题.

1. 用已知函数的展开式,将下列函数展开成 x 幂级数:

(1) $f(x)=\ln(2+x)$;

(2) $f(x)=\sin 2x$;

(3) $f(x)=e^{x^2}$.

2. 求下列幂级数的收敛半径和收敛区间:

(1) $\sum_{n=1}^{\infty}\frac{\ln(n+1)}{n+1}x^n$;

(2) $\sum_{n=1}^{\infty}\left(1+\frac{1}{2}+\frac{1}{3}+\cdots+\frac{1}{n}\right)x^n$;

(3) $\sum_{n=1}^{\infty}n(x-1)^n$.

3. 已知 $f(x)$ 是以 2π 为周期的奇函数,在 $[0,\pi)$ 上 $f(x)=\frac{\pi}{4}$,求函数 $f(x)$ 的傅里叶级数.

阅读材料——泰勒

18世纪早期英国牛顿学派最优秀代表人物之一的英国数学家布鲁克·泰勒(Brook Taylor),于1685年8月18日在米德尔塞克斯的埃德蒙顿出生.1709年后移居伦敦,获法学硕士学位.他在1712年当选为英国皇家学会会员,并于两年后获法学博士学位.同年(即1714年)出任英国皇家学会秘书,四年后因健康问题辞退职务.1717年,他以泰勒定理求解了数值方程.最后在1731年12月29日于伦敦逝世.

泰勒的主要著作是1715年出版的《正的和反的增量方法》,书内以下列形式陈述出他已于1712年7月给其老师梅钦(数学家、天文学家)信中首先提出的著名定理——泰勒定理:

$$f(x)=f(x_0)+f'(x_0)(x-x_0)+\frac{f''(x_0)}{2!}(x-x_2)^2+\cdots+\frac{f^{(n)}(x_0)}{n!}(x-x_0^n)+R_n(x).$$

这公式是从格雷戈里-牛顿插值公式发展而成的,当$x=0$时便称作麦克劳林定理.1772年,拉格朗日强调了此公式之重要性,而且称之为微分学基本定理,但泰勒证明当中并没有考虑级数的收敛性,因而使证明不严谨,这工作直至19世纪20年代由柯西完成.泰勒定理开创了有限差分理论,使任何单变量函数都可展成幂级数;同时亦使泰勒成了有限差分理论的奠基者.泰勒于书中还讨论了微积分对一系列物理问题的应用,其中以有关弦的横向振动之结果尤为重要.他通过求解方程导出了基本频率公式,开创了研究弦振问题之先河.此外,此书还包括了他于数学上之其他创造性工作,如论述常微分方程的奇异解、曲率问题之研究等.

1715年,他出版了另一名著《线性透视论》,更发表了再版的《线性透视原理》(1719).他以极严密之形式展开其线性透视学体系,其中最突出之贡献是提出和使用"没影点"概念,这对摄影测量制图学的发展有一定影响.另外,他还撰有哲学遗作,发表于1793年.

第七章　向量与空间解析几何

本章提要　掌握向量和空间解析几何的基本知识是学习多元函数微积分的基础. 此外,向量代数在力学、物理学和工程技术中有着广泛的应用. 本章主要介绍向量的坐标表示,向量的运算及空间的平面和直线的方程表示.

7.1　空间直角坐标系与向量的概念

7.1.1　向量的概念

在研究力学、物理学和工程应用中所遇到的量可以分为两类: 一类完全由数值的大小决定,如质量、温度、时间、面积、体积、密度等,我们将这类量称为数量(或标量);另一类量,只知其数值大小还不能完全刻画所描述的量,如力、速度、加速度等,它们既有大小还有方向,我们将这种既有大小又有方向的量称为向量(或矢量).

在空间中以 A 为起点,B 为终点的线段称为有向线段. 从点 A 指向 B 的箭头表示了这条线段的方向,线段的长度表示了这条线段的大小. 向量就可用这样一条有向线段来表示,记为$\overrightarrow{AB}$. 如果不强调起点和终点,向量也可简记为 $\boldsymbol{\alpha}$. 将向量$\overrightarrow{AB}$的长度记为 $|\overrightarrow{AB}|$ 或 $|\boldsymbol{\alpha}|$,称为向量的模.

自由向量:由于一切向量的共性是它们都有大小和方向,因此在数学上我们只研究与起点无关的向量,并称这种向量为自由向量,简称向量.

如果向量 $\boldsymbol{\alpha}$ 和 $\boldsymbol{\beta}$ 的大小相等,且方向相同,则说向量 $\boldsymbol{\alpha}$ 和 $\boldsymbol{\beta}$ 是相等的,记为 $\boldsymbol{\alpha}=\boldsymbol{\beta}$. 相等的向量经过平移后可以完全重合.

单位向量:模等于 1 的向量叫做单位向量.

零向量:模等于 0 的向量叫做零向量,记为 $\mathbf{0}$ 或 $\vec{0}$. 零向量的起点与终点重合,它的方向可以看做是任意的.

向量的平行:两个非零向量如果它们的方向相同或相反,就称这两个向量平行. 向量 $\boldsymbol{\alpha}$ 与 $\boldsymbol{\beta}$ 平行,记作 $\boldsymbol{\alpha}/\!/\boldsymbol{\beta}$. 零向量认为是与任何向量都平行.

当两个平行向量的起点放在同一点时,它们的终点和公共的起点在一条直线上. 因此,两向量平行又称两向量共线.

类似还有共面的概念. 设有 $k(k\geqslant 3)$ 个向量,当把它们的起点放在同一点时,如果 k 个终点和公共起点在一个平面上,就称这 k 个向量共面.

7.1.2　向量的运算

1. 向量的加法

向量的加法:设有两个向量 $\boldsymbol{\alpha}$ 与 $\boldsymbol{\beta}$,平移向量使 $\boldsymbol{\beta}$ 的起点与 $\boldsymbol{\alpha}$ 的终点重合,此时从 $\boldsymbol{\alpha}$ 的

起点到 $\boldsymbol{\beta}$ 的终点的向量 $\boldsymbol{\gamma}$ 称为向量 $\boldsymbol{\alpha}$ 与 $\boldsymbol{\beta}$ 的和，记为 $\boldsymbol{\alpha}+\boldsymbol{\beta}$，即 $\boldsymbol{\gamma}=\boldsymbol{\alpha}+\boldsymbol{\beta}$. 这种确定两向量之和的方法叫做向量加法的三角形法则[图 7－1(a)].

平行四边形法则：将两个向量 $\boldsymbol{\alpha}$ 和 $\boldsymbol{\beta}$ 的起点放在一起，并以 $\boldsymbol{\alpha}$ 和 $\boldsymbol{\beta}$ 为邻边作平行四边形，则从起点到对角顶点的向量称为 $\boldsymbol{\alpha}+\boldsymbol{\beta}$. 这种求向量和的方法称为向量加法的平行四边形法则[图 7－1(b)].

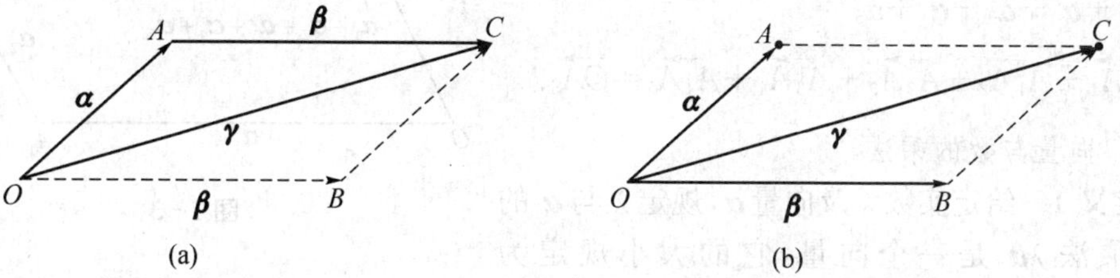

图 7－1

由于零向量的起点与终点重合，对于任何给定向量 $\boldsymbol{\alpha}$，根据三角形法则则可以得到 $\boldsymbol{\alpha}+\mathbf{0}=\boldsymbol{\alpha}$.

向量加法的逆运算称为向量的减法. 给定向量 $\boldsymbol{\alpha}$ 与 $\boldsymbol{\beta}$，若存在 γ，使得 $\boldsymbol{\alpha}=\boldsymbol{\beta}+\boldsymbol{\gamma}$，则称 γ 是向量 $\boldsymbol{\alpha}$ 与 $\boldsymbol{\beta}$ 的差，记为 $\boldsymbol{\alpha}-\boldsymbol{\beta}=\boldsymbol{\gamma}$.

若设 $\overrightarrow{OA}=\boldsymbol{\alpha}$，$\overrightarrow{OB}=\boldsymbol{\beta}$，则由三角形法则可知 $\overrightarrow{OA}=\overrightarrow{OB}+\overrightarrow{BA}$[图 7－2(a)]，于是 $\boldsymbol{\alpha}-\boldsymbol{\beta}=\overrightarrow{OA}-\overrightarrow{OB}=\overrightarrow{BA}$. 也就是说，将 $\boldsymbol{\alpha}$ 与 $\boldsymbol{\beta}$ 的起点放在一起，则 $\boldsymbol{\beta}$ 的终点到 $\boldsymbol{\alpha}$ 的终点的向量即为 $\boldsymbol{\alpha}-\boldsymbol{\beta}$.

向量加法与减法的几何意义：$\boldsymbol{\alpha}+\boldsymbol{\beta}$ 与 $\boldsymbol{\alpha}-\boldsymbol{\beta}$ 分别是以 $\boldsymbol{\alpha}$ 和 $\boldsymbol{\beta}$ 为邻边的平行四边形的两条对角线[图 7－2(b)].

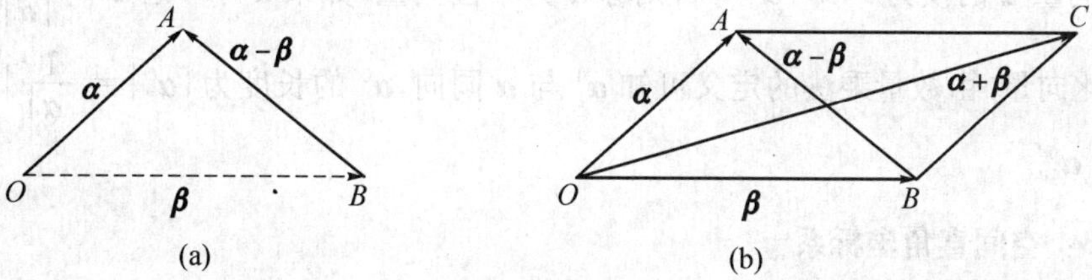

图 7－2

向量的加法的运算规律：

(1) 交换律：$\boldsymbol{\alpha}+\boldsymbol{\beta}=\boldsymbol{\beta}+\boldsymbol{\alpha}$；

(2) 结合律：$(\boldsymbol{\alpha}+\boldsymbol{\beta})+\boldsymbol{\gamma}=\boldsymbol{\alpha}+(\boldsymbol{\beta}+\boldsymbol{\gamma})$

由于向量的加法符合交换律与结合律，故 n 个向量 $\boldsymbol{\alpha}_1$，$\boldsymbol{\alpha}_2$，$\boldsymbol{\alpha}_3$，…，$\boldsymbol{\alpha}_n$ $(n\geqslant 3)$ 相加可写成

$$\boldsymbol{\alpha}_1+\boldsymbol{\alpha}_2+\boldsymbol{\alpha}_3+\cdots+\boldsymbol{\alpha}_n.$$

按向量相加的三角形法则，可得 n 个向量相加的法则如下：使前一向量的终点作为次一向量的起点，相继作向量 $\boldsymbol{\alpha}_1$，$\boldsymbol{\alpha}_2$，$\boldsymbol{\alpha}_3$，…，$\boldsymbol{\alpha}_n$，再以第一向量的起点为起点，最后一向量的终点为终点作一向量，这个向量即为所求的和.

图 7-3 是五个向量相加的示意图,从 $\boldsymbol{\alpha}_1$ 开始,依次将它们首尾相接. 设 $\boldsymbol{\alpha}_1=\overrightarrow{OA_1}$, $\boldsymbol{\alpha}_2=\overrightarrow{A_1A_2}$, $\boldsymbol{\alpha}_3=\overrightarrow{A_2A_3}$, $\boldsymbol{\alpha}_4=\overrightarrow{A_3A_4}$, $\boldsymbol{\alpha}_5=\overrightarrow{A_4A_5}$,可得到它们的和为

$$\begin{aligned}&\boldsymbol{\alpha}_1+\boldsymbol{\alpha}_2+\boldsymbol{\alpha}_3+\boldsymbol{\alpha}_4+\boldsymbol{\alpha}_5\\=&\overrightarrow{OA_1}+\overrightarrow{A_1A_2}+\overrightarrow{A_2A_3}+\overrightarrow{A_3A_4}+\overrightarrow{A_4A_5}=\overrightarrow{OA_5}.\end{aligned}$$

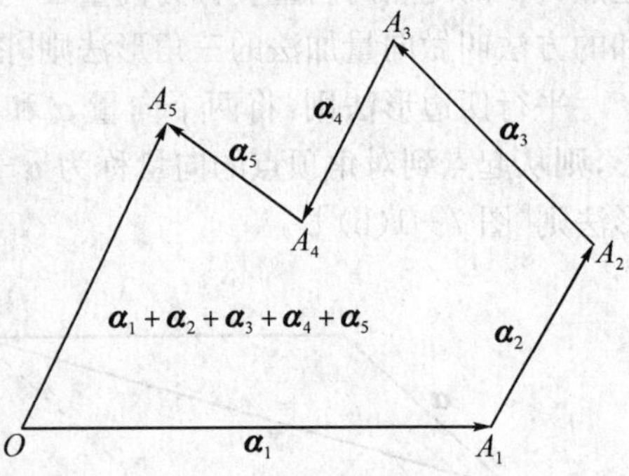

图 7-3

2. 向量与数的乘法

定义 1 给定实数 λ 及向量 $\boldsymbol{\alpha}$,规定 λ 与 $\boldsymbol{\alpha}$ 的数量乘法 $\lambda\boldsymbol{\alpha}$ 是一个向量,它的大小规定为 $|\lambda\boldsymbol{\alpha}|=|\lambda|\cdot|\boldsymbol{\alpha}|$,其方向规定为:当 $\lambda>0$ 时,$\lambda\boldsymbol{\alpha}$ 的方向与 $\boldsymbol{\alpha}$ 的方向相同;当 $\lambda<0$ 时,$\lambda\boldsymbol{\alpha}$ 的方向与 $\boldsymbol{\alpha}$ 的方向相反.

在向量代数中,通常将实数称为数量,向量的数量乘法(简称为数乘)由此而得名. 由数量乘法的定义可知 $0\boldsymbol{\alpha}=\boldsymbol{0}$ 及 $\lambda\boldsymbol{0}=\boldsymbol{0}$.

由于 $1\boldsymbol{\alpha}=\boldsymbol{\alpha}$,亦记 $(-1)\boldsymbol{\alpha}=-\boldsymbol{\alpha}$,它表示了与 $\boldsymbol{\alpha}$ 的大小相同,方向相反的向量,从而 $\boldsymbol{\alpha}-\boldsymbol{\beta}=\boldsymbol{\alpha}+(-1)\boldsymbol{\beta}$.

可以证明数量乘法有如下的运算律:

(1) 结合律:$\lambda(\mu\boldsymbol{\alpha})=\mu(\lambda\boldsymbol{\alpha})=(\lambda\mu)\boldsymbol{\alpha}$;

(2) 对于数量加法的分配律:$(\lambda+\mu)\boldsymbol{\alpha}=\lambda\boldsymbol{\alpha}+\mu\boldsymbol{\alpha}$;

(3) 对于向量加法的分配律:$\lambda(\boldsymbol{\alpha}+\boldsymbol{\beta})=\lambda\boldsymbol{\alpha}+\lambda\boldsymbol{\beta}$.

定理 设向量 $\boldsymbol{\alpha}\neq 0$,则向量 $\boldsymbol{\beta}$ 平行于 $\boldsymbol{\alpha}$ 的充分必要条件是:存在数量 λ,使得 $\boldsymbol{\beta}=\lambda\boldsymbol{\alpha}$.

如果向量 $\boldsymbol{\alpha}$ 的模为 1,即 $|\boldsymbol{\alpha}|=1$,则称 $\boldsymbol{\alpha}$ 为单位向量. 如果 $\boldsymbol{\alpha}\neq\boldsymbol{0}$,记 $\boldsymbol{\alpha}^0=\dfrac{1}{|\boldsymbol{\alpha}|}\boldsymbol{\alpha}$,称之为 $\boldsymbol{\alpha}$ 的单位化向量. 由数量乘法的定义可知 $\boldsymbol{\alpha}^0$ 与 $\boldsymbol{\alpha}$ 同向,$\boldsymbol{\alpha}^0$ 的长度为 $|\boldsymbol{\alpha}^0|=\dfrac{1}{|\boldsymbol{\alpha}|}|\boldsymbol{\alpha}|=1$,并有 $\boldsymbol{\alpha}=|\boldsymbol{\alpha}|\boldsymbol{\alpha}^0$.

7.1.3 空间直角坐标系

在空间取一定点 O 和三个两两垂直的单位向量 $\boldsymbol{i}$, $\boldsymbol{j}$, $\boldsymbol{k}$,就确定了三条都以 O 为原点的两两垂直的数轴,这三条数轴分别称为 x 轴(横轴)、y 轴(纵轴)和 z 轴(竖轴),统称为坐标轴. 各轴正向之间的顺序要求符合右手法则(图 7-4),即伸出右手,让四指与大拇指垂直,并使四指先指向 x 轴的正向,然后让四指沿握拳方向旋转 90°指向 y 轴的正向,这时大拇指所指的方向就是 z 轴的正向(该法则称为"右手法则"). 这样的三个坐标轴构成的坐标系称为空间直角坐标系.

三条坐标轴中的任意两条都可以确定一个平面,称为坐标面. x 轴与 y 轴所确定的坐标面称为 xOy 坐标面;由 y 轴与 z 轴所确定的面称为 yOz 坐标面;由 x 轴与 z 轴所确定的面称为 xOz 坐标面. 这三个相互垂直的坐标面把空间分为八个部分,每一部分称为一个卦限(图 7-5). 位于 x, y, z 轴的正半轴的卦限称为第一卦限,从第一卦限开始,在 xOy 平面上方的卦限,按逆时针方向依次称为第二、三、四卦限;第一、二、三、四卦限下方的卦限依次称

为第五、六、七、八卦限.

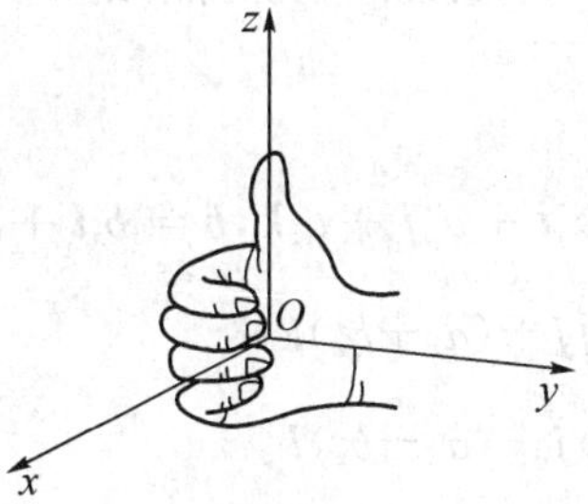

图 7-4

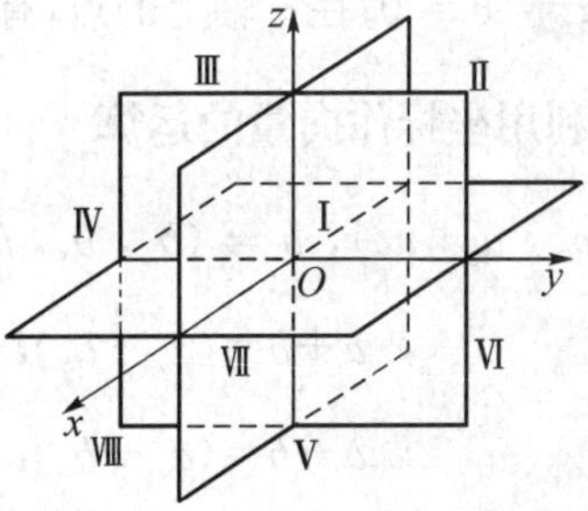

图 7-5

在坐标系建立以后,对空间的一点 M,过 M 分别作垂直于 x 轴、y 轴、z 轴的平面,它们与三条坐标轴分别交于 P, Q, R 三点(图 7-6). 设这三点在 x 轴、y 轴、z 轴上的左边依次为 x, y, z,则点 M 唯一确定了一组有序数 x, y, z. 反之,给定这组有序数 x, y, z,设它们在 x 轴、y 轴、z 轴上依次对应的点为 P, Q, R. 过这三个点分别作平面垂直于所在坐标轴,则这三个平面唯一的交点就是点 M. 这样,空间中的点 M 就可与一组有序数 x, y, z 之间建立一一对应关系. 有序数组 x, y, z 称为点 M 的坐标,记为 $M(x, y, z)$,其中 x, y, z 分别称为点 M 的横坐标、纵坐标和竖坐标.

显然,原点 O 的坐标为(0, 0, 0);坐标轴上的点至少有两个坐标为 0;坐标面上的点至少有一个坐标为 0. 例如,x 轴上的点的坐标为$(a, 0, 0)$的形式,xOy 平面上的点坐标为$(a, b, 0)$的形式.

在坐标系建立以后,给定向量 $\boldsymbol{r}$,对应点 M,使$\overrightarrow{OM}=\boldsymbol{r}$.

以 OM 为对角线、三条坐标轴为棱作长方体,有

$$\boldsymbol{r}=\overrightarrow{OM}=\overrightarrow{OP}+\overrightarrow{PN}+\overrightarrow{NM}=\overrightarrow{OP}+\overrightarrow{OQ}+\overrightarrow{OR}.$$

设 $\overrightarrow{OP}=x\boldsymbol{i}$, $\overrightarrow{OQ}=y\boldsymbol{j}$, $\overrightarrow{OR}=z\boldsymbol{k}$,则

$$\boldsymbol{r}=\overrightarrow{OM}=x\boldsymbol{i}+y\boldsymbol{j}+z\boldsymbol{k}.$$

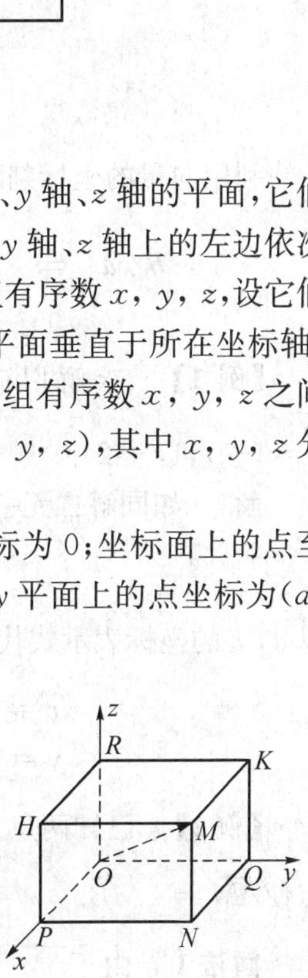

图 7-6

上式称为向量 $\boldsymbol{r}$ 的坐标分解式,$x\boldsymbol{i}$, $y\boldsymbol{j}$, $z\boldsymbol{k}$ 称为向量 $\boldsymbol{r}$ 沿三个坐标轴方向的分向量. 显然,给定向量 $\boldsymbol{r}$,就确定了点 M 及三个分向量,进而确定了 x, y, z 三个有序数;反之,给定三个有序数 x, y, z 也就确定了向量 $\boldsymbol{r}$ 与点 M. 于是点 M、向量 $\boldsymbol{r}$ 与三个有序数 x, y, z 之间有一一对应的关系 $M\leftrightarrow\boldsymbol{r}=\overrightarrow{OM}=x\boldsymbol{i}+y\boldsymbol{j}+z\boldsymbol{k}\leftrightarrow(x, y, z)$.

定义 2 有序数 x, y, z 称为向量 $\boldsymbol{r}$(在坐标系 $Oxyz$)中的坐标,记为 $\boldsymbol{r}=(x, y, z)$;有序数 x, y, z 也称为点 M(在坐标系 $Oxyz$)的坐标,记为 $M(x, y, z)$. 向量称为点 M 关于原点 O 的向径.

上述定义表明,一个点与该点的向径有相同的坐标. 记为(x, y, z),既表示点 M,又表示向量$\overrightarrow{OM}$.

坐标面上和坐标轴上的点,其坐标各有一定的特征. 例如:点 M 在 yOz 面上,则 $x=0$;同

样，在 zOx 面上的点，$y=0$；在 xOy 面上的点，$z=0$. 如果点 M 在 x 轴上，则 $y=z=0$；同样在 y 轴上，有 $z=x=0$；在 z 轴上的点，有 $x=y=0$. 如果点 M 为原点，则 $x=y=z=0$.

7.1.4 利用坐标作向量的运算

设 $\boldsymbol{a}=(a_x, a_y, a_z)$, $\boldsymbol{b}=(b_x, b_y, b_z)\Rightarrow \boldsymbol{a}=a_x\boldsymbol{i}+a_y\boldsymbol{j}+a_z\boldsymbol{k}$, $\boldsymbol{b}=b_x\boldsymbol{i}+b_y\boldsymbol{j}+b_z\boldsymbol{k}$，则

$$a+b=(a_x+b_x)\boldsymbol{i}+(a_y+b_y)\boldsymbol{j}+(a_z+b_z)\boldsymbol{k},$$

$$a-b=(a_x-b_x)\boldsymbol{i}+(a_y-b_y)\boldsymbol{j}+(a_z-b_z)\boldsymbol{k},$$

$$\lambda a=(\lambda a_x)\boldsymbol{i}+(\lambda a_y)\boldsymbol{j}+(\lambda a_z)\boldsymbol{k}.$$

利用向量的坐标判断两个向量的平行. 设 $\boldsymbol{a}=(a_x, a_y, a_z)\neq 0$, $\boldsymbol{b}=(b_x, b_y, b_z)$,

$$\boldsymbol{b}/\!/\boldsymbol{a} \iff \boldsymbol{b}=\lambda\boldsymbol{a}\Leftrightarrow(b_x, b_y, b_z)=\lambda(a_x, a_y, a_z)\Leftrightarrow\frac{b_x}{a_x}=\frac{b_y}{a_y}=\frac{b_z}{a_z}=\lambda.$$

【例 1】 求解以向量为未知元的线性方程组 $\begin{cases}5x-3y=a,\\3x-2y=b,\end{cases}$ 其中 $a=(2,1,2)$, $b=(-1,1,-2)$.

解 如同解二元一次线性方程组，可得

$$x=2a-3b,\ y=3a-5b.$$

以 a, b 的坐标表示式代入，得

$$x=2(2,1,2)-3(-1,1,-2)=(7,-1,10),$$
$$y=3(2,1,2)-5(-1,1,-2)=(11,-2,16).$$

【例 2】 已知两点 $A(x_1, y_1, z_1)$ 和 $B(x_2, y_2, z_2)$ 以及实数 $\lambda\neq 1$，在直线 AB 上求一点使 $\overrightarrow{AM}=\lambda\overrightarrow{MB}$.

解法 1 由于 $\overrightarrow{AM}=\overrightarrow{OM}-\overrightarrow{OA}$, $\overrightarrow{MB}=\overrightarrow{OB}-\overrightarrow{OM}$，因此

$$\overrightarrow{OM}-\overrightarrow{OA}=\lambda(\overrightarrow{OB}-\overrightarrow{OM}),$$

从而

$$\overrightarrow{OM}=\frac{1}{1+\lambda}(\overrightarrow{OA}+\lambda\overrightarrow{OB})=\left(\frac{x_1+\lambda x_2}{1+\lambda},\frac{y_1+\lambda y_2}{1+\lambda},\frac{z_1+\lambda z_2}{1+\lambda}\right),$$

这就是点 M 的坐标.

解法 2 设所求点为 $M(x, y, z)$，则 $\overrightarrow{AM}=(x-x_1, y-y_1, z-z_1)$, $\overrightarrow{MB}=(x_2-x, y_2-y, z_2-z)$. 依题意 $\overrightarrow{AM}=\lambda\overrightarrow{MB}$，即

$$(x-x_1, y-y_1, z-z_1)=\lambda(x_2-x, y_2-y, z_2-z),$$

$$(x, y, z)-(x_1, y_1, z_1)=\lambda(x_2, y_2, z_2)-\lambda(x, y, z),$$

$$(x, y, z)=\frac{1}{1+\lambda}(x_1+\lambda x_2, y_1+\lambda y_2, z_1+\lambda z_2),$$

$$x=\frac{x_1+\lambda x_2}{1+\lambda},\ y=\frac{y_1+\lambda y_2}{1+\lambda},\ z=\frac{z_1+\lambda z_2}{1+\lambda}.$$

点 M 叫做有向线段 $\overrightarrow{AB}$ 的定比分点. 当 $\lambda=1$,点 M 是的有向线段 $\overrightarrow{AB}$ 的中点,其坐标为

$$x=\frac{x_1+x_2}{2},\ y=\frac{y_1+y_2}{2},\ z=\frac{z_1+z_2}{2}.$$

7.1.5 向量的模、方向角、投影

1. 向量的模与两点间的距离公式

设向量 $\boldsymbol{r}=(x, y, z)$,作 $\overrightarrow{OM}=\boldsymbol{r}$,则

$$\boldsymbol{r}=\overrightarrow{OM}=\overrightarrow{OP}+\overrightarrow{OQ}+\overrightarrow{OR},$$

$$|\boldsymbol{r}|=|\overrightarrow{OM}|=\sqrt{|\overrightarrow{OP}|^2+|\overrightarrow{OQ}|^2+|\overrightarrow{OR}|^2},$$

$$\overrightarrow{OP}=x\boldsymbol{i},\ \overrightarrow{OQ}=y\boldsymbol{j},\ \overrightarrow{OR}=z\boldsymbol{k},$$

$$|\overrightarrow{OP}|=|x|,\ |\overrightarrow{OQ}|=|y|,\ |\overrightarrow{OR}|=|z|.$$

$$\boxed{|\boldsymbol{r}|=\sqrt{x^2+y^2+z^2}}$$

2. 设两点间的距离公式

设有点 $M_1(x_1, y_1, z_1)$、点 $M_2(x_2, y_2, z_2)$(图 7-7),则

$$\begin{aligned}\overrightarrow{M_1M_2}&=\overrightarrow{OM_2}-\overrightarrow{OM_1}=(x_2, y_2, z_2)-(x_1, y_1, z_1)\\&=(x_2-x_1, y_2-y_1, z_2-z_1).\end{aligned}$$

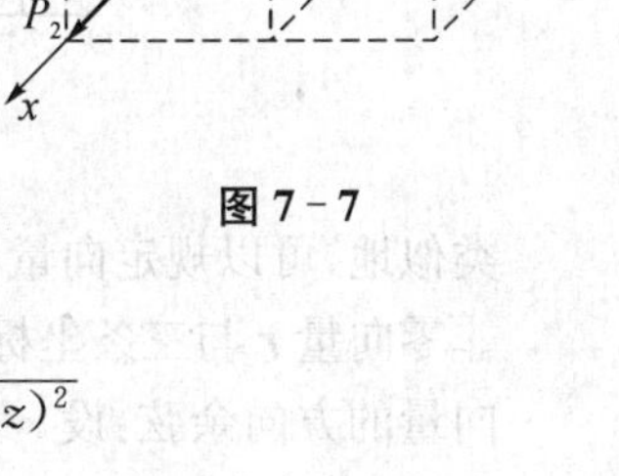

图 7-7

点 M_1 和点 M_2 的距离 $|\overrightarrow{M_1M_2}|$ 为:

$$\boxed{|\overrightarrow{M_1M_2}|=\sqrt{(x_2-x_1)^2+(y_2-y_1)^2+(z_2-z_1)^2}}$$

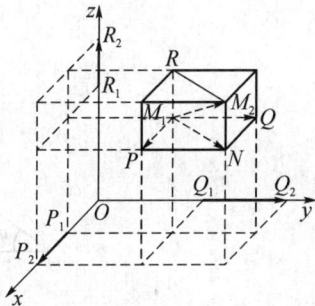

【例 3】 求点 $M(x, y, z)$ 到三条坐标轴的距离.

解 设点 M 在 x 轴的投影为点 P,则点 P 的坐标为 $P(x, 0, 0)$,且线段 MP 的长就是 M 到轴的距离. 由公式(1)得

$$\begin{aligned}|\overrightarrow{MP}|&=\sqrt{(x-x)^2+(0-y)^2+(0-z)^2}\\&=\sqrt{y^2+z^2}.\end{aligned}$$

同理可知,点 M 到 y 轴和 z 轴的距离分别为

$$|\overrightarrow{MQ}|=\sqrt{x^2+z^2},\ |\overrightarrow{MR}|=\sqrt{x^2+y^2},$$

其中 Q, R 分别是点 M 在 y 轴和 z 轴上的投影点.

【例 4】 在 y 轴上求与点 $A(1, -3, 7)$ 和 $B(5, -7, 5)$ 等距离的点.

解 因为所求的点在 y 轴上,故可设它为 $M(0, y, 0)$,依题意有

$$|\overrightarrow{MA}|=|\overrightarrow{MB}|,$$

即有

$$\sqrt{(1-0)^2+(-3-y)^2+(7-0)^2}=\sqrt{(5-0)^2+(-7-y)^2+(5-0)^2},$$

解得

$$y=-5,$$

因此,所求的点为 $M(0,\ -5,\ 0)$.

【例 5】 求证:以点 $M_1(4,\ 3,\ 1)$, $M_2(7,\ 1,\ 2)$, $M_3(5,\ 2,\ 3)$三点为顶点的三角形是等腰三角形.

证明 只需证明$\triangle M_1M_2M_3$ 有两个边长相等即可.

$$|\overrightarrow{M_1M_2}|=\sqrt{(7-4)^2+(1-3)^2+(2-1)^2}=\sqrt{14},$$

$$|\overrightarrow{M_2M_3}|=\sqrt{(5-7)^2+(2-1)^2+(3-2)^2}=\sqrt{6},$$

$$|\overrightarrow{M_3M_1}|=\sqrt{(4-5)^2+(3-2)^2+(1-3)^2}=\sqrt{14}.$$

2. 方向角与方向余弦

当把两个非零向量 $\boldsymbol{a}$ 与 $\boldsymbol{b}$ 的起点放到同一点时,两个向量之间的不超过 π 的夹角称为向量 $\boldsymbol{a}$ 与 $\boldsymbol{b}$ 的夹角,记作$(a\hat{,}b)$或$(b\hat{,}a)$. 如果向量 $\boldsymbol{a}$ 与 $\boldsymbol{b}$ 中有一个是零向量,规定它们的夹角可以在 0 与 π 之间任意取值(图 7-8).

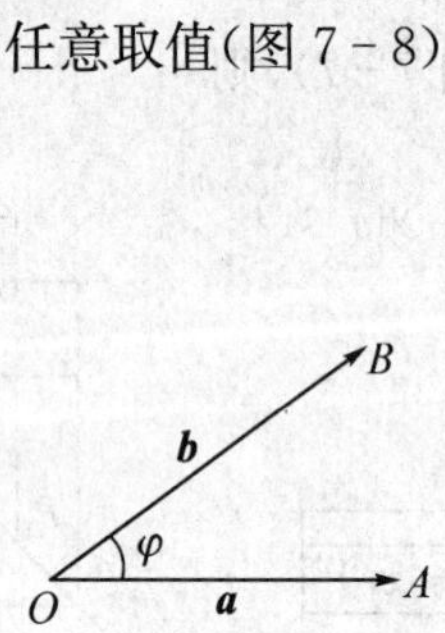

图 7-8

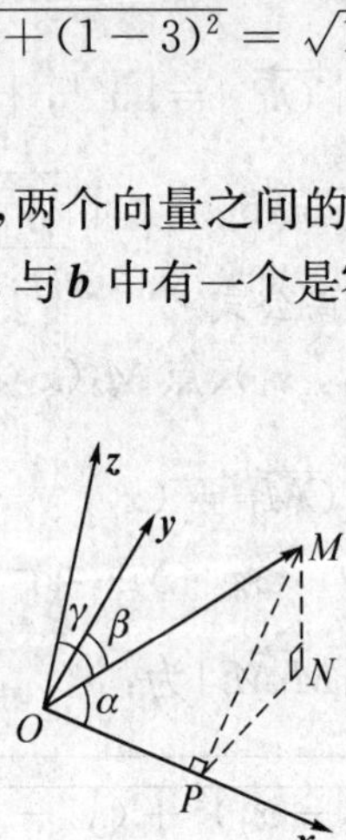

图 7-9

类似地,可以规定向量与一轴的夹角或空间两轴的夹角.

非零向量 $\boldsymbol{r}$ 与三条坐标轴的夹角 α, β, γ 称为向量 $\boldsymbol{r}$ 的方向角(图 7-9).

向量的方向余弦:设 $r=(x,\ y,\ z)$,则

$$x=|r|\cos\alpha,\ y=|r|\cos\beta,\ z=|r|\cos\gamma.$$

$\cos\alpha$, $\cos\beta$, $\cos\gamma$ 称为向量 $\boldsymbol{r}$ 的方向余弦.

$$\cos\alpha=\frac{x}{|r|},\ \cos\beta=\frac{y}{|r|},\ \cos\gamma=\frac{z}{|r|}.$$

从而$(\cos\alpha,\ \cos\beta,\ \cos\gamma)=\dfrac{1}{|r|}r=e_r$.

上式表明，以向量 $\boldsymbol{r}$ 的方向余弦为坐标的向量就是与 $\boldsymbol{r}$ 同方向的单位向量 $\boldsymbol{e}_r$. 因此

$$\cos^2\alpha+\cos^2\beta+\cos^2\gamma=1.$$

【例 6】 已知空间两点 $M_1(2,\ 2,\ \sqrt{2})$，$M_2(1,\ 3,\ 0)$，求$\overrightarrow{M_1M_2}$的模、方向余弦，并求与$\overrightarrow{M_1M_2}$平行的单位向量.

解 $\overrightarrow{M_1M_2}=(-1,\ 1,\ -\sqrt{2})$，$|\overrightarrow{M_1M_2}|=\sqrt{(-1)^2+1^2+(-\sqrt{2})^2}=2$,

$$\cos\alpha=-\frac{1}{2},\ \cos\beta=\frac{1}{2},\ \cos\gamma=-\frac{\sqrt{2}}{2},$$

与$\overrightarrow{M_1M_2}$平行的单位向量为$\pm\dfrac{\overrightarrow{M_1M_2}}{|\overrightarrow{M_1M_2}|}=\pm(\cos\alpha,\ \cos\beta,\ \cos\gamma)=\pm\left(-\dfrac{1}{2},\ \dfrac{1}{2},\ -\dfrac{\sqrt{2}}{2}\right)$.

【例 7】 设点 A 位于第Ⅰ卦限，向量$\overrightarrow{OA}$与 x 轴，y 轴的夹角依次为$\dfrac{\pi}{3}$和$\dfrac{\pi}{4}$，且$|\overrightarrow{OA}|=6$，求点 A 的坐标.

解 由已知：$\alpha=\dfrac{\pi}{3}$，$\beta=\dfrac{\pi}{4}$.

由 $\cos^2\alpha+\cos^2\beta+\cos^2\gamma=1\Rightarrow\cos^2\gamma=\dfrac{1}{4}$.

又点 A 在第Ⅰ卦限$\Rightarrow\cos\gamma=\dfrac{1}{2}$.

$\overrightarrow{OA}=|\overrightarrow{OA}|\boldsymbol{e}_{OA}=6\left(\dfrac{1}{2},\ \dfrac{1}{\sqrt{2}},\ \dfrac{1}{2}\right)=(3,\ 3\sqrt{2},\ 3)$. 此为点 A 的坐标.

3. 向量在轴上的投影

设点 O 及单位向量 $\boldsymbol{e}$ 确定轴 u（相当于坐标轴）.

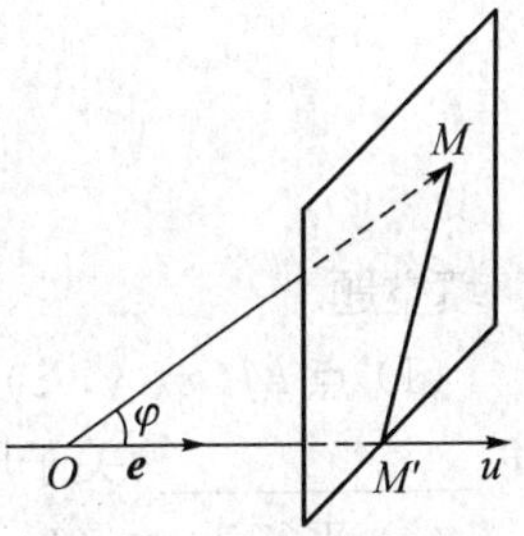

图 7-10

给定向量 $\boldsymbol{r}$，作 $\boldsymbol{r}=\overrightarrow{OM}$，过点 M 作与轴 u 垂直的平面交轴 u 于点 M'，点 M' 称为点 M 在轴 u 上的投影. 向量$|\overrightarrow{OM'}|$称为向量 $\boldsymbol{r}$ 在轴 u 上的投影，记为 $\mathrm{Prj}_u\boldsymbol{r}$（或 $\boldsymbol{r}_u$）.

由此向量 $\boldsymbol{a}$ 在坐标系 $Oxyz$ 中的坐标 a_x，a_y，a_z 为 $\boldsymbol{a}$ 在三条坐标轴上的投影，即有

$$a_x=\mathrm{Prj}_x\boldsymbol{a},\ a_y=\mathrm{Prj}_y\boldsymbol{a},\ a_z=\mathrm{Prj}_z\boldsymbol{a}$$

或 $a_x=(\boldsymbol{a})_x$，$a_y=(\boldsymbol{a})_y$，$a_z=(\boldsymbol{a})_z$.

向量的投影具有于向量坐标相同的性质：

性质 1 $(\boldsymbol{a})_u=|\boldsymbol{a}|\cos\varphi$ （或 $\mathrm{Prj}_u\boldsymbol{a}=|\boldsymbol{a}|\cos\varphi$），

其中：φ 为 $\boldsymbol{a}$ 与轴 u 的夹角.

性质 2 $(\boldsymbol{a}+\boldsymbol{b})_u=(\boldsymbol{a})_u+(\boldsymbol{b})_u$ ［或 $\mathrm{Prj}_u(\boldsymbol{a}+\boldsymbol{b})=\mathrm{Prj}_u\boldsymbol{a}+\mathrm{Prj}_u\boldsymbol{b}$］

$$\mathrm{Prj}_u(\boldsymbol{a}_1+\boldsymbol{a}_2+\cdots+\boldsymbol{a}_n)=\mathrm{Prj}_u\boldsymbol{a}_1+\mathrm{Prj}_u\boldsymbol{a}_2+\cdots+\mathrm{Prj}_u\boldsymbol{a}_n.$$

性质 3 $(\lambda\boldsymbol{a})_u=\lambda(\boldsymbol{a})_u$ ［或 $\mathrm{Prj}_u(\lambda\boldsymbol{a})=\lambda\mathrm{Prj}_u\boldsymbol{a}$］.

【例 8】 设向量 $\boldsymbol{a}=(4,-3,2)$，又轴 u 的正向与三条坐标轴的正向构成相等锐角，试求：(1) 向量 $\boldsymbol{a}$ 在 u 轴上的投影；(2) 向量 $\boldsymbol{a}$ 与 u 轴的夹角 θ.

解 设 $\boldsymbol{e}_u$ 的方向余弦为 $\cos\alpha$, $\cos\beta$, $\cos\gamma$，则由题义有：$0<\alpha=\beta=\gamma<\frac{\pi}{2}$.

由 $\cos^2\alpha+\cos^2\beta+\cos^2\gamma=1$，得 $\cos\alpha=\cos\beta=\cos\gamma=\frac{\sqrt{3}}{3}$.

$$\boldsymbol{e}_u=\frac{\sqrt{3}\boldsymbol{i}}{3}+\frac{\sqrt{3}\boldsymbol{j}}{3}+\frac{\sqrt{3}\boldsymbol{k}}{3}.$$

$$\boldsymbol{a}=4\boldsymbol{i}-3\boldsymbol{j}+2\boldsymbol{k}.$$

$$\begin{aligned}\mathrm{Prj}_u\boldsymbol{a}&=\mathrm{Prj}_u(4\boldsymbol{i})+\mathrm{Prj}_u(-3\boldsymbol{j})+\mathrm{Prj}_u(2\boldsymbol{k})=4\mathrm{Prj}_u\boldsymbol{i}-3\mathrm{Prj}_u\boldsymbol{j}+2\mathrm{Prj}_u\boldsymbol{k}\\&=4\cdot\frac{\sqrt{3}}{3}-3\cdot\frac{\sqrt{3}}{3}+2\cdot\frac{\sqrt{3}}{3}=\sqrt{3}.\end{aligned}$$

又 $\mathrm{Prj}_u\boldsymbol{a}=|\boldsymbol{a}|\cos\theta=\sqrt{29}\cos\theta=\sqrt{3}\Rightarrow\theta=\arccos\frac{\sqrt{3}}{\sqrt{29}}$.

【例 9】 设立方体的一条对角线为 OM，一条棱为 OA，且 $|\overrightarrow{OA}|=a$，求 $\overrightarrow{OA}$ 在 $\overrightarrow{OM}$ 上的投影 $\mathrm{Prj}_{\overrightarrow{OM}}\overrightarrow{OA}$.

解 设 $\varphi=\angle MOA$，则

$$\varphi=\frac{|\overrightarrow{OA}|}{|\overrightarrow{OM}|}=\frac{1}{\sqrt{3}}$$

$$\Rightarrow\quad \mathrm{Prj}_{\overrightarrow{OM}}\overrightarrow{OA}=|\overrightarrow{OA}|\cdot\cos\varphi=\frac{a}{\sqrt{3}}.$$

习题 7－1

1. 填空题.

(1) 点 $M(x,y,z)$ 关于 x 轴的对称点为 M_1 ________；关于 xOy 平面的对称点为 M_2 ________；关于原点的对称点为 M_3 ________.

(2) 平行于 $\boldsymbol{a}=(1,1,1)$ 的单位向量为________；若向量 $\boldsymbol{a}=(\lambda,1,5)$ 与向量 $\boldsymbol{b}=(2,10,50)$ 平行，则 λ 为________.

(3) 设 $\boldsymbol{u}=\boldsymbol{a}-\boldsymbol{b}+2\boldsymbol{c}$, $\boldsymbol{v}=-\boldsymbol{a}+3\boldsymbol{b}-\boldsymbol{c}$，则 $2\boldsymbol{u}-3\boldsymbol{v}=$________.

(4) 已知两点 $M_1(4,\sqrt{2},1)$ 和 $M_2(3,0,2)$，则向量 $\overrightarrow{M_1M_2}$ 在三个坐标轴上的投影分别是________、________、________.

(5) 同时垂直于向量 $\boldsymbol{a}=(-3,6,8)$ 和 y 轴的单位向量为________.

(6) 已知两向量 $\boldsymbol{a}=6\boldsymbol{i}-4\boldsymbol{j}+10\boldsymbol{k}$, $\boldsymbol{b}=3\boldsymbol{i}+4\boldsymbol{j}-9\boldsymbol{k}$，则 $\boldsymbol{a}+2\boldsymbol{b}=$________，$3\boldsymbol{a}-2\boldsymbol{b}=$________.

(7) 若两向量 $l\boldsymbol{i}+3\boldsymbol{j}+(m-n)\boldsymbol{k}$ 与 $3\boldsymbol{i}+n\boldsymbol{j}+3\boldsymbol{k}$ 相等，则 $l=$________，$m=$________，$n=$________.

2. 计算题.

(1) 求点 $M(4, -3, 5)$ 与原点及各坐标轴、坐标面间的距离.

(2) 在 z 轴上求一点，与两点 $A(-4, 1, 7)$、$B(3, 5, -2)$ 的距离相等.

(3) 已知 $\boldsymbol{a}_1=(1, -2, 1)$，$\boldsymbol{a}_2=(-4, 5, 8)$，$\boldsymbol{a}_3=(-2, 1, 0)$，求向量 $\boldsymbol{a}_4$，使四个向量之和等于零.

7.2 数量积和向量积

7.2.1 数量积

1. 两向量的数量积的概念与性质

【引例】 设一物体在常力 $\boldsymbol{F}$ 作用下沿直线从点 A 移动到点 B，以 $\boldsymbol{s}$ 表示位移 $\overrightarrow{AB}$. 由物理学知道，力 $\boldsymbol{F}$ 所做的功为 $W=|\boldsymbol{F}|\cdot|\boldsymbol{s}|\cos\varphi$，其中 φ 为 $\boldsymbol{F}$ 与 $\boldsymbol{s}$ 的夹角(图 7-11).

像这个由两个向量的模及其夹角余弦的乘积构成的算式，在其他问题中还会遇到.

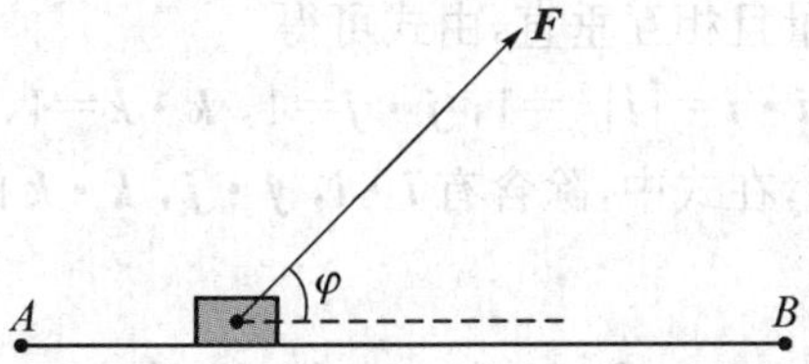

图 7-11

定义 1 给定两个向量 $\boldsymbol{\alpha}$, $\boldsymbol{\beta}$，定义它们的数量积为

$$\boldsymbol{\alpha}\cdot\boldsymbol{\beta}=|\boldsymbol{\alpha}|\cdot|\boldsymbol{\beta}|\cos\varphi,$$

其中：φ 是 $\boldsymbol{\alpha}$ 与 $\boldsymbol{\beta}$ 的夹角.

与向量的数量乘法不同，两个向量的向量积不是向量，而是数量. 数量积也被称为点积. 根据第 7.1 节的投影定理，可以得到数量积与投影的关系

$$\boldsymbol{\alpha}\cdot\boldsymbol{\beta}=|\boldsymbol{\alpha}|\,\mathrm{Prj}_{\alpha}\boldsymbol{\beta}=|\boldsymbol{\beta}|\,\mathrm{Prj}_{\beta}\boldsymbol{\alpha}.$$

由于 $\boldsymbol{\alpha}$ 与 $\boldsymbol{\alpha}$ 的夹角 $\varphi=0$，因此有

$$\boldsymbol{\alpha}\cdot\boldsymbol{\alpha}=|\boldsymbol{\alpha}|\cdot|\boldsymbol{\alpha}|\cos 0=|\boldsymbol{\alpha}|^2.$$

通常将 $\boldsymbol{\alpha}\cdot\boldsymbol{\alpha}$ 记为 α^2.

定理 1 (数量积的运算律)

(1) 交换律：$\boldsymbol{\alpha}\cdot\boldsymbol{\beta}=\boldsymbol{\beta}\cdot\boldsymbol{\alpha}$；

(2) 结合律：$\lambda(\boldsymbol{\alpha}\cdot\boldsymbol{\beta})=(\lambda\boldsymbol{\alpha})\cdot\boldsymbol{\beta}=\boldsymbol{\alpha}\cdot(\lambda\boldsymbol{\beta})$；

(3) 对于向量加法的分配律：$(\boldsymbol{\alpha}+\boldsymbol{\beta})\cdot\boldsymbol{\gamma}=\boldsymbol{\alpha}\cdot\boldsymbol{\gamma}+\boldsymbol{\beta}\cdot\boldsymbol{\gamma}$.

【例 1】 试用向量证明三角形的余弦定理(图 7-11).

图 7-11

证明 设在△ABC 中，

$\angle BCA=\theta$, $|BC|=a$, $|CA|=b$, $|AB|=c$.

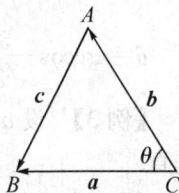

记$\overrightarrow{CB}=\boldsymbol{a}$，$\overrightarrow{CA}=\boldsymbol{b}$，$\overrightarrow{AB}=\boldsymbol{c}$，则有

$$\boldsymbol{c}=\boldsymbol{a}-\boldsymbol{b}$$

$$\Rightarrow\quad c^2=|\boldsymbol{c}|^2=\boldsymbol{c}\cdot\boldsymbol{c}=(\boldsymbol{a}-\boldsymbol{b})\cdot(\boldsymbol{a}-\boldsymbol{b})=\boldsymbol{a}\cdot\boldsymbol{a}+\boldsymbol{b}\cdot\boldsymbol{b}-2\boldsymbol{a}\cdot\boldsymbol{b}$$

$$\Rightarrow\quad c^2=|\boldsymbol{a}|^2+|\boldsymbol{b}|^2-2|\boldsymbol{a}||\boldsymbol{b}|\cos\theta=a^2+b^2-2ab\cos\theta$$

定理 2 （向量垂直与数量积的关系）向量$\boldsymbol{\alpha}$与$\boldsymbol{\beta}$相互垂直的充分必要条件是$\boldsymbol{\alpha}\cdot\boldsymbol{\beta}=0$（规定零向量与任何向量垂直）.

2. 数量积的坐标表示

下面我们来研究数量积的坐标表示.设向量$\boldsymbol{\alpha}=(a_1,a_2,a_3)$，$\boldsymbol{\beta}=(b_1,b_2,b_3)$，则

$$\boldsymbol{\alpha}=a_1\boldsymbol{i}+a_2\boldsymbol{j}+a_3\boldsymbol{k},\boldsymbol{\beta}=b_1\boldsymbol{i}+b_2\boldsymbol{j}+b_3\boldsymbol{k}.$$

根据数量积的运算律可得

$$\begin{aligned}\boldsymbol{\alpha}\cdot\boldsymbol{\beta}&=(a_1\boldsymbol{i}+a_2\boldsymbol{j}+a_3\boldsymbol{k})\cdot(b_1\boldsymbol{i}+b_2\boldsymbol{j}+b_3\boldsymbol{k})\\&=(a_1\boldsymbol{i}+a_2\boldsymbol{j}+a_3\boldsymbol{k})\cdot(b_1\boldsymbol{i})+(a_1\boldsymbol{i}+a_2\boldsymbol{j}+a_3\boldsymbol{k})\cdot(b_2\boldsymbol{j})+(a_1\boldsymbol{i}+a_2\boldsymbol{j}+a_3\boldsymbol{k})\cdot(b_3\boldsymbol{k})\\&=(a_1b_1)\boldsymbol{i}\cdot\boldsymbol{i}+(a_2b_1)\boldsymbol{j}\cdot\boldsymbol{i}+(a_3b_1)\boldsymbol{k}\cdot\boldsymbol{i}+(a_1b_2)\boldsymbol{i}\cdot\boldsymbol{j}+(a_2b_2)\boldsymbol{j}\cdot\boldsymbol{j}+(a_3b_2)\boldsymbol{k}\cdot\boldsymbol{j}\\&\quad+(a_1b_3)\boldsymbol{i}\cdot\boldsymbol{k}+(a_2b_3)\boldsymbol{j}\cdot\boldsymbol{k}+(a_3b_3)\boldsymbol{k}\cdot\boldsymbol{k},\end{aligned}$$

因向量$\boldsymbol{i}$，$\boldsymbol{j}$，$\boldsymbol{k}$都是单位向量且相互垂直，由式可得

$$\boldsymbol{i}\cdot\boldsymbol{i}=|\boldsymbol{i}|^2=1,\ \boldsymbol{j}\cdot\boldsymbol{j}=1,\ \boldsymbol{k}\cdot\boldsymbol{k}=1,$$

再由垂直于数量积的关系知，在式中，除含有$\boldsymbol{i}\cdot\boldsymbol{i}$，$\boldsymbol{j}\cdot\boldsymbol{j}$，$\boldsymbol{k}\cdot\boldsymbol{k}$的项外，其他数量积都为零，从而

$$\boldsymbol{\alpha}\cdot\boldsymbol{\beta}=a_1b_1+a_2b_2+a_3b_3.\tag{1}$$

这就是数量积的坐标表示，它表明α与β的数量积是它们对应坐标的乘积之和.再由定理2可知，$\boldsymbol{\alpha}$与$\boldsymbol{\beta}$垂直的充分必要条件是$a_1b_1+a_2b_2+a_3b_3=0$.

通过数量积的坐标表示，可以推出两个向量夹角余弦的坐标表示.给定两个非零向量$\boldsymbol{\alpha}=(a_1,a_2,a_3)$和$\boldsymbol{\beta}=(b_1,b_2,b_3)$，它们之间的夹角为$\varphi$.由向量积的定义$\boldsymbol{\alpha}\cdot\boldsymbol{\beta}=|\boldsymbol{\alpha}|\cdot|\boldsymbol{\beta}|\cos\varphi$及公式(1)可以得到

$$\cos\varphi=\frac{\boldsymbol{\alpha}\cdot\boldsymbol{\beta}}{|\boldsymbol{\alpha}|\cdot|\boldsymbol{\beta}|}=\frac{a_1b_1+a_2b_2+a_3b_3}{\sqrt{a_1^2+a_2^2+a_3^2}\cdot\sqrt{b_1^2+b_2^2+b_3^2}}.$$

【例 2】 设$\boldsymbol{a}=2\boldsymbol{i}-4\boldsymbol{j}-5\boldsymbol{k}$，$\boldsymbol{b}=\boldsymbol{i}-2\boldsymbol{j}-\boldsymbol{k}$，求$(-2\boldsymbol{a})\cdot(3\boldsymbol{b})$，$\boldsymbol{a}$与$\boldsymbol{b}$的夹角$\theta$.

解 $\boldsymbol{a}\cdot\boldsymbol{b}=2\times1+(-4)\times(-2)+(-5)\times(-1)=15$，

$(-2\boldsymbol{a})\cdot(3\boldsymbol{b})=-6(\boldsymbol{a}\cdot\boldsymbol{b})=-6\times15=-90$，

$$\cos\theta=\frac{\boldsymbol{a}\cdot\boldsymbol{b}}{|\boldsymbol{a}||\boldsymbol{b}|}=\frac{15}{\sqrt{2^2+(-4)^2+(-5)^2}\sqrt{1^2+(-2)^2+(-1)^2}}=\frac{5}{\sqrt{30}},$$

$$\theta=\arccos\frac{5}{\sqrt{30}}.$$

【例 3】 设$\boldsymbol{a}=(3,4,-2)$，$\boldsymbol{b}=(2,1,4)$，问$\boldsymbol{a}$，$\boldsymbol{b}$关系如何，才能使$\lambda\boldsymbol{a}+\mu\boldsymbol{b}$与$y$轴垂直.

解 $\lambda\boldsymbol{a}+\mu\boldsymbol{b}$与$y$轴垂直，即$(\lambda\boldsymbol{a}+\mu\boldsymbol{b})\cdot\boldsymbol{j}=0$，而

$$\lambda\boldsymbol{a}+\mu\boldsymbol{b}=(3\lambda+2\mu,4\lambda+\mu,-2\lambda+4\mu),\ \boldsymbol{j}=(0,1,0),$$

故

$$(\lambda \boldsymbol{a}+\mu \boldsymbol{b})\cdot \boldsymbol{j}=(3\lambda+2\mu)\times 0+(4\lambda+\mu)\times 1+(-2\lambda+4\mu)\times 0=4\lambda+\mu=0,$$

即 $\lambda=-\frac{1}{4}\mu$ 时，$\lambda \boldsymbol{a}+\mu \boldsymbol{b}$ 与 y 轴垂直.

7.2.2 向量积

1. 向量积的概念及性质

定义 2 给定两个向量 $\boldsymbol{\alpha}$ 与 $\boldsymbol{\beta}$，它们的向量积规定为一个向量 $\boldsymbol{\gamma}$，它由下述方式确定：

(1) $\boldsymbol{\gamma}$ 的长度为 $|\boldsymbol{\gamma}|=|\boldsymbol{\alpha}|\cdot|\boldsymbol{\beta}|\sin\varphi$，其中 φ 是向量 $\boldsymbol{\alpha}$ 与 $\boldsymbol{\beta}$ 的夹角.

(2) $\boldsymbol{\gamma}$ 的方向为既垂直于 $\boldsymbol{\alpha}$ 又垂直于 $\boldsymbol{\beta}$，并且按右手法则由 $\boldsymbol{\alpha}$ 转到 $\boldsymbol{\beta}$ 来确定.

按照上述方法确定的向量积 $\boldsymbol{\gamma}$ 记为 $\boldsymbol{\alpha}\times\boldsymbol{\beta}$，因此向量积也称为叉积. 需注意，与定义 1 中的数量积不同，向量积不是数量，而是向量.

【例 4】 (向量积的模的几何意义)设 $\boldsymbol{\alpha}=\overrightarrow{OA}$，$\boldsymbol{\beta}=\overrightarrow{OB}$，则模 $|\boldsymbol{\alpha}\times\boldsymbol{\beta}|$ 表示了以 $\boldsymbol{\alpha}$ 和 $\boldsymbol{\beta}$ 为边的平行四边形 $OBCA$ 的面积.

证 底边 OB 上的高 $h=|\boldsymbol{\alpha}|\sin\varphi$，所以，平行四边形 $OBCA$ 的面积为

$$S_{OBCA}=h|\boldsymbol{\beta}|=|\boldsymbol{\alpha}|\cdot|\boldsymbol{\beta}|\sin\varphi=|\boldsymbol{\alpha}\times\boldsymbol{\beta}|.$$

定理 3 向量的向量积满足如下运算律：

(1) 反交换律：$\boldsymbol{\alpha}\times\boldsymbol{\beta}=-\boldsymbol{\beta}\times\boldsymbol{\alpha}$；

(2) 分配律：$(\boldsymbol{\alpha}+\boldsymbol{\beta})\times\boldsymbol{\gamma}=\boldsymbol{\alpha}\times\boldsymbol{\gamma}+\boldsymbol{\beta}\times\boldsymbol{\gamma}$；

(3) 结合律：$\lambda(\boldsymbol{\alpha}\times\boldsymbol{\beta})=(\lambda\boldsymbol{\alpha})\times\boldsymbol{\beta}=\boldsymbol{\alpha}\times(\lambda\boldsymbol{\beta})$（其中 λ 为常数).

定理 4 (向量积与向量平行的关系)两个向量 $\boldsymbol{\alpha}$ 与 $\boldsymbol{\beta}$ 相互平行的充分必要条件是

$$\boldsymbol{\alpha}\times\boldsymbol{\beta}=\boldsymbol{0}.$$

【例 5】 对于基本单位向量 $\boldsymbol{i}, \boldsymbol{j}, \boldsymbol{k}$，讨论它们的向量积.

解 由定理 4 知 $\boldsymbol{i}\times\boldsymbol{i}=\boldsymbol{0}$, $\boldsymbol{j}\times\boldsymbol{j}=\boldsymbol{0}$, $\boldsymbol{k}\times\boldsymbol{k}=\boldsymbol{0}$. 由于 $\boldsymbol{i}, \boldsymbol{j}, \boldsymbol{k}$ 都是单位向量，相互垂直，因此 $\boldsymbol{i}\times\boldsymbol{j}=\boldsymbol{k}$, $\boldsymbol{j}\times\boldsymbol{k}=\boldsymbol{i}$, $\boldsymbol{k}\times\boldsymbol{i}=\boldsymbol{j}$. 再由反交换律可得

$$\boldsymbol{k}\times\boldsymbol{j}=-\boldsymbol{i},\ \boldsymbol{j}\times\boldsymbol{i}=-\boldsymbol{k},\ \boldsymbol{i}\times\boldsymbol{k}=-\boldsymbol{j}.$$

2. 向量积的坐标表示

对于给定的向量 $\boldsymbol{\alpha}=(a_1, a_2, a_3)$，$\boldsymbol{\beta}=(b_1, b_2, b_3)$，我们来讨论向量积的坐标表示. 此时 $\boldsymbol{\alpha}=a_1\boldsymbol{i}+a_2\boldsymbol{j}+a_3\boldsymbol{k}$，$\boldsymbol{\beta}=b_1\boldsymbol{i}+b_2\boldsymbol{j}+b_3\boldsymbol{k}$，根据向量积的运算律可得

$$\begin{aligned}
\boldsymbol{\alpha}\times\boldsymbol{\beta} &= (a_1\boldsymbol{i}+a_2\boldsymbol{j}+a_3\boldsymbol{k})\times(b_1\boldsymbol{i}+b_2\boldsymbol{j}+b_3\boldsymbol{k})\\
&= (a_1\boldsymbol{i}+a_2\boldsymbol{j}+a_3\boldsymbol{k})\times(b_1\boldsymbol{i})+(a_1\boldsymbol{i}+a_2\boldsymbol{j}+a_3\boldsymbol{k})\times(b_2\boldsymbol{j})+(a_1\boldsymbol{i}+a_2\boldsymbol{j}+a_3\boldsymbol{k})\times(b_3\boldsymbol{k})\\
&= (a_1b_1)\boldsymbol{i}\times\boldsymbol{i}+(a_2b_1)\boldsymbol{j}\times\boldsymbol{i}+(a_3b_1)\boldsymbol{k}\times\boldsymbol{i}\\
&\quad +(a_1b_2)\boldsymbol{i}\times\boldsymbol{j}+(a_2b_2)\boldsymbol{j}\times\boldsymbol{j}+(a_3b_2)\boldsymbol{k}\times\boldsymbol{j}\\
&\quad +(a_1b_3)\boldsymbol{i}\times\boldsymbol{k}+(a_2b_3)\boldsymbol{j}\times\boldsymbol{k}+(a_3b_3)\boldsymbol{k}\times\boldsymbol{k},
\end{aligned}$$

再由例 5 中 $\boldsymbol{i}, \boldsymbol{j}, \boldsymbol{k}$ 向量积的结论可得

$$\begin{aligned}
\boldsymbol{\alpha}\times\boldsymbol{\beta} =& (a_1b_1)\boldsymbol{0}-(a_2b_1)\boldsymbol{k}+(a_3b_1)\boldsymbol{j}+(a_1b_2)\boldsymbol{k}+(a_2b_2)\boldsymbol{0}\\
&-(a_3b_2)\boldsymbol{i}-(a_1b_3)\boldsymbol{j}+(a_2b_3)\boldsymbol{i}+(a_3b_3)\boldsymbol{0}
\end{aligned}$$

$$=(a_2b_3-a_3b_2)\boldsymbol{i}+(a_3b_1-a_1b_3)\boldsymbol{j}+(a_1b_2-a_2b_1)\boldsymbol{k}.$$

为了便于记忆，将上式写成行列式的形式

$$\boldsymbol{\alpha}\times\boldsymbol{\beta}=\begin{vmatrix}a_2 & a_3\\ b_2 & b_3\end{vmatrix}\boldsymbol{i}-\begin{vmatrix}a_1 & a_3\\ b_1 & b_3\end{vmatrix}\boldsymbol{j}+\begin{vmatrix}a_1 & a_2\\ b_1 & b_2\end{vmatrix}\boldsymbol{k}=\begin{vmatrix}\boldsymbol{i} & \boldsymbol{j} & \boldsymbol{k}\\ a_1 & a_2 & a_3\\ b_1 & b_2 & b_3\end{vmatrix}.$$

注：式中的三阶行列式并不是真正的三阶行列式，只是利用了三阶行列式按照第一行展开的公式.

【例 6】 设 $\boldsymbol{a}=(2,1,-1)$，$\boldsymbol{b}=(1,-1,2)$，计算 $\boldsymbol{a}\times\boldsymbol{b}$.

解 $\boldsymbol{a}\times\boldsymbol{b}=\begin{vmatrix}\boldsymbol{i} & \boldsymbol{j} & \boldsymbol{k}\\ 2 & 1 & -1\\ 1 & -1 & 2\end{vmatrix}=\begin{vmatrix}1 & -1\\ -1 & 2\end{vmatrix}\boldsymbol{i}-\begin{vmatrix}2 & -1\\ 1 & 2\end{vmatrix}\boldsymbol{j}+\begin{vmatrix}2 & 1\\ 1 & -1\end{vmatrix}\boldsymbol{k}=\boldsymbol{i}-5\boldsymbol{j}-3\boldsymbol{k}.$

【例 7】 已知$\triangle ABC$的顶点分别是$A(1,2,3)$，$B(3,4,5)$和$C(2,4,7)$，求$\triangle ABC$的面积.

解 $S_{\triangle ABC}=\frac{1}{2}|\overrightarrow{AB}|\cdot|\overrightarrow{AC}|\cdot\sin\angle A=\frac{1}{2}|\overrightarrow{AB}\times\overrightarrow{AC}|$，

$\overrightarrow{AB}=(3,4,5)-(1,2,3)=(2,2,2)$，$\overrightarrow{AC}=(2,4,7)-(1,2,3)=(1,2,4)$，

$\overrightarrow{AB}\times\overrightarrow{AC}=\begin{vmatrix}\boldsymbol{i} & \boldsymbol{j} & \boldsymbol{k}\\ 2 & 2 & 2\\ 1 & 2 & 4\end{vmatrix}=\begin{vmatrix}2 & 2\\ 2 & 4\end{vmatrix}\boldsymbol{i}-\begin{vmatrix}2 & 2\\ 1 & 4\end{vmatrix}\boldsymbol{j}+\begin{vmatrix}1 & 2\\ 1 & 4\end{vmatrix}\boldsymbol{k}=4\boldsymbol{i}-6\boldsymbol{j}+2\boldsymbol{k}.$

$\therefore|\overrightarrow{AB}\times\overrightarrow{AC}|=\sqrt{4^2+(-6)^2+2^2}=2\sqrt{14}$，$\therefore S_{\triangle ABC}=\frac{1}{2}|\overrightarrow{AB}\times\overrightarrow{AC}|=\sqrt{14}.$

【例 8】 已知$M_1(1,-1,2)$，$M_2(3,3,1)$，$M_3(3,1,3)$，求与$\overrightarrow{M_1M_2}$，$\overrightarrow{M_2M_3}$同时垂直的单位向量.

解 $\overrightarrow{M_1M_2}=(3,3,1)-(1,-1,2)=(2,4,-1)$，

$\overrightarrow{M_2M_3}=(3,1,3)-(3,3,1)=(0,-2,2)$.

与$\overrightarrow{M_1M_2}$，$\overrightarrow{M_2M_3}$同时垂直的一个向量为：

$$\boldsymbol{a}=\overrightarrow{M_1M_2}\times\overrightarrow{M_2M_3}=\begin{vmatrix}\boldsymbol{i} & \boldsymbol{j} & \boldsymbol{k}\\ 2 & 4 & -1\\ 0 & -2 & 2\end{vmatrix}=\begin{vmatrix}4 & -1\\ -2 & 2\end{vmatrix}\boldsymbol{i}-\begin{vmatrix}2 & -1\\ 0 & 2\end{vmatrix}\boldsymbol{j}+\begin{vmatrix}2 & 4\\ 0 & -2\end{vmatrix}\boldsymbol{k}$$

$$=6\boldsymbol{i}-4\boldsymbol{j}-4\boldsymbol{k},$$

$$|\boldsymbol{a}|=\sqrt{6^2+(-4)^2+(-4)^2}=2\sqrt{17},$$

$$\Rightarrow\boldsymbol{a}=\pm\frac{1}{\sqrt{17}}(3\boldsymbol{i}-2\boldsymbol{j}-2\boldsymbol{k}).$$

【例 9】 设刚体以等角速度 $\boldsymbol{\omega}$ 绕 l 轴旋转，计算刚体上一点 M 的线速度.

解 刚体绕 l 轴旋转时，我们可以用在 l 轴上的一个向量 $\boldsymbol{\omega}$ 表示角速度，它的大小等于角速度的大小，它的方向由右手规则定出：即以右手握住 l 轴，当右手的四个手指的转向与刚体的旋转方向一致时，大拇指的指向就是 $\boldsymbol{\omega}$ 的方向.

设点 M 到旋转轴 l 的距离为 a，再在 l 轴上任取一点 O 作向量 $\boldsymbol{r}=\overrightarrow{OM}$，并以 θ 表示 $\boldsymbol{\omega}$ 与 $\boldsymbol{r}$ 的夹角，那么

$$a=|\boldsymbol{r}|\sin\theta.$$

设线速度为 $\boldsymbol{v}$，那么由物理学上线速度与角速度间的关系可知，v 的大小为

$$|\boldsymbol{v}|=|\boldsymbol{\omega}|a=|\boldsymbol{\omega}||\boldsymbol{r}|\sin\theta$$

$\boldsymbol{v}$ 的方向垂直于通过 M 点与 l 轴的平面，即 $\boldsymbol{v}$ 垂直于 $\boldsymbol{\omega}$ 与 $\boldsymbol{r}$，又 $\boldsymbol{v}$ 的指向是使 $\boldsymbol{\omega}, \boldsymbol{r}, \boldsymbol{v}$ 符合右手规则. 因此有

$$\boldsymbol{v}=\boldsymbol{\omega}\times\boldsymbol{r}.$$

习题 7－2

1. 选择题.

(1) 向量 $\boldsymbol{a}$ 与 $\boldsymbol{b}$ 的数量积 $\boldsymbol{a}\cdot\boldsymbol{b}=$ （　　）

A. $|\boldsymbol{a}|\mathrm{Prj}_{\boldsymbol{b}}\boldsymbol{a}$　　B. $\boldsymbol{a}\cdot\mathrm{Prj}_{\boldsymbol{a}}\boldsymbol{b}$　　C. $|\boldsymbol{a}|\mathrm{Prj}_{\boldsymbol{a}}\boldsymbol{b}$　　D. $|\boldsymbol{b}|\mathrm{Prj}_{\boldsymbol{a}}\boldsymbol{b}$

(2) 非零向量 $\boldsymbol{a}, \boldsymbol{b}$ 满足 $\boldsymbol{a}\cdot\boldsymbol{b}=0$，则有 （　　）

A. $\boldsymbol{a}/\!/\boldsymbol{b}$　　B. $\boldsymbol{a}=\lambda\boldsymbol{b}$（$\lambda$ 为实数）　C. $\boldsymbol{a}\perp\boldsymbol{b}$　　D. $\boldsymbol{a}+\boldsymbol{b}=0$

(3) 设 $\boldsymbol{a}$ 与 $\boldsymbol{b}$ 为非零向量，则 $\boldsymbol{a}\times\boldsymbol{b}=\boldsymbol{0}$ 是 （　　）

A. $\boldsymbol{a}/\!/\boldsymbol{b}$ 的充要条件　　B. $\boldsymbol{a}\perp\boldsymbol{b}$ 的充要条件

C. $\boldsymbol{a}=\boldsymbol{b}$ 的充要条件　　D. $\boldsymbol{a}/\!/\boldsymbol{b}$ 的必要但不充分的条件

(4) 设 $\boldsymbol{i}, \boldsymbol{j}, \boldsymbol{k}$ 是三个坐标轴正方向上的单位向量，下列等式中正确的是 （　　）

A. $\boldsymbol{k}\times\boldsymbol{j}=\boldsymbol{i}$　　B. $\boldsymbol{i}\cdot\boldsymbol{j}=\boldsymbol{k}$　　C. $\boldsymbol{i}\cdot\boldsymbol{i}=\boldsymbol{k}\cdot\boldsymbol{k}$　　D. $\boldsymbol{k}\times\boldsymbol{k}=\boldsymbol{k}\cdot\boldsymbol{k}$

(5) 设 $\boldsymbol{a}, \boldsymbol{b}, \boldsymbol{c}, \boldsymbol{d}$ 为向量，则下列各量为向量的是 （　　）

A. $\mathrm{Prj}_{\boldsymbol{b}}\boldsymbol{a}$　　B. $\boldsymbol{b}\cdot(\boldsymbol{c}\times\boldsymbol{d})$

C. $(\boldsymbol{a}\times\boldsymbol{b})\cdot(\boldsymbol{c}\times\boldsymbol{d})$　　D. $\boldsymbol{a}\times(\boldsymbol{b}\times\boldsymbol{c})$

(6) 设 $\boldsymbol{a}=2\boldsymbol{i}+3\boldsymbol{j}-4\boldsymbol{k}$, $\boldsymbol{b}=5\boldsymbol{i}-\boldsymbol{j}+\boldsymbol{k}$，则向量 $\boldsymbol{c}=2\boldsymbol{a}-\boldsymbol{b}$ 在 y 轴上的分向量是 （　　）

A. 7　　B. $7\boldsymbol{j}$　　C. -1　　D. $-9\boldsymbol{k}$

(7) 以下结论正确的是 （　　）

A. $(\boldsymbol{a}\cdot\boldsymbol{b})^2=|\boldsymbol{a}|^2\cdot|\boldsymbol{b}|^2$

B. $\boldsymbol{a}\times\boldsymbol{b}=|\boldsymbol{a}|\cdot|\boldsymbol{b}|\sin(\boldsymbol{a}\,\hat{,}\,\boldsymbol{b})$

C. 若 $\boldsymbol{a}\cdot\boldsymbol{b}=\boldsymbol{a}\cdot\boldsymbol{c}$ 或 $\boldsymbol{a}\times\boldsymbol{b}=\boldsymbol{a}\times\boldsymbol{c}$，且 $\boldsymbol{a}\neq 0$，则 $\boldsymbol{b}=\boldsymbol{c}$

D. $(\boldsymbol{a}+\boldsymbol{b})\times(\boldsymbol{a}-\boldsymbol{b})=-2\boldsymbol{a}\times\boldsymbol{b}$

2. 计算题.

(1) 设 $\boldsymbol{a}=3i-j-2k$, $\boldsymbol{b}=i+2j-k$，求：

① $(-2\boldsymbol{a})\cdot 3\boldsymbol{b}$ 及 $\boldsymbol{a}\times\boldsymbol{b}$；

② $\boldsymbol{a}, \boldsymbol{b}$ 夹角的余弦.

(2) $\boldsymbol{a}=2\vec{i}-2\vec{j}+\vec{k}$, $\boldsymbol{b}=\vec{i}-\vec{j}+\vec{k}$，求：① $\boldsymbol{a}\cdot\boldsymbol{b}$；② $\mathrm{Prj}_{\boldsymbol{a}}\boldsymbol{b}$；③ $\cos(\boldsymbol{a}, \boldsymbol{b})$.

(3) 设 $\boldsymbol{a}=\boldsymbol{i}-\boldsymbol{k}$, $\boldsymbol{b}=2\boldsymbol{i}+3\boldsymbol{j}+\boldsymbol{k}$，求：$\boldsymbol{a}\times\boldsymbol{b}$.

(4) 设 $\triangle ABC$ 的顶点为 $A(3, 0, 2)$, $B(5, 3, 1)$, $C(0, -1, 3)$，求三角形的面积.

7.3 空间中的平面与直线

空间中的平面和直线是空间中最常见也是最简单的几何图形. 在讨论它们的方程时,向量是一个重要的工具.

7.3.1 平面方程

1. 平面的点法式方程

给定点 $P_0(x_0, y_0, z_0)$及非零向量 $\boldsymbol{n}=(A, B, C)$,求经过点 P_0 且垂直于 $\boldsymbol{n}$ 的平面 π 的方程. 从几何意义上讲,当 P_0 与 $\boldsymbol{n}$ 给定以后,平面 π 就被确定下来,因此 P_0 与 $\boldsymbol{n}$ 是确定平面 π 的两个要素.

设点 $P(x, y, z)$是 π 上的一点,则向量$\overrightarrow{P_0P}$总与 $\boldsymbol{n}$ 垂直,从而

$$\boldsymbol{n}\cdot\overrightarrow{P_0P}=A(x-x_0)+B(y-y_0)+C(z-z_0)=0. \tag{1}$$

反之,如果点 $P(x, y, z)$满足方程(1),则说明向量$\overrightarrow{P_0P}$垂直于 $\boldsymbol{n}$,于是点 $P(x, y, z)$在平面 π 上. 称方程(1)为平面 π 的点法式方程.

【例 1】 求下列平面的方程:

(1) 已知平面经过点 $A(0, 1, -1)$,法向量为 $\boldsymbol{n}=(4, -2, -2)$;

(2) 已知平面经过点 $B(1, 1, 1)$,法向量为 $\boldsymbol{n}=(-2, 1, 1)$.

解 (1) 由点法式方程(1)有

$$4\cdot(x-0)+(-2)\cdot(y-1)+(-2)\cdot(z+1)=0,$$

化简得 $2x-y-z=0$.

(2) 由点法式方程(1)有

$$(-2)\cdot(x-1)+1\cdot(y-1)+1\cdot(z-1)=0,$$

化简得
$$2x-y-z=0.$$

注:从这个例题可以看到,所给平面的法向量不同,平面经过的点也不同,但所得到的平面仍然是同一个平面. 这从几何意义上是容易理解的. 法向量的意义是标示平面的朝向,因此同一个平面的法向量不是唯一的. 任何与给定的法向量 $\boldsymbol{n}$ 平行的非零向量都可以作为法向量. 本例题中的两个法向量就是相互平行的.

2. 平面的一般式方程

将平面的点法式方程(1)展开得

$$Ax+By+Cz+(-Az_0-By_0-Cz_0)=0,$$

令$(-Az_0-By_0-Cz_0)=D$,则方程(1)可变为

$$Ax+By+Cz+D=0, \tag{2}$$

称方程(2)为平面的一般方程,它是个三元一次方程. 反之,任给三元一次方程,其中 $A, B,$

C 不全为零,则它必是某个平面的方程.

事实上,取方程(2)的一个解 x_0, y_0, z_0,则它满足 $Ax_0+By_0+Cz_0+D=0$. 将这个式子与(2)式相减,可得

$$A(x-x_0)+B(y-y_0)+C(z-z_0)=0.$$

它恰是方程(1)所表示的经过点 $P_0(x_0, y_0, z_0)$、法向量为 $\boldsymbol{n}=(A, B, C)$ 的平面方程. 其中由于 A, B, C 不全为零,则 $\boldsymbol{n}=(A, B, C)\neq 0$.

从方程(2)中一次项的系数,我们可以直接写出平面的法向量.

【例 2】 已知平面 π 经过三个点 $P_1(1, 1, 1)$, $P_2(-2, 1, 2)$, $P_3(-3, 3, 1)$,求平面 π 的方程.

解法 1 用点法式方程

由空间几何的知识可知,空间中不共线的三个点可确定一个平面. 我们需要根据这三个点确定出平面 π 的两个元素:法向量及 π 所经过的点. 显然,点 P_1, P_2, P_3 中的任何一个都可以当做 π 所经过的点. 余下的问题就是确定 π 的法向量.

因为向量 $\overrightarrow{P_1P_2}$, $\overrightarrow{P_1P_3}$ 都在 π 上,如果某个非零向量垂直于 $\overrightarrow{P_1P_2}$ 和 $\overrightarrow{P_1P_3}$,则它必垂直于 $\overrightarrow{P_1P_2}$ 和 $\overrightarrow{P_1P_3}$ 所在的平面 π. 因此,取法向量 $\boldsymbol{n}=\overrightarrow{P_1P_2}\times\overrightarrow{P_1P_3}$. 由 $\overrightarrow{P_1P_2}=(-3, 0, 1)$, $\overrightarrow{P_1P_3}=(-4, 2, 0)$ 可得

$$\boldsymbol{n}=\overrightarrow{P_1P_2}\times\overrightarrow{P_1P_3}=\begin{vmatrix} \boldsymbol{i} & \boldsymbol{j} & \boldsymbol{k} \\ -3 & 0 & 1 \\ -4 & 2 & 0 \end{vmatrix}=\{-2, -4, -6\}.$$

取 P_1 为 π 经过的点,则由点法式方程(1)得

$$-2(x-1)-4(y-1)-6(z-1)=0,$$

化简得

$$x+2y+3z-6=0.$$

解法 2 用待定系数法

设 π 的一般方程为 $Ax+By+Cz+D=0$,只需确定系数 A, B, C, D. 将 P_1, P_2, P_3 的坐标代入一般方程,可得到方程组

$$\begin{cases} A+B+C+D=0, \\ -2A+B+2C+D=0, \\ -3A+3B+C+D=0. \end{cases}$$

后两个方程分别减去第一个方程得

$$\begin{cases} -3A+C=0, \\ -4A+2B=0. \end{cases}$$

因此 $C=3A$, $B=2A$. 再代入第一个方程得

$$A+2A+3A+D=0,$$

故 $D=-6A$.

由于 A, B, C 不能同时为零，因此取 $A=1$ 得到 $C=3$, $B=2$, $D=-6$. 故所求方程为

$$x+2y+3z-6=0.$$

注：在解法 2 中，求待定的系数需要解三个含有四个未知数的方程组. 一般说来它的解是不唯一的，我们只需求出一个解即可. 在求解中应注意 A, B, C 不能同时为零.

3. 两个平面的夹角

给定两个平面

$$\pi_1: A_1x+B_1y+C_1z+D_1=0,$$
$$\pi_2: A_2x+B_2y+C_2z+D_2=0,$$

则它们的法向量分别为

$$\boldsymbol{n}_1=(A_1, B_1, C_1) \text{和} \boldsymbol{n}_2=(A_1, B_1, C_1).$$

规定 π_1 与 π_2 的夹角 θ 为它们法向量的夹角，取锐角. 于是当 $\boldsymbol{n}_1$ 与 $\boldsymbol{n}_2$ 的夹角是锐角时，有

$$\cos\theta=\frac{\boldsymbol{n}_1\cdot\boldsymbol{n}_2}{|\boldsymbol{n}_1\cdot\boldsymbol{n}_2|}.$$

但是，给定的 $\boldsymbol{n}_1$ 与 $\boldsymbol{n}_2$ 的夹角不一定是锐角，当为钝角时，由于法向量不是唯一的，$(-\boldsymbol{n}_1)$ 也是 π_1 的法向量，则 $(-\boldsymbol{n}_1)$ 与 $\boldsymbol{n}_2$ 的夹角是锐角 θ. 无论何种情况，总有

$$\cos\theta=\frac{\boldsymbol{n}_1\cdot\boldsymbol{n}_2}{|\boldsymbol{n}_1\cdot\boldsymbol{n}_2|}=\frac{|A_1A_2+B_1B_2+C_1C_2|}{\sqrt{A_1^2+B_1^2+C_1^2}\cdot\sqrt{A_1^2+B_1^2+C_1^2}}.$$

由于两个平面垂直就是它们的法向量垂直，两个平面平行就是它们的法向量平行，于是容易得到下列结论：

(1) π_1 与 π_2 垂直的充分必要条件为

$$A_1A_2+B_1B_2+C_1C_2=0.$$

这时因为两个平面的法向量的数量积为零.

(2) π_1 与 π_2 平行的充分必要条件为 $\dfrac{A_1}{A_2}=\dfrac{B_1}{B_2}=\dfrac{C_1}{C_2}$.

这时因为它们的法向量相互平行，从而两个法向量对应的坐标成比例(此时，我们将两个平面重合看做平行的特殊情况).

【例 3】 给定两个平面 $\pi_1: 2x-y+z-6=0$ 和 $\pi_2: x+y+2z-5=0$，求这两个平面的夹角 θ.

解 由公式

$$\cos\theta=\frac{|2\cdot1+(-1)\cdot1+1\cdot2|}{\sqrt{2^2+(-1)^2+1^2}\cdot\sqrt{1^2+1^2+2^2}}=\frac{3}{\sqrt{6}\cdot\sqrt{6}}=\frac{1}{2},$$

则 $\theta=\dfrac{\pi}{3}$.

【例 4】 一平面经过两点 $M_1(1, 1, 1)$ 和 $M_2(0, 1, -1)$ 且垂直于平面 $x+y+z=0$，求它的方程.

解法 1 已知从点 M_1 到点 M_2 的向量为 $\boldsymbol{n}_1=(-1, 0, -2)$，平面 $x+y+z=0$ 的法线向

量为 $\boldsymbol{n}_2=(1,1,1)$.

设所求平面的法线向量为 $\boldsymbol{n}=(A,B,C)$.

因为点 $M_1(1,1,1)$和 $M_2(0,1,-1)$在所求平面上，所以 $\boldsymbol{n}\perp\boldsymbol{n}_1$，即 $-A-2C=0$，也即

$$A=-2C.$$

又因为所求平面垂直于平面 $x+y+z=0$，所以 $\boldsymbol{n}\perp\boldsymbol{n}_1$，即 $A+B+C=0$，也即

$$B=C.$$

于是由点法式方程(1)所求平面为

$$-2C(x-1)+C(y-1)+C(z-1)=0,$$

即 $2x-y-z=0$.

解法 2　从点 M_1 到点 M_2 的向量为 $\boldsymbol{n}_1=(-1,0,-2)$，平面 $x+y+z=0$ 的法线向量为 $\boldsymbol{n}_2=(1,1,1)$.

设所求平面的法线向量 $\boldsymbol{n}$ 可取为 $\boldsymbol{n}_1\times\boldsymbol{n}_2$. 因为

$$\boldsymbol{n}=\boldsymbol{n}_1\times\boldsymbol{n}_2=\begin{vmatrix}\boldsymbol{i}&\boldsymbol{j}&\boldsymbol{k}\\-1&0&-2\\1&1&1\end{vmatrix}=2\boldsymbol{i}-\boldsymbol{j}-\boldsymbol{k},$$

所以所求平面方程为

$$2(x-1)-(y-1)-(z-1)=0,$$

即　$2x-y-z=0$.

【例 5】　设 $P_0(x_0,y_0,z_0)$是平面 $Ax+By+Cz+D=0$ 外一点，求 P_0 到这平面的距离.

解　设 $\boldsymbol{e}_n$ 是平面上的单位法线向量，在平面上任取一点 $P_1(x_1,y_1,z_1)$，则 P_0 到这平面的距离为

$$d=|\overrightarrow{P_1P_0}\cdot\boldsymbol{e}_n|=\frac{|A(x_0-x_1)+B(y_0-y_1)+C(z_0-z_1)|}{\sqrt{A^2+B^2+C^2}}$$
$$=\frac{|Ax_0+By_0+Cz_0-(Ax_1+By_1+Cz_1)|}{\sqrt{A^2+B^2+C^2}}=\frac{|Ax_0+By_0+Cz_0+D|}{\sqrt{A^2+B^2+C^2}}.$$

提示：$\boldsymbol{e}_n=\dfrac{1}{\sqrt{A^2+B^2+C^2}}(A,B,C)$，$\overrightarrow{P_1P_0}=(x_0-x_1,y_0-y_1,z_0-z_1)$.

【例 6】　给定平面 π：$Ax+By+Cz+D=0$ 及点 $P_0(x_0,y_0,z_0)$，求点 P_0 到平面 π 的距离 d.

解　此时 π 的法向量为 $\boldsymbol{n}=(A,B,C)$. 过 P_0 向 π 作垂线，垂足为 $M(x_1,y_1,z_1)$. 此时，法向量 $\boldsymbol{n}$ 必与向量$\overrightarrow{MP_0}=(x_0-x_1,y_0-y_1,z_0-z_1)$平行，则它们的夹角 $\theta=0$ 或 π. 于是

$$\boldsymbol{n}\cdot\overrightarrow{MP_0}=|\boldsymbol{n}|\cdot|\overrightarrow{MP_0}|\cos\theta=\pm|\boldsymbol{n}|\cdot|\overrightarrow{MP_0}|,$$

从而

$$d=|\overrightarrow{MP_0}|=\left|\pm\frac{\boldsymbol{n}\cdot\overrightarrow{MP_0}}{\boldsymbol{n}}\right|=\frac{|\boldsymbol{n}\cdot\overrightarrow{MP_0}|}{\boldsymbol{n}}.\qquad(3)$$

由于

$$\begin{aligned}\boldsymbol{n}\cdot\overrightarrow{MP_0}&=A(x_0-x_1)+B(y_0-y_1)+C(z_0-z_1)\\&=Ax_0+By_0+Cz_0-(Ax_1+By_1+Cz_1),\end{aligned}$$

而 M 在 π 上，应有 $Ax_1+By_1+Cz_1=-D$，于是

$$\boldsymbol{n}\cdot\overrightarrow{MP_0}=Ax_0+By_0+Cz_0+D.$$

又由 $|\boldsymbol{n}|=\sqrt{A^2+B^2+C^2}$，代入(3)式得

$$d=\frac{|Ax_0+By_0+Cz_0|}{\sqrt{A^2+B^2+C^2}}.$$

上式称为点 P_0 到平面 π 的距离公式.

【例 7】 求点(2, 1, 1)到平面 $x+y-z+1=0$ 的距离.

解 $d=\dfrac{|Ax_0+By_0+Cz_0+D|}{\sqrt{A^2+B^2+C^2}}=\dfrac{|1\times2+1\times1-(-1)\times1+1|}{\sqrt{1^2+1^2+(-1)^2}}=\dfrac{3}{\sqrt{3}}=\sqrt{3}.$

7.3.2 空间直线及其方程

1. 直线的对称式方程

给定点 $P_0(x_0, y_0, z_0)$及**非零向量** $\boldsymbol{v}=\{l, m, n\}$，则经过点 P_0 且与 $\boldsymbol{v}$ 平行的**直线 L 就被确定下来**. 因此，点 P_0 与 $\boldsymbol{v}$ 是确定直线 L 的两要素，$\boldsymbol{v}$ 称为 L 的的方向向量. 由此我们求直线 L 的方程.

设 $P(x, y, z)$在直线 L 上的任一点，于是向量

$$\overrightarrow{P_0P}=(x-x_0, y-y_0, z-z_0)$$

平行于 $\boldsymbol{v}$，则它们对应的坐标成比例，从而

$$\frac{x-x_0}{l}=\frac{y-y_0}{m}=\frac{z-z_0}{n}. \tag{4}$$

这就是直线 L 的方程，叫做直线的对称式方程或点向式方程.

注：当 l, m, n 中有一个为零，例如：$l=0$，而 $m, n\neq0$ 时，这方程组应理解为

$$\begin{cases}x=x_0,\\ \dfrac{y-y_0}{m}=\dfrac{z-z_0}{n};\end{cases}$$

当 l, m, n 中有两个为零，例如：$l=m=0$，而 $n\neq0$ 时，这方程组应理解为

$$\begin{cases}x-x_0=0,\\ y-y_0=0.\end{cases}$$

直线的任一方向向量 $\boldsymbol{v}$ 的坐标 l, m, n 叫做这直线的一组方向数，而向量 $\boldsymbol{v}$ 的方向余弦叫做该直线的方向余弦.

2. 直线的参数式方程

对于直线 L 的对称式方程，它表示当点 $P(x, y, z)$在 L 上变化时，总保持着方程中的

三个比例式相等，但是等于多少，式没有给出. 如果令

$$\frac{x-x_0}{m}=\frac{y-y_0}{n}=\frac{z-z_0}{p}=t.$$

则分别有 $\frac{x-x_0}{m}=t$，$\frac{y-y_0}{n}=t$，$\frac{z-z_0}{p}=t$，从而得到直线 L 的参数式方程

$$\begin{cases}x=x_0+mt,\\ y=y_0+nt,\\ z=z_0+pt.\end{cases}\tag{5}$$

【例 8】 求经过点(−1, 0, 2)、方向向量为(−1, −3, 1)的直线 L 的对称式方程和参数式方程.

解 由对称式方程(3)得直线 L 的对称式方程

$$\frac{x-(-1)}{-1}=\frac{y-0}{-3}=\frac{z-2}{1}\text{ 或 }-(x+1)=\frac{y}{-3}=z-2.$$

由参数式方程(5)得直线 L 的参数式方程

$$\begin{cases}x=-1+(-1)\cdot t,\\ y=0+(-3)\cdot t,\\ z=2+1\cdot t,\end{cases}$$

化简为

$$\begin{cases}x=-1-t,\\ y=-3t,\\ z=2+t.\end{cases}$$

3. 空间直线的一般方程

给定空间中两个平面

$$\pi_1: A_1x+B_1y+C_1z+D_1=0,\ \pi_2: A_2x+B_2y+C_2z+D_2=0,$$

如果它们不相互平行，则它们的交线就是空间中的一条直线 L. 于是直线 L 的方程可以表示为

$$\begin{cases}A_1x+B_1y+C_1z+D_1=0,\\ A_2x+B_2y+C_2z+D_2=0.\end{cases}\tag{1}$$

称方程组为直线 L 的一般方程，它是由三元一次方程构成的方程组. 根据直线的这种几何意义可知，同一条直线 L 可以由很多平面相交而成. 因此，直线 L 的一般方程也不是唯一的.

显然，方程组表示空间直线的充分必要条件是：两个平面 π_1，π_2 的法向量 $\boldsymbol{n}_1=\{A_1, B_1, C_1\}$，$\boldsymbol{n}_2=\{A_2, B_2, C_2\}$不是相互平行的.

【例 9】 已知直线 L_1 经过点 $P_1(1, 2, 3)$和点 $P_2(3, 4, 5)$，直线 L_2 经过点 $Q_1(2, 2, 4)$和点 $Q_2(3, 2, 5)$，分别求：

(1) L_1 和 L_2 的对称式方程；

(2) L_1 和 L_2 的一般方程.

解 (1) 我们知道,空间中两个不同的点可唯一确定一条直线,写出直线的对称式和参数式方程只需确定直线的两个要素:直线经过的点和它的方向向量.

L_1 经过点 P_1,方向向量可取为 $\overrightarrow{P_1P_2}=\{2, 2, 2\}$,故其对称式方程为

$$\frac{x-1}{2}=\frac{y-2}{2}=\frac{z-3}{2} \text{ 或 } x-1=y-2=z-3.$$

L_2 经过点 Q_1,方向向量可取为 $\overrightarrow{Q_1Q_2}=\{1, 0, 1\}$,故其对称式方程为

$$\frac{x-2}{1}=\frac{y-2}{0}=\frac{z-4}{1} \text{ 或 } x-2=\frac{y-2}{0}=z-4.$$

(2) L_1 的对称式方程本身就是三元一次方程组

$$\begin{cases} x-1=y-2, \\ z-3=y-2, \end{cases}$$

即

$$\begin{cases} x-y+1=0, \\ y-z+1=0. \end{cases}$$

L_2 的对称式方程本身也就是三元一次方程组

$$\begin{cases} x-2=z-4, \\ y-2=0, \end{cases} \quad \text{即} \begin{cases} x-z+2=0, \\ y=2. \end{cases}$$

【例 10】 用对称式方程及参数方程表示直线 $\begin{cases} x+y+z+1=0, \\ 2x-y+3z+4=0. \end{cases}$

解 先求直线上的一点. 取 $x=1$,有

$$\begin{cases} y+z=-2, \\ -y+3z=-6. \end{cases}$$

解此方程组,得 $y=0$, $z=-2$,即 $(1, 0, -2)$ 就是直线上的一点.

再求这直线的方向向量 $\boldsymbol{v}$. 以平面 $x+y+z+1=0$ 和 $2x-y+3z+4=0$ 的法线向量的向量积作为直线的方向向量 $\boldsymbol{v}$:

$$\boldsymbol{v}=(\boldsymbol{i}+\boldsymbol{j}+\boldsymbol{k})\times(2\boldsymbol{i}-\boldsymbol{j}+3\boldsymbol{k})=\begin{vmatrix} \boldsymbol{i} & \boldsymbol{j} & \boldsymbol{k} \\ 1 & 1 & 1 \\ 2 & -1 & 3 \end{vmatrix}=4\boldsymbol{i}-\boldsymbol{j}-3\boldsymbol{k}.$$

因此,所给直线的对称式方程为

$$\frac{x-1}{4}=\frac{y}{-1}=\frac{z+2}{-3}.$$

令 $\frac{x-1}{4}=\frac{y}{-1}=\frac{z+2}{-3}=t$,得所给直线的参数方程为

$$\begin{cases} x = 1 + 4t, \\ y = -t, \\ z = -2 - 3t. \end{cases}$$

4. 两直线的夹角

两直线的方向向量的夹角(通常指锐角)叫做两直线的夹角.

设直线 L_1 和 L_2 的方向向量分别为 $\boldsymbol{v}_1=(l_1, m_1, n_1)$ 和 $\boldsymbol{v}_2=(l_2, m_2, n_2)$,那么 L_1 和 L_2 的夹角 φ 就是 $(\boldsymbol{v}_1 \hat{,} \boldsymbol{v}_2)$ 和 $(-\boldsymbol{v}_1 \hat{,} \boldsymbol{v}_2)=\pi-(\boldsymbol{v}_1 \hat{,} \boldsymbol{v}_2)$ 两者中的锐角,因此 $\cos\varphi=|\cos(\boldsymbol{v}_1 \hat{,} \boldsymbol{v}_2)|$.根据两向量的夹角的余弦公式,直线 L_1 和 L_2 的夹角 φ 可由

$$\cos\varphi=|\cos(\boldsymbol{v}_1 \hat{,} \boldsymbol{v}_2)|=\frac{|l_1l_2+m_1m_2+n_1n_2|}{\sqrt{l_1^2+m_1^2+n_1^2}\cdot\sqrt{l_2^2+m_2^2+n_2^2}}$$

来确定.

从两向量垂直、平行的充分必要条件立即推得下列结论.

设有两直线 L_1: $\dfrac{x-x_1}{l_1}=\dfrac{y-y_1}{m_1}=\dfrac{z-z_1}{n_1}$, L_2: $\dfrac{x-x_2}{l_2}=\dfrac{y-y_2}{m_2}=\dfrac{z-z_2}{n_2}$,则

$$L_1 \perp L_2 \Leftrightarrow l_1l_2+m_1m_2+n_1n_2=0,$$

$$L_1 \parallel L_2 \Leftrightarrow \frac{l_1}{l_2}=\frac{m_1}{m_2}=\frac{n_1}{n_2}.$$

【例 11】 求直线 L_1: $\dfrac{x-1}{1}=\dfrac{y}{-4}=\dfrac{z+3}{1}$ 和 L_2: $\dfrac{x}{2}=\dfrac{y+2}{-2}=\dfrac{z}{-1}$ 的夹角.

解 两直线的方向向量分别为 $\boldsymbol{v}_1=(1, -4, 1)$ 和 $\boldsymbol{v}_2=(2, -2, -1)$.设两直线的夹角为 φ,则

$$\cos\varphi=\frac{|1\times2+(-4)\times(-2)+1\times(-1)|}{\sqrt{1^2+(-4)^2+1^2}\cdot\sqrt{2^2+(-2)^2+(-1)^2}}=\frac{1}{\sqrt{2}}=\frac{\sqrt{2}}{2},$$

因此 $\varphi=\dfrac{\pi}{4}$.

5. 直线与平面的夹角

当直线与平面不垂直时,直线和它在平面上的投影直线的夹角 φ 称为直线与平面的夹角;当直线与平面垂直时,规定直线与平面的夹角为 $\dfrac{\pi}{2}$.

设直线的方向向量 $\boldsymbol{v}=(l, m, n)$,平面的法线向量为 $\boldsymbol{n}=(A, B, C)$,直线与平面的夹角为 φ,那么 $\varphi=\left|\dfrac{\pi}{2}-(\boldsymbol{v} \hat{,} \boldsymbol{n})\right|$,因此 $\sin\varphi=|\cos(\boldsymbol{v} \hat{,} \boldsymbol{n})|$.按两向量夹角余弦的坐标表示式,有

$$\sin\varphi=\frac{|Al+Bm+Cn|}{\sqrt{A^2+B^2+C^2}\cdot\sqrt{l^2+m^2+n^2}}.$$

因为直线与平面垂直相当于直线的方向向量与平面的法线向量平行,所以直线与平面垂直相当于

$$\frac{A}{l}=\frac{B}{m}=\frac{C}{n}.$$

因为直线与平面平行或直线在平面上相当于直线的方向向量与平面的法线向量垂直，所以直线与平面平行或直线在平面上相当于

$$Al+Bm+Cn=0.$$

设直线 L 的方向向量为(l, m, n)，平面 π 的法线向量为(A, B, C)，则

$$L\perp\pi\Leftrightarrow\frac{A}{l}=\frac{B}{m}=\frac{C}{n};$$

$$L /\!/ \pi\Leftrightarrow Al+Bm+Cn=0.$$

【例 12】 求直线：$\frac{x+2}{1}=\frac{y-3}{2}=\frac{z+6}{-3}$与平面 π：$x-y-z=0$ 的夹角 φ.

解 直线 L 的方向向量 $\boldsymbol{s}=\{1, 2, -3\}$，平面 π 的法向量 $\boldsymbol{n}=\{1, -1, -1\}$，由直线与平面所成角的公式得

$$\sin\varphi=\frac{|\boldsymbol{s}\cdot\boldsymbol{n}|}{|\boldsymbol{s}|\cdot|\boldsymbol{n}|}=\frac{|1\times1+2\times(-1)+(-3)\times(-1)|}{\sqrt{1^2+2^2+(-3)^2}\cdot\sqrt{1^2+(-1)^2+(-1)^2}}=\frac{2}{\sqrt{42}}.$$

(2) 分析　要使直线 L 在平面 π 上，只要 L 平行于 π，且有一个点在 π 上即可.

L 的方向向量 $\boldsymbol{s}=\{2, -1, m\}$，$\pi$ 的法向量 $\boldsymbol{n}=\{-p, 2, -1\}$，

由 L 平行于 π，得 $\boldsymbol{s}\cdot\boldsymbol{n}=0$，即$-2p-2-m=0$.

又 $M_0(1, -2, -1)$为 L 上的点，把此点的坐标代入 π 的方程得

$$-p+1=0,$$

解得 $m=-4$，$p=1$.

习题 7 - 3

1. 填空题.

(1) 过点 $M(1, 2, -1)$且与直线$\begin{cases}x=-t+2,\\ y=3t-4,\\ z=t-1\end{cases}$垂直的平面方程是__________.

(2) 已知两条直线的方程分别是 L_1：$\frac{x-1}{1}=\frac{y-2}{0}=\frac{z-3}{-1}$，$L_2$：$\frac{x+2}{2}=\frac{y-1}{1}=\frac{z}{1}$，则过 L_1且平行于 L_2的平面方程是__________.

2. 选择题.

(1) 设空间直线的对称式方程为$\frac{x}{0}=\frac{y}{1}=\frac{z}{2}$，则该直线必　　(　　)

A. 过原点且垂直于 x 轴　　B. 过原点且垂直于 y 轴

C. 过原点且垂直于 z 轴　　D. 过原点且平行于 x 轴

(2) 设空间三直线的方程分别为 L_1：$\frac{x+3}{-2}=\frac{y+4}{-5}=\frac{z}{3}$；$L_2$：$\begin{cases}x=3t,\\ y=-1+3t,\\ z=2+7t;\end{cases}$ L_3：

$\begin{cases}x+2y-z+1=0,\\2x+y-z=0,\end{cases}$则必有 ( )

A. $L_1 /\!/ L_2$　　B. $L_1 /\!/ L_3$

C. $L_2 \perp L_3$　　D. $L_1 \perp L_2$

3. 写出满足下列各条件的直线方程：

(1) 经过点(−1, 2, 5)且垂直于平面 $3x-7y+2z-11=0$；

(2) 经过点(2, 0, −1)且平行于 y 轴；

(3) 经过点(−2, 3, 1)且平行于直线$\begin{cases}2x-3y+z=0,\\x+5y-2z=0.\end{cases}$

4. 用对称式方程及参数方程表示直线$\begin{cases}x-y+z=1,\\2x+y+z=4.\end{cases}$

5. 求过点(0, 2, 4)且与两平面 $x+2z=1$ 和 $y-3z=2$ 平行的直线方程.

6. 求过点(2, 0, −3)且与直线$\begin{cases}x-2y+4z-7=0,\\3x+5y-2z+1=0,\end{cases}$垂直的平面的方程.

7. 求直线$\begin{cases}x+y+3z=0,\\x-y-z=0,\end{cases}$与平面 $x-y-z+1=0$ 间的夹角.

8. 已知 $A(2,-1,2)$ 与 $B(8,-7,5)$，求通过 B 且与线段 AB 垂直的平面方程.

9. 求过三点(2, 3, 0)，(−2, −3, 4)和(0, 6, 0)的平面方程.

10. 求过点(3, 1, −2)且经过直线$\frac{x-4}{5}=\frac{y+3}{2}=\frac{z}{1}$的平面方程.

11. 求直线$\frac{x-2}{1}=\frac{y-3}{1}=\frac{z-4}{2}$与平面 $2x+y+z-6=0$ 的交点.

12. 求过点(1, 2, 1)且与两直线$\begin{cases}x+2y-z+1=0,\\x-y+z-1=0,\end{cases}$和$\begin{cases}2x-y+z=0,\\x-y+z=0,\end{cases}$平行的平面方程.

7.4 常见的曲面

1. 球面

设 $M(x, y, z)$ 为球面上任意一点，则 $|M_0M|=R$，即

$$\sqrt{(x-x_0)^2+(y-y_0)^2+(z-z_0)^2}=R,$$

从而

$$(x-x_0)^2+(y-y_0)^2+(z-z_0)^2=R^2. \tag{1}$$

这就是球心在 $M_0(x_0, y_0, z_0)$、半径为 R 的**球面方程**(图 7-12).

特别地，圆心在坐标原点 $O(0, 0, 0)$，半径为 R 的球面方程为

$$x^2+y^2+z^2=R^2.$$

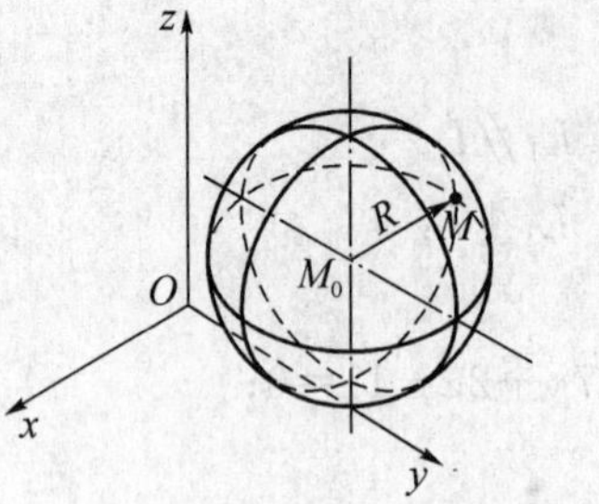

图 7-12

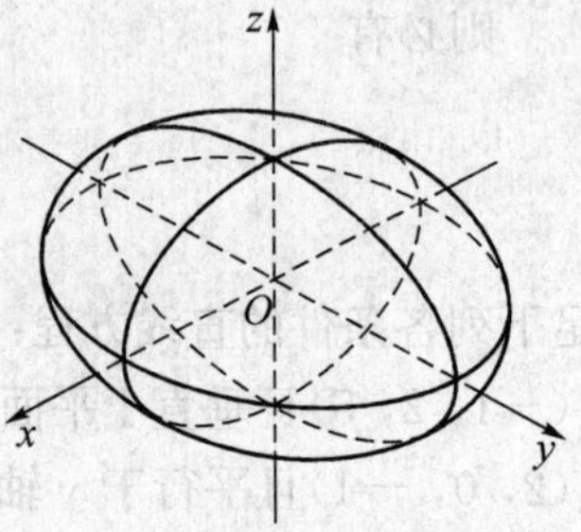

图 7-13

2. 椭球面

$$\frac{x^2}{a^2}+\frac{y^2}{b^2}+\frac{z^2}{c^2}=1 \tag{2}$$

所表示的曲面叫做**椭球面**. 如图 7-13 所示,该曲面与三个坐标平面的交线都是椭圆,a, b, c 称为椭球面的三个半轴.

若 $a=b=c$,则方程(2)变为

$$x^2+y^2+z^2=a^2,$$

即球心在坐标原点,半径为 a 的球面.

3. 抛物面

由方程

$$\frac{x^2}{2p}+\frac{y^2}{2q}=z \quad (p,q\text{ 同号}) \tag{3}$$

所表示的曲面叫做**椭圆抛物面**. 如图 7-14 所示,曲面过坐标原点且位于 xOy 面上方,与 yOz 面及 xOz 面的交线都是抛物线,而用平面 $z=k(k\neq 0)$ 去截时,交线为椭圆. 方程

$$-\frac{x^2}{2p}+\frac{y^2}{2q}=z \quad (p,q\text{ 同号}) \tag{4}$$

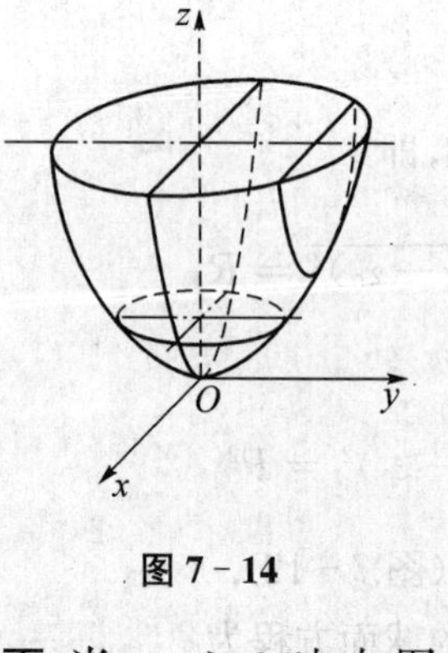

图 7-14

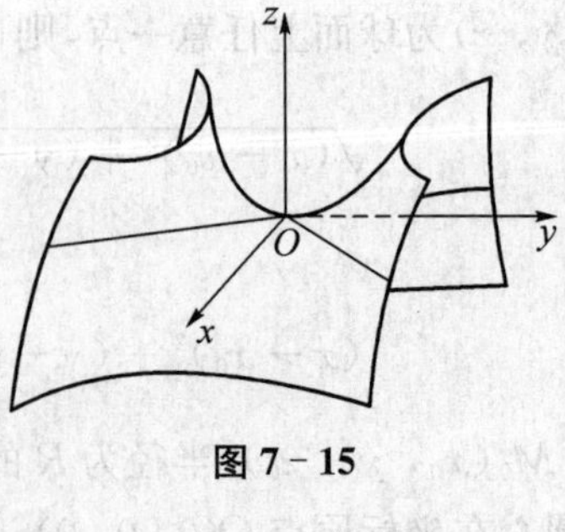

图 7-15

表示**双曲抛物面**. 当 p, $q>0$ 时,如图 7-15 所示,它与平面 $y=k$ 及 $x=k$ 的交线均为抛物线,与平面 $z=k(k\neq 0)$ 的交线为双曲线. 因其形状似马鞍,又称**马鞍面**.

4. 双曲面

由方程
$$\frac{x^2}{a^2}+\frac{y^2}{b^2}-\frac{z^2}{c^2}=1 \tag{5}$$
所表示的曲面叫做**单叶双曲面**,其形状如图 7 - 16 所示.

由方程
$$\frac{x^2}{a^2}+\frac{y^2}{b^2}-\frac{z^2}{c^2}=-1 \tag{6}$$
所表示的曲面叫做**双叶双曲面**,其形状如图 7 - 17 所示.

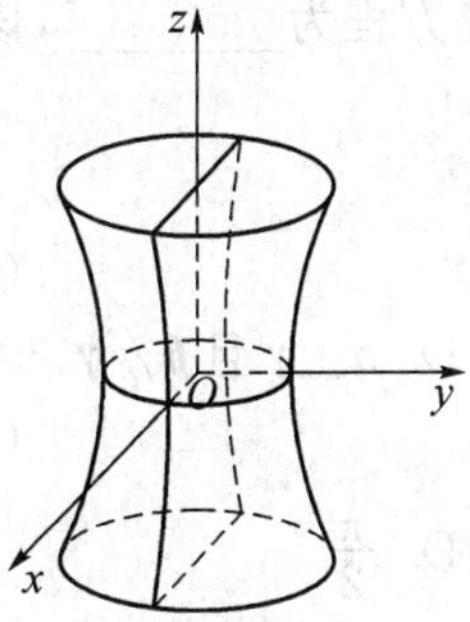

图 7 - 16

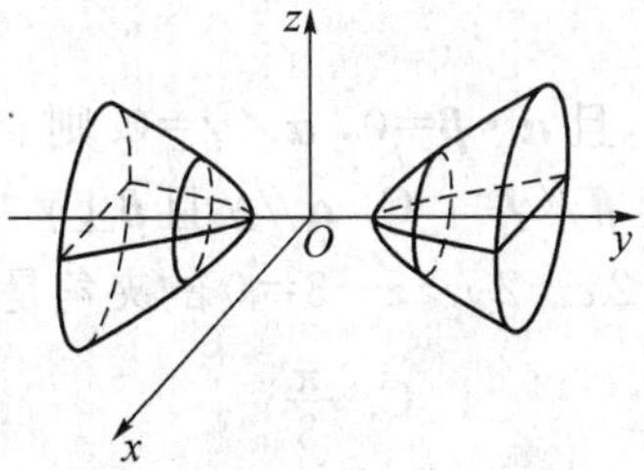

图 7 - 17

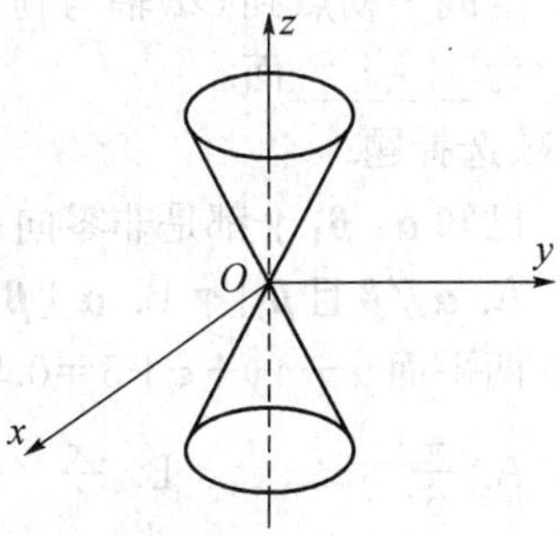

图 7 - 18

5. 锥面

由方程
$$z^2=a^2x^2+b^2y^2 \tag{7}$$
所表示的曲面叫**锥面**,其形状如图 7 - 18 所示.

6. 柱面

下面是几种常见的母线平行于 z 轴的柱面.

(1) $x^2+y^2=R^2$ 表示**圆柱面**,其准线为 xOy 面上的圆 $x^2+y^2=R^2$;

(2) $\frac{x^2}{a^2}+\frac{y^2}{b^2}=1$ 表示**椭圆柱面**,其准线为 xOy 面上的椭圆$\frac{x^2}{a^2}+\frac{y^2}{b^2}=1$;

(3) $\frac{x^2}{a^2}-\frac{y^2}{b^2}=1$ 表示**双曲柱面**,其准线为 xOy 面上的双曲线$\frac{x^2}{a^2}-\frac{y^2}{b^2}=1$(图 7 - 19);

(4) $x^2=2py(p>0)$表示**抛物柱面**,其准线为 xOy 面上抛物线 $x^2=2py$(图 7 - 20).

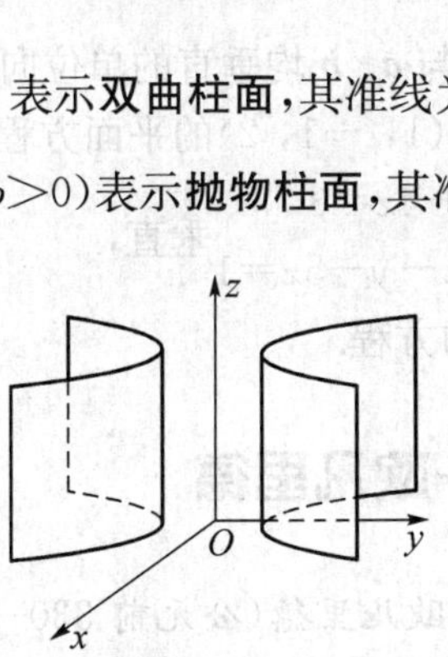

图 7 - 19

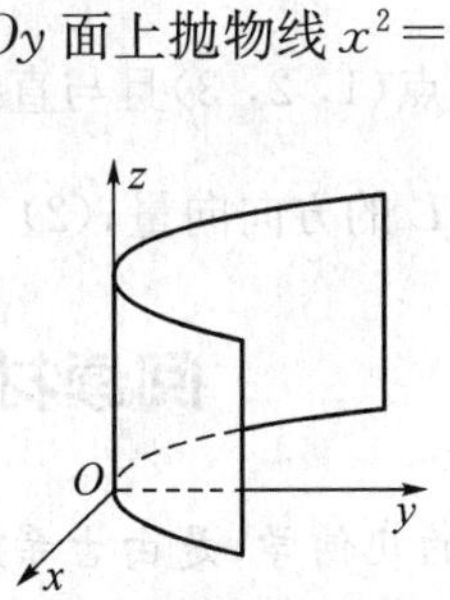

图 7 - 20

需要注意的是,同一个方程 $F(x, y)=0$,在平面直角坐标系 xOy 下,表示一条平面曲线,而在空间直角坐标系下,表示的是母线平行于 z 轴并以 xOy 面上的曲线 $F(x, y)=0$ 为准线的柱面.

复 习 题 七

一、填空题.

1. 已知 $|\boldsymbol{a}|=3$, $|\boldsymbol{b}|=24$, $|\boldsymbol{a}\times\boldsymbol{b}|=72$,则 $\boldsymbol{a}\cdot\boldsymbol{b}=$________.

2. 已知 $\boldsymbol{\alpha}, \boldsymbol{\beta}, \boldsymbol{\gamma}$ 都是单位向量,且满足 $\boldsymbol{\alpha}+\boldsymbol{\beta}+\boldsymbol{\gamma}=0$,则 $\boldsymbol{\alpha}\cdot\boldsymbol{\beta}+\boldsymbol{\beta}\cdot\boldsymbol{\gamma}+\boldsymbol{\gamma}\cdot\boldsymbol{\alpha}=$________.

3. 已知 $|\boldsymbol{\alpha}|=2$, $|\boldsymbol{\beta}|=5$,夹角 $(\alpha \hat{,} \beta)=\frac{2}{3}\pi$,且向量 $p=\lambda\alpha+17\beta$ 与 $q=3\alpha-\beta$ 垂直,则常数 $\lambda=$________.

4. 空间一动点到 Ox 轴与到 xOy 平面的距离相等,则其轨迹方程为________,该曲面为________面.

二、单项选择题.

1. 已知 $\boldsymbol{\alpha}, \boldsymbol{\beta}, \boldsymbol{\gamma}$ 都是非零向量,且 $\boldsymbol{\alpha}\cdot\boldsymbol{\beta}=0$, $\boldsymbol{\alpha}\times\boldsymbol{\gamma}=0$. 则 ( )

A. $\boldsymbol{\alpha}/\!/\boldsymbol{\beta}$ 且 $\boldsymbol{\beta}\perp\boldsymbol{\gamma}$ B. $\boldsymbol{\alpha}\perp\boldsymbol{\beta}$ 且 $\boldsymbol{\beta}/\!/\boldsymbol{\gamma}$ C. $\boldsymbol{\alpha}/\!/\boldsymbol{\gamma}$ 且 $\boldsymbol{\beta}\perp\boldsymbol{\gamma}$ D. $\boldsymbol{\alpha}\perp\boldsymbol{\gamma}$ 且 $\boldsymbol{\beta}/\!/\boldsymbol{\gamma}$

2. 两平面 $x-4y+z+5=0$ 与 $2x-2y-z-3=0$ 的夹角是 ( )

A. $\frac{\pi}{6}$ B. $\frac{\pi}{4}$ C. $\frac{\pi}{3}$ D. $\frac{\pi}{2}$

3. 设平面 π:$4x-2y+z-2=0$,直线 L:$\begin{cases}x+3y+2z+1=0,\\2x-y-10z+3=0,\end{cases}$ 则它们的位置关系是 ( )

A. 直线 L 与平面 π 平行 B. 直线 L 与平面 π 垂直

C. 直线 L 与平面 π 斜交 D. 直线 L 在平面 π 上

4. 两平行线 $x=t+1$, $y=2t+1$, $z=t$ 与 $\frac{x-2}{1}=\frac{y+1}{2}=\frac{z-1}{1}$ 之间的距离是 ( )

A. 1 B. $\frac{2}{3}$ C. $\frac{4\sqrt{3}}{3}$ D. $\frac{2\sqrt{3}}{3}$

三、计算题

1. 设 $\boldsymbol{a}=\{2,-1,1\}$, $\boldsymbol{b}=\{1,3,-1\}$,求与 $\boldsymbol{a}$、$\boldsymbol{b}$ 均垂直的单位向量.

2. 求通过三点 $(1,1,1)$、$(-2,-2,2)$ 和 $(1,-1,2)$ 的平面方程.

3. 设平面 π 过点 $(1,2,3)$ 且与直线 L:$\begin{cases}x-4z=3\\2x-y-5z=1\end{cases}$ 垂直,

求(1) 直线 L 的方向向量;(2) 平面 π 的方程.

阅读材料——欧几里德

我们现在学习的几何学,是由古希腊数学家欧几里德(公元前 330—前 275 年)创立的. 他在公元前 300 年编写的《几何原本》,2000 多年来都被看做学习几何的标准课本,所以称欧几里德为几何之父.

欧几里德生于雅典,接受了希腊古典数学及各种科学文化,30 岁就成了有名的学者. 应当时埃及国王的邀请,他客居亚历山大城,一边教学,一边从事研究.

古希腊的数学研究有着十分悠久的历史,曾经出过一些几何学著作,但都是讨论某一方

面的问题，内容不够系统. 欧几里德汇集了前人的成果，采用前所未有的独特编写方式，先提出定义、公理、公设，然后由简到繁地证明了一系列定理，讨论了平面图形和立体图形，还讨论了整数、分数、比例等，终于完成了《几何原本》这部巨著.

《几何原本》问世后，它的手抄本流传了 1 800 多年. 1482 年印刷发行以后，重版了大约一千版次，还被译为世界各主要语种. 13 世纪时曾传入中国，不久就失传了，1607 年重新翻译了前六卷，1857 年又翻译了后九卷.

欧几里德善于用简单的方法解决复杂的问题. 他在人的身影与高正好相等的时刻，测量了金字塔影的长度，解决了当时无人能解的金字塔高度的大难题. 他说："此时塔影的长度就是金字塔的高度."

欧几里德是一位温良敦厚的教育家，也是一位治学严谨的学者，他反对在做学问时投机取巧和追求名利的作风. 尽管欧几里德简化了他的几何学，国王（托勒密王）还是不理解，希望找一条学习几何的捷径. 欧几里德说："在几何学里，大家只能走一条路，没有专为国王铺设的大道."这句话成为千古传诵的学习箴言. 一次，他的一个学生问他，学会几何学有什么好处？他幽默地对仆人说："给他三个钱币，因为他想从学习中获取实利."

欧氏还有《已知数》《图形的分割》等著作.

第八章　数学建模案例

> **本章提要**　随着社会的发展和科技的进步，特别是计算机技术的发展，数学的应用越来越广泛，对数学模型的研究也越来越深入，数学建模的影响也越来越广泛. 本章主要介绍数学模型和数学建模的简单知识，并通过数学建模案例的学习，了解数学建模的思想和方法.

8.1　数学建模简介

为了解决的实际问题，通常把现实问题加以提炼，抽象为数学模型，用数学知识求解模型，验证模型的合理性，并用该数学模型提供的解答来解释现实问题，我们把这一过程称为数学建模. 本节主要介绍数学建模的一般方法和步骤.

8.1.1　数学建模概述

数学建模是通过建立数学模型来解决实际问题的一种方法. 也就是通过对实际问题的抽象、简化、假设、确定变量，将实际问题用数学方式表达，建立起数学模型，然后运用先进的数学方法及计算机技术进行求解.

现实对象与数学模型的关系见图 8 - 1.

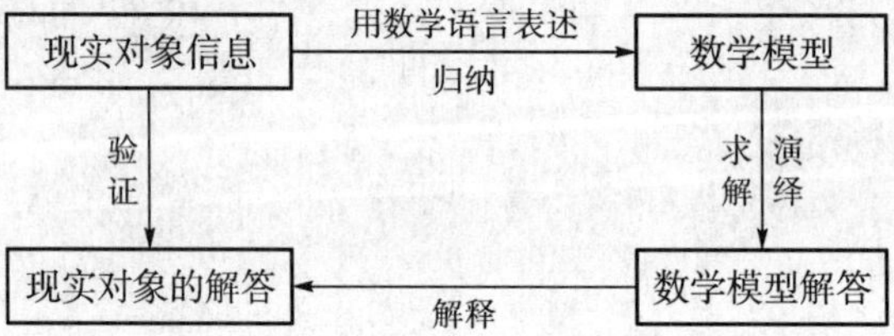

图 8 - 1

数学建模其实并不是什么新东西，可以说有了数学并需要用数学去解决实际问题，就一定要用数学的语言、方法去近似地刻画该实际问题，这种刻画的数学表述就是一个数学模型，其过程就是数学建模的过程. 数学模型一经提出，就要用一定的技术手段(计算、证明等)来求解并验证，其中大量的计算往往是必不可少的，高性能的计算机的出现使数学建模这一方法如虎添翼似的得到了飞速的发展.

数学建模将各种知识综合应用于解决实际问题中，需要较好的抽象概括能力、数学语言的翻译能力、善于抓住本质的洞察能力、综合分析能力、掌握和使用当代科技成果的能力.

8.1.2　数学建模的一般方法和步骤

数学建模是一种创造性思维活动，建立数学模型的方法和步骤没有统一的模式和固定的方法,也没有明确的方法,然而各种数学建模的过程都有共同的规律,下面我们介绍数学建模的几个基本步骤.

1. 模型准备

对于各个领域的实际问题,它们本身往往含糊不清,不知道问题的关键所在,因此首先要辨明问题,明确建模目的,分析条件及相关问题,收集掌握必要的数据资料.

2. 模型假设

在明确建模目的,掌握必要资料的基础上,抓住问题的本质,找出起主要作用的因素,忽略次要因素,对问题进行必要的精炼、简化,提出若干符合客观实际的假设.

3. 模型建立

根据研究对象本身的特点和内在规律,在所作假设的基础上,利用适当的数学工具和相关领域的知识,通过创造性发挥和严密的推理,刻画各变量之间的关系,建立相应的数学模型. 这时所建的数学模型尽可能满足:

(1) 模型的可靠性,也就是所建模型在允许的误差范围内能正确反映实际问题的本质;

(2) 模型的可解性,指该模型应该方便进行数学处理和计算.

4. 模型求解

不同的数学模型的求解一般涉及不同的数学分支的专门知识,建立模型时尽可能利用自己熟悉的数学知识,同时,也要具备在必要时针对问题学习一些新知识的能力,因为许多问题仅靠单一的知识是无法解决的. 另一方面,计算机科学技术的发展也为我们提供了有力的辅助工具,常用的有 Matlab 工程软件、Lingo 优化软件等.

5. 模型检验

模型检验是指把模型在数学上分析的结果与研究的实际问题做比较以检验模型的合理性. 模型检验对建模的成败是很重要的,如果检验结果不符合实际,应该修改补充假设或改换其他数学方法重新做模型构成. 通常,一个模型要经过如此多次反复修改才能得到满意结果.

6. 模型应用

模型应用指利用建模中获得的正确模型对研究的实际问题给出预报或对类似实际问题进行分析、解释和预报,以供决策者参考. 模型应用是数学建模的宗旨,也是对模型最客观公正的检验.

数学建模的一般步骤中的每个过程不必在每个建模问题中都要出现,甚至有时各个过程之间没有明显的界线,因此,在建模中不必在形式上按部就班,只要反映出建模的特点即可.

8.2 简单的数学建模案例

8.2.1 椅子放稳问题

一个有四个脚的方凳能否在地上放稳,如能的话,给出具体的方法.

1. 模型准备

为建立椅子放稳问题的数学模型,可作如下假设:

假设1　椅子:假设椅子的四条腿一样长,椅子腿与地面接触处视为一点,四条腿的连线呈正方形.

假设2　地面:地面高度是连续变化的,地面无断裂,呈连续曲面.

假设3　椅子与地面相对关系:对椅子腿的间距和椅子腿的高度而言,地面是相对平坦的,因而能使椅子在任何位置上呈三条腿同时着地.

2. 模型建立

用变量表示椅子的位置,引入平面图形和直角坐标系,如图8-2所示,设椅子的四只脚位于 A, B, C, D,其连线构成一个正方形,对角线的交点为坐标原点,对角线 AC, BD 为坐标轴.

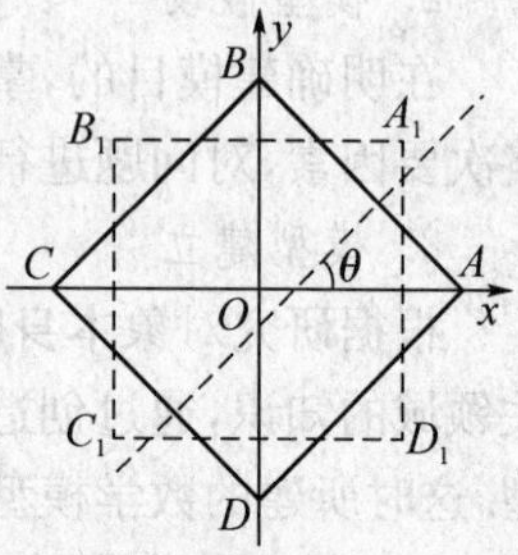

图8-2

由假设2可知,椅子移动的位置可以由正方形沿坐标原点旋转的角度 θ 唯一表示,而且椅子的脚与地面的垂直距离就成为 θ 的函数.又设 $f(\theta)$ 为 A,C 两点椅子的脚离开地面的距离和,$g(\theta)$ 为 B,D 两点椅子的脚离开地面的距离和,则由条件得

$$f(\theta)g(\theta)=0,\ \forall\theta\in\left[0,\frac{\pi}{2}\right].$$

注意到 $f(\theta)$, $g(\theta)\in C\left[0,\frac{\pi}{2}\right]$, $f(\theta)\geqslant 0$, $g(\theta)\geqslant 0$,并且假设椅子的四脚落地意味着 $f(\theta)=g(\theta)=0$. 故不妨假设 $f(0)=0$, $g(0)>0$,则问题归结为是否存在 $\theta_0\in\left[0,\frac{\pi}{2}\right]$,使得

$$f(\theta_0)=g(\theta_0)=0.$$

解模型,由条件对任意的 θ,有

$$f(\theta)\geqslant 0,\ g(\theta)\geqslant 0,\text{且 } f\left(\frac{\pi}{2}\right)>0,\ g\left(\frac{\pi}{2}\right)=0.$$

令 $h(\theta)=f(\theta)-g(\theta)$,则 $h(\theta)\in C\left[0,\frac{\pi}{2}\right]$,从而有

$$h(0)=f(0)-g(0)<0,$$
$$h\left(\frac{\pi}{2}\right)=f\left(\frac{\pi}{2}\right)-g\left(\frac{\pi}{2}\right)>0,$$

由闭区间连续函数的零点定理知,存在 $\theta_0\in\left(0,\frac{\pi}{2}\right)$,使得 $h(\theta_0)=0$. 又注意到,椅子的四个脚在同一时刻至少有三只脚落地,即有 $f(\theta_0)=0$ 或 $g(\theta_0)=0$,因此由 $h(\theta_0)=0$,得到 $f(\theta_0)=0=g(\theta_0)=0$. 即说明在问题所设的条件下,椅子可以放稳,并给出了放稳的具体方法.

8.2.2 【最佳光照】

一个灯泡悬挂在半径为 r 的圆桌正上方,桌上任一点受到的光照强度与光线的入射角的余弦成正比,而与光源的距离的平方成反比.

(1) 建立桌子的边缘处光照强度的数学模型.

(2) 欲使桌子的边缘得到最强的光照,灯泡应挂在桌面上方多高?

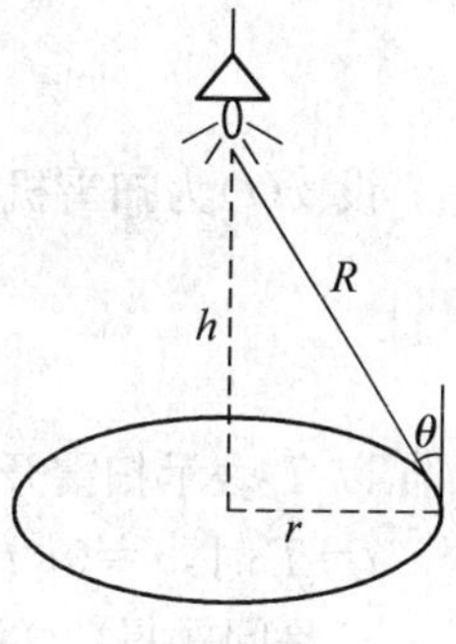

图 8-3

解 1. 建立数学模型

如图 8-3 设桌子的边缘处的光照强度为 A,由已知可得

$$A = K\frac{\cos\theta}{R^2},$$

其中:K 为比例系数,R 为灯到桌子边缘的距离.

设 h 为灯到桌子的垂直距离,于是有

$$R^2=r^2+h^2,\ \cos\theta=\frac{h}{R}=\frac{h}{\sqrt{r^2+h^2}}.$$

即得模型

$$A=\frac{Kh}{(h^2+r^2)^{\frac{3}{2}}}. \quad ①$$

2. 问题归为:当 h 多高时,A 取最大值

式①对 h 求导得

$$A' = K\frac{(r^2+h^2)^{\frac{3}{2}}-h\cdot\frac{3}{2}(r^2+h^2)^{\frac{1}{2}}\cdot 2h}{(r^2+h^2)^3}.$$

令 $A'=0$,得

$$r^2+h^2-3h^2=0.$$

因此 $h=\frac{\sqrt{2}}{2}r$(负值舍去).

在$(0,\infty)$只有一个驻点,故 $h=\frac{\sqrt{2}}{2}r$ 时,A 取最大值.

通过这道题,我们可以知道晚上看书时,怎样调节书与灯的位置,以得到最佳的光照强度.

8.2.3 【下雪时间】

一个冬天的早晨开始下雪,不停的以恒定速率下降,一台扫雪机从上午 8 点开始在公路上扫雪,到 9 点前进了 2 km,到 10 点前进了 3 km. 假定扫雪机每小时扫去雪的体积为常数. 问何时开始下雪?

解 1. 问题分析与建模

题目提供的主要信息有:

(1) 雪以恒定的速率下降;

(2) 扫雪机每小时扫去雪的体积为常数;

(3) 扫雪机从上午 8 点到 9 点前进了 2 km,到 10 点前进了 3 km.

下面将以上信息用数学语言表达出来:

设 $h(t)$ 为开始下雪起到 t 时刻时积雪的深度，则由(1)得

$$\frac{\mathrm{d}h(t)}{\mathrm{d}t} = C \quad (C\text{ 为常数}).$$

设 $x(t)$ 为扫雪机下雪起到 t 时刻走过得距离，则由(2)得

$$\frac{\mathrm{d}x(t)}{\mathrm{d}t} = \frac{k}{h}.$$

以 T 表示扫雪开始的时刻，则由(3)得：

$t=T$ 时，$x=0$；$t=T+1$ 时 $x=2$；$t=T+2$ 时，$x=3$.

于是问题得数学模型为：

$$\begin{cases}\dfrac{\mathrm{d}h(t)}{\mathrm{d}t}=C, & ②\\ \dfrac{\mathrm{d}x(t)}{\mathrm{d}t}=\dfrac{k}{h}, & ③\\ x(T)=0, & ④\\ x(T+1)=2, & ⑤\\ x(T+2)=3. & ⑥\end{cases}$$

2. 模型求解

根据以上分析，只要找出 x 和 t 的函数关系，就可利用 $x(T)$ 求出 T. 根据 T 即可知道开始下雪的时间.

由②式得

$$h = Ct + C_1.$$

因 $t=0$ 时，$h=0$，故 $C_1=0$，从而 $h=Ct$. 代入③式得

$$\frac{\mathrm{d}x}{\mathrm{d}t}=\frac{A}{t},\left(A=\frac{k}{C}\text{为常数}\right),$$

由分离变量法得：

$$x=A\ln t+B,(B\text{ 为任意常数}).$$

将④、⑤、⑥式代入上式得

$$\begin{cases}0=A\ln T+B,\\ 2=A\ln(T+1)+B,\\ 3=A\ln(T+2)+B.\end{cases}$$

从上面三式消去 A,B 得

$$\left(\frac{T+2}{T+1}\right)^2 = \frac{T+1}{T},$$

即

$$T^2 + T - 1 = 0,$$

解此一元二次方程得

$$T=\frac{\sqrt{5}-1}{2}=0.618\text{ 小时}\approx 37\text{ 分 }5\text{ 秒}.$$

因此，扫雪机开始工作时离下雪的时间为 37 分 5 秒. 由于扫雪机是上午 8 点开始的，故下雪从上午 7 点 22 分 55 秒开始的.

8.2.4 【宾馆定价】

一个星级宾馆有 150 间客房，经过一段时间的经营实践，该宾馆经理得到一些数据：如果每间客房定价为 160 元，住房率为 55%；定价为 140 元，住房率为 65%；定价为 120 元，住房率为 75%；定价为 100 元，住房率为 85%. 欲使每天收入最高，问每间客房的定价应是多少?

解 经分析，为了建立宾馆一天收入的数学模型，可作如下假设：

假设 1，在无其他信息时，不妨设每间客房的最高定价为 160 元.

假设 2，根据提供的数据，设随房价的下降，住房率呈线性增长.

假设 3，设宾馆每间客房定价相等.

1. 模型建立

根据题意，设 y 表示宾馆一天的总收入，x 为与 160 元相比降价的房价.

由假设 2，可得每降低 1 元房价，住房率增加为 $\frac{10\%}{20}=0.005$.

可得

$$y=150(160-x)(0.55+0.005x).$$

由于 $0.55+0.005x\leqslant 1$，可知 $0\leqslant x\leqslant 90$.

2. 模型求解

整理得：

$$y=-0.75(x-25)^2+13\,668.75.$$

显然，当 $x=25$ 时，y 最大. 因此可知：当 $x=25$(元)时，最大收入的客房定价为 $160-25=135$ 元，相应的住房率为 $0.55+0.005\times 25=67.5\%$，最大收入为 13 668.75 元.

3. 讨论验证

(1) 容易验证此收入在已知各种定价对应收入中是最大的，事实上如果为了便于管理，那么定价 140 元/天间也是可以的，因为此时它与最高收入只相差 18.75 元. 表 8-1 列出了定价及其对应的收入.

表 8-1

定价	160	140	135	120	100
收入	13 200	13 650	13 668.75	13 500	12 750

(2) 如果定价是 180 元/天间，住房率应为 45%，其相应收入只有 12 150 元. 因此假设 1 是合理的. 事实上二次函数只有一个极值点 25 在[0, 90]之内.

8.2.5 【装修工工资模型】

有一个木工、一个电工和一个油漆工，为了节省自己房子装修的费用，三人相互商定合作装修他们自己的房子.在装修之前，他们达成了如下协议：

(1) 每人总共工作 10 天(包括给自己家干活在内)；

(2) 每人的日工资根据一般的市价在 60～80 元之间，取整数；

(3) 每人的日工资数应使得每人的总收入与总支出相等.

表 8-2 是他们协商后制定出的工作天数的分配方案，如何计算出他们每人应得的工资？

表 8-2

	木工	电工	油漆工
在木工家工作的天数	2	1	6
在电工家工作的天数	4	5	1
在油漆工家工作的天数	4	4	3

解 设木工、电工、油漆工的日工资分别为 x_1，x_2，x_3，则木工、电工、油漆工 10 日的总支出分别为

$$2x_1+x_2+6x_3,\ 4x_1+5x_2+x_3,\ 4x_1+4x_2+3x_3.$$

由收支平衡关系，可得线性方程组

$$\begin{cases}2x_1+x_2+6x_3=10x_1,\\4x_1+5x_2+x_3=10x_2,\\4x_1+4x_2+3x_3=10x_3.\end{cases}$$

即

$$\begin{cases}-8x_1+x_2+6x_3=0,\\4x_1-5x_2+x_3=0,\\4x_1+4x_2-7x_3=0.\end{cases}$$

由系数矩阵

$$\boldsymbol{A}=\begin{bmatrix}-8 & 1 & 6\\4 & -5 & 1\\4 & 4 & -7\end{bmatrix}\xrightarrow{\text{初等行变换}}\begin{bmatrix}1 & 0 & -\dfrac{31}{36}\\0 & 1 & -\dfrac{8}{9}\\0 & 0 & 0\end{bmatrix},$$

得同解方程为

$$\begin{cases}x_1=\dfrac{31}{36}x_3,\\x_2=\dfrac{8}{9}x_3\end{cases}\quad(x_3\ \text{为自由未知量}).$$

因为每人的日工资根据一般的市价在 60～80 元之间，可令 $x_3=72$，得木工、电工、油漆工的日工资分别为

$$\begin{cases} x_1 = 62, \\ x_2 = 64, \\ x_3 = 72. \end{cases}$$

8.3 中国大学生数学建模竞赛(CUMCM)

8.3.1 数模竞赛的起源与历史

数学建模竞赛于 1985 年起源于美国，起初竞赛题目通常由工业部门、军事部门提出，然后由数学工作者简化或修正. 1989 年我国大学生开始参加美国大学生数学建模竞赛，1990 年我国开始创办我国自己的大学生数学建模竞赛. 1993 年国家教委(现教育部)高教司正式发文，要求在全国普通高等学校中开展数学建模竞赛. 从 1994 年开始，大学生数学建模竞赛成为教育部高教司和中国工业的应用数学学会共同主办，是每年九月份面向全国高等院校全体大学生的一项课外科技竞赛活动，数学建模竞赛是教育主管部门主办的大学生三大竞赛之一，是目前全国高等学校中规模最大的课外科技活动.

数学建模的宗旨是鼓励大学生对范围不固定的各种实际问题提出自己的解决方案，给出相对合理完整的数学模型，并求解.

现在的竞赛题目来源于更广泛的领域，都是各行各业的实际问题经过适当简化，提炼出来的极富挑战性的问题，每次四道题，本科学生 A、B 任选一题，专科学生 C、D 任选一题，可以使用计算机、软件包，可以参阅任何资料(含上网参阅任何资料). 竞赛以三人组成的队为单位，三人之间通力合作，在三天(72 小时)内完成一篇论文. 论文的内容包括对问题的阐述和分析、假设和假设说明、模型的设计、模型的求解、模型评价等.

数学建模是培养大学生创新素质的一种极好的手段. 通过对数学建模的学习，可以培养学生应用数学知识的能力和意识，可以加深学生对数学学科的理解. 更重要的是，数学建模可以培养学生的交流表达能力以及团队合作精神.

8.3.2 中国大学生数学建模竞赛(CUMCM)历年赛题(专科)

表 8－3 列出了 1999 年以来专科组的赛题.

表 8－3

年份	C	D
1999	煤矸石堆积	钻井布局
2000	飞越北极	空洞探测
2001	基金使用	公交车调度
2002	车灯线光源	赛程安排

（续表）

年份	C	D
2003	SARS的传播	抢渡长江
2004	饮酒驾车	公务员招聘
2005	雨量预报方法的评价	DVD在线租赁
2006	易拉罐形状和尺寸的最优设计	煤矿瓦斯和煤尘的监测与控制
2007	手机"套餐"优惠几何	体能测试时间安排
2008	地面搜索	NBA赛程的分析与评
2009	卫星和飞船的跟踪测控	会议筹备
2010	输油管的布置	对学生宿舍设计方案的评价
2011	企业退休职工养老金制度的改革	天然肠衣搭配问题

从这几年题目可以看出以下特点：

(1) 综合性：一题多解，方法融合，结果多样，学科交叉；

(2) 开放性：题意的开放性，思路的开放性，方法的开放性，结果的开放性；

(3) 实用性：问题和数据来自于实际，解决方法切合于实际，模型和结果可以应用于实际；

(4) 即时性：国内外的大事，社会的热点，生活的焦点，近期发生和即将发生被关注的问题.

问题的解决方法涉及的数学建模方法：优化方法（规划）、图论与网络优化、层次分析、插值与拟合等方法，用得最多的方法是优化方法.

数学建模通过大量来自不同领域的应用实例，教会学生有效的应用数学方法处理社会实践问题的同时，也表明数学学科自身不断发展的动力源泉来自无限发展的现实世界. 掌握数学思维和应用数学方法解决现实问题会使我们的思想能被准确有效地表述，使我们的工作趋于完美.

8.4 易拉罐形状和尺寸的最优设计

2006 高教社杯全国大学生数学建模竞赛题目

（请先阅读"对论文格式的统一要求"）

C 题：易拉罐形状和尺寸的最优设计

我们只要稍加留意就会发现销量很大的饮料（例如：饮料量为 355 mL 的可口可乐、青岛啤酒等）的饮料罐（即易拉罐）的形状和尺寸几乎都是一样的. 看来，这并非偶然，这应该是某种意义下的最优设计. 当然，对于单个的易拉罐来说，这种最优设计可以节省的钱可能是很有限的，但是如果是生产几亿，甚至几十亿个易拉罐的话，可以节约的钱就很可观了.

现在就请你们小组来研究易拉罐的形状和尺寸的最优设计问题. 具体说，请你们完成以下的任务：

1. 取一个饮料量为 355 mL 的易拉罐，例如：355 mL 的可口可乐饮料罐，测量你们认为验证模型所需要的数据，例如：易拉罐各部分的直径、高度，厚度等，并把数据列表加以说明；如果数据不是你们自己测量得到的，那么你们必须注明出处.
2. 设易拉罐是一个正圆柱体. 什么是它的最优设计？其结果是否可以合理地说明你们所测量的易拉罐的形状和尺寸，例如说，半径和高之比等等.
3. 设易拉罐的中心纵断面如图 8－4 所示，即上面部分是一个正圆台，下面部分是一个正圆柱体. 什么是它的最优设计？其结果是否可以合理地说明你们所测量的易拉罐的形状和尺寸.

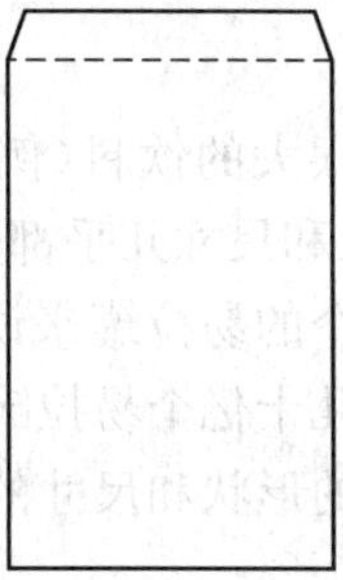

图 8－4

4. 利用你们对所测量的易拉罐的洞察和想象力，做出你们自己的关于易拉罐形状和尺寸的最优设计.
5. 用你们做本题以及以前学习和实践数学建模的亲身体验，写一篇短文（不超过 1 000 字，你们的论文中必须包括这篇短文），阐述什么是数学建模、它的关键步骤，以及难点.

易拉罐形状和尺寸的最优设计优秀论文

摘要　本文对易拉罐的最优设计主要从节省用料的角度研究. 建立模型时，在满足体积以及其他设计要求的限制下，以用料最少为目标建立最优化模型. 求解模型的主要方法包括：Lagrange 乘子法、条件极值法以及数学软件（Lingo、Matlab）求解等.

在对易拉罐形状及尺寸设计进行研究时，需要选择适当的工具，运用多次测量求平均值的方法确定出必要的数据.

实际中易拉罐的设计考虑到多方面的因素，如美观、实用、生产、运输以及其自身各部分的抗压能力等. 本文主要在某些设计要求下，研究用料最省的形状设计，将求解出的最优形状和尺寸与相应实测数据作对比来衡量设计的合理性.

当假设易拉罐的形状为正圆柱体时，主要以圆柱体高度与半径的比例关系确定易拉罐形状是否符合用料最省的最优设计. 分别运用条件极值法、Lagrange 乘子法以及数学软件求解的方法最终确定出高度与半径的比值为 4，与实际易拉罐高度与半径的比值基本符合，能够说明实际的易拉罐形状设计符合用料最省的设计原则.

当假设易拉罐由正圆柱体和圆台两部分组成时，分别假设易拉罐尺寸符合不同设计要求，运用逐步改进的方法，最终求得易拉罐各项尺寸与实测数据比较吻合，说明现实中易拉罐的设计满足用料最省的要求. 求解时主要运用 Lingo 软件和 Lagrange 乘子法并在 Matlab 软件的辅助下分别求得各项尺寸.

最后根据对易拉罐的观察和想象，在保证易拉罐整体形状变化不大的前提下，我们提出将易拉罐上端的圆台改为球台. 同样以用料最省作为其最优设计，求出新设计的易拉罐与现实中易拉罐相比大约能节省 0.49%的用料.

在建立易拉罐用料最省模型的基础上，对模型作出进一步推广. 联系实际当中各种形状比较规则的容器，对其最优设计的一般规律作出说明.

关键词：Lagrange 乘子法　重积分　条件极值法

一、问题重述

我们只要稍加留意就会发现销量很大的饮料（例如：饮料量为 355 mL 的可口可乐、青岛啤酒等）的易拉罐（即易拉罐）的形状和尺寸几乎都是一样的. 看来，这并非偶然，这应该是某种意义下的最优设计. 当然，对于单个的易拉罐来说，这种最优设计可以节省的钱可能是很有限的，但是如果是生产几亿，甚至几十亿个易拉罐的话，可以节约的钱就很可观了.

现在就请你们小组来研究易拉罐的形状和尺寸的最优设计问题. 具体说，请你们完成以下的任务：

1. 取一个饮料量为 355 mL 的易拉罐，例如：355 mL 的可口可乐易拉罐，测量你们认为验证模型所需要的数据，例如：易拉罐各部分的直径、高度，厚度等，并把数据列表加以说明；如果数据不是你们自己测量得到的，那么你们必须注明出处.
2. 设易拉罐是一个正圆柱体. 什么是它的最优设计？其结果是否可以合理地说明你们所测量的易拉罐的形状和尺寸，例如说，半径和高之比，等等.
3. 设易拉罐是一回转体，上面部分是一个正圆台，下面部分是一个正圆柱体. 什么是它的最优设计？其结果是否可以合理地说明你们所测量的易拉罐的形状和尺寸.
4. 利用你们对所测量的易拉罐的洞察和想象力，做出你们自己的关于易拉罐形状和尺寸的最优设计.
5. 用你们做本题以及以前学习和实践数学建模的亲身体验，写一篇短文（不超过 1 000 字，你们的论文中必须包括这篇短文），阐述什么是数学建模、它的关键步骤，以及难点.

二、问题分析

在对易拉罐的形状进行研究时，首先需要测量出实际中易拉罐形状的各个尺寸，然后以易拉罐用料最少作为其最优设计，对题目给出的不同简化形状进行研究.

对于问题一，取一个 355 mL 易拉罐（可口可乐），首先分析出验证模型可能需要的数据，然后利用相应的工具对需要的数据进行多次测量取平均值确定易拉罐各项尺寸的大小.

对于问题二，题目假设易拉罐的形状为一正圆柱体，但并没有对各部分的壁厚做出说明，在求解的过程中可分易拉罐各面厚度相同和不同的情况进行求解，最终确定出高度与半径的比值关系，并与实际测量数据进行分析比较，判断易拉罐设计的合理性.

对于问题三，结合第二问得出的结论并在易拉罐形状为一正圆台和圆柱组成的情况下，求解过程可仍以材料最省为最优设计，但同时要满足上、下顶面的强度要求，还要满足加工方面的要求，并建立一个广泛的最优化模型.然后假设多种情况对模型进行逐步改进，最终确定一个满足材料最省，同时又满足其他方面(如强度、美观、加工等)要求的易拉罐形状和尺寸，与实际测量值进行比较，分析其设计的合理性.

对于问题四，在易拉罐顶盖厚和壁厚比例关系不变的前提下，以用料最省作为最优化设计，根据多面体中球体表面积与体积比值最小的基本原理，将易拉罐上部的圆台设计为球台.将设计出的易拉罐用料与实际的相比较，并对其优点进行分析说明.

对于问题五，结合前面学习和实践数学建模的亲身体验，分别对数学建模的基本认识、建模过程中的关键步骤和难点进行讨论分析.

三、模型假设

(1) 所取易拉罐各面的厚度均匀；

(2) 易拉罐的顶盖和下底面都是规则的平面；

(3) 易拉罐都是规则的多面体；

(4) 不考虑温度对测量仪器的影响；

(5) 易拉罐用同一种材料制成.

四、符号说明(表 8-4)

表 8-4

符号	含义	单位
S	易拉罐的表面积	cm^2
S_V	所用材料的总体积	cm^3
r	罐体圆柱体部分圆的半径	cm
h	圆柱体的高度	cm
b	易拉罐圆柱部分的壁厚	mm
V	易拉罐的罐内体积为	cm^3
θ	表示圆台面的倾斜角	度

五、模型的建立与求解

(一) 问题一

1. 解题思路

本题要求选取一个 355 mL 的易拉罐，并对其进行数据测量，这些数据包括易拉罐的直径、高度，厚度等.测量时，取一个可口可乐公司生产的易拉罐，然后利用相应的测量工具对其测量即可.

2. 求解准备

(1) 需要数据的确定

经过分析发现，模型中可能用到的数据种类有罐直径、罐高、罐壁厚、顶盖厚、圆台高、顶

盖直径、圆柱体高、罐底厚、罐内体积等. 具体说明如下(图 8-5):

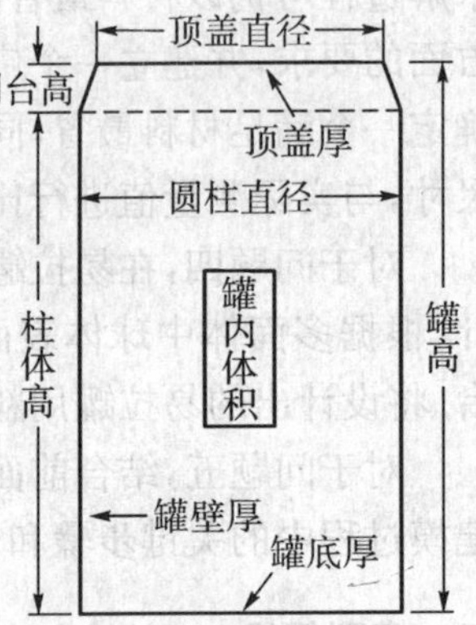

图 8-5

1) 罐直径:易拉罐圆柱体部分(罐体最胖部分)横截面圆的直径;

2) 罐高:从易拉罐的顶盖到底面的高度;

3) 罐壁厚:圆柱体回转面部分的瓶壁厚度;

4) 顶盖厚:易拉罐的上顶盖厚度;

5) 罐内体积:易拉罐内部的体积;

6) 罐底厚:易拉罐的下底面厚度;

7) 顶盖直径:圆锥台的上表面圆的直径即罐顶盖的直径;

8) 圆台高:从罐的顶盖到圆柱体部分的高度;

9) 圆柱体高:圆柱体部分的高度.

(2) 各数据的测量方法

1) 直接测量

经过分析可得,罐桶直径、罐高、圆台高、顶盖直径、圆柱直径这几种数据类型属于外部属性,可以直接进行测量. 测量时可选用以下两种方法:

① 用一条非常窄的薄纸条,环绕易拉罐相关部位一圈测得周长,然后再换算求得直径、半径、面积等;

② 用游标卡尺(50 分度)对相关部位进行直接测量,计算出直径和高等.

2) 间接测量

由现实情况可知,易拉罐的罐壁、顶盖和罐底有一面是在易拉罐的内部,不能直接进行测量,因此就需要对它们进行处理后再进行测量. 对于厚度的测量都可用下面第一种方法,体积的测量可用第二种方法.

① 首先用剪刀和钳子对易拉罐进行刨切,由于易拉罐厚度和顶盖厚度较小,可利用螺旋测微器进行测量;

② 取一个量筒(500 mL)和空的易拉罐,首先将清水倒入易拉罐中直至与罐口相平;然后将易拉罐中的水倒入量筒中进行读数,即得到了易拉罐的体积.

3. 求解

为确保数据的精确性,需要对所有数据进行多次测量求平均值,经多次测量求得所需的数据如表 8-5 所示.

表 8-5 易拉罐(可口可乐)各项尺寸列表

数据种类	实测数据					平均值	单位
罐高	12.06	12.04	12.06	12.08	12.06	12.06	cm
罐桶直径	6.62	6.60	6.58	6.58	6.66	6.61	cm
罐壁厚	0.112	0.106	0.099	0.101	0.095	0.103	mm
顶盖厚	0.295	0.298	0.321	0.304	0.311	0.306	mm

（续表）

数据种类	实测数据					平均值	单位
罐底厚	0.303	0.289	0.305	0.294	0.310	0.300	mm
圆台高	1.01	1.01	1.00	0.98	1.02	1.01	cm
顶盖直径	6.02	6.00	6.02	5.98	6.00	6.01	cm
圆柱体高	10.04	10.02	10.06	10.08	10.06	10.05	cm
罐内体积	364.9	365.2	364.5	364.0	365.6	364.8	cm^3

4. 易拉罐体积的说明

由现实情况可知，每瓶饮料都未完全装满，另外还有一部分空间余量，根据测量数据也可以得出，对于标注为 355 mL 的可口可乐易拉罐，它的实际罐体容量为 365 mL，所以在以下的各个问题中凡是对于易拉罐的体积在计算时都以 355 mL 为标准进行设计是与现实不符合的，实际所测易拉罐的容积为 365 mL，因此在以下题目的求解过程中对于易拉罐的容积都以 365 mL 为标准进行计算.

（二）问题二

1. 模型分析

对于本题来说，假设易拉罐是一个正圆柱体（见图 8－6），怎样构思和设计才能达到用料最省的最优设计是关键所在. 根据推理可知，易拉罐的形状由罐直径和罐高的比例关系决定的. 罐直径和罐高又是罐的主要尺寸，因此在对易拉罐进行设计时就主要以罐直径和罐高的比例来作为检验设计是否合理的一个标准. 前面我们已经对正在使用的易拉罐的相关数据进行了测量，因此我们可以将这些数据与自己认同的最优设计得出的数据相比较并说明其合理性.

由于现在是工业高度发达的现代社会，每个国家的原用料都是高度稀缺，因此省料省钱并能达到基本要求的制作方法是资本家追逐的最重要目标之一. 下面我们以制作易拉罐用料最省作为它的最优设计目标来进行研究，并通过罐的直径与罐高的比例关系来说明其合理性.

2. 模型准备

(1) 设计方案的确定

以所用料最省作为目标对易拉罐进行最优设计时，当易拉罐各部位罐壁厚度不相同时对易拉罐尺寸的设计带来较大影响. 在各部位厚度不相同的情况下，相应的研究出了两种研究方案.

第一种方案：用手捏一下发现易拉罐非常的薄，在这种感性认识的支配下我们认为这是最理想的情况即易拉罐的壁厚均匀且无限薄（可以忽略不计，见图 8－7）. 在这种情况下主要考虑易拉罐的表面积来建立数学模型求解.

第二种方案：用手往下按顶盖能够感觉到它的硬度要比其他部位的用料要硬，相比之下，硬度体现在同样用料的厚度上；根据测量的数据可知，顶盖厚度大约是其他部分的用料厚度的 3 倍（参考）. 因此可以假设除易拉罐的顶盖外，罐的厚度相同（图 8－8）. 在这种情况下制作易拉罐的用料就要通过各个部位体积来考虑，为求制作需要原用料最省，通过建立数学模型求解. 各种情况的易拉罐侧视图如图 8-6、图 8-7、图 8-8 所示.

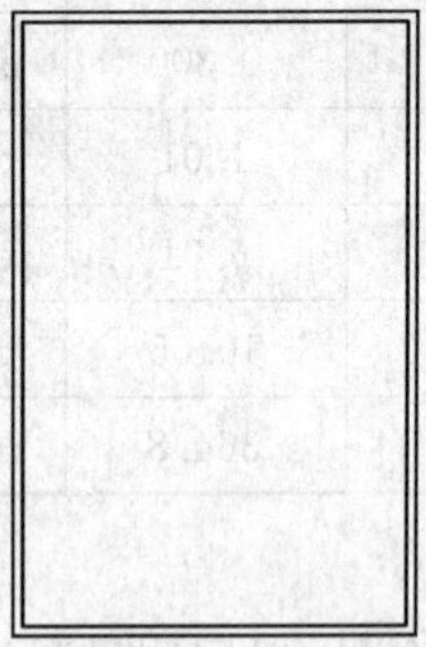

正圆柱体的易拉罐

图 8-6

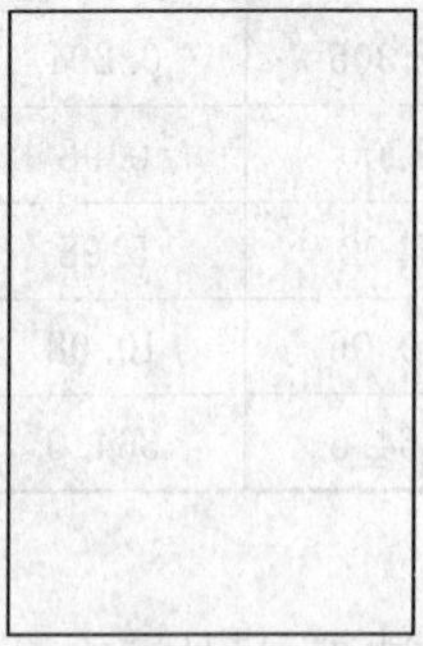

忽略罐厚的易拉罐

图 8-7

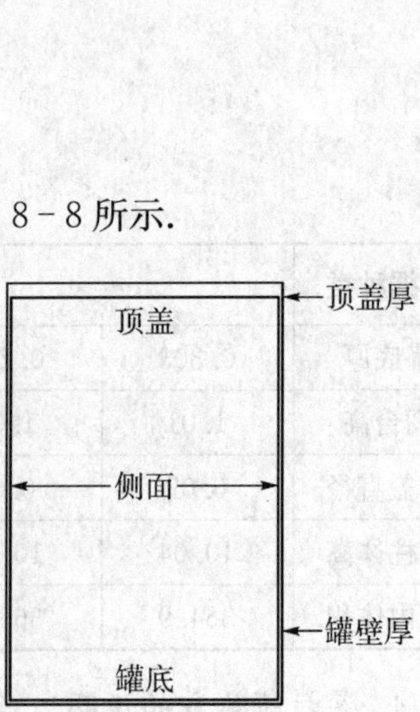

顶盖同罐壁厚度呈 3:1关系的易拉罐

图 8-8

(2) 各方案模型目标与约束条件的确定

● 第一种方案

(1) 目标:假设易拉罐是一个正圆柱体,易拉罐各处厚度均匀且非常薄(可忽略其厚度)时. 就不用具体考虑易拉罐用料的体积,只以易拉罐的表面积最小为目标就可使用料最省.

设易拉罐罐高为 h,罐体圆柱体部分圆的半径为 r,即

$$\operatorname{Min} S(r,\ h)=2\pi rh+2\pi r^2.$$

(2) 主要约束:易拉罐的容积是一个固定的常量. 在忽略罐壁厚的情况下我们可以认为易拉罐的体积与它的容积等价. 设易拉罐的罐内体积为 V,即

$$V(r,\ h)=\pi r^2 h=365.$$

● 第二种方案

(1) 目标:本方案考虑到易拉罐的顶盖同罐壁硬度不同,因此同种用料下易拉罐顶盖和罐壁的厚度也各不相同. 由于引入了易拉罐的厚度,需要研究易拉罐的罐壳体积而不是单方面的考虑易拉罐的表面积. 因此说以易拉罐的用料体积最小为目标,可使制造易拉罐的用料最省.

通过现实情况和对图 8-8 的观察可知,易拉罐的用料体积主要分成三个部分:顶盖所用的用料体积、罐底所用的用料体积、侧面所用的用料体积.

符号的确定:

假设除易拉罐的顶盖外,罐的厚度相同,记作 b;顶盖的厚度为 $k\times b$(k 表示倍数);易拉罐的半径为 r,直径为 d;罐高为 h;罐内体积为 V;所用用料的总体积为 S_V.

下面是对易拉罐三部分用料体积的确定:

① 易拉罐侧面所用的用料体积为:

$$[\pi\ (r+b)^2-\pi r^2][h+(1+k)b]=2\pi rhb+2\pi r(1+k)b^2+h\pi b^2+\pi(1+k)b^3;$$

② 易拉罐顶盖所用的用料体积为:$\pi r^2 kb$;

③ 易拉罐底所用的用料体积为：$\pi r^2 b$.

综上可得易拉罐用料的总体积为：

$$S_V(r,\ h)=2\pi rhb+\pi r^2(1+k)b+2\pi r(1+k)b^2+h\pi b^2+\pi(1+k)b^3.$$

因为 $b \ll r$，为简化模型求解，所以 b^2，b^3 的项可以忽略. 因此

$$S_V(r,\ h)\approx S(r,\ h)=2\pi rhb+\pi r^2(1+k)b.$$

注：由以上表达式可知罐的用料体积近似等于各部分罐面的外表面面积与相应厚度的乘积之和. 因此，对下面关于罐的用料体积进行计算时，忽略厚度对半径及高度的影响，直接对各部分管面的外表面面积与相应厚度的乘积进行求和.

(2) 主要约束：同第一种方案的约束条件一样，易拉罐内部的体积 V 为一常量. 在忽略罐壁厚的情况下我们可以认为易拉罐的体积与它的容积相等.

$$V(r,\ h)=\pi r^2 h=365.$$

3. 模型建立

由于第一种方案是在感性认识下产生的方案，因此我们第一种方案建立的模型定义为感性模型；第二种方案是在以具体数据作为依托的情况下建立的方案，我们将这种模型定义为理性模型. 两种模型都是以需要制作易拉罐的用料最少为目标，都属于最优化模型. 根据两种方案各自的特点分别建立模型如下：

(1) 感性模型

以易拉罐罐内体积和饮料容量相同为约束条件，以制作易拉罐需要的原用料最省为目标建立最优化模型，即

$$\operatorname{Min} S(r,\ h)=2\pi rh+2\pi r^2.$$

$$\text{S. T.}\begin{cases}V(r,\ h)=\pi r^2 h=365,\\ r>0,\\ h>0.\end{cases}$$

符号说明(表 8-6)：

表 8-6

符号	含义	单位
S	易拉罐的表面积	cm^2
V	易拉罐的罐内体积	cm^3
r	罐体圆柱部分的半径	cm
h	易拉罐的罐高	cm

(2) 理性模型

以易拉罐罐内体积一定为约束条件，以制作易拉罐需要的用料最省为目标建立最优化模型，即

$$\operatorname{Min} S_V(r,h)=2\pi rhb+\pi r^2(1+k)b.$$

$$\text{S. T.}\begin{cases} V(r,\ h)=\pi r^2 h=365, \\ r>0, \\ h>0. \end{cases}$$

符号说明(表 8－7)：

表 8－7

符号	含义	单位
S	所用用料的总体积	cm^3
r	罐体圆柱部分的半径	cm
h	易拉罐的罐高	cm
b	除易拉罐的顶盖外，罐的厚度	mm
kb	易拉罐顶盖的厚度(k 表示倍数)	mm

4. 模型求解

对于以上模型都可用两种方法求解，感性模型可以通过条件极值法和利用数学软件 Lingo 直接求解，理性模型可以通过 Lagrange 乘子法、条件极值法和利用数学软件 Lingo 直接求解. 为了增加结果的准确性，下面分别利用这些方法对模型进行求解.

(1) 感性模型求解

1) 条件极值法

模型中共有两个变量 r 和 h，体积的限制为一等式，即 $V_0=\pi r^2 h$，通过等式变换可得

$$h=\frac{V_0}{\pi r^2}.$$

将上面的表达式代入到目标函数中可得：

$$S=2\pi r^2+\frac{2V_0}{r}, r\in(0,+\infty).$$

此时目标函数中只含变量 r，对 r 求导可得：

$$\frac{\mathrm{d}s}{\mathrm{d}r}=4\pi r-\frac{2V_0}{r^2}.$$

由 $\frac{\mathrm{d}s}{\mathrm{d}r}=0$ 可得

$$r=\sqrt[3]{\frac{V_0}{2\pi}}.$$

对 r 求二阶导数可得

$$\frac{\mathrm{d}^2 s}{\mathrm{d}r^2}=4\pi+\frac{4V_0}{r^3},$$

由 $r>0$, $V>0$ 可得

$$\frac{\mathrm{d}^2 s}{\mathrm{d}r^2}>0.$$

即 $r=\sqrt[3]{\frac{V}{2\pi}}$时，取极小值，且是唯一极值点. 因此，$r=\sqrt[3]{\frac{V_0}{2\pi}}$时，$S$ 取最小值. 由 $h=\frac{V_0}{\pi r^2}=2\times\sqrt[3]{\frac{V_0}{\pi r}}$，可以确定：$h=2r$.

2）借助数学软件求解

利用数学软件 Lingo 求解得出：$r=3.87$ cm；$h=7.74$ cm；$S(r, h)=282.7\ \text{cm}^2$，根据半径与高度的大小可确定：$h=2r$.

3）结果检验

通过两种做法求得的易拉罐的罐高和半径基本相同，求得的目标是 282.7 cm^2，罐高约为 7.74 cm，罐的半径约为 3.87 cm. 因此可得易拉罐的直径同罐高之比为 1∶1 关系，由此发现通过感性模型计算出来的数据同我们实际测量的数据罐直径和罐高之比 1∶2 相差甚远.

（2）理性模型求解

1）Lagrange 乘子法

将目标中的主要限制条件 $V_0=\pi r^2 h$ 设为：$g(r, h)=\pi r^2 h-V_0=0$.

要找目标函数 $S(r, h)=2\pi rhb+\pi r^2(1+k)b$ 在条件 $g(r, h)=0$ 下的极值点，可以先作 Lagrange 函数：

$$L(r, h)=S(r, h)-\lambda g(r, h).$$

于是可得到如下方程组：

$$\begin{cases}\dfrac{\partial L}{\partial r}=\dfrac{\partial S}{\partial r}-\lambda\dfrac{\partial g}{\partial r}=0,\\ \dfrac{\partial L}{\partial h}=\dfrac{\partial S}{\partial h}-\lambda\dfrac{\partial g}{\partial h}=0,\\ g(r, h)=0.\end{cases}$$

于是将问题化为求三元函数 L 的无条件极值的问题：

$$\begin{cases}\dfrac{\partial L}{\partial h}=\pi b[2(1+k)r+2h]-2\pi\lambda rh=0, & ⑦\\ \dfrac{\partial L}{\partial h}=2\pi br-\lambda\pi r^2=\pi r(2b-\lambda r)=0, & ⑧\\ V_0-\pi^2 h=0. & ⑨\end{cases}$$

根据⑧式解得：$\lambda=\frac{2b}{r}$.

根据⑨式解得：$h=\frac{V_0}{\pi r^2}$.

将上面的两式代入⑦式可得：$r=\sqrt[3]{\frac{V_0}{(1+k)\pi}}$.

将 $r=\sqrt[3]{\frac{V_0}{(1+k)\pi}}$代入 $h=\frac{V_0}{\pi r^2}$中得

$$h=\frac{V_0}{\pi\left[\sqrt[3]{\frac{V_0}{(1+k)\pi}}\right]^2}=\sqrt[3]{\frac{(1+k)^2\pi^2V_0}{\pi^3}}$$
$$=(1+k)\sqrt[3]{\frac{V_0}{(1+k)\pi}}$$
$$=(1+k)r.$$

即高度 h 与半径 r 的关系式为：$h=(1+k)r$.

2）求条件极值法

由 $\pi r^2h=V_0$ 解出 $h=\frac{V_0}{\pi r^2}$，代入 $S(r, h)$ 得

$$S[r, h(r)]=b\left[\frac{2V_0}{r}+\pi(1+k)r^2\right].$$

上式中只有 r 为变量，对 r 求导得

$$\frac{dS}{dr}=2b\left[(1+k)\pi r+\frac{V_0}{r^2}\right]=\frac{2b}{r^2}[(1+k)\pi r^3-V_0].$$

求极值点：令其导数为零得

$$\frac{2b}{r^2}[(1+k)\pi r^3-V_0]=0.$$

解得极值点为 $r=\sqrt[3]{\frac{V_0}{(1+k)\pi}}$. 因此

$$h=\frac{V_0}{\pi}\left[\sqrt[3]{\frac{2(1+k)\pi}{V_0}}\right]^2=2(1+k)\left[\sqrt[3]{\frac{V_0}{(1+k)\pi}}\right]=(1+k)r.$$

计算 S 的二阶导数

$$S''=4b\left[2\pi(1+r)+\frac{2V_0}{r^3}\right]>0, (r>0).$$

因此 r 使 S 达到极小值，且是唯一极值点. 因此，$r=\sqrt[3]{\frac{V_0}{(1+k)\pi}}$ 时，S 取最小值.

另外，求 $S(r)=b\left[\frac{2V_0}{r}+\pi(1+k)r^2\right]$ 极小的方法是应用算术几何平均值不等式，即

$$\frac{1}{n}\sum_{i=1}^{n}a_i\geqslant\sqrt[n]{\prod_{i=1}^{n}a_i}, (a_i>0, i=1, 2\cdots n),$$

当且仅当 $a_1=a_2=\cdots=a_n$ 时等号成立. 令 $n=3$, $a_1=a_2=\frac{V_0}{r}$, $a_3=\pi(1+k)r^2$，于是有

$$2b\left[\frac{2V_0}{r}+\pi(1+k)r^2\right]\geqslant 6\times b\times\sqrt[3]{(1+k)\pi V^2},$$

当且仅当 $\frac{V_0}{r}=\pi(1+k)r^2$ 时等号成立，即

$$r=\sqrt[3]{\frac{V_0}{(1+k)\pi}}.$$

因此，高度 h 与 r 的关系式为 $h=(1+k)r$，此时用料体积最小.

3）结果检验

通过两种方法求得的结果相同，说明模型的正确性. 经过以上两种方法推导得到易拉罐的罐高 $h=(1+k)\sqrt[3]{\frac{V_0}{(1+k)\pi}}$，罐的半径为 $r=\sqrt[3]{\frac{V_0}{(1+k)\pi}}$，因此易拉罐的半径与罐高之比 $\frac{r}{h}=\frac{1}{(1+k)}$. 又因测量数据易拉罐的顶盖厚大约是罐壁厚的 3 倍，即 $k=3$. 代入 $\frac{r}{h}=\frac{1}{(1+k)}$ 可得罐的半径与罐高之比为 1∶4，而实际测量的数据大概也是这个比例，根据半径与高度的比值能够说明易拉罐的形状符合用料省的最优设计.

（三）问题三

1. 解题思路

本题的最优设计仍然是用料最少，不过在求解的过程中还要考虑到，上顶盖和底盖的强度要求，并且在最后还要兼顾到美观的因素. 在求解的时候，先建立一个最广泛的模型，然后根据假设的不同，分别利用此模型进行求解实现模型的逐步改进，以达到最优的设计尺寸.

2. 模型建立

对于易拉罐的简化形状，可将其分成两部分考虑，上部分为一正圆台，下部分为一正圆柱体，如图 8－9 所示.

(1) 易拉罐容积的确定

1）正圆台部分体积的确定

正圆台是对应圆锥的一部分，如图 8－10 所示.

求解图中圆台部分的体积时，可先求出图中小圆锥的体积，再求出大圆锥的体积，则圆台的体积即为大圆锥体积减去小圆锥的体积. 根据圆锥的体积公式：

$$V=\frac{1}{3}\pi r^2 h=\frac{1}{3}\pi r^2(r\tan\theta)=\frac{1}{3}\pi r^3\tan\theta,$$

如图 8－10 中所示，其中小圆锥的体积为：

$$v_2=\frac{1}{3}\pi r_2^3\tan\theta,$$

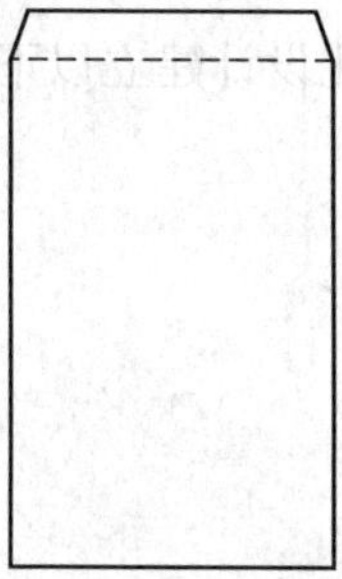

图 8－9

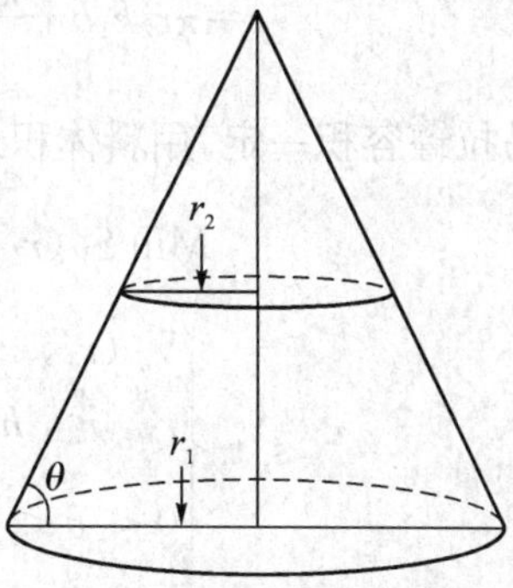

图 8－10

大圆锥的体积为：

$$v_1=\frac{1}{3}\pi r_1^3\tan\theta,$$

则圆台的体积为：

$$V_1=v_1-v_2=\frac{\pi(r_1^3-r_2^3)\tan\theta}{3}.$$

2）正圆柱部分体积的确定

$$V_2=\pi r_1^2 h$$

综上可得，易拉罐结构的总体积为

$$V=V_1+V_2=\frac{\pi(r_1^3-r_2^3)\tan\theta}{3}+\pi r_1^2 h.$$

根据测量数据，易拉罐壁厚 $b\ll r_1$，$b\ll r_2$，$b\ll h$. 因此在确定易拉罐的容积 V_p 时可近似看成体积，即

$$V_p\approx V=V_1+V_2=\frac{\pi(r_1^3-r_2^3)\tan\theta}{3}+\pi r_1^2 h.$$

(2) 易拉罐用料体积 S_V 的确定

易拉罐用料主要包括四部分：上顶面 S_{V_1}、圆台回转面 S_{V_2}、圆柱回转面 S_{V_3}、下底面 S_{V_4}. 根据问题二可知，并且由于易拉罐壁厚 $b\ll r_1$，$b\ll r_2$，$b\ll h$，为简化计算，在求易拉罐用料体积 S_V 时，可近似看成各个面的面积与其厚度乘积之和，忽略各个面由于相交产生的体积偏差. 在求各个面的面积时，以外表面的测量值为准. 设圆柱回转面的厚度 b 为一单位，上顶面、圆台回转面、下底面分别是圆柱回转面厚度的 k_1，k_2，k_3 倍.

上顶面的用料体积为：$S_{V_1}=\pi r_2^2 k_1 b$；

圆台回转面的用料体积为：$S_{V_2}=\dfrac{\pi(r_1^2-r_2^2)k_2 b}{\cos\theta}$；

下底面的用料体积为：$S_{V_3}=\pi r_1^2 k_3 b$；

圆柱回转面的用料体积为：$S_{V_4}=2\pi r_1 hb$.

综上可得，易拉罐用料体积为

$$\begin{aligned}S_V(r_1, r_2, h, \theta)&\approx S_{V_1}+S_{V_2}+S_{V_3}+S_{V_4}\\&=\pi r_2^2 k_1 b+\frac{\pi(r_1^2-r_2^2)k_2 b}{\cos\theta}+\pi r_1^2 k_3 b+2\pi r_1 hb.\end{aligned}$$

于是，可根据易拉罐容积一定，用料体积最省的最优化设计建立以下模型：

$$\operatorname{Min} S_V(r_1, r_2, h, \theta).$$

$$\text{s. t.}\begin{cases}V_P(r_1, r_2, h, \theta)=V_0,\\ r_1, r_2, h\geqslant 0,\\ 0<\theta<\dfrac{\pi}{2}.\end{cases}$$

符号说明：

r_2 表示圆台上顶面的半径；

r_1 表示圆柱的半径；

θ 表示圆台面的倾斜角；

b 表示圆柱体的壁厚；

k 表示各面厚度与圆柱体壁厚比值.

3. 模型求解

根据问题一中的数据，取易拉罐体积 $V_0=365\ \text{cm}^3$，在求解过程中，会发现对于各种壁厚，是不能通过求用料最省来求得的，因为对于上、下顶面是有一定的强度要求的，如果厚度达不到强度要求是容易发生危险的而强度达到了就势必会造成用料费用的上升，所以两者是矛盾的. 衡量其重要性，强度要求更重，因此在求解的时候对于各种壁厚要进行定量处理. 根据问题一数据和问题二的求解过程，设上顶面、圆台回转面、下底面分别是圆柱回转面厚度的 $k_1=3$ 倍，$k_2=1$ 倍，$k_3=1$ 倍.

该模型与问题二中的模型相比变量更多，求解更加复杂. 运用直接推导计算的方法是相当困难的. 对于此种情况，考虑运用数学软件求解. 第一种方法可根据 Lingo 软件直接求解，第二种方法可根据 Lagrange 乘子法，将模型转化为方程组的形式，运用 Matlab 软件对方程组求解. 下面分别用两种方法对模型求解：

● 方法一：Lingo 软件求解

观察本模型属于最优化模型，可利用 Lingo 软件直接求解（具体编程过程请参见附录一），得到表 8 - 8.

表 8 - 8

上顶盖半径 r_2	圆柱体半径 r_1	圆台倾斜角 θ	圆柱体高度 h	所用材料 V_p
0	4.2 cm	41.8°	5.9 cm	2.76 cm³

● 方法二：Lagrange 乘子法和 Matlab 软件求解

首先构造 Lagrange 函数

$$
\begin{aligned}
L(r_1, r_2, h, \theta) &= S_V(r_1, r_2, h, \theta)+\lambda V_P(r_1, r_2, h, \theta)\\
&= k_1 b\pi r_2^2+\frac{k_2 b\pi(r_1^2-r_2^2)}{\cos\theta}+2b\pi r_1 h+k_3 b\pi r_1^2\\
&\quad +\lambda\left[\frac{1}{3}\pi\tan(r_1^3-r_2^3)+\pi r_1^2 h-365\right].
\end{aligned}
$$

分别对 r_1，r_2，θ，h 求偏导，并使之为零，与 $V_P(r_1, r_2, h, \theta)-365=0$ 联立得到如下方程组：

$$\begin{cases}\dfrac{2\pi}{\cos\theta}r_1+2k_3b\pi r_1+2\pi h+\lambda\pi r_1^2\tan\theta+2\lambda\pi hr_1=0,\\ 2k_1b\pi r_2-\dfrac{2k_2b\pi r_2}{\cos\theta}-\lambda\pi r_2^2\tan\theta=0,\\ k_2b\pi(r_1^2-r_2^2)\dfrac{\sin\theta}{\cos^2\theta}+\dfrac{\lambda\pi(r_1^3-r_2^3)}{3\cos^2\theta}=0,\\ 2b\pi r_1+\lambda\pi r_1^2=0,\\ \dfrac{1}{3}\pi\tan(r_1^3-r_2^3)+\pi r_1^2h-365=0.\end{cases}$$

把上述方程组，利用 Matlab 软件中的 fsolve 函数求解(具体编程过程请参见附录二)，得到表 8－9.

表 8－9

上顶盖半径 r_2	圆柱体半径 r_1	圆台倾斜角 θ	圆柱体高度 h	乘子 λ	所用材料 V_p
0	4.015 4 cm	41.7°	5.811 2 cm	－0.498 1	2.705 3 cm³

结果验证：

通过观察数据，两种方法求得的结果基本一样，各项取其算数平均值，得到上顶盖半径 $r_2=0$，圆柱体半径 $r_1=4.1$ cm，圆台倾斜角 $\theta=41.75°$，圆柱体的高度 $h=5.86$ cm，此时所用材料 $V'=2.73\ \text{cm}^3$，所得形状如图 8－11 所示.

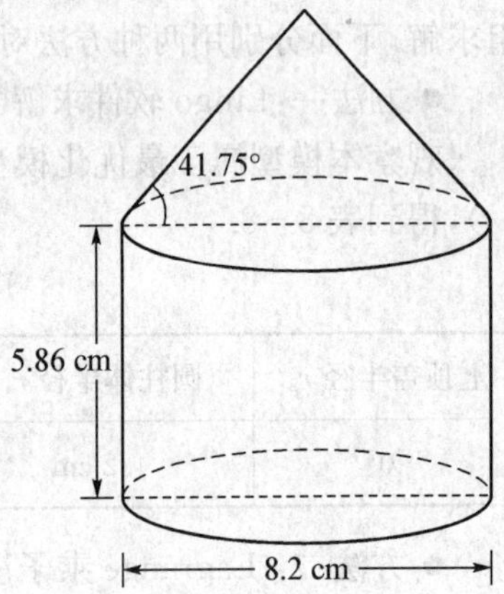

图 8－11

根据以上两种求解方法所求数据相同，但与易拉罐的实际形状和尺寸相差很大，需要对模型作出进一步改进.

4. 模型改进一

上述模型中，在处理易拉罐底面厚度时是简化为与圆柱体壁厚相同来解决的，但通过实际测量发现底面厚度与圆柱体壁厚是不相等的，并且底面厚度与顶面厚度相同都为 $3b$，即此时 $k_1=3$，$k_2=1$，$k_3=3$，将修改后的值代入模型，利用上述的两种方法，求得易拉罐形状的各项尺寸如表 8－10 所示.

表 8－10

上顶盖半径 r_2	圆柱体半径 r_1	圆台倾斜角 θ	圆柱体高度 h	所用材料 V_p
0 cm	3.1 cm	41.8°	10.8 cm	3.55 cm³

观察数据会发现，所得形状同图 8－11 类似，只是尺寸略有不同，用所得数据与问题一中实测数据进行比较，相差仍然比较大，所以还要对模型进行改进.

5. 模型改进二

在模型改进一中，只对易拉罐的各种壁厚进行了分析研究，发现并不能满足现实情况，因此要从其他分面考虑，通过对易拉罐的观察发现，易拉罐顶盖实际上并不是平面的，略有上拱，顶盖实际上是半径为 3＋0.4＋0.2＝3.6(cm)的材料冲压而成的，从顶盖到圆柱体部分的斜率为 0.3，这些要求也许保证了和易拉罐的薄的部分的焊接(黏合)很牢固、耐压. 所有这些都是物理、力学、工程或材料方面的要求，简单通过求材料最省是得不到满意的结果的，因此要对其进行改进. 假设易拉罐的上顶盖半径是已知的，通过问题一数据分析得到$r_2=3.005$ cm，将此值代入本题模型，并利用两种方法，求得易拉罐形状的各项尺寸如表 8－11 所示.

表 8－11

上顶盖半径 r_2	圆柱体半径 r_1	圆台倾斜角 θ	圆柱体高度 h	所用材料 V_p
3.0 cm	3.25 cm	73.9°	10.2 cm	4.12 cm^3

利用表 8－11 数据，进行绘图得到图 8－12. 观察表8－11 数据和所得图形，再与实测数据作比较，发现所得数据与实测数据之间的差值已经非常小，因此可以说明易拉罐形状和尺寸在满足一定的设计要求下是符合用料最省的.

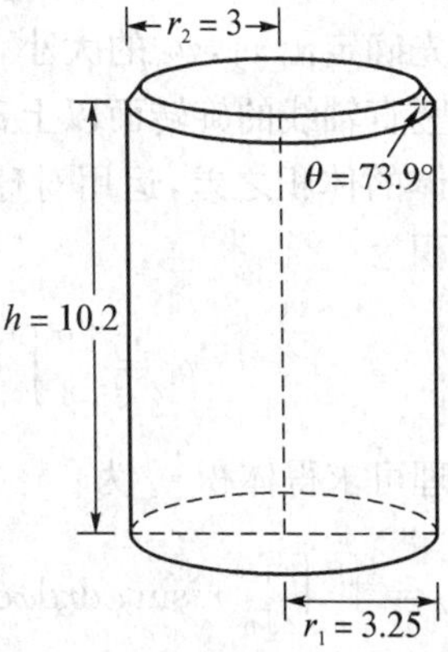

图 8－12

（四）问题四

1. 解题思路

本题仍以用料最少为最优设计进行分析计算，首先提出自己设计的易拉罐形状，然后对这种易拉罐用料及体积进行分析计算建立数学模型，并与问题三中简化的易拉罐进行比较，最终用两种方法对模型进行求解，得出自己易拉罐的尺寸标准.

2. 提出自己易拉罐的最优设计

通过对所测量易拉罐的观察分析，发现这种易拉罐还不是最省材料的，根据多面体中球体的表面积与其体积的比值最小的原理，提出将易拉罐中的圆台设计成球台，其形状简图如图 8－13 所示.

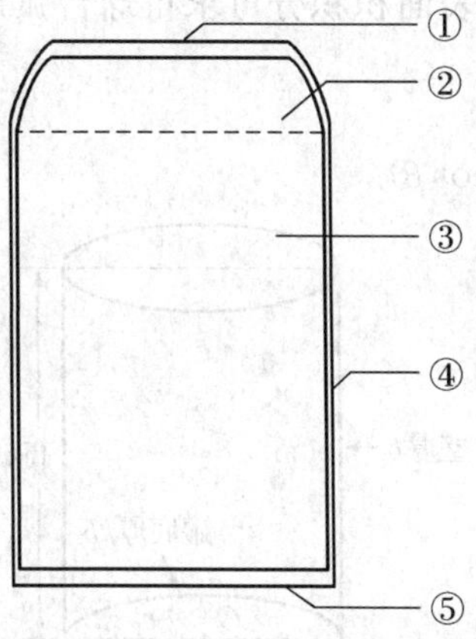

易拉罐

序号	名称	备注
①	顶盖	半径为 3 cm，厚度为 0.31 mm
②	球台	对应的球半径为 3.24 cm，厚度为 0.1 mm
③	正圆柱体	半径为 3 cm，高度为 9.77 cm
④	罐壁	厚度为 0.1 mm
⑤	罐底	半径为 3.24 cm，厚度为 0.31 mm

图 8－13

3. 模型的建立

通过观察设计形状简图,可以看到这种易拉罐可以分为两部分:一部分是上边的球台,一部分是下边的圆柱体,在它们的体积和满足要求的情况下,存在一种用料最省的尺寸标准.

(1) 球台部分的求解

球台可近似看成是由图 8-14 中的阴影部分绕其中轴线旋转而成的立体. 设球台的边缘弧线的半径为 r_3,球台下表面半径为 r_1,球台上表面半径为 r_2,上边缘端点与中轴线的夹角为 α,下边缘端点与中轴线的夹角为 β,球台边缘弧形部分壁厚等于圆柱体的壁厚为 b,球台上顶盖的厚度为 kb.

球台的体积 V_1.

根据图 8-14 可以看出球台体积是球中半径为 r_1 的圆面以上部分 v_1 与半径为 r_2 的圆面以上部分 v_2 的体积之差. 首先确定出 v_1, v_2 的大小,v_1 的大小为图中所示的半径 r_3 绕竖直轴线的旋转面以上部分的多面体与其下半部分的锥形体的体积之差,运用对球面坐标积分的方法可求出 v_1 的体积为

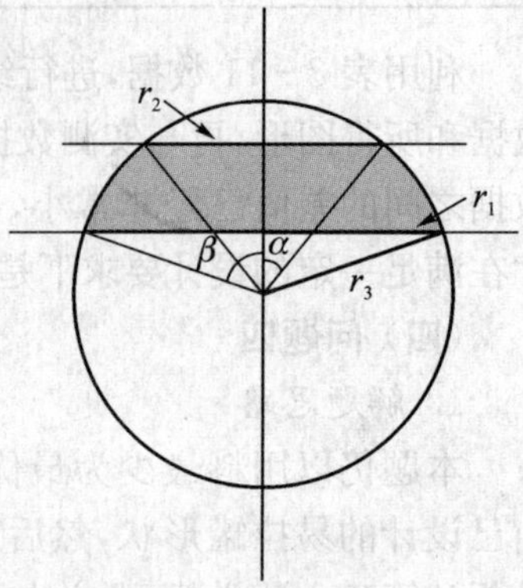

图 8-14

$$v_1 = \int_0^{2\pi}\int_0^{\beta}\int_0^{r_3} r^2 \sin\varphi \mathrm{d}r\mathrm{d}\varphi\mathrm{d}t.$$

同理可求得体积 v_2 为

$$v_2 = \int_0^{2\pi}\int_0^{\alpha}\int_0^{r_3} r^2 \sin\varphi \mathrm{d}r\mathrm{d}\varphi\mathrm{d}\theta = \frac{2\pi r_3^3}{3}(1-\cos\alpha) - \frac{\pi r_2^3}{3\tan\alpha}.$$

因此可求得球台体积 V_1 为

$$V_1 = v_1 - v_2 = \frac{2\pi r_3^3(\cos\alpha - \cos\beta)}{3} + \frac{\pi}{3}\left(\frac{r_2^3}{\tan\alpha} - \frac{r_1^3}{\tan\beta}\right).$$

球台上表面的面积 S_{V_1} 为:

$$S_{V_1} = \pi r_2^2.$$

球台弧形部分表面积 S_{V_2},根据二重积分用球面坐标对其表面积积分可求得球台弧形部分表面积 S_{V_2} 为:

$$S_{V_2} = \int_0^{2\pi}\int_{\alpha}^{\beta} r_3^2 \sin\varphi \mathrm{d}\varphi\mathrm{d}\theta = 2\pi r_3^2(\cos\alpha - \cos\beta).$$

(2) 圆柱体部分的求解

设圆柱体的高为 h,底面半径为 r_1,圆柱体的壁厚为 b,底面厚度为 kb,如图 8-15 所示.

圆柱体的体积 V_2 为:$V_2 = \pi r_1^2 h$;

侧面表面积 S_{V_3} 为:$S_{V_3} = 2\pi r_1^2 h$;

圆柱体的底面积 S_{V_4} 为:$S_{V_4} = \pi r_1^2$.

(3) 易拉罐的容积

由于 $d << r$,因此易拉罐的整体体积看成易拉罐的容

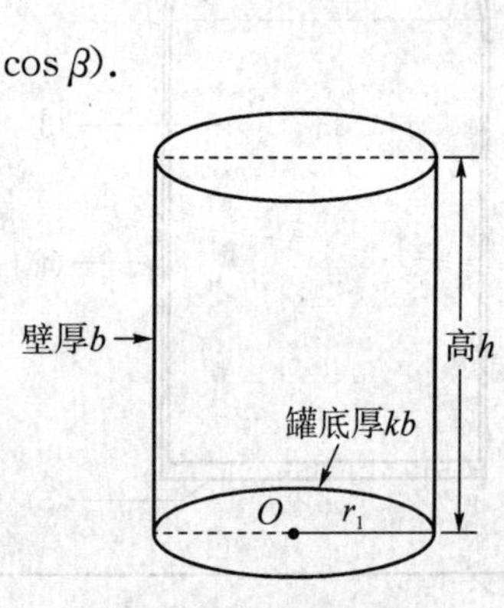

图 8-15

积，故总的易拉罐容积 V 为

$$\begin{aligned}V(\alpha,\beta,r_1,r_2,r_3,h)&=V_1+V_2\\&=\frac{2}{3}\pi r_3^3(\cos\alpha-\cos\beta)+\frac{1}{3}\pi\left(\frac{r_2^3}{\tan\alpha}-\frac{r_1^3}{\tan\beta}\right)+\pi r_1^2h.\end{aligned}$$

(4) 易拉罐所用材料的体积

由于薄片的体积等于面积乘以厚度，因此易拉罐所用材料的体积 SV 为

$$\begin{aligned}S_V(\alpha,\beta,r_1,r_2,r_3,h)&=kb\times S_{V_1}+b\times S_{V_2}+b\times S_{V_3}+kb\times S_{V_4}\\&=kb\pi r_2^2+2b\pi r_3^2(\cos\alpha-\cos\beta)+2b\pi r_1h+kb\pi r_1^2.\end{aligned}$$

综上所述，在易拉罐体积一定的条件下，以总用料最少为目标建立最优化模型如下：

$$\text{Min } S_V(\alpha,\beta,r_1,r_2,r_3,h).$$

$$\text{s. t.}\begin{cases}V(\alpha,\beta,r_1,r_2,r_3,h)=V_0,\\r_2=r_3\times\sin(\alpha),\\r_1=r_3\times\sin(\beta),\\r_1,r_2,r_3,h>0,\\\alpha\leqslant\beta,\\0<\alpha,\beta<\dfrac{\pi}{2}.\end{cases}$$

4. 模型求解

(1) 模型简化

在本模型中有不少数据是不能通过材料最省来确定的，它们的尺寸与其他方面(如焊缝长度、工时少、运输方便等)有关系，因此通过以上模型不能对其求解，要进行简化，如下：

1) k 值的确定是根据易拉罐顶盖和底盖所需要的强度来确定的不能因为材料省而使 k 值变小，通过问题一的测量数据可以得到 $k=2.9881$；

2) 顶盖其实不是完全的平面形，而是向上拱起的，是由薄片挤压而成，并且考虑到罐体的美观、实用性、运输方便等，其大小不能通过求材料最省得到，根据问题一的测量数据得到 $r_2=3.005$ cm；

3) 对于本题假设易拉罐所要满足的容量 $V_0=365\ \text{cm}^3$.

(2) 求解方法

对于本模型在求解的时候有两种方法：

1) 直接利用 Lingo 软件求解；

2) Langrange 乘子法：构造 Langrange 函数，并对所有未知参数求偏导得到一组方程，然后利用 Matlab 软件解非线性方程组得到，所有参数的值.

● 方法一：Lingo 软件求解

本模型属于最优化模型，因此在求解时可利用 Lingo 软件编程求解(具体编程过程请参见附录五). 所得结果，圆柱体半径 $r_1=3.24$ cm，球台的半径 $r_3=3.24$ cm 圆柱体高 $h=9.77$ cm，与弧形部分有关的角 $\alpha=1.17$，$\beta=1.57$，此时所用材料为 $4.10\ \text{cm}^3$.

● 方法二：Langrange 乘子法和 Matlab 软件求解

构造 Langrange 函数

$$L(\alpha,\beta,r_1,r_2,r_3,h)=kb\pi r_2^2+2b\pi r_3^2(\cos\alpha-\cos\beta)+2b\pi r_1h+kb\pi r_1^2$$
$$+\lambda\left[\frac{2}{3}\pi r_3^3(\cos\alpha-\cos\beta)+\frac{1}{3}\pi\left(\frac{r_2^3}{\tan\alpha}-\frac{r_1^3}{\tan\beta}\right)+\pi r_1^2h-365\right].$$

分别对 α, β, r_1, r_2, r_3, h 求偏导,并使之为零,得到如下方程组:

$$\begin{cases}-2b\pi r_3^2\sin\alpha-\dfrac{2}{3}\lambda\pi r_3^3\sin\alpha-\dfrac{\lambda\pi r_2^3}{3\sin^2\alpha}=0,\\ 2b\pi r_3^2\sin\beta+\dfrac{2}{3}\lambda\pi r_3^3\sin\beta+\dfrac{\lambda\pi r_1^3}{3\sin^2\beta}=0,\\ 2b\pi h+2kb\pi r_1-\dfrac{\lambda\pi r_1^2}{\tan\beta}+2\lambda\pi r_1h=0,\\ 2kb\pi r_2+\dfrac{\lambda\pi r_2^2}{\tan\alpha}=0,\\ 4b\pi r_3(\cos\alpha-\cos\beta)+2\lambda\pi r_3^2(\cos\alpha-\cos\beta)=0,\\ 2b\pi r_1+\lambda\pi r_1^2=0,\\ \dfrac{2}{3}\pi r_3^3(\cos\alpha-\cos\beta)+\dfrac{1}{3}\pi\left(\dfrac{r_2^3}{\tan\alpha}-\dfrac{r_1^3}{\tan\beta}\right)+\pi r_1^2h-V_0=0.\end{cases}$$

把 $b=0.010\,2$ cm, $k=2.988\,1$, $r_2=3.005$ cm, $V_0=365$ cm^3 代入以上方程组,利用 Matlab 中的 fsolve 函数编程的得到(具体编程过程请参见附录六),圆柱体的半径 $r_1=3.246\,3$ cm,球台所在球体的半径 $r_3=3.246\,5$ cm,圆柱体的高 $h=9.767\,9$ cm,与弧形部分有关的两个角度 $\alpha=1.168\,9°$, $\beta=1.570\,0°$,所用材料为 4.097 9 cm^3.

对两种方法所得结果,求算术平均值得到易拉罐各项尺寸,圆柱体半径为 3.24 cm,圆柱体的高度为 9.77 cm,圆柱体上顶盖为 0.31 mm,球台上顶盖半径为 3 cm,球台弧形部分壁厚为 0.1 mm,圆柱体底面厚度为 0.31 mm.

5. 结果检验

通过观察数据可以看到两种解法求得的结果是比较接近的,但观察两种解法会发现,第一种解法明显简单于第二种解法,这也说明了数学软件的在处理大型数学模型中的重要性,但第二种解法也是有道理的,并且在没有计算机辅助下,它是求解多元最值问题的最基本、最常用的方法之一.

(1) 与原来的设计相比较

此种设计易拉罐所用的总材料体积为 4.10 cm^3,实际所用材料总体积为 4.12 cm^3(问题三已求),因此这种设计能节省 0.49%的材料,虽然每个节省的材料并不是很多,但当大量生产的时候,能够节省的经济价值也是相当可观的.

(2) 验证该设计符合审美标准

通过本题求解发现这种设计,得到的圆柱体的高度为 9.77 cm,直径为 6.48 cm,直径与高度的比值为 0.66,这也是基本符合"黄金分割"的.

(五) 问题五(短文)

关于数学建模问题

结合三昼夜的竞赛和两个多月辛苦培训所获得的经验以及平时学习过程中得到的知

识,然后认真深入的探讨和研究题目中给我们的提问,经过反复揣摩得到了以下真谛.

所谓数学模型就是用数学符号对一类实际问题或实际系统发生的现象做近似的描述,而数学建模则是获得该模型、求解该模型并得到结论以及验证结论是否正确的全过程,数学建模不仅是了解系统基本规律的强有力工具,而且从应用的观点来看更重要的是预测和控制所建模系统的行为的强有力的工具.许多重要的物理现象,常常是从某个实际问题的简化数学模型的求解中发现,并给予明确的数学表述.

在对实际现象中利用数学知识建立数学模型能够更好地了解该现象,但是可以应用数学方法来解决的数学模型是比较麻烦的,因为实际现象通常都是极为复杂的,所以不经过系统化理想化的化简是很难进行研究的.为此,数学建模的系统大体上可分为以下 7 个关键步骤:

(1) 对选定的实际问题进行观察、分析.

(2) 对实际问题进行必要的抽象或简化,作出合理的假设.

(3) 确定出建立的模型中需要的变量和参数.

(4) 根据某种数学方法、各学科中的定律、已推证的算法、相关的经验(都是正确的)等建立变量和参数间确定的数学关系(数学模型).实际当中这个关系是非常难以发现的.

(5) 解析或近似地求解该数学问题,可以以复杂的数学理论和方法为基础然后利用计算机编程或者启发式算法对结果进行求解.对结果进行计算,方法也是很难确定的.

(6) 得出结果后,用计算出的结果对实际问题中出现的现象进行对比或用某种方法(例如:已存数据、实验数据或现场测试数据等)来验证结果是否正确.

(7) 如果第(6)步的结果是可行的,那么就可以试用于现实;如果是否定的,那就要回头对第(1)至(7)步进行仔细分析和检验,如果还是无果就重复上述建模过程从新开始.

如果要对数学建模下定义,上述 7 个步骤的多次重复的过程就是它最好的诠释.认真研读和通过实践上面的 7 个步骤后可以发现,其中的 3 个要素是数学建模过程中的主干,其他部分都是对它们的一个衔接和延伸.然而这 3 个要素也是数学建模过程中的重点难点,它们分别是:

(1) 如何从实际情况着手做出合理的假设,并通过各种手段(例如:数学方法、物力知识、计算机知识、生物知识等)设计出符合题意并且能够进行求解的合理数学模型.

(2) 如何求解模型中出现的数学问题.它可能是非常困难的问题,因为求解用到的知识太多,算法也太广.

(3) 如何验证模型是正确、可行的.这个步骤也是比较难操作的,因为得出的结果都有随机性.检验的方法不可能都十分相似,因此怎样才能选取一个合适的方法进行检验也较困难.

对于本题来说,它的建模步骤在整个论文中已经体现出来了,而它建模的难点分别从以下三个要素进行说明:

(1) 本题对易拉罐的形状进行了多种假设,而每种假设都可能因为形状中某种属性(例如:易拉罐的顶盖和罐壁的厚度)的变化而对数学模型的建立产生影响.在对模型的建立时要考虑多方面因素,比较麻烦.

(2) 当根据各种假设建立出数学模型后,同时涌现出了多种数学方法(例如:拉格朗日乘子法、求条件极值法、数学软件等),而从中选取一个或者多个较准确的方法进行求解也是相当困难的.

(3) 通过某些算法将结果求出后,是利用其他数学方法算出来的结果进行检验还是利用历史数据或者实测数据进行检验? 对检验的方法也是相当困难的.

六、模型推广

对于本题中所建立的模型,对于那些形状与易拉罐相似的容器同样适用. 当容器的各个面的材料不同时,可以根据材料价格的不同,以材料费用最少为目标对原模型进行改进. 当容器不需要顶盖时,同样可在上面的模型的基础上进行改进. 下面分别针对不同的情况进行说明:

(1) 第一种情况

将容器视为正圆柱体,当各个面所用材料不相同时,需要考虑每种材料的价格,此时需要以容量一定,容器的材料成本最低为目标建立最优化模型. 由实际情况可知,生产一个正圆柱形容器所需要的总材料费用由易拉罐的顶盖、圆柱回转面和下底面的材料费用组成. 将各个子费用分别求出相加从而简化了模型中目标的难度.

1) 目标确定

参数确定:设圆柱体回转面单位面积材料价格为一个单位 p,上顶材料价格为 $n_1 p$,下底材料价格为 $n_2 p$,设圆柱体底面半径为 r,高度为 h,则

① 上顶面的材料费用为:$\pi r^2 n_1 p$;

② 圆柱回转面的材料费用为:$2\pi rhp$;

③ 下底面的材料费用为:$\pi r^2 n_2 p$.

生产一个正圆柱形容器所需要的总材料费用为

$$S_P(r, h) = \pi r^2 n_1 p + 2\pi rhp + \pi r^2 n_2 p.$$

圆柱的体积 V 为: $V(r, h)=\pi r^2 h.$

2) 模型建立

根据生产材料费用最少可建立如下模型:

$$\text{obj.}\quad \text{Min}\, S_P(r, h).$$

$$\text{s.t.}\quad V(r, h)=C.$$

$$r, h>0.$$

3) 模型求解

在求解模型时可运用求解易拉罐材料最省时的模型的方法,如变量代换求极值、Lingo软件直接求解、Lagrange 乘子法. 具体求解方法不再详述. 可求得 h 与 r 的关系式如下:

$$h = (n_1 + n_2)r.$$

(2) 第二种情况

将容器视为无顶盖的圆柱体,可考虑制造该容器的材料相同,各面的厚度不同,以容量一定、所用材料最少为目标建立最优化模型. 由题意可知,正圆柱形容器所需要的总用料体积分为圆柱回转面的用料体积和下底面的用料体积.

1）目标确定

参数确定：设圆柱体回转面的厚度为一个单位 b，下底厚为 mb.

① 圆柱回转面的用料体积为：$2\pi rhb$；

② 下底面的用料体积为：$\pi r^2 mb$.

则生产一个正圆柱形容器所需要的总用料体积为 $S_V(r, h)=2\pi hb+\pi r^2 mb$.

圆柱的体积 V 为：$V(r, h)=\pi r^2 h$.

2）模型建立

于是可建立模型如下：

$$\begin{aligned} &\text{obj.} \quad \text{Min } S_V(r, h). \\ &\text{s. t.} \quad V(r, h)=C. \\ &\qquad\quad r, h>0. \end{aligned}$$

3）模型求解

对本模型求解时，也是运用上面所说的方法进行求解，具体求解过程不再赘述. 求得 h 与 r 的关系式如下：$h=mr$.

七、总结

综合本论文中的所有模型可发现一普遍规律，在容器形状及容积固定的前提下，只要以用料费用最少为目标，根据容器用料费用关系与容器形状各尺寸的关系式及容积与容器各尺寸的关系式，即可建立相应模型如下：

$$\begin{aligned} &\text{obj.} \quad \text{Min } S_P(x_1, x_2, \cdots, x_n). \\ &\text{s. t.} \quad V(x_1, x_2, \cdots, x_n)=C. \\ &\qquad\quad x_1, x_2, \cdots, x_n>0. \end{aligned}$$

模型说明：$x_1, x_2, \cdots, x_n$ 表示容器形状的所有尺寸变量；

S_P 表示容器用料费用；

V 表示容器的容积.

对于该种模型可运用软件直接求解的方法，也可运用 Lagrange 乘子法将模型转化为方程组的形式在求解. 对于尺寸变量为 2 的情况可直接运用变量代换求极值的方法比较简单，但对于变量较多时，运用软件求解是一种很快捷的方法.

当要求容器中的某几个尺寸为常量时，可在模型中直接限制；当要求容器的某几个尺寸的比例关系一定时，可运用列方程的方法对变量之间的关系进行求解.

综上可以看出对于此类问题具有很强的规律性，由简单的易拉罐设计问题可以推广到其他各种容器的优化设计.

参考文献

[1] 姜启源著. 数学模型. 北京：高等教育出版社，2002

[2] 叶其孝. 数学建模教育与国际数学建模竞赛. 中国工业与应用数学学会《工科数学》杂志社，1994

[3] 飞思科技产品研发中心. MATLAB7 基础与提高. 北京:电子工业出版社,2005
[4] 同济大学应用数学系. 高等数学(第五版·下册). 北京:高等教育出版社,2002
[5] 叶其孝. 初探大学生数学建模竞赛的深入开展. 北京理工大学
[6] 谢金星,薛毅. 优化建模与 LINDO/LINGO 软件. 北京:清华大学出版社,2005

附　录

附录一　问题三模型求解 Lingo 软件程序

```
MIN=3 * 3.1415926 * R2^2 + 3.1415926 * (R1^2 - R2^2)/@COS(E) + 2 *
3.1415926 * R1 * H+3.14159
365=1/3 * 3.1415926 * @TAN(E) * (R1^3-R2^3)+3.1415926 * R1^2 * H;
26 * R1^2;    ! E:代表圆台的倾斜角 θR1>R2;    ! R1:代表圆柱体的半径 r1
E<=1.57;    ! R2:代表上顶盖的半径 r2
```

附录二　问题三模型求解 Matlab 软件程序

1. 在文件编辑区建立待求方程组文件并保存

```
function y=fun(x)
y=[2 * pi * x(1)/cos(x(3))+2 * pi * x(5)+2 * pi * x(1)+x(4) * (pi * tan(x(3)) *
x(1)^2+2 * pi * x(1) * x(5)),
6 * pi * x(2)-2 * pi * x(2)/cos(x(3))-x(4) * pi * tan(x(3)) * x(2)^2,
pi * (x(1)^2-x(2)^2) * sin(x(3))/(cos(x(3)))^2+x(4) * pi/3 * (x(1)^3-x(2)^
3)/(cos(x(3)))^2,
2 * pi * x(1)+x(4) * pi * x(1)^2,
1/3 * pi * tan(x(3)) * (x(1)^3-x(2)^3)+pi * x(1)^2 * x(5)-355]
```

2. 在 Matlab 的命令窗口输入以下命令求解

```
clear
x0=[1, 1, 1, 1, 1];
fsolve(@fun,x0,optimset)
```

(注:输出结果中 $x1$—$x5$ 分别代表圆柱体半径、上顶盖半径、圆台倾斜角、拉格朗日乘子、圆柱体的高度)

附录三　问题三模型改进一 Lingo 软件程序

```
MIN=3 * 3.1415926 * R2^2 + 3.1415926 * (R1^2 - R2^2)/@COS(E) + 2 *
3.1415926 * R1 * H+3 * 3.1415926 * R1^2;
365=1/3 * 3.1415926 * @TAN(E) * (R1^3-R2^3)+3.1415926 * R1^2 * H;
R1>R2;    ! 符号含义同附录一
E<=1.57;
```

附录四　问题三模型改进二 Lingo 软件程序

```
MIN=3 * 3.1415926 * R2^2 + 3.1415926 * (R1^2 - R2^2)/@COS(E) + 2 *
3.1415926 * R1 * H+3 * 3.1415926 * R1^2;
365=1/3 * 3.1415926 * @TAN(E) * (R1^3-R2^3)+3.1415926 * R1^2 * H;
R1>R2;
```

```
E<=1.57;            ! 符号含义同附录一
R2=2.9881;
```

附录五 问题四 Lingo 软件程序

```
MIN=3*3.1415926*R2^2+2*3.1415926*R^2*(@COS(E1)-@COS(E2))+
2*3.1415926*R1*H+3*3.1415926*R1^2;
3.1415926*2/3*(@COS(E1)-@COS(E2))*R^3+1/3*3.1415926*(R2^3/@
TAN(E1)-R1^3/@TAN(E2))+3.1415926*R1^2*H=365;
R2=R*@SIN(E1)! R1:表示圆柱体半径
R1=R*@SIN(E2)! R2:表示上顶盖半径
R2=3;               ! R3:表示球台对应的求半径
E1<=1.57;           ! E1,E2:表示与球台弧形部分有关的两个角度
E2<=1.57;           ! H:圆柱体的高度
E1<E2;
R>=R1;
```

附录六 问题四 Matlab 软件程序

1. 在文件编辑区建立待求方程组文件并保存

```
function y=fun(x)
y=[9.03*pi*sin(x(2))^2*(-2)*cos(x(1))/sin(x(1))^3-6.01*pi*sin(x(2))
*cos(x(1))/sin(x(1))^2*x(3)+26.983*pi*sin(x(2))^2*(-2)*cos(x(1))/sin(x
(1))^3+18.09*pi*x(4)*(-sin(x(1))^4-3*sin(x(1))^2*cos(x(1))^2)/sin(x
(1))^6-18.09*pi*x(4)*cos(x(2))*(-3)*cos(x(1))/sin(x(1))^4+x(4)*pi/3*
27.135*(-1)/sin(x(1))^2+9.03*pi*sin(x(2))^2*x(3)*(-2)*cos(x(1))/sin(x
(1))^3,
9.03*pi*2*sin(x(2))*cos(x(2))/sin(x(1))^2+6.01*pi*cos(x(2))*x(3)/sin
(x(1))+26.9826*pi*2*sin(x(2))*cos(x(2))/sin(x(1))^2+18.09*pi*x(4)/sin(x
(1))^3*sin(x(2))-27.135*pi/3*(2*sin(x(2))*cos(x(2))^2-sin(x(2))^3)+9.03
*pi*x(3)/sin(x(1))^2*2*sin(x(2))*cos(x(2)),
6.01*pi*sin(x(2))/sin(x(1))+9.03*pi*sin(x(2))^2/sin(x(1))^2*x(4),
18.09*pi*(cos(x(1))-cos(x(2)))/sin(x(1))^3+pi/3*(27.135/tan(x(1))-
27.135*sin(x(2))^3/tan(x(2)))+9.03*pi*sin(x(2))^2*x(3)/sin(x(1))^2-365]
```

2. 在 Matlab 的命令窗口输入如下内容求解

```
clear
x0=[1, 1, 1, 1];
fsolve(@fun, x0, optimset('fsolve'))
```

(注:本程序已经过化简,有些部分会与模型略有不同,输出结果 $x1$—$x4$ 分别代表 α, β, h, λ)

参考答案

习题 1－1

1. (1) $x\in(-2,2)$ (2) $x\in[-1,3]$ (3) $x\in(e,+\infty)$ (4) $x\in[0,+\infty)$ (5) $x\in[-1,1]$ (6) $x\in[-2,-1)\cup(-1,1)\cup(1,+\infty)$

2. $f(x)=\dfrac{3-x}{5-x}$, $f[f(x)]=\dfrac{6-x}{11-2x}$, $f(0)=\dfrac{3}{5}$

3. (1) 偶 (2) 非奇非偶 (3) 奇 (4) 偶

4. (1) $y=\dfrac{1}{u}$, $u=1+4x$ (2) $y=u^5$, $u=3-2x$ (3) $y=u^2$, $u=\tan v$, $v=\dfrac{x}{3}$ (4) $y=\cos u$, $u=\sqrt{v}$, $v=\ln x$ (5) $y=3^u$, $u=\arctan v$, $v=\dfrac{1}{x}$ (6) $y=\sec u$, $u=1+x^2+x^4$

5. $m=\begin{cases}ks, & 0\leqslant s\leqslant a,\\ ka+\dfrac{4}{5}k(s-a), & s>a\end{cases}$

6. $y=2a\left(x^2+\dfrac{2v}{x}\right)$, $x\in(0,+\infty)$

7. 当 $n=20$ 时，房租收入达到最大 $R=16\,000$ 元，将空出 $n=20$ 套高级客房

8. (1) 150 台 (2) 2 500 台 (3) 175 台

习题 1－2

1. 略

2. 略

3. (1) 否 (2) 否

4. (1) 5 (2) 1 (3) 0 (4) 不存在 (5) 2 (6) 1 (7) 0 (8) $-\dfrac{\pi}{2}$ (9) 12 (10) 1 (11) 0 (12) 1

5. (1) 无穷大 (2) 无穷小 (3) 无穷大 (4) 无穷小

6. $\lim\limits_{x\to1}f(x)=1$, $\lim\limits_{x\to0^-}f(x)=-1$, $\lim\limits_{x\to0^+}f(x)=1$, $\lim\limits_{x\to0}f(x)$ 不存在

7. $\lim\limits_{x\to1}f(x)=-1$, $\lim\limits_{x\to0}f(x)=0$, $\lim\limits_{x\to\frac{\pi}{2}}f(x)=1$, $\lim\limits_{x\to\pi}f(x)$ 不存在, $\lim\limits_{x\to4}f(x)=1$

习题 1－3

1. (1) 2 (2) $\dfrac{1}{8}$ (3) $\dfrac{1}{4}$ (4) $\dfrac{1}{2}$ (5) $\dfrac{1}{2}$ (6) $\dfrac{1}{5}$ (7) 3 (8) 2 (9) 1 (10) $\dfrac{1}{3}$ (11) 1 (12) e (13) e (14) $\sqrt{e}$ (15) 1

2. (1) $\dfrac{1}{9}$ (2) -2

3. $S_n=\dfrac{nR^2}{2}\sin\dfrac{2\pi}{n}$ **4.** 1 000 000

5. $\lim\limits_{n\to\infty}A_n=\lim\limits_{n\to\infty}A\,(1+r)^n=+\infty$，其实际意义为：存款时间越长，本利和越大，当存款时间无限长时，本利和也无限增大

6. 1

习题 1－4

1. (1) $x=0$ 第一类跳跃间断点 (2) 无间断点 (3) $x=0$ 第一类跳跃间断点 (4) $x=k\pi+\frac{\pi}{2}$第二类无穷间断点
2. 不连续
3. 可去间断点
4. (1) 1 (2) 0 (3) 1 (4) 1
5. 略
6. $a=b=1$

复 习 题 一

一、1. C 2. B 3. C 4. D 5. B 6. B 7. C 8. D 9. D 10. C 11. A

二、1. $[-2, 2]$ 2. $y=e^u$, $u=\sqrt[3]{x}$ 3. $f(x)=(x-2)^2+1$ 4. 不存在 5. $[0, 3)$

三、1. $\frac{3}{2}$ 2. $\frac{1}{16}$ 3. 0 4. $\frac{1}{2}$ 5. $\frac{2}{3}$ 6. -1 7. $e^{-\frac{3}{2}}$ 8. $\frac{2}{9}$ 9. $\frac{\sin 1}{2}$ 10. -5

四、$a=0$, $b=-1$

五、$k=0$ 时,极限为 1;$k\neq 0$ 时,极限不存在

六、连续区间为 $(-\infty, 0)\cup(0, +\infty)$,$x=0$ 为第二类间断点

七、略

八、552.05 元

九、$S=2\pi r^2+2\pi r\cdot\frac{v}{\pi r^2}=2\left(\pi r^2+\frac{v}{r}\right)$, $r\in(0, +\infty)$

十、一年期存款有较多的收益,多 $0.003\,331\,84A$

十一、月收入为 $R=x(200-x)$,成本为 $C=50(200-x)$,则月利润为 $L=R-C=x(200-x)-50(200-x)=(200-x)(x-50)$

十二、当每月健身次数小于 100 次时,当选择第二家,否则应选择第一家

十三、设总销售量为 Q 吨,销售总收益为 R 元,依题意有:

(1) 当 $0\leqslant Q\leqslant 700$ 时,$R=130Q$;

(2) 当 $700<x\leqslant 1\,000$ 时,

$$R=130\times 700+130\times 90\%\times(Q-700)=117Q+9\,100.$$

因此

$$R=\begin{cases}130Q,\ 0\leqslant Q\leqslant 700,\\117Q+9\,100, 700<Q\leqslant 1\,000\end{cases}$$

十四、略

习题 2－1

1. (1) √ (2) × (3) × (4) × (5) × (6) √
2. (1) $\bar{v}=1+\Delta t$ (2) $v(1)=1$
3. (1) $y^1=2x$ (2) $y^1=2\cos 2x$
4. (1) $y'|_{x=1}$ (2) $y^1=1$
5. 切线方程为 $y=\frac{x}{e}$,法线方程为 $y=-ex+e^2+1$

6. 切线方程为 $y=3x-2$ 或 $y=3x+2$

7. 切线方程为 $y=\frac{1}{2}(x+1)$

8. 连续;不可导;有切线

9. $f^1(0)=0$

10. 函数 $f(x)$ 在 $x=0$ 处连续且可导

习题 2-2

1. (1) $y'=\frac{1}{3}x^{-\frac{2}{3}}$ (2) $y'=2x\cdot\ln 2-\frac{1}{x^2}$ (3) $s'=2e^t\cdot\cos t-2e^t\cdot\sin t$ (4) $y'=2x\cdot\cos(\ln x)+x^2\left(\frac{\cos x}{x}-\sin(\ln x)\right)$ (5) $y'=\frac{2}{(x+1)^2}$

2. $y'(0)=1$, $y'(1)=\frac{1}{4}-\frac{\pi}{8}$

3. (1) $y'=\frac{-3}{(3x-7)^2}$ (2) $y'=\frac{3}{\sqrt{1-x}}$ (3) $y'=3\sec^2(3x-1)$ (4) $y'=e^{-x}-xe^{-x}+2x\cdot e^{\frac{x}{2}}+\frac{1}{2}x^2e^{\frac{x}{2}}$ (5) $y'=3\cos^2(\cos x)\cdot\sin(\cos x)\cdot\sin x$ (6) $y'=\frac{31n^2(x+1)}{x+1}$

4. 切线方程为 $y-e=2(x-e)$,法线方程为 $y-e=-\frac{1}{2}(x-e)$

5. (1) $y'=-\frac{y}{e^y+x}$ (2) $y'=\frac{\cos y}{x\cdot\sin y-1}$

6. $y=-\frac{1}{3}x+1$

7. (1) $y'=(1+x^2)^x\cdot\left[\ln(1+x^2)+\frac{2x^2}{1+x^2}\right]$

(2) $y'=\frac{\sqrt{x+2}(x+2)^2}{(x+3)^3}\left[\frac{1}{2(x+2)}+\frac{2}{x-3}-\frac{3}{x+1}\right]$

8. $y'=\frac{\sin t}{1-\cos t}$

9. $y'|_{t=1}=-2$

10. (1) $y''=-6\sin x-3x\cdot\cos x$ (2) $y''=\frac{1+2x}{x^4}e^{\frac{1}{x}}$

11. $f''(0)=2$

12. $y^{(n)}=(-1)^{n-1}(n-1)!\,x^{-n}$

13. $v_{(0)}=6$, $a_{(0)}=9$

14. 略

习题 2-3

1. (1) $\frac{\partial z}{\partial x}=3x^2y-y^3,\frac{\partial z}{\partial y}=x^3-3xy^2$ (2) $\frac{\partial z}{\partial x}=-\frac{1}{3}x^{-\frac{4}{3}},\frac{\partial z}{\partial y}=3\cdot(-3)\cdot y^{-4}=-\frac{9}{y^4}$ (3) $\frac{\partial z}{\partial x}=e^{-xy}-xye^{-xy},\frac{\partial z}{\partial y}=-x^2e^{-xy}$ (4) $\frac{\partial z}{\partial x}=\frac{-2y}{(x-y)^2},\frac{\partial z}{\partial y}=\frac{2x}{(x-y)^2}$ (5) $\frac{\partial z}{\partial x}=\frac{-y}{x^2+y^2},\frac{\partial z}{\partial y}=\frac{x}{x^2+y^2}$

(6) $\frac{\partial z}{\partial x}=y\cos(xy)-2y\cos(xy)\cdot\sin(xy),\frac{\partial z}{\partial y}=x\cos(xy)-2x\cos(xy)\cdot\sin(xy)$

2. (1) $\frac{\partial^2 z}{\partial x^2}=6x-4y^2,\frac{\partial^2 z}{\partial y^2}=6y-4x^2,\frac{\partial^2 z}{\partial x^2 y}=-8xy$ (2) $\frac{\partial^2 z}{\partial x^2}=\frac{-2xy}{(x^2+y^2)^2},\frac{\partial^2 z}{\partial y^2}=\frac{2xy}{(x^2+y^2)^2}$,

$\frac{\partial^2 z}{\partial x \cdot \partial y}=\frac{x^2-y^2}{(x^2+y^2)^2}$ (3) $\frac{\partial^2 z}{\partial x^2}=y(y-1)x^{y-2}$, $\frac{\partial^2 z}{\partial y^2}=x^y \cdot \ln^2 x$, $\frac{\partial^2 z}{\partial x \partial y}=x^{y-1}(-1+y\ln x)$ (4) $\frac{\partial^2 z}{\partial x^2}=-\cos x e^y$, $\frac{\partial^2 z}{\partial y^2}=e^y \cos x$, $\frac{\partial^2 z}{\partial x \partial y}=-\sin x e^y$

习题 2-4

1. 略

2. $\Delta y=\ln(1.002)$，$dy=0.002$

3. (1) $dy=-\frac{2}{x^3}dx$ (2) $dy=(12x^3-12x+1)dx$ (3) $dy=-\sin 2x dx$ (4) $dy=\left[e^x(1+x)+\frac{1}{x+1}\right]dx$

4. (1) $2x$ (2) e^x (3) $\ln|t|$ (4) $\tan x$ (5) $\ln|x+1|$ (6) $e^{\sqrt{x}}$ (7) $\frac{1}{2}\sin 2x$ (8) $\ln(1+x^2)$

5. (1) 0.870 4 (2) 8.944 4

6. 3.14 cm^2

复 习 题 二

一、**1.** D **2.** C **3.** B **4.** A **5.** A **6.** C

二、**1.** $y=0$ **2.** $1-\frac{2}{x^3}$ **3.** $x^x(\ln x+1)$ **4.** 10 **5.** 13 和 10

三、**1.** $y'=-\frac{1}{3x^{\frac{4}{3}}}$ **2.** $y'=2\cos x$ **3.** $y'=e^x \cdot \ln x+\frac{e^x}{x}$ **4.** $y'=\frac{\sec^2 x(1+\cos x)+\tan x \cdot \sin x}{(1+\cos x)^2}$

5. $y'=2e^{-\frac{1}{x^2}} \cdot x^{-3}$ **6.** $y'=\frac{y \cdot \cos xy}{1-x\cos(xy)}$ **7.** $y'=\frac{2x}{x^2+1}$ **8.** $y'=(x+x^2)^x\left[\ln(x+x^2)+\frac{1+2x}{1+x}\right]$

四、$a=\frac{1}{2}$，$b=1$，$c=1$

五、$y'=2e^x \cdot \cos x$，$y''=2e^x(\cos x-\sin x)$，$y'_{(0)}=2$，$y''_{(0)}=2$

六、$y'=\frac{b}{a\sin t}$

七、① $dy=\frac{3}{1+9x^2}dx$ ② $x=\pm\frac{\sqrt{2}}{3}$

八、27.946 g

习题 3-1

1. $x=\frac{\pi}{2}$ **2.** 提示：设 $F(x)=e^{-kx}f(x)$ **3.** 提示：设 $F(x)=xf(x)$ **4.** 提示：设 $f(x)=\ln x$

习题 3-2

1. (1) 1 (2) $\frac{2}{3}$ (3) $\frac{1}{2}$ (4) 1 (5) $\frac{1}{6}$ (6) 1

2. (1) $\frac{1}{2}$ (2) $-\frac{1}{2}$ (3) 1 (4) $\frac{1}{e}$

习题 3-3

1. (1) 增区间$(-1, 0)$和$(1, +\infty)$，减区间$(-\infty, -1)$和$(0, 1)$，极小值 $f(-1)=-6$，$f(1)=-6$，

极大值 $f(0)=-5$ (2) 增区间 $(0,+\infty)$，减区间 $(-1,0)$，极小值 $f(0)=0$ (3) 增区间 $(-\infty,-2)$ 和 $\left(-\frac{4}{5},+\infty\right)$，减区间 $\left(-2,-\frac{4}{5}\right)$，极大值 $f(-2)=0$，极小值 $f\left(-\frac{4}{5}\right)=-\frac{26\,244}{1\,875}$ (4) 增区间 $(-1,1)$，减区间 $(-\infty,-1)$ 和 $(1,+\infty)$，极小值 $f(-1)=-\frac{1}{2}$，极大值 $f(1)=\frac{1}{2}$

2. (1) 最大值 $f(-1)=10$，最小值 $f(-4)=-7$ (2) 最大值 $f(100)=100.01$，最小值 $f(-1)=2$

3. $h=2\sqrt[3]{\frac{50}{2\pi}}\approx4$，$r=\sqrt[3]{\frac{50}{2\pi}}\approx2$

4. $v=10\sqrt[3]{20}\approx27.14$

习题 3-4

1. (1) 凹区间 $\left(-\infty,-\frac{1}{\sqrt{3}}\right)$ 和 $\left(\frac{1}{\sqrt{3}},+\infty\right)$，凸区间 $\left(-\frac{1}{\sqrt{3}},\frac{1}{\sqrt{3}}\right)$，拐点 $\left(-\frac{1}{\sqrt{3}},\frac{3}{4}\right)$ 和 $\left(\frac{1}{\sqrt{3}},\frac{3}{4}\right)$ (2) 凹区间 $(-\infty,+\infty)$

2. (1) 垂直渐近线 $x=0$ (2) 水平渐近线 $y=0$ (3) 水平渐近线 $y=-\frac{\pi}{2}$ 和 $y=\frac{\pi}{2}$ (4) 垂直渐近线 $x=0$ 水平渐近线 $y=0$

3. 略

习题 3-5

1. $\eta_P=-\frac{1}{PQ}$，$\eta_P=-2$ **2.** $1-2P\ln 2$ **3.** (1) $\frac{3}{4}$ (2) 1 (3) 2

复 习 题 三

一、**1.** C **2.** D **3.** C **4.** B

二、**1.** $\frac{1}{\sqrt{3}}$ **2.** $-\frac{2}{3}$，$-\frac{1}{6}$ **3.** $x=0$ **4.** $(0,0)$ **5.** $\left(\frac{1}{\sqrt{e}},+\infty\right)$，$(e^{-\frac{3}{2}},+\infty)$ **6.** $\frac{1}{2}$

三、极大值为 $y\left(\frac{1}{3}\right)=\frac{\sqrt[3]{4}}{3}$，极小值为 $y(1)=0$

四、当两直角边分别为 $\frac{C}{3}$，$\frac{C}{\sqrt{3}}$ 时直角三角形的面积最大

五、当两个正数均为 $\sqrt{a}$ 时其和为最小

六、当底半径 $x=\sqrt[3]{\frac{V}{2\pi}}$，高 $y=2\sqrt[3]{\frac{V}{2\pi}}$ 时表面积为最小

习题 4-1

1. (1) $\int_0^{\frac{\pi}{2}}x\mathrm{d}x\geqslant\int_0^{\frac{\pi}{2}}\sin x\mathrm{d}x$ (2) $\int_0^1\sin x\mathrm{d}x\geqslant\int_0^1\sin^2 x\mathrm{d}x$ (3) $\int_3^4\ln x\mathrm{d}x\geqslant\int_3^4\ln^2 x\mathrm{d}x$ (4) $\int_0^1 e^x\mathrm{d}x\geqslant\int_0^1 e^{x^2}\mathrm{d}x$

2. (1) $\int_0^{\pi}\sin x\mathrm{d}x=2$ (2) $\int_{-\frac{\pi}{2}}^0\sin x\mathrm{d}x=-1$ (3) $\int_{-\frac{\pi}{2}}^{\frac{\pi}{2}}\cos x\mathrm{d}x=2$

3. 提示：$f^2(x)+g^2(x)\geqslant2f(x)g(x)$

4. $\int_0^2 r(t)\mathrm{d}t$

5. $W=\int_0^T I^2Rt\,dt$

6. $M=\int_0^l \rho(x)\,dx$

习题 4-2

1. (1) C (2) $\frac{5}{2}x^{\frac{3}{2}}+2^x\ln 2$

2. (1) $\sqrt{\sin x+1}$ (2) $-\sin^2 x$ (3) $2x(\tan x^2+1)$ (4) $-\sin x\ln\cos x-2x\ln x^2$

3. (1) $\frac{1}{2}$ (2) 8

4. (1) 20 (2) $\frac{3}{2}$ (3) $\frac{\pi}{6}$ (4) $\frac{\pi}{3}$ (5) $\sqrt{3}-\frac{\pi}{3}$ (6) $\ln 3$

5. 略

6. 482.3

习题 4-3

1. (1) $\frac{1}{2}x^6+C$ (2) $\frac{6^x}{\ln 6}+x+C$ (3) e^x+3x+C (4) $\frac{(ae)^x}{1+\ln a}+C$ (5) $\frac{a}{3}x^3+\frac{b}{2}x^2+cx+D$ (6) $-\frac{1}{x^2}-\frac{1}{x}+C$ (7) $-\frac{2\sqrt{2}}{3}x^{-\frac{3}{2}}+C$ (8) $\tan x-x+\frac{1}{2}x^2+C$ (9) $6x-2\ln|x|-\frac{3}{x}-\frac{5}{2x^2}+C$ (10) $\ln|x|+\frac{3^x}{\ln 3}-4\tan x-7e^x+C$ (11) $2u^{\frac{7}{2}}+u^2+6\sqrt{u}+C$ (12) $x+6\ln|x|-\frac{12}{x}-\frac{16}{x^2}+C$ (13) $\frac{2}{3}x^{\frac{3}{2}}-2x+C$ (14) $\ln|x|+2\arctan x+C$ (15) $3\arcsin x+2x+C$ (16) $x^3+3\arctan x+C$ (17) $-2\cos x+C$ (18) $2x-\tan x+C$ (19) $-\cot x-\tan x+C$ (20) $x^{\frac{7}{4}}-\frac{4}{x^4}+C$ (21) $\tan x-\sec x\tan x+C$ (22) $\frac{x}{2}-\frac{1}{2}\sin x+C$ (23) $\frac{3}{2}\tan x+C$ (24) e^x-x+C

2. $y=x^2-x+1$

3. $-3\cos x-2\sin x+6$

习题 4-4

1. (1) $-\frac{1}{3}$ (2) $-\frac{1}{x}$ (3) $\frac{1}{2}x^2,\ \frac{1}{2}$ (4) 2 (5) $\ln x,\ \frac{1}{2}\ln^2 x$ (6) $-\frac{2}{3}$ (7) 1 (8) $\tan x$

2. (1) $\frac{1}{202}(2x-3)^{101}+C$ (2) $-\frac{3}{4}(3-2x)^{\frac{2}{3}}+C$ (3) $-e^{-x}+C$ (4) $\frac{1}{1-x}+C$ (5) $\frac{1}{2}\arcsin\left(\frac{2}{3}x\right)+C$ (6) $-\sqrt{1-x^2}+C$ (7) $-\frac{1}{2}e^{-x^2}+C$ (8) $\frac{1}{6}\arctan\left(\frac{x^3}{2}\right)+C$ (9) $-\sin\left(\frac{1}{x}\right)+C$ (10) $\frac{x}{2}-\frac{1}{4}\sin 2x+C$ (11) $-\ln|1+\cos x|+C$ (12) $-\frac{1}{\cos x}+C$ (13) $1-\sqrt{2x+1}-\ln\left|1-\sqrt{2x-1}\right|+C$ (14) $\frac{25}{18}\arcsin\frac{2}{5}x-\frac{1}{40}\sqrt{25-4x^2}+C$ (15) $x\arcsin x+(1-x^2)^{\frac{1}{2}}+C$ (16) $-xe^{-x}-e^{-x}+C$ (17) $\frac{1}{3}x^3\ln x-\frac{1}{9}x^3+C$ (18) $x\ln\frac{x}{2}-x+C$

习题 4-5

1. (1) $\frac{9}{2}$ (2) $\frac{2}{5}(1-\ln 2)$ (3) π (4) $\ln(1+\sqrt{2})-\frac{\ln 3}{2}$ (5) 1 (6) $\frac{2}{\pi^2}$ (7) $\frac{1}{4}e^2+\frac{1}{4}$

(8) $\frac{\sqrt{3}}{3}\pi-\ln 2$

2. (1) 346.6 (2) 450

3. $W=\int_0^3[1-0.02t\sin(2\pi t)]\mathrm{d}t\approx 3.0095$

4. $W=\int_0^5\frac{20\ln(t+1)}{(t+1)^2}\mathrm{d}t\approx 10.6941$

习题 4-6

1. (1) $\frac{1}{3}$ (2) $\frac{1}{a}$ (3) 不收敛 (4) π

2. (1) $\frac{1}{6}$ (2) 1 (3) $\frac{9}{2}$ (4) $4-\ln 3$

3. (1) $\frac{2}{15}\pi$ (2) $\frac{256}{5}\pi$ (3) 24π，16π (4) $\frac{8}{3}\pi$，$\frac{8}{3}\pi$

4. $\frac{k(b^2-a^2)}{2a}$

5. $1-\frac{3}{e^2}$

6. $\approx 1.65\times 10^6$(N)

习题 4-7

1. (1) $\frac{1}{e}$ (2) $\frac{20}{3}$ (3) $\frac{1}{21}$ (4) $-\frac{3}{2}\pi$

2. (1) $6\pi R^2$ (2) $\frac{R^3}{9}(3\pi-4)$ (3) $\frac{\pi}{4}(2\ln 2-1)$

复 习 题 四

一、**1.** $\frac{1}{\sqrt{2}}\arctan\frac{x}{\sqrt{2}}+C$ **2.** $-\frac{1}{3}\cos 3x+C$ **3.** $\frac{1}{2}\ln(x^2-9)+C$ **4.** $\ln|\ln x|+C$ **5.** $-\cos x+\frac{1}{3}\cos^3 x+C$ **6.** $2\sqrt{x-1}-2\ln|1+\sqrt{x-1}|+C$ **7.** $2\sqrt{x}-4\sqrt[4]{x}+4\ln|1+\sqrt[4]{x}|+C$ **8.** $-\ln(1+\cos x)+C$ **9.** $\frac{1}{4}\arcsin 2x+\frac{1}{2}x\sqrt{1-4x^2}+C$

二、**1.** $\frac{2\sqrt{2}-1}{3}$ **2.** $\frac{\sqrt{3}}{3}\pi-\ln 2$ **3.** $\ln(1+\sqrt{2})-\frac{\sqrt{2}}{2}$ **4.** 1 **5.** $6-2e$ **6.** $1-\ln(1+e)+\ln 2$

三、**1.** $\frac{9}{2}$ **2.** 4

四、$\frac{9\pi}{70}$

五、**1.** $\frac{\pi^2}{8}$ **2.** 1 **3.** $\frac{1}{2}\ln 2$

六、$-\ln\pi-\sin 1$

七、当 $x=1$ 时极小值 $-\frac{17}{12}$，拐点 $\left(1,-\frac{17}{12}\right)$，$\left(2,-\frac{4}{3}\right)$

八、$\frac{7}{2}$

九、$\frac{17}{6}$

十、6π

习题 5-1

1. (1) 一阶　(2) 二阶　(3) 三阶　(4) 一阶　(5) 二阶　(6) 一阶

2. (1) 是　(2) 是　(3) 不是　(4) 是

3. 略

4. (1) $y^2-x^2=25$　(2) $y=xe^{2x}$　(3) $y=-\cos x$

习题 5-2

1. (1) $y^2=x^2+c$　(2) $1+y^2=c(x^2-1)$　(3) $\sin\frac{y}{x}=cx$　(4) $\sqrt{x^2+y^2}=ce^{-\arctan\frac{y}{x}}$　(5) $\frac{x}{3}+\frac{c}{x^2}$　(6) $x=\frac{1}{y}\left(\frac{y^4}{4}+c\right)$

2. (1) $y+3=4\cos x$　(2) $\ln y=e^{-\cot x}$　(3) $y^2=2x^2(\ln|x|+2)$　(4) $y=\frac{2}{3}(4-e^{-3x})$

习题 5-3

1. (1) $y=c_1e^x+c_2e^{-2x}$　(2) $y=c_1+c_2e^{4x}$　(3) $y=c_1\cos x+c_2\sin x$　(4) $y=e^{-3x}(c_1\cos 2x+c_2\sin 2x)$　(5) $y=e^x+(c_1e^{-\frac{1}{2}x}+c_2e^{-x})$　(6) $y=\left(\frac{3}{2}x^2-3x\right)e^{-x}+c_1e^{-x}+c_2e^{-2x}$

2. (1) $y=4e^x+2e^{3x}$　(2) $y=(x+2)e^{-\frac{x}{2}}$　(3) $y=e^{-x}-e^{-4x}$　(4) $y=3e^{-2x}\sin 5x$

习题 5-4

1. 解　已知$F=k\frac{t}{v}$,并且当$t=10$ s时,$v=50$ cm/s, $F=4g$ cm/s^2,故$4=k\frac{10}{50}$,从而$k=20$,因此$F=20\frac{t}{v}$.

又由牛顿定律,$F=ma$,即$1\cdot\frac{dv}{dt}=20\frac{t}{v}$,故$v\,dv=20t\,dt$.这就是速度与时间应满足的微分方程.解之得

$$\frac{1}{2}v^2=10t^2+C,$$

即

$$v=\sqrt{20t^2+2C}.$$

由初始条件有$\frac{1}{2}\times 50^2=10\times 10^2+C, C=250$.因此

$$v=\sqrt{20t^2+500}.$$

当$t=60$ s时,$v=\sqrt{20\times 60^2+500}=269.3$(cm/s)

2. 解　由题设知,

$$\frac{dR}{dt}=-\lambda R,$$

即

$$\frac{dR}{R}=-\lambda dt,$$

两边积分得

$$\ln R=-\lambda t+C_1,$$

从而　$R=Ce^{-\lambda t}(C=e^{C_1})$.

因为当 $t=0$ 时，$R=R_0$，故 $R_0=Ce^0=C$，即 $R=R_0e^{-\lambda t}$.

又由于当 $t=1\,600$ 时，$R=\frac{1}{2}R_0$，故 $\frac{1}{2}R_0=R_0e^{-1\,600\lambda}$，从而 $\lambda=\frac{\ln 2}{1\,600}$.

因此　$R=R_0e^{-\frac{\ln 2}{1\,600}t}=R_0e^{-0.000\,433t}$.

3. $y=2(e^x-1-x)$

4. 略

复习题五

一、**1.** $e^x+e^y=c$　**2.** $y'-\frac{2y}{x}+1=0$　**3.** $y=ce^{-\sin x}$　**4.** $y=e^x+c_1x+c_2$

二、**1.** D　**2.** C　**3.** A　**4.** B　**5.** D　**6.** D　**7.** A

三、**1.** 建立模型：$\begin{cases}\frac{dy}{dt}+\frac{2y}{100+t}=6,\\ y(0)=50\end{cases}$

2. 建立模型：$\frac{dQ}{dt}=\frac{5}{100}\times 2-\frac{Q(t)}{50\,000}\times 2=\frac{1}{10}-\frac{Q(t)}{25\,000}$

3. 建立模型：$\frac{dH}{dt}=k(H-20)$

习题 6－1

1. (1) 错　(2) 对　(3) 错　(4) 错　(5) 错　(6) 对　(7) 对　(8) 错　(9) 对　(10) 对　(11) 对　(12) 错

2. (1) 发散　(2) 发散　(3) 收敛　(4) 发散

习题 6－2

1. (1) 发散　(2) 收敛　(3) 收敛

2. (1) 发散　(2) 发散

3. (1) 条件收敛　(2) 条件收敛　(3) 条件收敛　(4) 绝对收敛

习题 6－3

1. (1) $(-R+2, R+2)$　(2) 收敛　(3) $(-\sqrt[3]{R}, \sqrt[3]{R})$

2. (1) $(-1, 1)$　(2) $(-1, 1)$　(3) $\left(-\frac{1}{2}, \frac{1}{2}\right)$　(4) $(-3, 3)$

3. (1) $-\frac{\ln(1-x)}{x}$　(2) $\frac{1}{2}\ln\frac{1-x}{1+x}$　(3) $s(x)=\begin{cases}-\frac{1}{x}\ln(1-x), & x\in(-1, 0)\cup(0, 1),\\ 1, & x=0\end{cases}$

习题 6－4

1. (1) $\sum_{n=0}^{\infty}\frac{(-1)^n}{n!}x^{2n}(-\infty<x<+\infty)$　(2) $1+\sum_{n=0}^{\infty}\frac{(-1)^n}{2\cdot(2n)!}(2x)^{2n}(-\infty<x<+\infty)$

(3) $\ln 3+\sum_{n=1}^{\infty}\frac{(-1)^{n-1}}{n}\left(\frac{x}{3}\right)^n(-3<x\leqslant 3)$　(4) $1-\sum_{n=0}^{\infty}\frac{(-1)^n}{n+1}x^{n+1}$

2. $\frac{1}{2}\sum_{n=0}^{\infty}\frac{(x+4)^n}{2^n}-\frac{1}{3}\sum_{n=0}^{\infty}\frac{(x+4)^n}{3^n}=\sum_{n=0}^{\infty}\left(\frac{1}{2^{n+1}}-\frac{1}{3^{n+1}}\right)(x+4)^n(-6<x<-2)$

习题 6-5

1. (1) $f(x)=1+\sum_{n=1}^{\infty}(-1)^{n+1}\frac{2}{n}\sin nx(x\neq\pi\pm2\pi,\ \pi\pm4\pi,\ \cdots)$

(2) $f(x)=1+\sum_{n=0}^{\infty}\frac{4}{(2n+1)\pi}\sin(2n+1)x(x\neq k\pi,\ k=0,\ \pm1,\ \pm2,\ \cdots)$

(3) $f(x)=\frac{\pi}{4}-\sum_{n=1}^{\infty}\left[\frac{2}{(2n-1)^2\pi}\cos(2n-1)x+\frac{(-1)^n}{n}\sin nx\right](x\neq k\pi,\ k\neq\pi\pm2k,\ k=0,\ \pm1,$ $\pm2,\ \cdots)$

2. 正弦级数：$f(x)=\sum_{n=1}^{\infty}\frac{(-1)^{n+1}2}{n}\sin nx\quad(0\leqslant x<\pi)$；

余弦级数：$f(x)=\frac{\pi}{2}-\sum_{n=0}^{\infty}\frac{4}{(2n+1)^2\pi}\cos(2n+1)x\quad(0\leqslant x\leqslant\pi)$

复习题六

一、**1.** $\ln(1+x)$ **2.** $[0,\ 6)$ **3.** $-\frac{3}{2}$ **4.** $\sum_{n=0}^{\infty}\frac{x^n}{n!2^n}(-\infty<x<+\infty)$

二、**1.** B **2.** C **3.** B **4.** B **5.** C **6.** A **7.** B **8.** B

三、**1.** (1) $\sum_{n=0}^{\infty}(-1)^n\frac{x^{n+1}}{(n+1)2^{n+1}}+\ln2$ (2) $\sum_{n=0}^{\infty}(-1)^n\frac{(2x)^{n+1}}{(2n+1)!}$ (3) $\sum_{n=0}^{\infty}\frac{x^{2n}}{n!}$

2. (1) $R=1$, $(-1,\ 1)$ (2) $R=1$, $(-1,\ 1)$ (3) $R=1$, $(0,\ 2)$

3. $f(x)=\frac{1}{3}\pi^2-4\left(\cos x-\frac{1}{2^2}\cos2x+\frac{1}{3^2}\cos3x-\cdots\right)$, $(-\infty<x<\infty)$.

习题 7-1

1. (1) $M_1(x,\ -y,\ -z)$, $M_2(x,\ y,\ -z)$, $M_3(-x,\ -y,\ -z)$

(2) $\left(\frac{1}{\sqrt{3}},\frac{1}{\sqrt{3}},\frac{1}{\sqrt{3}}\right)$, $\frac{1}{5}$

(3) $5\boldsymbol{a}-11\boldsymbol{b}+7\boldsymbol{c}$

(4) -1 $-\sqrt{2}$ 1

(5) $\left(\frac{8}{\sqrt{73}},\ 0,\ \frac{3}{\sqrt{73}}\right)$

(6) $(12,\ 4,\ -8)$, $(12,\ -20,\ 48)$

(7) 3, 6, 3

2. (1) 原点距离 7，与 x 轴距离 $\sqrt{34}$，与 y 轴距离 $\sqrt{41}$，与 z 轴距离 $\sqrt{21}$，与 xOy 平面距离 5，与 xOz 平面距离 3，与 yOz 平面距离 4

(2) $\left(0,\ 0,\ \frac{14}{9}\right)$

(3) $(5,\ -4,\ -9)$

习题 7-2

1. (1) C (2) C (3) A (4) C (5) D (6) A (7) C

2. (1) ① -18, $(-3,\ 1,\ 7)$ ② $\frac{\sqrt{7}}{7}$

(2) ① 5 ② $\frac{5}{3}$ ③ $\frac{5}{9}\sqrt{3}$

(3) (1, −3, 3)

(4) $S=\frac{2}{3}\sqrt{6}$

习题 7-3

1. (1) $x-3y-z+4=0$

(2) $L_1: \frac{x-1}{2}=\frac{y-2}{1}=\frac{z-3}{1}$

2. (1) A (2) D

3. (1) $\frac{x+1}{3}=\frac{y-2}{-7}=\frac{z-5}{2}$ (2) $\frac{x-2}{0}=\frac{y}{1}=\frac{z+1}{0}$ (3) $\frac{x+2}{1}=\frac{y-3}{5}=\frac{z-1}{13}$

4. 对称式方程：$\frac{x}{-2}=\frac{y-\frac{3}{2}}{1}=\frac{z-\frac{5}{2}}{3}$，参数式方程：$\begin{cases} x=-2t, \\ y=t+\frac{3}{2}, \\ z=3t+\frac{5}{2} \end{cases}$

5. $\frac{x}{-4}=\frac{y-2}{3}=\frac{z-4}{1}$

6. $-16x+14y+11z+65=0$

7. 0

8. $2x-2y+z-35=0$

9. $-3x+2y+6z-12=0$

10. $5x+2y+z-15=0$

11. (1, 2, 2)

12. $x-y+z=0$.

复 习 题 七

一、**1.** 0 **2.** $-\frac{3}{2}$ **3.** 40 **4.** $y=0$，平面

二、**1.** C **2.** B **3.** B **4.** C

三、**1.** $\left\{-\frac{2}{\sqrt{62}}, \frac{3}{\sqrt{62}}, \frac{7}{\sqrt{62}}\right\}$

2. $x-3y-6z+8=0$

3. (1) $\{-4, -3, -1\}$ (2) $4x+3y+z-13=0$